MARAVILLAS DE LA
ARQUITECTURA

MARAVILLAS DE LA
ARQUITECTURA

CONTENIDO

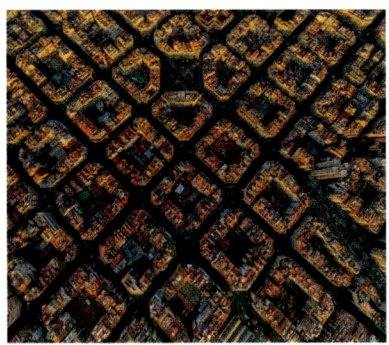

Penguin Random House

DK LONDON

Edición sénior Peter Frances
Edición David Summers y Hannah Westlake
Índice Helen Peters
Diseño de cubierta Surabhi Wadhwa-Gandhi
Coordinación de diseño de cubiertas Sophia MTT
Coordinación editorial Angeles Gavira Guerrero
Subdirección de publicaciones Liz Wheeler
Dirección de publicaciones Jonathan Metcalf

Edición de arte sénior Sharon Spencer
Edición de arte de proyecto Francis Wong
Coordinación sénior de gráficos Sharon Spencer
Ilustraciones Phil Gamble y Mike Garland
Producción (preproducción) Rob Dunn
Producción sénior Meskerem Berhane
Coordinación editorial de arte Michael Duffy
Dirección de arte Karen Self
Dirección de diseño Phil Ormerod

DK INDIA

Edición sénior Dharini Ganesh
Edición Aishvarya Misra y Priyanjali Narain
Asistencia editorial Aashirwad Jain y Ishita Jha
Coordinación editorial Rohan Sinha
Iconografía Deepak Negi
Coordinación de iconografía Taiyaba Khatoon
Coordinación editorial de arte Mahua Sharma

Edición de arte sénior Vaibhav Rastogi
Edición de arte de proyecto Anjali Sachar
Edición de arte Sonali Sharma
Asistencia editorial de arte Garima Agarwal
Dirección editorial de arte Sudakshina Basu
Diseño de maqueta Nand Kishor Acharya y Anita Yadav
Coordinación de preproducción Pankaj Sharma
Coordinación de producción Balwant Singh

COBALT ID

Edición Marek Walisiewicz, Johnny Murray e Iain Bowden

Iconografía Paul Reid

Publicado originalmente en Gran Bretaña en 2019 por Dorling Kindersley Limited
DK, One Embassy Gardens, 8 Viaduct Gardens, London, SW11 7BW

Parte de Penguin Random House

Título original: *Manmade Wonders of the World*
Primera edición 2020

Copyright © 2019 Dorling Kindersley Limited

© Traducción en español 2020 Dorling Kindersley Limited

Servicios editoriales: deleatur, s.l.
Traducción: Montserrat Asensio Fernández

ISBN: 978-0-7440-2565-1

Impreso en China

Para mentes curiosas
www.dkespañol.com

Colaboradores

Simon Adams, Alexandra Black, Thomas Cussans, Kay Celtel, Reg Grant, Owen Hopkins, Andrew Humphreys, Diana Loxley, Ellie Stathaki, Marcus Weeks e Iain Zaczek

Asesores

Andrew Law y Ola Uduku

Portadilla Templo del Loto (Nueva Delhi)
Portada Hampi (India)
Prólogo Gran Buda de Leshan (China)

PRÓLOGO

La historia de las maravillas del mundo creadas por el ser humano –obras arquitectónicas y de ingeniería prodigiosas y esculturas sublimes– es también una historia de la humanidad. Estas creaciones son proezas tangibles impresionantes, pero trascienden el mundo material, porque revelan los sueños y las aspiraciones humanas. Y si se seleccionan a lo largo del tiempo y del espacio, como en este libro, adquieren una dimensión extraordinaria.

Al explorar estas maravillas conectamos con todos los aspectos de la vida, porque la arquitectura, el arte y la ingeniería son el epítome del espíritu creativo de la humanidad. Las grandes construcciones abordan los aspectos más arcanos y subjetivos de la estética, pero también los más objetivos de la ciencia y la física, porque su estructura obliga con frecuencia a emular y reflejar las leyes de la naturaleza y su formidable poder. Tal vez este enfoque funcional, casi elemental, encuentre su mejor expresión en el diseño de puentes de dimensiones heroicas, como el de Akashi Kaikyo (Japón).

La historia de las maravillas creadas por el ser humano aborda asimismo cuestiones más pragmáticas, como la política, las limitaciones de la economía, y la evolución y el perfeccionamiento de las tecnologías y las técnicas constructivas. A menudo, los momentos más brillantes de la arquitectura se deben a saltos súbitos, fruto de la audacia experimental y casi de una revelación. Esto es lo que sucedió en Europa a inicios del siglo XII, cuando la arquitectura gótica, que adoptó una estructura básica formada por nervios, pilares y contrafuertes equilibrados con pináculos aprovechando la capacidad estructural del arco apuntado, floreció a una velocidad vertiginosa y ofreció unas posibilidades revolucionarias a la construcción en piedra tradicional, reforzada por un diseño meticuloso.

La religión también desempeña un papel fundamental en esta historia, porque muchas de las construcciones más memorables de la humanidad no tienen tanto que ver con la innovación estructural o la necesidad práctica de ofrecer cobijo o seguridad a los vivos como con el reto más poético de honrar a los dioses y albergar a los muertos. Algunos, como el complejo del templo de Karnak en Luxor (Egipto), sugieren respuestas a los grandes enigmas que han inquietado a la humanidad en todo el mundo y a lo largo de la historia. ¿Sobrevive algo a la muerte? ¿Pueden los vivos estar en contacto con los muertos? ¿Pueden los muertos interceder por los vivos? ¿Existe la reencarnación? ¿Y la resurrección?

Esta búsqueda espiritual suele verse reflejada en la arquitectura más compleja, definida por una geometría que emula el orden aparente del mundo natural o de la creación divina y por una ornamentación simbólica y emblemática. La catedral de Aquisgrán y la Cúpula de la Roca de Jerusalén son magníficos ejemplos de ello.

La contemplación de las maravillas de este libro sugiere muchos otros temas, tan atractivos como informativos y entretenidos. Uno de ellos es la función de la tecnología, un tema en absoluto árido porque, a partir del siglo XIX, la introducción de nuevos materiales de construcción (primero el hierro colado y forjado, y luego el acero y el hormigón armado) transformó la arquitectura del mundo occidental y permitió construir edificios sin precedentes, como rascacielos con una estructura sobre la que se levantan muros de vidrio pulidísimo, como el Shard de Londres o la Burj Jalifa de Dubái. No menos dignas de atención son la integración del arte y la arquitectura, y en algunas partes del mundo, la inversión de la práctica constructiva habitual con edificios y volúmenes excavados en lugar de construidos, como las iglesias talladas en la roca de Lalibela (Etiopía), que convierten las obras arquitectónicas en esculturas colosales.

A todo ello se suman los principios de la arquitectura sostenible (el uso de materiales baratos y disponibles, como la arcilla o el barro sin cocer, que apenas dañan el medio ambiente ni contaminan, o de técnicas de aislamiento y ventilación naturales), aplicados con creatividad en edificios populares tradicionales. Un magnífico ejemplo es la Gran Mezquita de Yenné (Malí), construida con finos ladrillos de barro, estiércol y paja revestidos con mortero.

Leer este libro es como dar la vuelta al mundo, pero no solo al mundo del presente, sino también al del pasado, porque muchas de las obras que aquí se describen tienen sus raíces en la Antigüedad. Se trata de un viaje cada vez más difícil de hacer en el mundo real, porque en este mundo cada vez más hostil y volátil algunos lugares clave son casi inaccesibles. O bien es un viaje sencillamente imposible, pues algunas maravillas, como las de Palmira (Siria) han sido dañadas o parcialmente destruidas recientemente, por inconcebible que pueda parecer. Al presentar con todo detalle obras difíciles de ver hoy día y documentar otras que ya no existen, este libro adquiere una nueva dimensión, aún más valiosa. Se convierte en un solemne recordatorio de que no hemos de dar nunca por sentada la persistencia de lo que amamos y de que debemos estar preparados para luchar (si fuera necesario) por las maravillas creadas por la mano del hombre, que hacen del mundo un lugar apasionante.

DAN CRUICKSHANK
MARZO DE 2019

Una historia muy larga

El espacio que hoy ocupa Barcelona ha estado habitado desde antes de la época romana. La ciudad moderna contiene edificios de muchos periodos, construidos con materiales que van desde la madera, el ladrillo o la piedra hasta el hormigón y el vidrio.

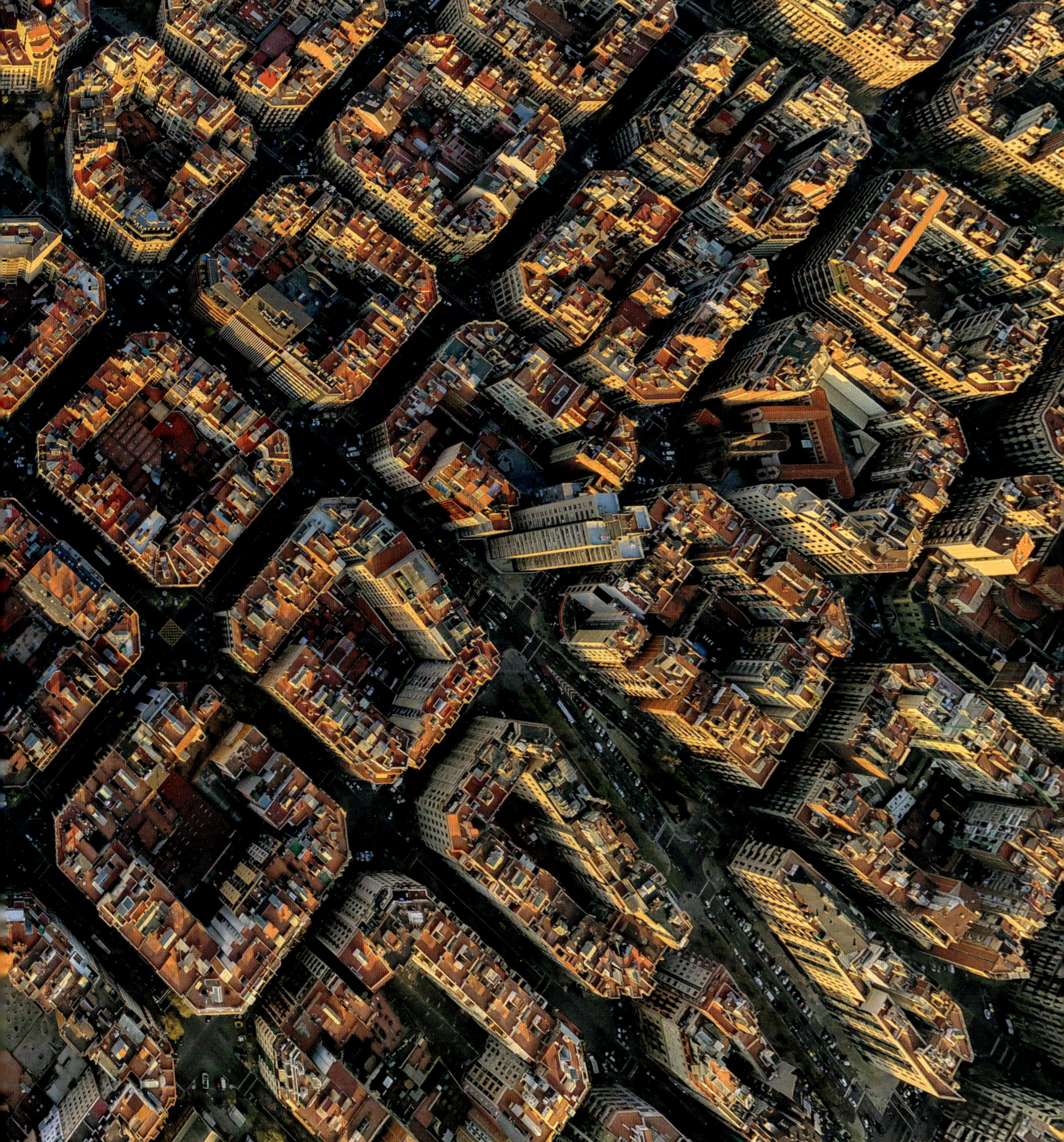

Introducción

TIERRA Y MADERA

A medida que las sociedades adoptaban la agricultura y se asentaban, las estructuras permanentes empezaron a sustituir a los campamentos temporales, quizá ya en 10 000 a. C. El primer material de construcción fue la propia tierra, reforzada con otros materiales (como la paja) y la madera, que sostenía los techos.

Construcción con tierra

Las construcciones con tierra son muy vulnerables a la erosión y al deterioro, por lo que son muy pocos los restos de las primeras que han llegado a nuestros días. Las que lo han logrado deben su supervivencia a su tamaño colosal. Casi todas son túmulos, enormes montículos de tierra compactada hechos por el ser humano cuyo tamaño les permitía desafiar a los elementos, que se pueden encontrar en el norte y el centro de Europa y en las estepas de Rusia y Asia central. Muchos se remontan a la Edad del Bronce (c. 3500–300 a. C.). Por lo general eran tumbas, y en muchos de ellos los arqueólogos han descubierto esqueletos y ajuares funerarios. Uno de los túmulos más grandes de Europa es el de Leeberg, situado cerca de Grossmugl (Austria), que data de c. 600–500 a. C. Sin embargo, parece pequeño en comparación con el de Bin Tepe, un túmulo funerario de Lidia (Turquía), construido en torno a 560 a. C. y que con sus 60 m de altura es uno de los mayores túmulos que se conocen.

Construcción con barro y adobe

Algunos de los primeros edificios habitables se construyeron con mezclas de barro o estiércol reforzados con paja o crin de caballo, a veces aplicadas sobre una estructura de ramas o juncos entrelazados. Aunque el paso del barro y la paja en bruto a los ladrillos de barro y paja no parezca muy grande, la fuerza compresiva y la versatilidad de los ladrillos cocidos permitieron levantar edificios más grandes y sofisticados. Las primeras grandes construcciones de ladrillos de barro, o adobe, pertenecen a civilizaciones de la antigua Mesopotamia (actual Irak). El zigurat de Ur (p. 243), de hacia 2100 a. C., era un edificio piramidal con plataformas escalonadas cuya altura estimada supera los 30 m. Las civilizaciones mesopotámicas posteriores produjeron ladrillos vidriados que se usaban para decorar los edificios. La tierra sigue siendo uno de los materiales básicos más abundantes. La arcilla y el barro son maleables, duraderos, resistentes al fuego y baratos, por lo que el adobe aún es un material de construcción popular (aunque no en regiones con lluvias abundantes).

La **madera** laminada usada en los rascacielos modernos tiene una **resistencia** similar a la del **acero**, pero es mucho más **ligera**.

PRIMERAS ESTRUCTURAS
En el sureste de Turquía y algunas zonas del centro de Siria aún hay casas colmena hechas de ladrillos de adobe, a su vez revestidos de adobe.

▷ UNA COLINA ARTIFICIAL
La Colina de Silbury, uno de los montículos artificiales mayores de Europa, data de alrededor de 2400 a. C. Está hecha con arcilla y yeso, y al parecer no contiene enterramientos, por lo que su finalidad sigue siendo un misterio.

Madera

Existen pruebas arqueológicas de que en Europa ya se construían viviendas de madera en 6000 o 5000 a. C. Se han hallado muchos ejemplos de casas comunitarias de ese periodo, sobre todo en la región del Transdanubio, que abarca Hungría, el norte de Austria y el sur de Alemania. Se cree que estas construcciones rectangulares, de una sola habitación y con postes de roble que sostenían el techo, cobijaban hasta veinte o treinta personas y formaban poblados enteros. Más tarde, el hallazgo de metales como el bronce y el hierro, con los que se podían fabricar herramientas para cortar y tallar, amplió las posibilidades de utilización de la madera en la construcción.

Los antiguos egipcios, griegos y romanos usaban madera cortada y tallada, sobre todo para construir los tejados. Los romanos introdujeron el uso de armazones de madera sobre los que luego construían el edificio. Esta técnica alcanzó su pico máximo en la Edad Media, durante la cual los carpinteros crearon elaboradas armaduras de madera, ingeniosas y con frecuencia muy bellas, para sostener los tejados de salones, iglesias y catedrales. Un ejemplo es el techo jabalconado del Westminster Hall (Londres), la mayor techumbre medieval de madera del norte de Europa. Escandinavia desarrolló su propia y espectacular técnica de construcción en madera en las *stavkirke* (iglesias de empalizada). Hacia esa época, en China se erigían edificios de madera de gran complejidad y refinamiento, como la pagoda Sakyamuni del templo Fogong, construida en 1056, que alcanza los 67 m de altura sin un solo clavo, tornillo o tuerca.

La madera se sigue usando en la construcción porque es un material duradero, con frecuencia abundante y renovable. Además, se necesita relativamente poca energía para transformar los árboles en madera utilizable. Hoy en día, los arquitectos experimentan nuevas maneras de usar este material aprovechando al máximo su ligereza y su flexibilidad, por ejemplo, en ambiciosos rascacielos de madera.

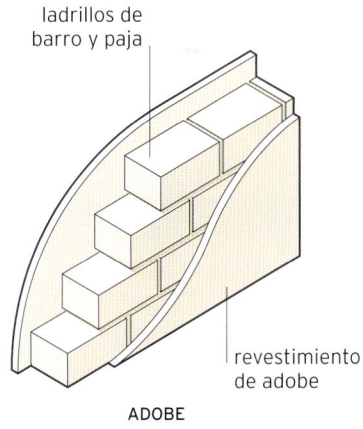

ladrillos de barro y paja

revestimiento de adobe

ADOBE

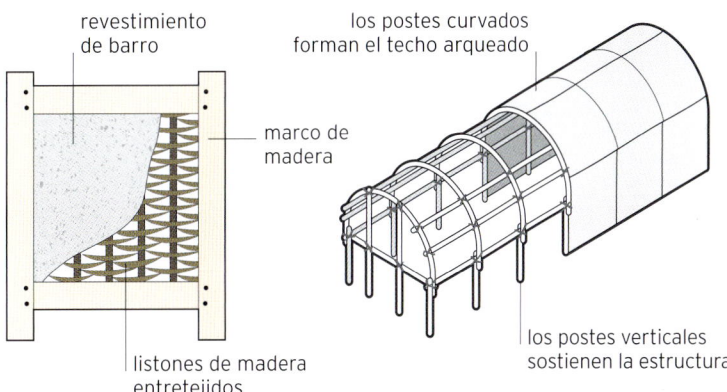

revestimiento de barro

marco de madera

listones de madera entretejidos

ENTRAMADO

los postes curvados forman el techo arqueado

los postes verticales sostienen la estructura

CASA COMUNITARIA

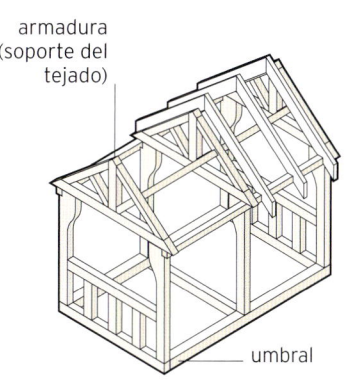

armadura (soporte del tejado)

umbral

ESTRUCTURA DE MADERA

△ PRIMERAS CASAS DE ADOBE
El barro mezclado con paja (adobe) se comprime en moldes y se seca o cuece para obtener ladrillos regulares, que una vez colocados se recubren con una capa de adobe, como en el pueblo de Taos (Nuevo México).

△ CASA DE ENTRAMADO
La antigua técnica del entramado, utilizada en esta casa inglesa de estilo Tudor, consiste en una trama de tiras de madera o ramas enmarcada por listones de madera y cubierta con una mezcla de barro y paja.

△ CASA COMUNITARIA
En América de Norte se conservan casas comunitarias construidas y habitadas hasta el siglo XIX por tribus nativas, sobre todo las iroquesas del noreste de EE UU. Esta pertenece al sitio histórico de Ganondagan (estado de Nueva York).

△ CASA DE MADERA
En las regiones donde abunda la madera, esta era el material de construcción más habitual por su versatilidad y su bajo precio. La casa de Paul Revere, en Boston, es célebre por estar construida totalmente con madera.

LADRILLO Y PIEDRA

La aparición del ladrillo cocido, en torno a 3000 a. C., facilitó el desarrollo de nuevos elementos arquitectónicos, como arcos, bóvedas y cúpulas. Sin embargo, la piedra posee una mayor resistencia compresiva, y cuando se inventaron las herramientas para tallarla, la altura de los edificios se disparó.

Primeras estructuras de piedra

Algunos vestigios de las primitivas estructuras de piedra erigidas durante el Neolítico (10000 a. C.–3000 a. C.) han llegado hasta nuestros días, como el *cairn* (túmulo de piedras) de Barnenez (Francia), que se remonta a 4850 a. C. y los templos megalíticos de Malta (p. 94), que datan de 3700 a. C. Se trata de estructuras relativamente toscas de piedras apiladas y sin revestimiento. Las avanzadas civilizaciones del valle del Nilo fueron las primeras en desarrollar el arte de cortar y labrar la piedra, y por consiguiente, también las primeras en erigir estructuras de tamaño y durabilidad colosales. Su primer gran monumento fue la pirámide escalonada de Zóser (2667 a. C.–2648 a. C.), la primera construcción a gran escala de piedra labrada conocida, a la que siguió un siglo después la Gran Pirámide de Giza (pp. 208–209). Las técnicas constructivas avanzaron rápidamente en Egipto, donde en torno a 2000 a. C. ya se construían vastos complejos de templos con pilonos, patios, columnatas y enormes salas techadas que culminaron en Karnak (Luxor actual, pp. 210–211), el mayor complejo religioso conocido y construido a tal escala que sus columnas alcanzan hasta 24 m de altura.

Arquitectura griega y romana

Los griegos adoptaron la misma tipología de construcción de templos con estructura de piedra que los egipcios (estructura adintelada), pero

◁ **DECORACIÓN INTRINCADA**
Hacia la misma época en que florecían las catedrales góticas en Europa, en el Sureste Asiático, el Imperio jemer (802-1431) construía complejos de templos muy elaborados con ladrillos y arenisca.

aportaron a los edificios un refinamiento y unos órdenes estéticos y arquitectónicos que aún continúan vigentes, como el dórico, el jónico y el corintio (p. 97). También desarrollaron la decoración en bajorrelieve egipcia y crearon frisos completamente esculpidos, además de introducir correcciones ópticas para dar a los edificios el mejor aspecto posible.

Sin embargo, fueron los romanos los que explotaron al máximo la construcción en piedra. Las excavaciones arqueológicas han hallado en el alcantarillado y las tumbas de Mesopotamia los primeros arcos

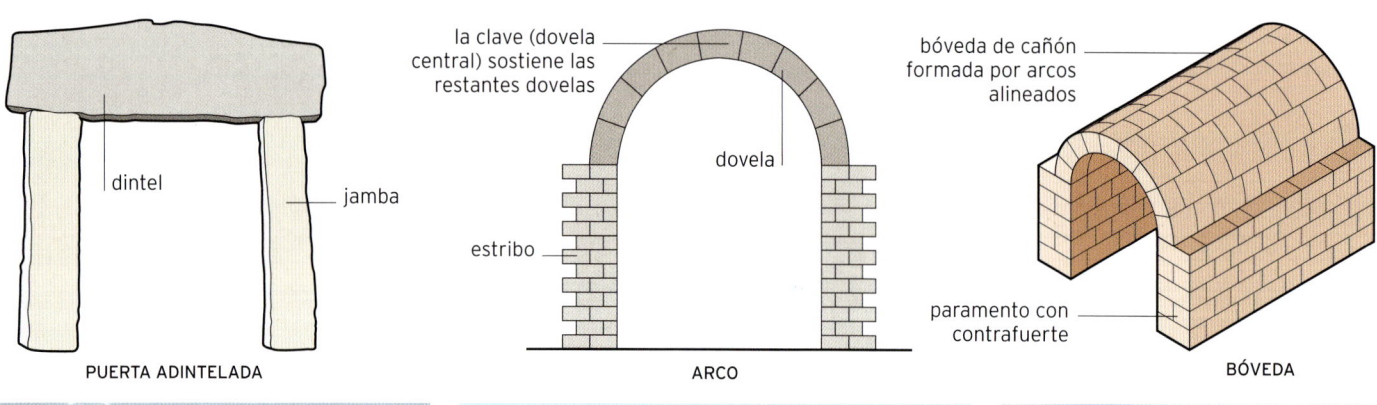

la clave (dovela central) sostiene las restantes dovelas

dovela

estribo

dintel — jamba

PUERTA ADINTELADA

ARCO

bóveda de cañón formada por arcos alineados

paramento con contrafuerte

BÓVEDA

△ **PUERTA ADINTELADA**
Algunas de las primeras construcciones de piedra eran adinteladas. Los egipcios y los griegos perfeccionaron esta estructura y crearon columnas, entablamentos y frontones, como en el Partenón de Atenas (pp. 98-99).

△ **ARCO**
La invención del arco permitió a los constructores abrir vanos mucho más amplios que hasta entonces. Los romanos fueron grandes maestros de la construcción de arcos, como demuestra el acueducto llamado Pont du Gard (p. 101) en Nîmes (Francia).

△ **BÓVEDA**
El arco originó la bóveda de cañón básica, con la que se podía construir espacios interiores muy amplios, como en Ctesifonte (Irak). Posteriormente la bóveda evolucionó y adoptó formas cada vez más complejas, como la bóveda de arista.

▷ **UNA CATEDRAL GRANDIOSA**
La catedral de Amiens, erigida entre 1220 y 1270, es la catedral gótica más alta y con mayor volumen interior de Francia. Construida con piedra de canteras locales, es célebre por la rica decoración exterior.

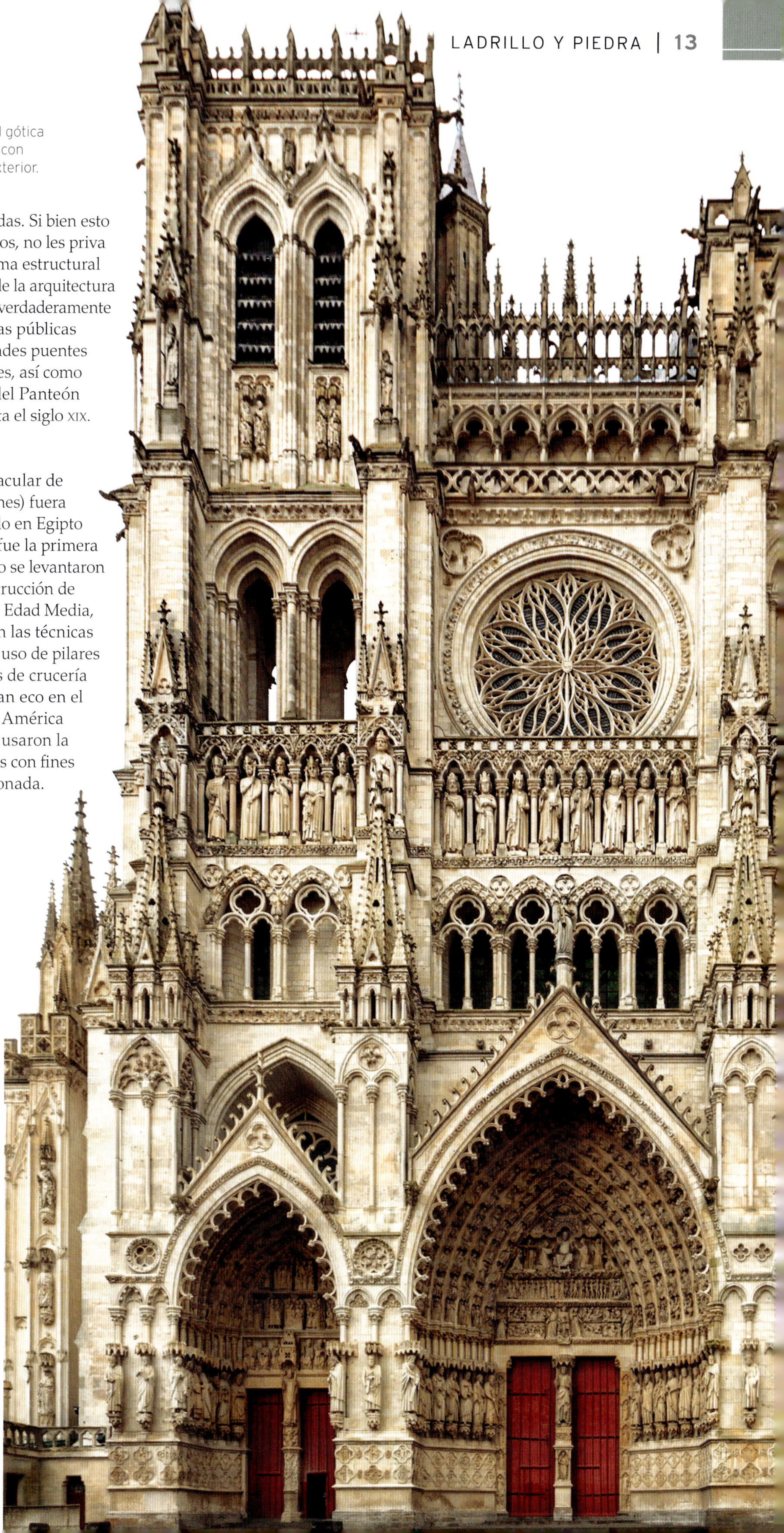

verdaderos de ladrillo y las primeras cubiertas abovedadas. Si bien esto evidencia que los romanos no inventaron esos elementos, no les priva del mérito de haberlos desarrollado para crear un sistema estructural que nadie mejoró significativamente hasta la aparición de la arquitectura del hierro y el acero. Fueron ellos quienes desarrollaron verdaderamente el arco, tanto en su versión monumental como en obras públicas revolucionarias. Fueron los primeros en construir grandes puentes y acueductos con múltiples arcos para salvar ríos y valles, así como en usar el hormigón, como en la majestuosa cúpula del Panteón (pp. 104–105), de 43,2 m de diámetro, no superada hasta el siglo XIX.

Ganando altura

Es posible que la maravilla arquitectónica más espectacular de la Antigüedad clásica (si hacemos caso a las descripciones) fuera el Faro de Alejandría, el gran faro helenístico construido en Egipto en el siglo III a. C. y que con sus quizá 100 m de altura fue la primera construcción de varias plantas del mundo. En Europa no se levantaron edificios tan altos hasta el siglo XIV, en la era de la construcción de catedrales llamada la «cruzada de las catedrales». En la Edad Media, con el mecenazgo de la Iglesia y del estado, se llevaron las técnicas de construcción con piedra a alturas aún superiores. El uso de pilares similares a troncos, botareles, arcos ojivales y bóvedas de crucería elevó los techos para crear naves altísimas que hallaban eco en el exterior en forma de torres, campanarios y agujas. En América Central y del Sur, los pueblos precolombinos también usaron la piedra para crear sofisticadas maravillas arquitectónicas con fines diversos, como su propia versión de la pirámide escalonada.

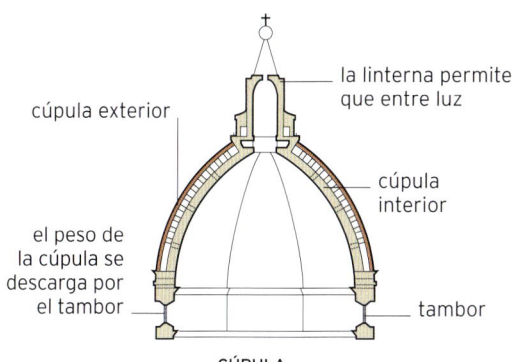

la linterna permite que entre luz

cúpula exterior

cúpula interior

el peso de la cúpula se descarga por el tambor

tambor

CÚPULA

△ **CÚPULA**
El arco rotó 360 grados y nos dio la cúpula, que perfeccionaron los romanos y culminó en la diseñada por Filippo Brunelleschi para la catedral de Florencia (pp. 140-141), terminada en 1461, la mayor cúpula de ladrillo que se haya construido jamás.

HIERRO, ACERO Y MÁS

Durante más de 10 000 años, los materiales de construcción básicos fueron el barro, la madera, el ladrillo y la piedra, pero en los últimos 200 años se ha producido un cambio radical. Materiales como el hierro, el acero o el hormigón han dado a la arquitectura una libertad sin precedentes.

El advenimiento de nuevos materiales

Además de la industria y de nuevos medios de transporte, la revolución industrial de los siglos XVIII y XIX trajo consigo una nueva manera de construir. Los ingenieros vieron rápidamente las posibilidades que ofrecía la producción de hierro a gran escala. Este metal resistía el fuego y se podía modelar para darle formas imposibles para la piedra o el ladrillo. Se probó por primera vez en 1779 en el Puente de Hierro del río Severn (Inglaterra) y luego se adaptó para columnas, vigas y estructuras de edificios completas. La fábrica de lino Ditherington Mill, construida en 1796 en Shrewsbury (Inglaterra), fue el primer edificio del mundo con estructura de hierro. A finales del siglo XIX, el hierro fue sustituido por el acero, más resistente y menos quebradizo, cuyas cualidades se revelaron plenamente en 1889, cuando fue el principal material de construcción de la revolucionaria Torre Eiffel (pp. 180–181).

△ **PRIMEROS USOS**
Unos de los primeros edificios con una estructura de hierro completa fueron los invernaderos, como la Casa de las Palmeras del Real Jardín Botánico de Kew (Inglaterra).

▷ **ESTRUCTURA FLUIDA**
La catedral de Brasilia (pp. 84-85), de Oscar Niemeyer, con sus 16 columnas curvadas hacia dentro, da fe de la libertad estructural que el hormigón armado pretensado otorgó a la arquitectura.

Más innovaciones

El acero, junto con otro avance tecnológico, el ascensor, fue la clave para la innovación más significativa de la arquitectura moderna: el rascacielos. El primer edificio de este tipo fue el de la Home Insurance Company, de diez plantas, construido en Chicago en 1885, antes de que la tendencia llegara a Nueva York, donde el edificio Manhattan Life alcanzó los 26 pisos en 1889, seguido por el Singer, con 47 pisos, en 1907, y por el Empire State (p. 43), con 101, en 1931.

Además de edificios más altos, el acero también permitió construir puentes de mayor luz. En 1874 se acabó el puente Eads sobre el Misisipi, con una distancia de 158 m entre los pilares, el puente rígido más largo del mundo en la época, lo que se logró mediante arcos de acero. Nueve años después se inauguró en Nueva York el monumental puente de Brooklyn (pp. 26–27), entonces el primer gran puente colgante con cables, tirantes y tablero de acero. Fue el primer paso hacia los grandes puentes del futuro, como el Golden Gate de San Francisco (pp. 46–47), con un vano principal de 1280 m, y el del estrecho de Akashi (p. 308) de Japón, el más largo del mundo y con un vano central de 1991 m.

Muchas estructuras se hacen hoy de **acero 100 % reciclable**, en respuesta a la preocupación por el medio ambiente.

Redefinición de la arquitectura

La era industrial también vio la reintroducción del hormigón, un material que ya usaban los romanos, pero que resurgió en su versión reforzada. Por fin, los ingenieros pudieron construir una cúpula que superaba a la del Panteón (pp. 104–105) de la antigua Roma, en el Centro del Centenario de Breslavia (la antigua Breslau alemana, hoy Wroclaw, en Polonia) en 1913. La facilidad para preformar el hormigón a fin de darle casi cualquier forma imaginable espoleó la imaginación de los arquitectos y se plasmó en la visionaria iglesia de Notre-Dame du Haut de Le Corbusier, las casas orgánicas de Frank Lloyd Wright y la silueta de velero de la Ópera de Sídney de Jørn Utzon (pp. 304–305). La tendencia sigue, pero hoy cuenta con la ayuda del modelado informático para construir edificios que se inclinan, se retuercen, avanzan sobre el vacío y, por supuesto, se elevan más que nunca.

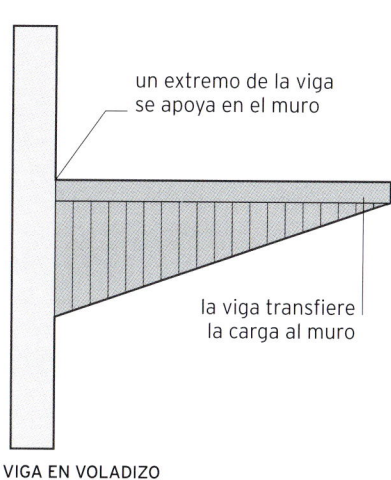

un extremo de la viga se apoya en el muro

la viga transfiere la carga al muro

VIGA EN VOLADIZO

△ **VOLADIZO**

El voladizo, un elemento en el que solo uno de los extremos está apoyado, se solía usar en los puentes. Sin embargo, en el edificio de la Televisión Central de China (arriba), construido en 2015 en Pekín, toda la parte superior descansa sobre dos torres uniéndolas con una sección de 75 m en voladizo.

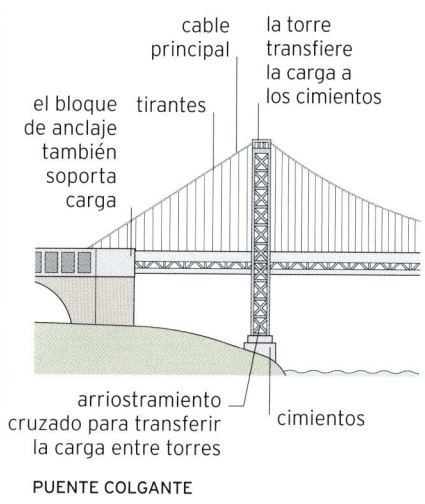

cable principal

la torre transfiere la carga a los cimientos

el bloque de anclaje también soporta carga

tirantes

arriostramiento cruzado para transferir la carga entre torres

cimientos

PUENTE COLGANTE

△ **SUSTENTACIÓN POR CABLES**

El acero responde bien tanto a la compresión como a la tensión. Por eso se utiliza en puentes de suspensión como el de George Washington de Nueva York. En estas estructuras, el tablero está sustentado por cables gigantescos que cuelgan de altas torres.

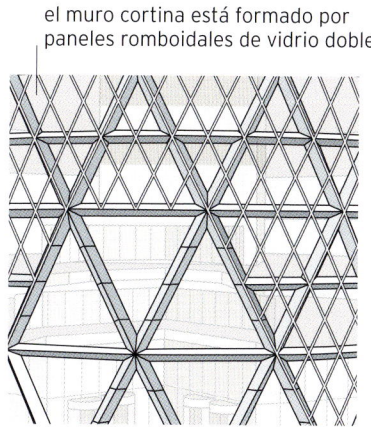

el muro cortina está formado por paneles romboidales de vidrio doble

EDIFICIO DE VIDRIO Y ACERO

△ **NUEVOS MATERIALES Y HERRAMIENTAS DE DISEÑO**

Gracias a nuevos materiales y técnicas de fabricación, los arquitectos de hoy pueden diseñar edificios con curvas sinuosas y perfiles irregulares, como el Museo de Arte Weisman de Minneapolis (Minnesota), de Frank Gehry. Muchos edificios modernos están cubiertos por un muro cortina que suele ser de metal y vidrio.

Hacia arriba

A finales del siglo xix, cuando las estructuras de hierro y la invención del ascensor hicieron posible superar las diez plantas de altura, nació en América del Norte el rascacielos. En la actualidad, los rascacielos dominan el perfil urbano de Nueva York y de muchas otras ciudades estadounidenses.

América del Norte

DE LOS PUEBLO A LOS RASCACIELOS
América del Norte

Las ideas ambiciosas, la amplitud de los espacios y el énfasis en la identidad regional caracterizan a algunas de las estructuras más notables de América del Norte. La arquitectura de los indios pueblo del siglo I fue recuperada y reinterpretada el siglo XX como estilo Santa Fe. Mientras, en el Sur profundo de EE UU aún se construían enormes túmulos sobre plataformas cuando llegaron los europeos en el siglo XVII. Los colonos desarrollaron un estilo estadounidense característico basado en los ideales clásicos y en los conceptos de libertad y democracia. En consonancia con la vastedad del continente y la posibilidad de soñar a lo grande, las estructuras adoptaron una monumentalidad que se mantuvo durante la revolución industrial y hasta la era de los rascacielos.

LUGARES CLAVE

1 Cañón del Chaco
2 Palacio del Acantilado
3 Túmulo de la Serpiente
4 Monticello
5 Casa Blanca
6 Capitolio de EE UU
7 Puente de Brooklyn
8 Monumento a Washington
9 Flatiron
10 Château Frontenac
11 Biltmore House
12 Estatua de la Libertad
13 Catedral Nacional de Washington
14 Grand Central Terminal
15 Monumento a Lincoln
16 Monumento a Jefferson
17 Monte Rushmore
18 Edificio Chrysler
19 Empire State
20 Presa Hoover
21 Puente del Golden Gate
22 El Pentágono
23 Terminal de la TWA (Aeropuerto Internacional JFK)
24 Museo Guggenheim
25 Space Needle
26 Arco Gateway
27 Habitat 67
28 Monumento a los veteranos de Vietnam
29 Torre CN
30 Walt Disney Concert Hall
31 Museo Nacional de la Cultura y la Historia Afroamericanas

LA HUELLA DE LA COLONIZACIÓN
Lo que queda de las estructuras indígenas norteamericanas son fundamentalmente túmulos de efigie prehistóricos, al este, y la arquitectura pueblo de adobe, al suroeste. La colonización de las costas este y oeste entre los siglos XVII y XIX introdujo distintos estilos europeos y materiales más duraderos.

cuando se construyó, en 1937, el Golden Gate era el puente colgante más alto y más largo del mundo

Km
0   250   500

LOS CONSTRUCTORES PUEBLO
700-1200 D.C.
Los nativos del suroeste de EE UU construyeron grandes aldeas llamadas pueblos, a las que deben su nombre de indios pueblo. Estos pueblos estaban hechos de piedra caliza y adobe con varios niveles en terrazas escalonadas, cada una ligeramente atrasada respecto a la inferior.

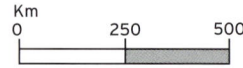 **1 CAÑÓN DEL CHACO**

TÚMULOS DE EFIGIE
800 A.C.-1500 D.C.
Varias tribus erigieron colosales montículos de tierra en lugares que consideraban relevantes. Estos túmulos se utilizaban como plataforma subestructural para edificios y como sepultura. Algunos fueron ampliados a lo largo de décadas, o incluso siglos, añadiendo niveles y capas para impedir que se desmoronaran.

3 TÚMULO DE LA SERPIENTE

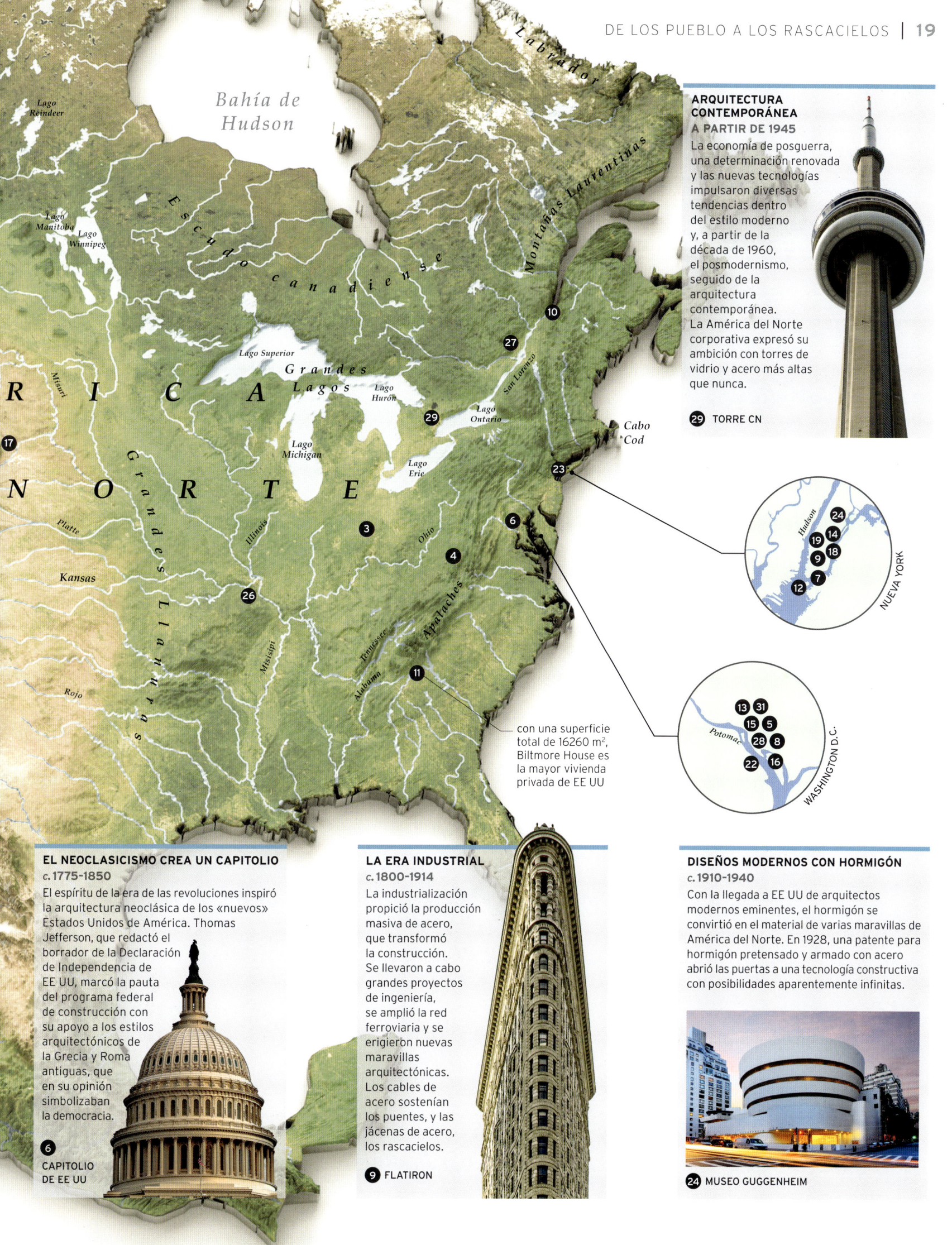

Bahía de Hudson

Lago Reindeer

Lago Manitoba
Lago Winnipeg

Escudo canadiense

Montañas Laurentinas

Labrador

Lago Superior

Grandes Lagos

Lago Hurón

Lago Ontario

San Lorenzo

Cabo Cod

R I C A

17

N O R T E

Grandes Llanuras

Misuri

Platte

Kansas

Rojo

Illinois

Ohio

Lago Michigan

Lago Erie

29

26

3

6

4

Tennessee

Alabama

Misisipi

Apalaches

11

23

ARQUITECTURA CONTEMPORÁNEA
A PARTIR DE 1945

La economía de posguerra, una determinación renovada y las nuevas tecnologías impulsaron diversas tendencias dentro del estilo moderno y, a partir de la década de 1960, el posmodernismo, seguido de la arquitectura contemporánea. La América del Norte corporativa expresó su ambición con torres de vidrio y acero más altas que nunca.

29 TORRE CN

Hudson

24

19 14

9 18

12 7

NUEVA YORK

Potomac

13 31

15 5

28 8

22 16

WASHINGTON D.C.

con una superficie total de 16260 m², Biltmore House es la mayor vivienda privada de EE UU

EL NEOCLASICISMO CREA UN CAPITOLIO
c. 1775-1850

El espíritu de la era de las revoluciones inspiró la arquitectura neoclásica de los «nuevos» Estados Unidos de América. Thomas Jefferson, que redactó el borrador de la Declaración de Independencia de EE UU, marcó la pauta del programa federal de construcción con su apoyo a los estilos arquitectónicos de la Grecia y Roma antiguas, que en su opinión simbolizaban la democracia.

6 CAPITOLIO DE EE UU

LA ERA INDUSTRIAL
c. 1800-1914

La industrialización propició la producción masiva de acero, que transformó la construcción. Se llevaron a cabo grandes proyectos de ingeniería, se amplió la red ferroviaria y se erigieron nuevas maravillas arquitectónicas. Los cables de acero sostenían los puentes, y las jácenas de acero, los rascacielos.

9 FLATIRON

DISEÑOS MODERNOS CON HORMIGÓN
c. 1910-1940

Con la llegada a EE UU de arquitectos modernos eminentes, el hormigón se convirtió en el material de varias maravillas de América del Norte. En 1928, una patente para hormigón pretensado y armado con acero abrió las puertas a una tecnología constructiva con posibilidades aparentemente infinitas.

24 MUSEO GUGGENHEIM

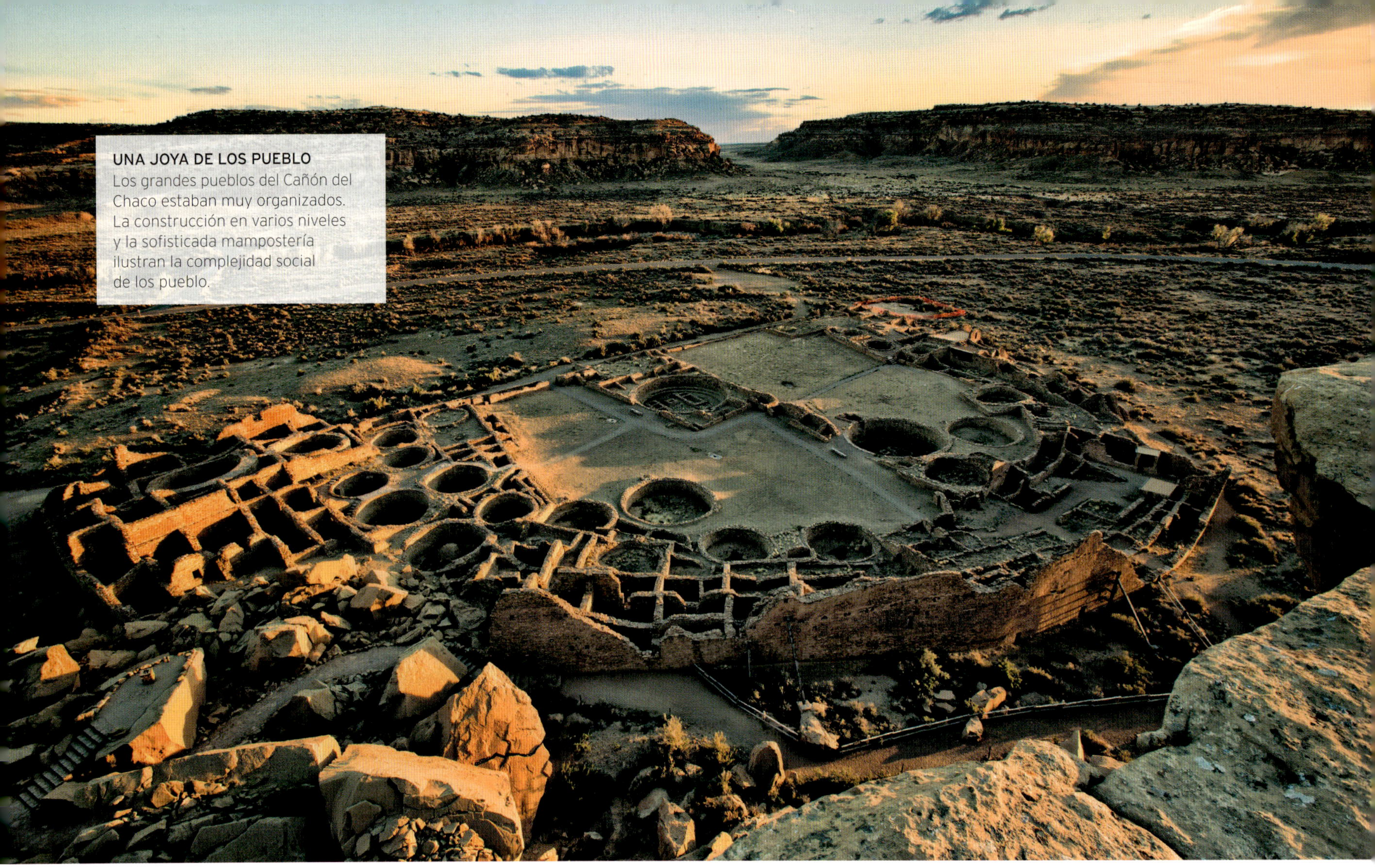

Cañón del Chaco

*Una área remota que conserva las gigantescas estructuras que
los pueblo ancestrales construyeron hace más de mil años.*

SO de
América
del Norte

Los pueblo ancestrales (o anasazi), que vivieron en el
suroeste de lo que hoy es EE UU entre 750 y 1350 d. C.
fueron grandes constructores, como atestiguan sus
alrededor de 125 pueblos conectados por un increíble
sistema de caminos. Los más bellos están en el Cañón
del Chaco, un área del noroeste de Nuevo México. Son
especialmente notables los 15 complejos con forma de
D, que fueron los edificios más grandes de América del
Norte hasta fines de la década de 1800, compuestos por
estructuras semejantes a apartamentos de materiales
como piedra, adobe, barro o madera, transportados a
menudo hasta allí desde una distancia de hasta 110 km.

Pueblo Bonito

El pueblo más famoso, Pueblo Bonito, construido en
torno a 1050 d. C., abarca más de 10 000 m², contiene
un mínimo de 650 estancias y albergó una población
de más de 1200 personas. Pueblo Bonito y el resto de
pueblos eran centros ceremoniales (muchos edificios
están alineados con fases de los ciclos lunar y solar)
y también comerciales, donde se intercambiaban
alimentos y artículos de lujo como la turquesa.

△ **TAZAS DE CHOCOLATE**
Se cree que las vasijas cilíndricas halladas en
Pueblo Bonito servían para beber chocolate, que se
preparaba moliendo semillas de cacao importadas
de México, desde unos 1900 km de distancia.

LA KIVA

La *kiva*, una habitación usada para rituales y
reuniones, confirma que los antiguos pueblo
eran una sociedad organizada. Parcialmente
subterránea, tenía forma circular, con bancos
en torno al perímetro y una hoguera central.
En el norte de la cámara hay un *sipapu*, un
agujero que representaba el lugar por el que
se ascendía desde el inframundo.

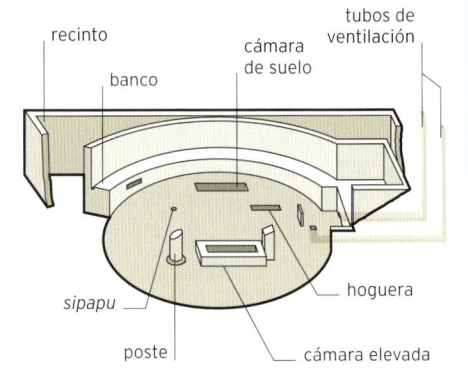

recinto

banco

cámara
de suelo

tubos de
ventilación

sipapu

poste

hoguera

cámara elevada

En América del Norte se bebió
chocolate por **primera vez** en el
Cañón del Chaco, **hace unos mil años**.

Palacio del Acantilado

Un palacio de 150 habitaciones construido por los pueblo en la ladera de un acantilado abrupto e inaccesible.

SO de
América
del Norte

Aunque algunos estaban en campo abierto, la mayoría de los complejos habitacionales de los pueblo fueron excavados en las laderas de acantilados escarpados, un lugar protegido y fácil de defender, que sugiere que se construyeron en un momento de competencia creciente por unos recursos escasos.

Un palacio primitivo

El Palacio del Acantilado, el más impresionante de estos poblados, está en un cañón de Mesa Verde, en el suroeste del estado de Colorado. Fue construido entre 1190 y 1260 con piedra arenisca y vigas de madera unidas con un mortero hecho de tierra, ceniza y agua. Contiene unas 150 estancias y 23 *kivas* (p. anterior). El gran número de *kivas* sugiere que era el centro de una comunidad local extensa. Sin embargo, en 1300 ya se había abandonado, probablemente a causa de una sequía extrema.

CUEVA PROTECTORA

El Palacio del Acantilado se construyó bajo el saliente de un acantilado de arenisca que el agua y el viento habían erosionado. La cueva tiene 27 m de profundidad, 18 de altura y 99 de longitud. Algunos edificios tienen cuatro plantas y los muros decorados con yeso de colores.

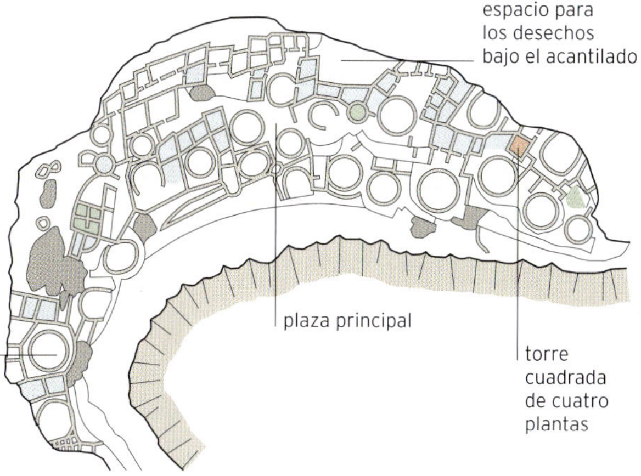

espacio para
los desechos
bajo el acantilado

kiva circular
subterránea

plaza principal

torre
cuadrada
de cuatro
plantas

CLAVE
▪ 2 plantas ▪ 3 plantas ▪ 4 plantas

▽ **UN PALACIO EN RUINAS**
En el Palacio del Acantilado, los edificios se apiñan uno sobre otro en terrazas, muchas de ellas excavadas para albergar *kivas* subterráneas.

El lugar fue **redescubierto** en **1888** por dos **vaqueros** que buscaban **reses** perdidas.

E de América
del Norte

Túmulo de la Serpiente

Un gigantesco túmulo de Ohio con forma de serpiente y que aún desconcierta a los arqueólogos.

El túmulo de la Serpiente ondula a lo largo de 411 m sobre una meseta junto al arroyo Ohio Bush Creek, en el sur de Ohio. La cabeza descansa junto a un barranco sobre el arroyo, y el cuerpo termina en una espiral de tres vueltas después de curvarse siete veces. Se halla sobre un cráter hoy oculto, formado por el impacto de un meteorito hace millones de años, pero se ignora si esto afectó a su ubicación o a su trazado. Es uno de los muchos túmulos de las culturas nativas norteamericanas que cultivaban los valles fluviales de Ohio, la mayoría de los cuales han sido destruidos por los sistemas agrícolas modernos.

La boca de la serpiente

La serpiente está hecha con una capa de arcilla amarillenta y ceniza reforzada con otra capa de piedras cubierta de tierra. La boca de la serpiente se abre al final en torno a un hueco ovalado de 37 m de longitud que podría representar un huevo a punto de ser devorado por la serpiente, pero también podría simbolizar el Sol o una rana, o ser los restos de una plataforma.

Una datación complicada

Primero se creyó que era obra de la cultura adena, que se desarrolló entre 1000 y 200 a. C., pero tras las pruebas de datación por radiocarbono realizadas en 1996 se atribuyó a la cultura de Fort Ancient, hacia 1070 d. C. Sin embargo, otras dataciones, en 2014, lo situaron hacia 320 a. C., lo cual confirmaría su origen adena. La finalidad del túmulo sigue sin estar clara. La cabeza está alineada con el ocaso del solsticio de verano, lo que indicaría algún tipo de función de calendario o ceremonial, aunque es más probable que tuviera relación con ritos funerarios, quizá para orientar a los espíritus de los difuntos de los túmulos sepulcrales próximos.

El túmulo de la Serpiente es, con diferencia, el **túmulo de efigie** más grande del mundo.

△ UN PAISAJE SERPENTINO
La altura del túmulo de la Serpiente varía mucho, desde menos de 30 cm a más de 1 m, y su anchura oscila entre 6,5 y 8 m.

◁ SERPENTEANDO POR EL CAMPO
Vistas desde el aire, las ondulaciones de la serpiente parecen bastante uniformes. Da la impresión de que el animal se desliza dispuesto a cruzar el Ohio Bush Creek.

FUNCIONES ASTRONÓMICAS

Se ha especulado mucho acerca de la finalidad del túmulo de la Serpiente. El hecho de que esté alineado con acontecimientos astronómicos relevantes, sobre todo los solsticios de verano e invierno y los dos equinoccios, sugiere que esas fechas eran importantes para una cultura agrícola que dependía de la cosecha del maíz para comer.

la cabeza está alineada con la dirección de la puesta del sol en el solsticio de verano

cuerpo de la serpiente

Ohio Brush Creek

Monticello

Una villa palladiana erigida sobre una colina, diseñada según las proporciones clásicas por un futuro presidente de EE UU.

E de América del Norte

En 1768, Thomas Jefferson (1743–1826), abogado y político de tan solo 26 años de edad, heredó de su padre un terreno de 20 km² a las afueras de Charlottesville (Virginia). Allí trabajó la tierra (con mano de obra esclava) y construyó una casa que expresaba su interés por la arquitectura, con planos que dibujó él mismo basándose en los principios del arquitecto renacentista italiano Andrea Palladio (1508–1580).

El montecito

Jefferson vivió en esta casa (a la que llamó Monticello, «montecito» en italiano) a partir de 1770. Tras la muerte de su esposa Martha, en 1784 viajó a Francia y en 1785 fue nombrado embajador en ese país. Entusiasmado por la arquitectura que vio en París, regresó a EE UU con nuevos planos para reformar y ampliar Monticello. Le añadió una cúpula octogonal central y transformó la villa de ocho habitaciones en una mansión de estilo neoclásico con 21 habitaciones en la que vivió hasta su muerte, en 1826, exceptuando los años de su presidencia (1801–1809), durante los cuales residió en Washington.

▽ **UNA ENTRADA IMPRESIONANTE**
Monticello tiene dos entradas principales. Los visitantes entran por un pórtico con columnas que lleva a un recibidor con cúpula.

La Casa Blanca

Residencia oficial y lugar de trabajo del presidente de EE UU.

E de América del Norte

Tal vez el edifico neoclásico del número 1600 de la avenida de Pensilvania de Washington D. C. sea el más famoso del mundo. Todos los presidentes estadounidenses desde John Adams, que la ocupó en 1800, han vivido aquí.

Residencia presidencial

James Hoban (1755–1831) diseñó el edificio, inspirado en la Leinster House (Dublín) y construida entre 1792 y 1800. El ala Oeste se añadió en 1901, y el célebre Despacho Oval, en 1909. Dice la leyenda que durante la reconstrucción de la mansión después de que los británicos saquearan y quemaran Washington en 1814, se usó pintura blanca para ocultar los daños y que de ahí procede su nombre moderno. Sin embargo, el enlucido blanco recubre el exterior para protegerlo de la humedad y el hielo desde 1798.

▷ **DESDE LAS ALTURAS**
Esta fotografía tomada desde el cercano monumento a Washington revela las modestas dimensiones de la Casa Blanca, que mide 51 m de largo y 26 de ancho.

Capitolio de EE UU

Una sede legislativa nueva en la nueva capital de un nuevo estado.

E de América del Norte

△ **CONSTRUIDA Y RECONSTRUIDA**
La primera cúpula del Capitolio de EE UU era de madera y cobre. En 1855-1866 se añadió una nueva cúpula con columnas, ménsulas, varias ventanas y una estatua en la cima.

En 1783, cuando EE UU se convirtió en una nación independiente, carecía de capital y de un edificio para el Congreso. En 1790, la ley de Residencia asignó un terreno junto al río Potomac, en Maryland, para erigir la nueva capital del país, que se llamó Washington en honor al primer presidente, George Washington (1732-1799). El ingeniero militar franco-estadounidense Pierre Charles L'Enfant (1754-1825), que trazó los planos básicos de la ciudad, situó la sede legislativa en lo que hoy es la avenida de Pensilvania y la unió a la Casa del Presidente. Aunque llamó Cámara del Congreso al nuevo edificio, Jefferson insistió en llamarlo Capitolio, en alusión a la colina Capitolina, una de las siete colinas de la antigua Roma.

La construcción del Capitolio

Jefferson sometió a concurso el diseño del nuevo edificio en 1792. El arquitecto aficionado William Thornton (1759-1828) presentó un diseño inspirado en la fachada oriental del palacio del Louvre de París en enero de 1793. Washington puso la primera piedra el 18 de septiembre de 1793, y la construcción terminó en 1811.

AMPLIACIÓN DEL CAPITOLIO

En 1850, la admisión de nuevos estados hizo que aumentara el número de legisladores y hubo que construir otras dos alas para el Senado y la Cámara de Representantes. Se añadió una nueva cúpula central en 1863, se reconstruyó la fachada oriental en 1904 y se amplió el pórtico oriental en 1958.

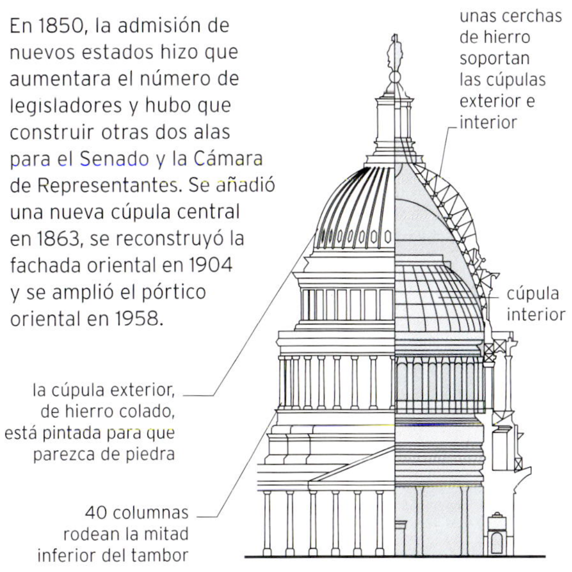

unas cerchas de hierro soportan las cúpulas exterior e interior

cúpula interior

la cúpula exterior, de hierro colado, está pintada para que parezca de piedra

40 columnas rodean la mitad inferior del tambor

A **principios del siglo** XIX, en el Capitolio se celebraban **servicios religiosos dominicales**.

E de América del Norte

Puente de Brooklyn

Una de las maravillas de la ingeniería en su época que sigue al servicio de los conductores de Nueva York.

El puente de Brooklyn no es el más largo ni el más alto de EE UU (aunque en la época en que se construyó era el puente de suspensión más largo del mundo y también el primero con tirantes de acero), ni el más avanzado, ni el único que cruza el East River en Nueva York. No obstante, es uno de los puentes más famosos del mundo y un símbolo de su ciudad equiparable a la estatua de la Libertad o el Empire State. Este puente, de 1825 m de longitud, une Manhattan y el vecino distrito de Brooklyn.

Cruzar el río

El inmigrante alemán John Augustus Roebling (1806–1869) concibió la idea de un puente que cruzara el East River. Las obras empezaron en 1869 bajo la dirección de su hijo Washington (1837–1926). Aunque técnicamente era un puente colgante (el tablero cuelga de tirantes verticales fijados a un cable principal), en realidad es un puente híbrido atirantado, en el que unos tirantes dispuestos en abanico cuelgan directamente desde dos torres para sujetar el tablero.

Es puente fue inaugurado el 24 de mayo de 1883 por el presidente Chester Arthur, que lo cruzó junto con el alcalde de Nueva York, Franklin Edison. En origen estaba diseñado para soportar el tráfico ferroviario y de vehículos tirados por caballos, con una pasarela independiente elevada en el centro para peatones y ciclistas. Los últimos trenes lo cruzaron en 1944 y los tranvías que compartían las vías dejaron de pasar en 1950. Entonces se reconfiguró para que acogiera seis carriles para automóviles. Las limitaciones de altura y peso impiden la circulación de vehículos comerciales y autobuses.

△ **CABLES POTENTES**
Cada uno de los cuatro cables principales que sostienen el tablero mide 1090 m de longitud y 40 cm de diámetro, y está hecho con hasta 21000 hilos de acero.

▷ **UN TRABAJO ARRIESGADO**
Dos hombres supervisan desde una pasarela el puente aún sin terminar. Las obras de construcción fueron peligrosas y costaron la vida al menos a 20 trabajadores.

P. T. Barnum hizo que el famoso **Jumbo y otros 21 elefantes** cruzaran el puente en mayo de 1884 para demostrar que **era seguro**.

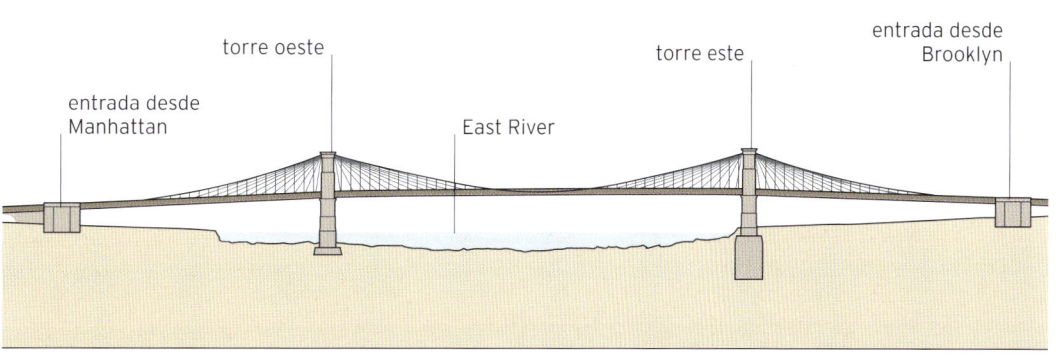

LA CONSTRUCCIÓN DE LAS TORRES

Las dos torres neogóticas del puente, que se alzan 84,3 m sobre el agua, están construidas con piedra caliza, granito y cemento de Rosendale, que se fabrica en el estado de Nueva York desde 1825. Se construyeron sobre dos cajones de cimentación flotantes (unas enormes cajas de pino boca abajo)

que se hundieron hasta el fondo. A continuación se bombeó aire comprimido para que los obreros pudieran extraer el sedimento hasta que los cajones se hundieron profundamente en el lecho del río y a continuación se rellenaron con pilotes de ladrillo y hormigón.

entrada desde Manhattan

torre oeste

East River

torre este

entrada desde Brooklyn

△ **PASARELA PEATONAL**
Los cables del puente forman una interesante retícula que se aprecia mejor desde la pasarela que comparten peatones y ciclistas.

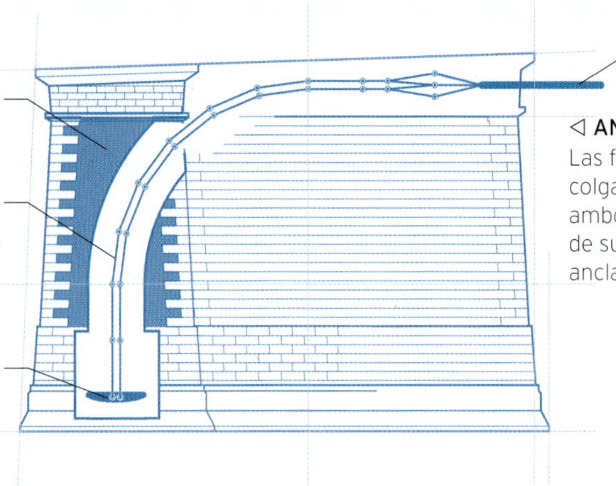

una cámara de granito contiene el anclaje

barra de anclaje

placa de anclaje incrustada en la roca

cable hacia la torre

torres de 84,3 m de altura

la longitud del puente, entradas incluidas, es de 1883 m

◁ ANCLAJE

Las fuerzas que actúan en los puentes colgantes exigen un anclaje seguro en ambos extremos. Normalmente los cables de suspensión se sujetan a macizos de anclaje, a menudo incrustados en la roca.

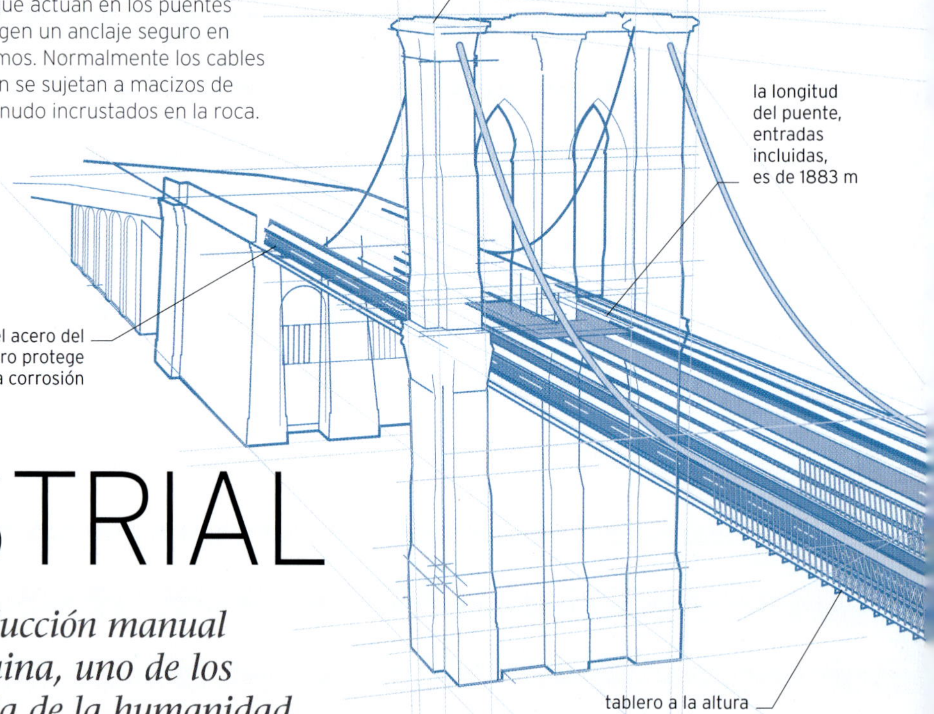

el acero del tablero protege de la corrosión

tablero a la altura suficiente para no interferir con el tráfico fluvial

Estilos arquitectónicos

LA ERA INDUSTRIAL

La era industrial significó la transición de la producción manual a un mundo en el que casi todo se hacía a máquina, uno de los acontecimientos más trascendentales de la historia de la humanidad.

Cabría decir que la arquitectura es la manifestación más visible de los cambios sociales, económicos y políticos de la era industrial. La producción industrial de materiales como el hierro y el vidrio permitió construir edificios y estructuras imposibles hasta entonces. Sin embargo, aún más relevantes fueron los nuevos tipos de edificios e infraestructuras que los nuevos materiales permitían y que la industria pedía. La riqueza creada por la industria vino acompañada de nuevos edificios públicos y municipales. Los nuevos puentes, estaciones de ferrocarril, sistemas de alcantarillado, fábricas, edificios industriales y viviendas para los obreros cambiaron radicalmente las ciudades y los paisajes donde se construían.

En lo que a la estética se refiere, el austero neoclasicismo de finales del siglo XVIII y principios del XIX dio paso a una gran variedad de estilos, entre los que destacó el neogótico. Aunque al principio este se limitó a edificios religiosos, pronto caracterizó otros muy diversos, desde hoteles a edificios gubernamentales.

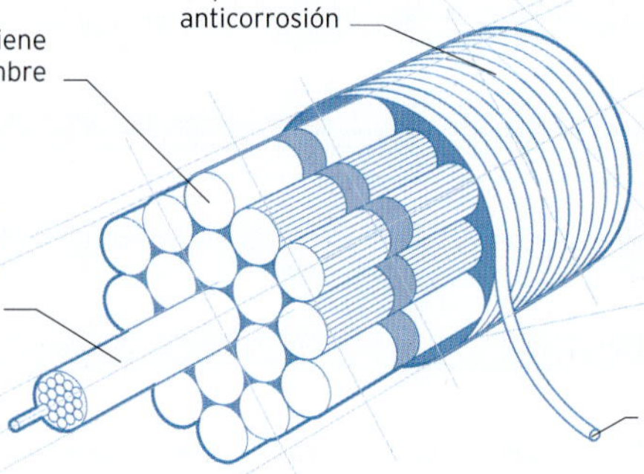

envoltura galvanizada con zinc como protección anticorrosión

cada cable contiene 5657 km de alambre

alambre central con otros 18 comprimidos a su alrededor

alambres envueltos con una prieta espiral de alambre

VIDRIO, ACERO Y PIEDRA

△ CABLE DE SUSPENSIÓN

El desarrollo de los cables de acero a mediados del siglo XIX fue vital para la construcción de puentes de suspensión de la escala del puente de Brooklyn. Estaban formados por múltiples alambres de acero y eran mucho más resistentes y duraderos que las cadenas metálicas que se usaban antes.

arcos de hierro forjado

el vidrio sigue las formas redondeadas

columnas de acero

estructura similar a un esqueleto

numerosas ventanas en todas las fachadas

decoración ecléctica

△ VIDRIO CURVADO

La fabricación de vidrio despegó en el siglo XIX. El uso más espectacular de paneles de vidrio de grandes dimensiones se vio en edificios donde se insertaban en estructuras de hierro.

△ ESTRUCTURAS DE ACERO

A finales del siglo XIX se pudo usar el acero como material de construcción. Los edificios con estructura de acero ya no precisaban muros de carga.

△ MAMPOSTERÍA

La estructura de acero permite que los muros sean mero revestimiento, con más ventanas y una función más decorativa que estructural.

El puente de Brooklyn, a sus casi **150 años**, continúa soportando el peso de más de **100 000 vehículos diarios**.

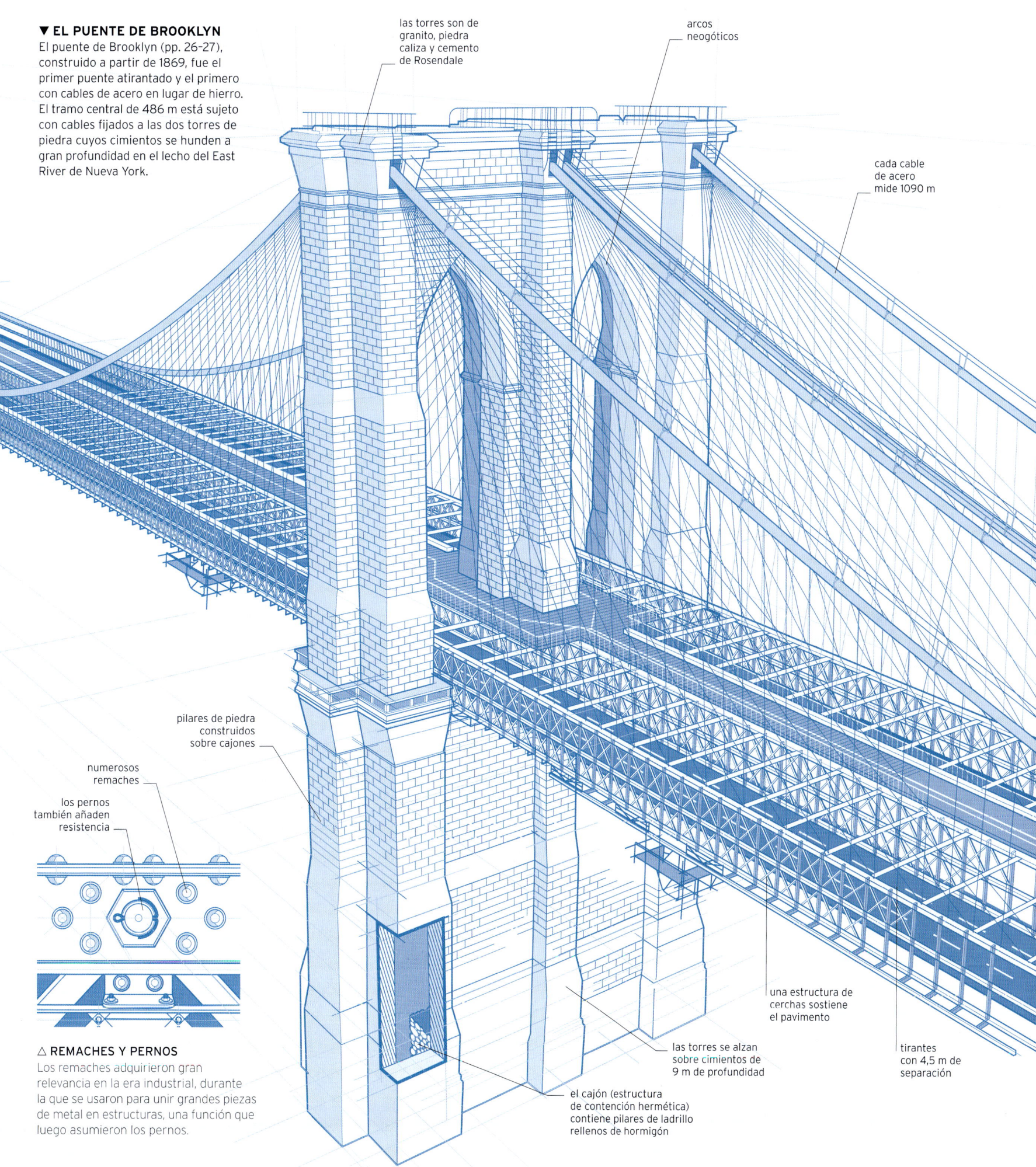

▼ EL PUENTE DE BROOKLYN

El puente de Brooklyn (pp. 26-27), construido a partir de 1869, fue el primer puente atirantado y el primero con cables de acero en lugar de hierro. El tramo central de 486 m está sujeto con cables fijados a las dos torres de piedra cuyos cimientos se hunden a gran profundidad en el lecho del East River de Nueva York.

las torres son de granito, piedra caliza y cemento de Rosendale

arcos neogóticos

cada cable de acero mide 1090 m

pilares de piedra construidos sobre cajones

numerosos remaches

los pernos también añaden resistencia

una estructura de cerchas sostiene el pavimento

las torres se alzan sobre cimientos de 9 m de profundidad

tirantes con 4,5 m de separación

el cajón (estructura de contención hermética) contiene pilares de ladrillo rellenos de hormigón

△ REMACHES Y PERNOS

Los remaches adquirieron gran relevancia en la era industrial, durante la que se usaron para unir grandes piezas de metal en estructuras, una función que luego asumieron los pernos.

E de América del Norte

Monumento a Washington

Un obelisco que evoca el poder de una antigua civilización erigido en honor del fundador de una nueva nación.

Pese a su importancia nacional, el monumento a Washington de la capital estadounidense tuvo una gestación atribulada. La construcción de este monumento al primer presidente de EE UU, George Washington (1732–1799), empezó en 1848, pero se detuvo entre 1854 y 1876 por falta de fondos y por el estallido de la guerra de Secesión, y no concluyó hasta 1884.

El diseño original de Robert Mills era un obelisco de 183 m de altura rodeado por 30 columnas de 30 m de altura cada una, pero los planes se redujeron en 1876, cuando se reanudó la construcción. El monumento es un obelisco hueco de 169 m de altura, de mármol, granito y esquisto azul, coronado por un piramidión de 16,8 m.

△ A VISTA DE PÁJARO
El obelisco está coronado por un piramidión hueco de mármol con una pirámide de aluminio más pequeña en la punta que forma parte del pararrayos del monumento.

E de América del Norte

El Flatiron

Un rascacielos con forma de cuña que se convirtió en el símbolo de la audacia y la ambición de Nueva York.

Este rascacielos debe su agresiva forma al afán de aprovechar al máximo el caro suelo de Nueva York. En la década de 1850, el solar ya se conocía como el *flatiron* de Eno por su forma, que recordaba la de una plancha de ropa (*iron*), y por su propietario, Amos Eno. En 1901, una sociedad de inversiones creada por Harry S. Black, de la George A. Fuller Company, compró el solar. El edificio se iba llamar Fuller, pero los vecinos de la zona insistieron en llamarlo Flatiron.

Las obras comenzaron en junio de 1901 y avanzaron a gran velocidad: el acero para levantar la estructura estaba precortado, y el rascacielos creció a un ritmo de una planta semanal. El edificio, de 22 pisos, se terminó en junio de 1902. El diseño de Daniel Burnham combina la forma de un palacio renacentista vertical con una decoración de estilo *Beaux Arts*. En general, el Flatiron evoca la columna griega clásica, con basamento de piedra caliza y un fuste de cerámica vidriada con capitel.

UN TRIÁNGULO RECTÁNGULO

La planta tiene forma de triángulo rectángulo. Cada piso tiene un vestíbulo central y un pasillo con 23 habitaciones alrededor, todas ellas, excepto tres, con ventanas exteriores. Originalmente se accedía a los pisos con un ascensor hidráulico, impulsado por agua a presión, muy lento, ya que tardaba 10 minutos en llegar al último.

la fachada que da a Broadway mide 57,9 m

caja del ascensor

el extremo norte acaba en un ángulo agudo de 25º

◁ ESQUELETO DE ACERO
En 1892, Nueva York eliminó la obligación de construir con piedra para proteger los edificios del fuego. Esto permitió que los nuevos edificios, como el Flatiron, se construyeran con esqueletos de acero.

▷ ESTILO BEAUX ARTS
Los ladrillos de terracota vidriada que cubren el rascacielos son meramente decorativos. Carecen de función estructural y solo cubren el esqueleto de acero que sostiene el edificio.

El Château Frontenac

Un hotel canadiense con aspecto de castillo, construido en una época en la que viajar en tren era el súmmum del lujo.

NE de América del Norte

A medida que el ferrocarril se expandía por Canadá, las compañías ferroviarias empezaron a construir grandes hoteles que albergaran a sus clientes, viajeros pudientes. Casi todos parecían castillos, con torreones, chapiteles y otros elementos del estilo señorial escocés y de los castillos franceses. El más famoso de estos hoteles es el Château Frontenac de la ciudad de Quebec, construido por la Canadian Pacific en el límite oriental del casco antiguo, sobre una colina frente al río San Lorenzo.

Una extravagancia francogótica

Su diseñador fue Bruce Price (1845–1903), uno de los principales arquitectos que contrató la Canadian Pacific para diseñar sus hoteles. Construido entre 1892–1893, está inspirado en los castillos renacentistas franceses del valle del Loira, con elementos góticos y victorianos. Su perfil asimétrico domina la ciudad que se extiende a sus pies, y sus elementos más impactantes son los empinados tejados, las grandes torres y chapiteles, y las altas chimeneas. Se alza sobre una base de sillería gris y está cubierto por ladrillos de arcilla refractaria de Glenboig, fabricados en Lanarkshire (Escocia). En su interior abundan las escalinatas de mármol, los paneles de caoba, el hierro forjado y la piedra tallada. Cuenta con 611 habitaciones y muchos salones de banquetes, bares y otras instalaciones. En el tejado hay cuatro colmenas cuyas 70 000 abejas producen unos 295 kg de miel anuales. Una de las suites ejecutivas se llama Trudeau-Trudeau, en honor a los primeros ministros canadienses padre e hijo.

LA HERRADURA

La planta del Château Frontenac tiene forma de herradura, con cuatro alas de distinta longitud. Iba a ser un edificio cuadrado, pero la construcción de la Terraza Dufferin, que rodea la fachada oriental, dio lugar a una estructura más compleja.

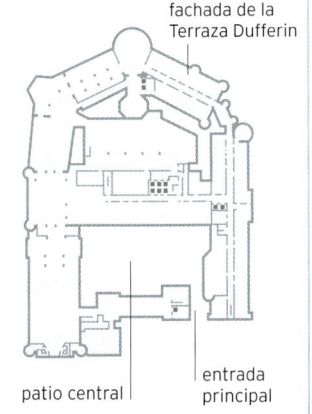

fachada de la Terraza Dufferin

patio central

entrada principal

△ UN INTERIOR SUNTUOSO
La gran escalinata doble del Château Frontenac es de mármol, con balaustres de hierro forjado. Las paredes están pintadas de un tono amarillo pálido llamado *eau de nil*, por su parecido con las aguas del río Nilo.

◁ TEJADO DE COBRE
Los empinados tejados del Château Frontenac y de sus pequeñas mansardas están cubiertos de cobre, que al oxidarse ha adquirido un característico tono verde.

DOMINANDO EL HORIZONTE
Con su estructura de acero y aspecto de fortaleza, el Château Frontenac ofrece unas vistas magníficas del río San Lorenzo y forma parte del centro histórico del Viejo Quebec, declarado Patrimonio de la Humanidad.

E de América del Norte

Biltmore House

Una mansión de estilo renacentista francés, en su día la más grande del mundo.

La edad de oro estadounidense (1870–1900) fue una época de crecimiento económico y riqueza ostentosa. Y nadie era más rico que George Washington Vanderbilt II, que decidió construir su residencia de verano en la ciudad de Asheville (Carolina del Norte), que había conocido de niño. Biltmore House, diseñada por el estadounidense Richard Morris Hunt, se inspira en los castillos del valle del Loira y en Waddesdon Manor (Inglaterra), propiedad de la familia Rothschild. La casa, con 16 600 m², cuatro pisos, 250 habitaciones y una profusión de tejados empinados, torres, torrecillas y decoración escultórica, se empezó a construir en 1889 y se acabó en 1896, sin reparar en gastos, como correspondía a una mansión diseñada para una época dorada y opulenta.

△ LUJO DE INVIERNO
El Jardín de Invierno octogonal está rodeado por arquerías de piedra y cubierto con un techo de madera tallada y vidrio. La fuente central está coronada por la escultura *Niño robando gansos*, del austriaco Karl Bitter.

◁ **CUBIERTA DE COBRE**
El escultor Frédéric Bartholdi decidió revistir la estatua con láminas de cobre de 2,3 mm de grosor porque una cobertura de bronce fundido o de piedra habría sido demasiado cara y pesada de transportar.

Estatua de la Libertad

Un regalo del pueblo francés al pueblo estadounidense que simboliza la libertad y la ilustración.

E de América del Norte

En pie sobre una isla del puerto de Nueva York, la estatua de la Libertad recibe a inmigrantes y turistas desde el 28 de octubre de 1886. Es una estatua de cobre de 46 m de alto que representa a Libertas, la diosa romana de la libertad. Orgullosa y libre, se yergue sobre las cadenas de la esclavitud rotas a sus pies, alzando una antorcha con la que ilumina el mundo y sosteniendo una tabla con la inscripción en números romanos de la fecha de la Declaración de Independencia de EE UU.

Origen francés, financiación estadounidense

La idea de la estatua surgió en Francia, cuando Édouard René de Laboulaye, político y profesor de derecho, sugirió al escultor Frédéric Auguste Bartholdi que cualquier monumento en conmemoración de la independencia de

EE UU debería ser un proyecto conjunto entre los pueblos estadounidense y francés, por su vínculos revolucionarios. Cuando terminó la cabeza y el brazo que sostiene la antorcha, Bartholdi aún no había diseñado el resto de la estatua y presentó el brazo en la Exposición Universal de Filadelfia de 1876 y luego en Nueva York. La financiación fue problemática hasta que Joseph Pulitzer, propietario del *New York World*, lanzó una campaña para recaudar fondos, que empezaron a llegar de más de 120 000 donantes.

Gustave Eiffel, luego famoso por la torre parisina que lleva su nombre (pp. 180–181), diseñó la estructura interna de la estatua, que se construyó en París y se envió desmontada a EE UU. La inauguración, marcada por el primer desfile con confeti de Nueva York, fue presidida por el presidente Grover Cleveland.

Solo la antorcha mide **5 m** de altura y pesa **1,6 toneladas**.

▷ **PORTANDO LA ANTORCHA**
Como el resto de la estatua, la mano que enarbola la antorcha se hizo en París. Luego se desmontó y se envió al otro lado del Atlántico en 200 cajas. Allí se volvió a ensamblar en la que entonces era la isla Bedloe de Nueva York.

ESTRUCTURA DE HIERRO

La estatua se construyó sobre una estructura de hierro, con una estructura secundaria central que le permitiera balancearse ligeramente con los vientos del puerto. Luego se unieron a este esqueleto las piezas de cobre externas con abrazaderas metálicas. Esta «piel» se aisló con amianto impregnado de goma laca para evitar la corrosión entre ella y los soportes de hierro.

antorcha dorada en la mano derecha

escalera a través de la estructura de acero

una torre central de acero ancla la estatua, de 228 toneladas, al pedestal

E de América del Norte

Catedral Nacional de Washington

El hogar espiritual del pueblo estadounidense en el corazón de la capital del país.

Aunque EE UU es un estado aconfesional, la Catedral Nacional de Washington es lo más parecido que tiene a un hogar espiritual. La catedral de San Pedro y San Pablo de la diócesis de Washington de la Iglesia episcopaliana ha sido desde el primer día un templo nacional, una «casa de oración para todos» y un lugar donde celebrar acontecimientos nacionales y funerales de estado.

Varios años de construcción

Se trata de un edificio neogótico inspirado en el gótico inglés de finales del siglo XIV. La obras empezaron en 1907, cuando el presidente Theodore Roosevelt puso la primer piedra, y prosiguieron hasta 1990, cuando se colocó el último pináculo en presencia del presidente George H. W. Bush. No obstante, la decoración sigue en curso.

△ GÁRGOLAS
La Catedral Nacional de Washington cuenta con cientos de monstruos imaginarios tallados al estilo de las gárgolas de las catedrales góticas.

Desde la Segunda Guerra Mundial se han celebrado aquí los **funerales** de **cuatro presidentes**.

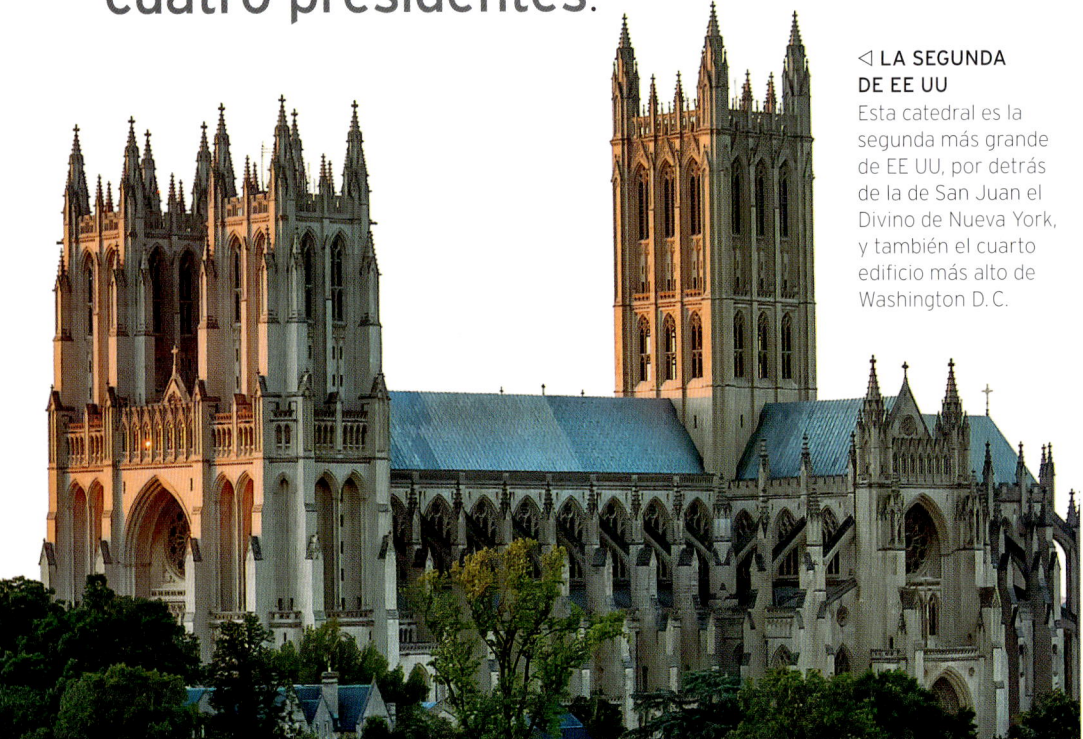

◁ LA SEGUNDA DE EE UU
Esta catedral es la segunda más grande de EE UU, por detrás de la de San Juan el Divino de Nueva York, y también el cuarto edificio más alto de Washington D. C.

E de América del Norte

Grand Central Terminal

Una majestuosa estación de ferrocarril de Nueva York, con más de 750 000 pasajeros diarios.

Los viajeros procedentes del norte del estado de Nueva York y de Connecticut llegan a Nueva York por la Grand Central Terminal, la mayor estación de ferrocarril en funcionamiento de EE UU y la tercera con más tráfico de América del Norte. Sus 44 andenes son subterráneos, con 56 líneas en dos niveles y 11 apartaderos adicionales. En la actualidad se están construyendo otros dos niveles a mayor profundidad. Esta estación es uno de los diez destinos turísticos más visitados del mundo, con más de 22 millones de visitantes anuales.

El vestíbulo principal

La estación actual (la tercera en el mismo lugar) se construyó entre 1903 y 1913. La amplitud del vestíbulo principal (*Main Concourse*, antes conocido como *Express Concourse*, por los trenes que salían de allí), de 84 m de longitud, 37 de ancho y 38 de altura, subraya su categoría de gran terminal ferroviaria. El techo con bóveda de cañón está decorado con una bella pintura de las constelaciones, y diez arañas con forma de globo iluminan la sala. Sobre el puesto de información central con forma de octodecágono hay un reloj de bronce con cuatro esferas, quizá el elemento más emblemático de la terminal.

◁ **PUNTO DE REUNIÓN**
El centro geográfico de la estación es el vestíbulo principal. Está iluminado por diez arañas y grandes ventanales arqueados, y tiene dos fuentes.

△ **UNA ESCULTURA GRANDIOSA**
En la fachada sur destaca el grupo escultórico de 20 m de anchura *La gloria del comercio*, obra del francés Jules-Félix Coutan, en el que aparecen Mercurio (centro) Minerva y Hércules.

VÍAS Y TERMINALES

Cada 58 segundos llegan trenes a la estación, tras haber ascendido por una suave pendiente para frenar. Las vías se hallan en dos niveles: 30 en el superior y 26 en el inferior. Al norte de la estación convergen para recorrer Park Avenue bajo el suelo hasta emerger en la calle 97, en el Upper East Side.

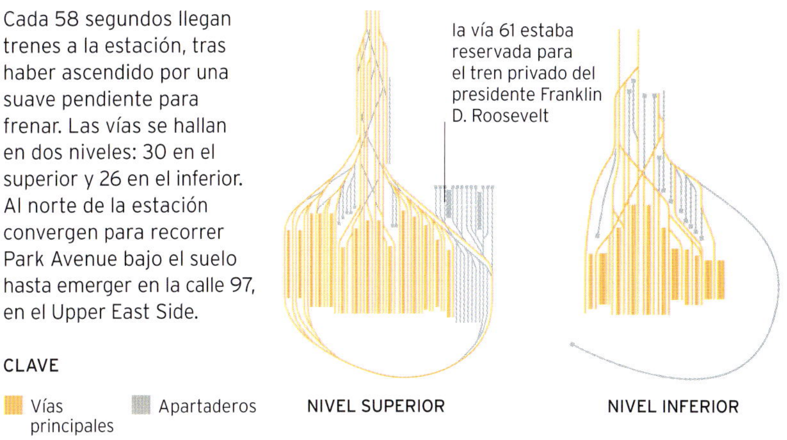

la vía 61 estaba reservada para el tren privado del presidente Franklin D. Roosevelt

CLAVE

▨ Vías principales   ▨ Apartaderos

NIVEL SUPERIOR   **NIVEL INFERIOR**

Monumento a Lincoln

Un monumento erigido para honrar al 16.º presidente y ayudar a cerrar las heridas de la guerra de Secesión.

E de América del Norte

Abraham Lincoln (1809–1865) fue asesinado por un simpatizante confederado en Washington D. C., justo cuando empezaban a remitir las turbulencias de la guerra de Secesión. En 1868 se erigió una sencilla estatua en su honor, pero en 1910 y en respuesta a la demanda pública, el Senado aprobó la construcción de un monumento más grandioso. Diseñado por Henry Bacon (1866–1924) con la forma de un templo dórico, el monumento se construyó entre 1914 y 1922. Las obras se retrasaron a causa de la entrada de EE UU en la Primera Guerra Mundial y de la escasez de material durante esta contienda.

Inmortalizado en piedra

En el interior se alza la estatua sedente de Lincoln, esculpida en mármol blanco de Georgia por Daniel Chester French. Tras ella hay grabados fragmentos de dos célebres discursos del presidente: el de Gettysburg en 1863 y su segundo discurso inaugural en 1865. El monumento está en el extremo oeste de la Explanada Nacional y ha sido testigo de varios acontecimientos históricos. Fue allí donde Martin Luther King pronunció su discurso «Tengo un sueño» el 28 de agosto de 1963.

DISEÑO DÓRICO

El monumento tiene 30 m de altura y mide 58 por 36 m. Cuenta con 36 columnas, una por cada estado de la Unión cuando Lincoln murió. Se construyó con piedra procedente de diferentes lugares de EE UU, para simbolizar la unidad del país.

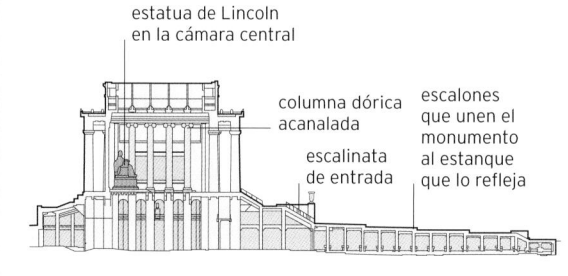

estatua de Lincoln en la cámara central

columna dórica acanalada

escalinata de entrada

escalones que unen el monumento al estanque que lo refleja

▷ **MAJESTUOSO Y DIGNO**
La estatua sedente de Lincoln iba a medir solo 3 m de altura, pero acabó midiendo casi el doble. Tardó cuatro años en completarse, bajo la supervisión del escultor Daniel Chester French .

Monumento a Jefferson

Un monumento neoclásico de mármol blanco en honor de un gran estadista, pensador y arquitecto estadounidense.

E de América del Norte

Thomas Jefferson (1743–1826) es una de las figuras más relevantes en la historia estadounidense. Fue el principal redactor de la Declaración de Independencia de EE UU, escrita tras la separación de Gran Bretaña en 1776; el primer secretario de Estado del nuevo país bajo el presidente George Washington entre 1790 y 1793, y su tercer presidente, de 1801 a 1809. Cuando se retiró de la vida pública, fundó la Universidad de Virginia. Sin embargo, no estaba libre de faltas: pese a que en el preámbulo de la Declaración de Independencia afirma que «todos los hombres han sido creados iguales», fue propietario de numerosos esclavos que trabajaban en su plantación de Virginia.

Un homenaje neoclásico

Un monumento en honor de un hombre como Thomas Jefferson, también arquitecto, que había diseñado su propia vivienda neoclásica en Monticello (pp. 24–25), solo podía ser neoclásico. El monumento erigido en Washington D. C. fue diseñado por John Russell Pope, que murió en 1938, antes del inicio de las obras, y fue inaugurado oficialmente por Franklin D. Roosevelt el 13 de abril de 1943, en el 200 aniversario del nacimiento de Jefferson. En 1947, una estatua de bronce de Jefferson de 5,8 m de altura, obra de Rudolph Evans, sustituyó a la de yeso pintado de color bronce instalada originalmente a causa de la escasez de materiales durante la Segunda Guerra Mundial. El frontón del pórtico contiene una escultura de los cinco miembros del comité encargado de redactar la Declaración de Independencia. En los muros interiores están inscritos fragmentos de esta declaración y del Estatuto de Virginia para la libertad religiosa de 1777, que Jefferson redactó cuando formaba parte de la Asamblea General de Virginia.

ESTRUCTURA CIRCULAR

El monumento consta de un pórtico con un frontón triangular y una cámara circular rodeada de columnas jónicas y cubierta por una cúpula baja. Se construyó con mármol blanco Imperial Danby, de Vermont, y está bordeado por escalinatas de granito y mármol.

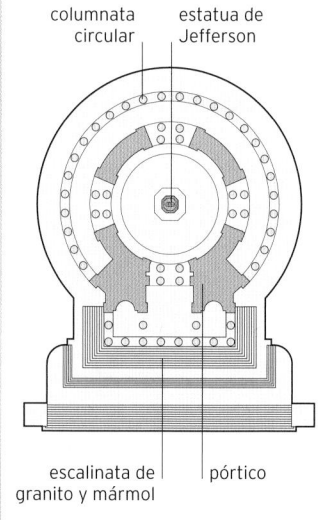

columnata circular

estatua de Jefferson

escalinata de granito y mármol

pórtico

IN THIS TEMPLE
AS IN THE HEARTS OF THE PEOPLE
FOR WHOM HE SAVED THE UNION
THE MEMORY OF ABRAHAM LINCOLN
IS ENSHRINED FOREVER

▽ INSPIRADO EN EL PASADO

El edificio circular con columnata perimetral, inspirado en el Panteón de Roma (p. 104), fue construido en el estilo neoclásico que Thomas Jefferson había contribuido a introducir en EE UU.

▷ CONTRA LA TIRANÍA

En un friso bajo la cúpula se leen las palabras de Jefferson en defensa de la negativa de la Constitución a reconocer una religión oficial: «He jurado [...] hostilidad contra toda forma de tiranía».

Los **cerezos** de los alrededores del monumento fueron un **regalo** de **Japón**.

Los presidentes debían aparecer de **medio cuerpo**, pero la falta de financiación **dejó solo sus rostros** en **1941**.

▷ **EN CONSTRUCCIÓN**
Los trabajadores usaban material de escalada, cestas suspendidas y telesquíes para acceder al rostro en el que estuvieran trabajando.

▽ **LOS CUATRO PRESIDENTES**
Para esculpir el rostro de los cuatro presidentes hubo que volar más de 410 000 toneladas de granito de una ladera del monte Rushmore.

Monte Rushmore

Un proyecto turístico de la década de 1920 que hoy visitan anualmente tres millones de personas para admirar los colosales rostros de cuatro presidentes estadounidenses.

C de América
del Norte

El objetivo de las esculturas del monte Rushmore, situado en las Colinas Negras de Dakota del Sur, era incentivar el turismo. En 1923, Doane Robinson, historiador local que conocía los planes para el Monumento Confederado de Stone Mountain (Georgia) decidió crear un lugar similar para atraer visitantes a Dakota del Sur.

Esculpir una montaña

El escultor Gutzon Borglum propuso el monte Rushmore, y en 1929, el presidente Calvin Coolidge firmó la ley que creó la comisión que supervisaría el proyecto. Las obras empezaron en 1927, y los cuatro rostros, de 18 m de altura cada uno, se terminaron entre 1930 y 1939.

Los presidentes (George Washington, Thomas Jefferson, Theodore Roosevelt y Abraham Lincoln) se eligieron por su papel en la fundación y la conservación de la Unión y en la ampliación de su territorio.

La montaña se voló con dinamita hasta que solo quedaron entre 7,5 cm y 15 cm de granito. Para esculpir las figuras, los taladradores y talladores emplearon el método del «nido de abeja», que consiste en practicar pequeños orificios contiguos en la piedra. Entonces, los trabajadores pulieron el granito para alisar la superficie. El monumento se terminó en 1941.

Edificio Chrysler

Una elegante obra maestra Art Déco que destaca en el perfil de Nueva York y la primera obra arquitectónica que superó los 300 m de altura.

E de América del Norte

Situado en el East Side de Manhattan, el edificio Chrysler es el rascacielos más famoso de una ciudad célebre por la altura de sus edificios. Mientras que la mayoría de edificios altos son lisos e impersonales, el edificio Chrysler es una obra maestra del estilo *Art Déco* que destila elegancia y diseño sutil, y cuyo coronamiento metálico ilumina el cielo.

El edificio albergó las oficinas centrales de la empresa automovilística Chrysler Corporation, que sin embargo, no era su propietaria. Lo construyó Walter Chrysler (1875–1940), el fundador de la empresa, de la que fue la sede central entre 1930 y mediados de la década de 1950. A Walter le gustó tanto el edificio que decidió pagarlo de su propio bolsillo para que sus hijos lo pudieran heredar. Lo diseñó William Van Alen con el fin de que fuera el edificio más alto del mundo, con 318,9 m de altura. Durante la construcción superó a su rival más próximo (el 40 Wall Street) y cuando se inauguró, el 27 de mayo de 1930, se hizo con el primer puesto.

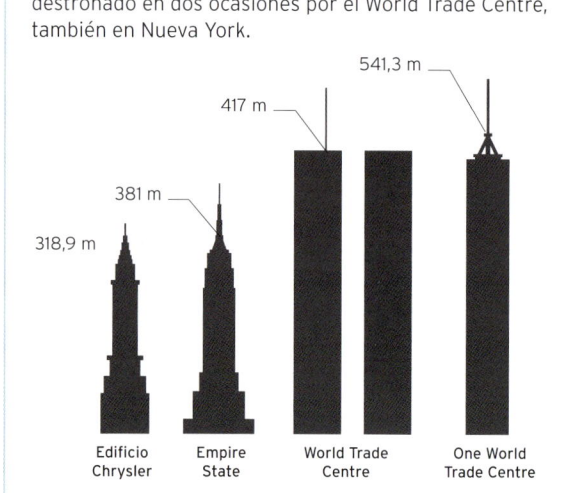

◁ **UNA AGUJA SECRETA**
El arquitecto del edificio Chrysler construyó en secreto una aguja de 38 m de altura y la colocó sobre la torre para que fuera 35,9 m más alta que el 40 Wall Street.

△ **ESTILO ART DÉCO**
Las gárgolas del piso 31 parecen el emblema de un automóvil, y réplicas de los tapacubos y guardabarros Chrysler adornan los muros.

CADA VEZ MÁS ALTOS

Cuando se inauguró, en mayo de 1930, el Chrysler fue el edificio más alto del mundo. Sin embargo, el 1 de mayo de 1931 el Empire State le arrebató la corona. Luego este fue destronado en dos ocasiones por el World Trade Centre, también en Nueva York.

318,9 m	381 m	417 m	541,3 m
Edificio Chrysler	Empire State	World Trade Centre	One World Trade Centre

EMBLEMA DE MANHATTAN
El Empire State domina el perfil urbano del Midtwon South de Manhattan desde la Quinta Avenida con la calle 34 Oeste.

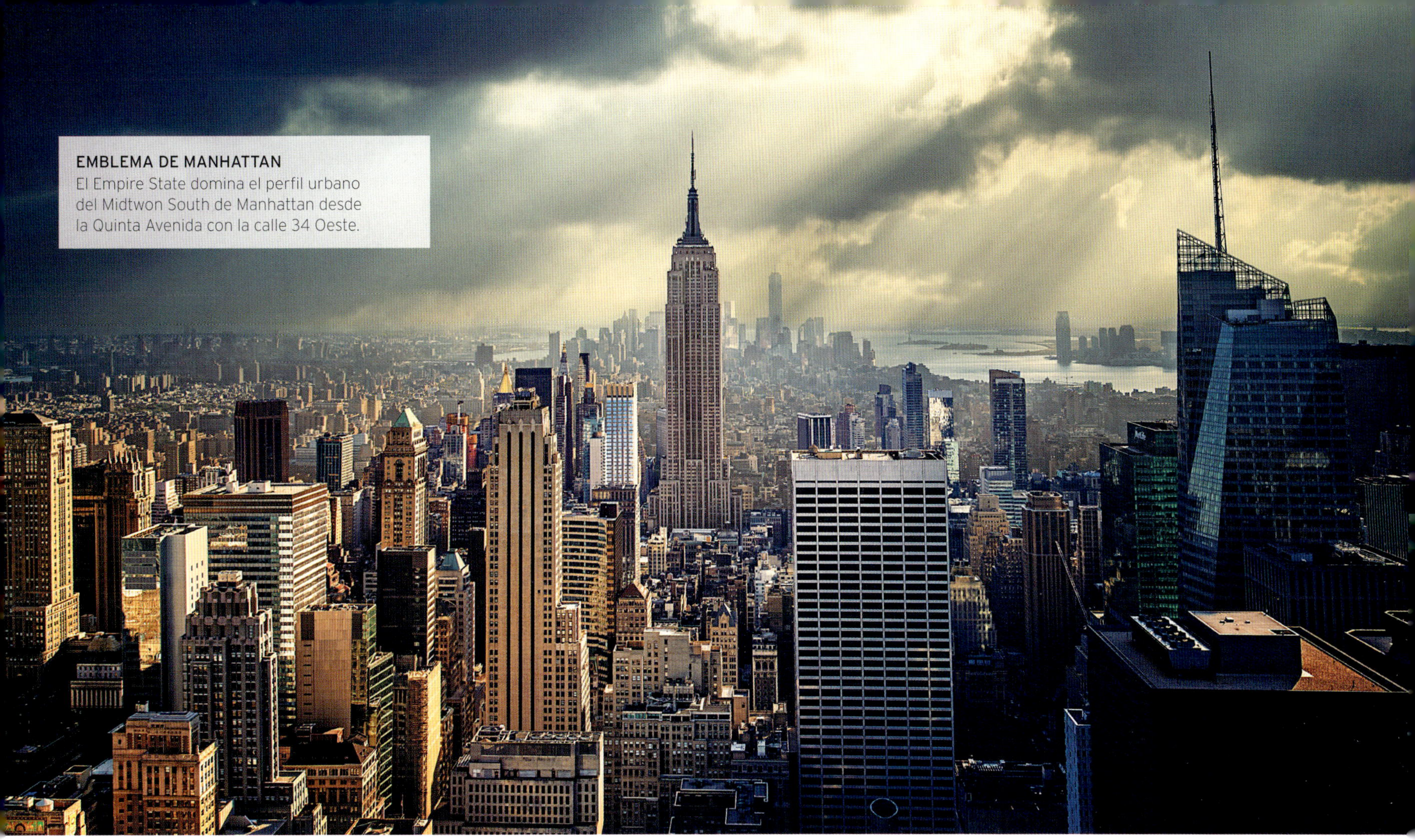

El Empire State

Un símbolo de Nueva York construido en tan solo un año y 45 días, en una carrera para llegar al cielo.

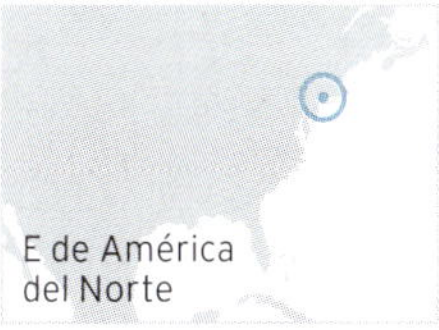

E de América
del Norte

Aunque el edificio Chrysler (p. anterior) se lleve todos los premios a la belleza, el Empire State es el rascacielos más emblemático de Nueva York. Desde su inauguración, el 1 de mayo de 1931, tan solo 20 meses después de que se firmaran los contratos con los arquitectos (Shreve, Lamb and Harmon Associates), ha definido el perfil de la ciudad y ha aparecido en innumerables películas y fotografías. Con 381 m de altura, fue el edificio más alto del mundo hasta que lo superaron las torres gemelas del World Trade Centre en 1970. Sin embargo, no siempre ha sido tan popular. Durante el primer año, que coincidió con los peores momentos de la Gran Depresión, solo el 23 % por ciento de su espacio disponible estuvo ocupado, lo que le valió el sobrenombre de «*Empty State Building*».

Exterior y detalles *Art Déco*

Estructuralmente, el edificio de 102 plantas es un armazón de acero cubierto con diez millones de ladrillos y 660 toneladas de aluminio y acero inoxidable. Su silueta esbelta e inconfundiblemente *Art Déco* encaja con los detalles del interior, como los murales del vestíbulo que muestran las maravillas mecánicas de la era moderna con pan de oro y aluminio. El exterior del edificio cobra vida cada noche cuando se ilumina.

EMPIRE STATE

PUNTO DE AMARRE

Originalmente, los últimos 61 m del Empire State iban a servir de torre de amarre de dirigibles. La idea era que los pasajeros subieran en ascensor hasta la planta 102, donde embarcarían en los dirigibles por una rampa, pero nunca se hizo realidad, porque ningún dirigible pudo atracar nunca con seguridad. Posteriormente se instaló una antena de radio en la parte superior del punto de amarre.

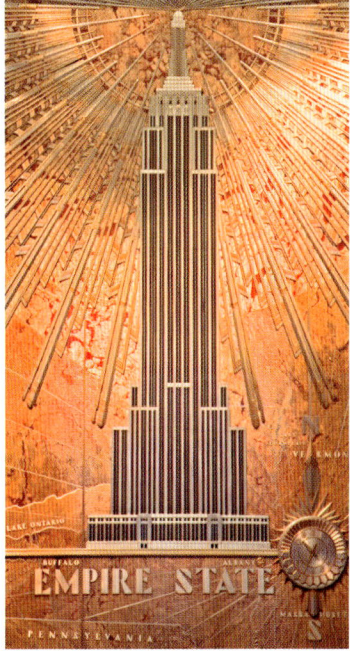

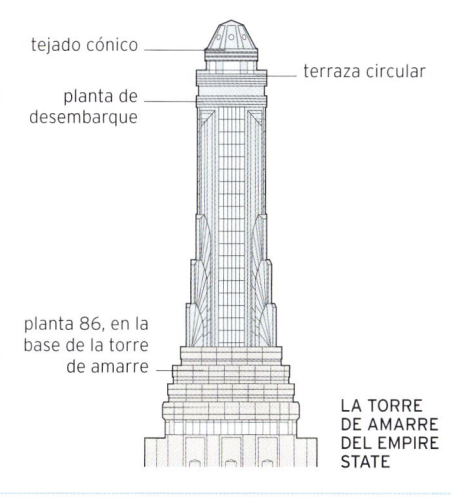

tejado cónico
terraza circular
planta de desembarque
planta 86, en la base de la torre de amarre

LA TORRE DE AMARRE DEL EMPIRE STATE

◁ **EL MURAL DEL VESTÍBULO**
Un mural de aluminio que representa el edificio, sin la antena, pero con rayos de luz irradiando desde el pináculo, decora una de las paredes del vestíbulo.

AGUA PARA EL OESTE
La presa es tan alta como un edificio de 60 plantas, y su base tiene la longitud de dos campos de fútbol americano. El agua que embalsa riega más de 80.000 km² de tierra en California y Arizona.

Presa Hoover

Una estructura colosal que impulsó el crecimiento industrial y agrícola del suroeste de EE UU.

O de América del Norte

A raíz de la expansión económica del suroeste durante el siglo XIX y principios del XX, los urbanistas miraron al río Colorado como fuente de energía y de agua para una población en aumento. En diciembre de 1928, el presidente Calvin Coolidge autorizó la construcción de una gran presa en la frontera entre Nevada y Arizona.

La construcción de la presa

Antes de iniciar las obras hubo que desviar el curso del río Colorado mediante túneles de derivación hacia las paredes del cañón. Tras construir ataguías (recintos herméticos) para que no se inundara el área de trabajo y despejar el terreno, en 1933 comenzó a verterse el hormigón. Cuando se terminó, la presa fue la estructura de hormigón más grande construida hasta entonces.

El principal reto para los ingenieros era cómo contener 35,2 km³ de agua detrás de la presa. El peso del propio hormigón proporcionó parte de la resistencia y, como se orientó la punta del arco a contracorriente, el agua se dirigía hacia las paredes del cañón, lo que contribuía a comprimir y reforzar la estructura. En 1935, el presidente Franklin D. Roosevelt inauguró la presa parcialmente construida, entonces llamada presa Boulder y al final presa Hoover, por el presidente Herbert Hoover, que había supervisado el principio de la construcción.

△ MONTAJE DE LOS BLOQUES
Para construir la presa se usaron columnas de bloques de hormigón rectangulares con tuberías de acero por las que pasaba agua del río y luego agua helada de una planta de refrigeración, para curar el hormigón.

ENFRIAMIENTO DEL HORMIGÓN

Al planificar la presa, los ingenieros calcularon que si el hormigón se vertía de manera continua, tardaría 125 años en enfriarse. La solución fue verterlo en bloques de unos 15 m² y 1,5 m de altura.

las tuberías se llenaron con lechada una vez asentados los bloques

tuberías de refrigeración que llevaban agua fría para curar el hormigón

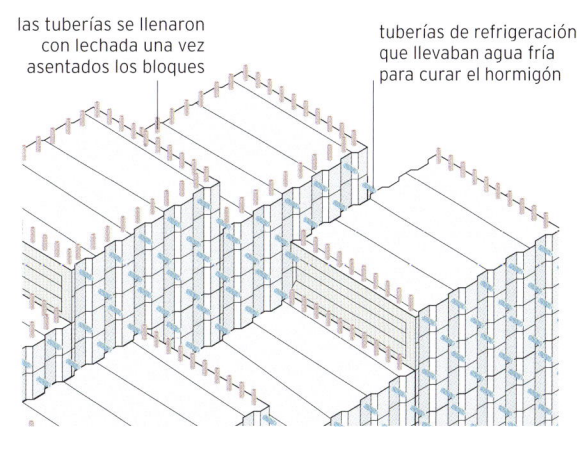

△ IMAGEN PÚBLICA
Esta fotografía publicitaria tomada durante la construcción de la presa oculta que esta costó la vida a 112 personas y que otras 42 murieron por intoxicación de monóxido de carbono mientras trabajaban en los túneles de desvío del cauce.

La imagen del Golden Gate envuelto en niebla es habitual, sobre todo en los meses de verano. El puente cuenta con dos sirenas, cada una con un tono distinto, y con pilotos rojos intermitentes que giran 360° para advertir a los viajeros por mar y aire.

Puente Golden Gate

Un elegante puente colgante que salva el estrecho entre la bahía de San Francisco y el océano Pacífico.

O de América del Norte

San Francisco fue la mayor ciudad estadounidense con acceso por ferri hasta mediados del siglo xx. El ferri cruzaba el estrecho Golden Gate (de 1,6 km de anchura, entre el extremo norte de la península de San Francisco y el condado de Marin, al norte, en un trayecto que duraba 20 minutos y costaba 1 dólar por vehículo.

Objeciones superadas

El Departamento de Guerra estadounidense siempre se había opuesto a la construcción de un puente sobre el estrecho porque creía que interferiría con la navegación. La empresa ferroviaria Southern Pacific Railroad, muy importante en California, se oponía también al puente por la competencia que supondría para sus ferris, pero cuando presentó una demanda contra el proyecto sufrió un boicot. Tras un largo debate, en 1928 la legislatura de California designó al Golden Gate Bridge and Highway District como el organismo que diseñaría, construiría y financiaría el puente. La caída de la bolsa de Wall Street

de 1929 impidió a este organismo financiar el proyecto, pero gracias a la emisión de bonos locales, las obras comenzaron el 5 de enero de 1933.

Se trata de un puente colgante simple, diseñado por ingenieros civiles y arquitectos, con un tablero delgado y lo suficientemente flexible para adaptarse a los fuertes vientos del estrecho. No es un puente dorado (Golden Gate, «Puerta Dorada», es el nombre del estrecho que cruza), pero sí está pintado de un color especial, llamado naranja internacional, que en un primer momento se usó como sellador. La armada estadounidense quería que estuviera pintado a rayas negras y amarillas para garantizar su visibilidad para el tráfico naval.

El día anterior a su inauguración, el 27 de mayo de 1937, 200 000 personas lo cruzaron a pie y en patines, pero desde entonces el tráfico principal ha consistido en vehículos de motor que circulan por la carretera nacional 101 y por la estatal de California 1, que se unen para cruzar el puente.

Las **dos torres** del puente están ensambladas con **1,2 millones de remaches de acero**.

SOBRE EL GOLDEN GATE

Los cables que sostienen en el aire el puente sobre el Golden Gate están fijados a macizos de anclaje situados en el interior de los dos enormes estribos de sendas orillas. Cuando se inauguró en 1937, el Golden Gate fue el puente colgante más largo y más alto del mundo, pero hoy existen 14 puentes más largos y 20 más altos. Las torres miden 227 m de altura y entre ambas hay 1280 m. La longitud total del puente, de estribo a estribo, es de 2737 m, y la carretera discurre a una altura media de 67 m sobre el estrecho.

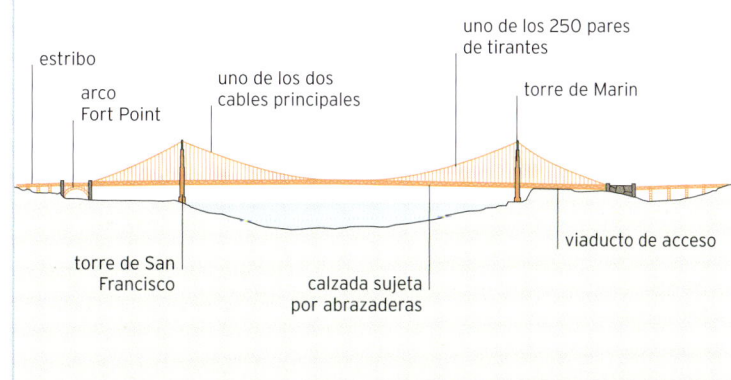

estribo

arco Fort Point

uno de los dos cables principales

uno de los 250 pares de tirantes

torre de Marin

torre de San Francisco

calzada sujeta por abrazaderas

viaducto de acceso

△ CARRETERAS COLGADAS
Cada uno de los 250 pares de tirantes que sostienen el tablero está hecho con 27 572 alambres de acero galvanizado, con una longitud total estimada de unos 130 000 km.

El Pentágono

El mayor edificio de oficinas del mundo y la encarnación del poder militar de EE UU.

E de América del Norte

Pocos visitantes del Pentágono, situado al otro lado del río Potomac, cerca de Washington D. C., dirían que es un edificio bonito. No obstante, es la sede del Departamento de Defensa de EE UU, de modo que tiene una función importante, y alberga a unos 25 000 militares y civiles. Construido según el diseño del estadounidense George Bergstrom, se terminó el 15 de enero de 1943.

En el punto de mira

Como su nombre indica, el Pentágono tiene cinco lados iguales, con cinco plantas sobre el suelo y otras dos subterráneas, una superficie total de más de 600 000 m² y 28 km de pasillos. En el centro se abre una plaza también pentagonal de 20 000 m², apodada «zona cero» porque se creía que si la Unión Soviética hubiera atacado a EE UU en un conflicto nuclear durante la Guerra Fría, el Pentágono habría sido su principal objetivo. Aunque sobrevivió intacto a la Guerra Fría, el Pentágono fue atacado el 11 de septiembre de 2001, cuando los secuestradores del vuelo 77 de American Airlines estrellaron el avión en el lado oeste del edificio. Murieron 189 personas, entre ellas 125 empleados del Pentágono.

▽ **PLANIFICACIÓN CUIDADOSA**
Construido en acero y hormigón armado con algunas partes revestidas de piedra caliza, el Pentágono está formado por edificios de cinco plantas dispuestos en cinco anillos concéntricos y conectados por diez pasillos radiales.

A GRAN ESCALA

El Pentágono es un edificio colosal. Abarca un área de 16 000 m², incluyendo la plaza central. Es casi tan ancho como alto el Empire State de Nueva York, y cada uno de sus cinco lados mide 280 m de longitud. La necesidad de encajarlo entre las carreteras ya existentes determinó su característica forma, y la relativa escasez de acero en el momento de su construcción limitó su altura.

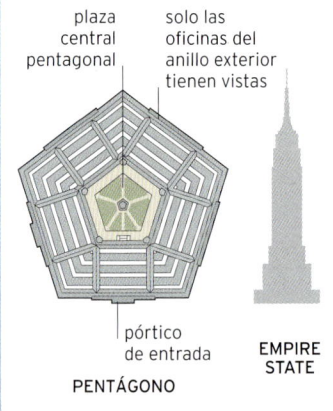

plaza central pentagonal

solo las oficinas del anillo exterior tienen vistas

pórtico de entrada

EMPIRE STATE

PENTÁGONO

△ **DISEÑO AERODINÁMICO**
El diseño de la cubierta de la terminal emula las alas de un avión, símbolo de la rápida transformación de los tiempos. Esta forma también proporcionó a la TWA una nueva manera de promocionarse. El fino caparazón de hormigón armado del techo descansa delicadamente sobre las puntas.

Desde cualquier **sala** del Pentágono se puede llegar **andando** a cualquier otra en menós de **siete minutos**.

NUEVOS USOS

Cuando la TWA cerró la terminal en 2001, el edificio se utilizó ocasionalmente para exposiciones de arte o como escenario de películas. En 2008 se construyó junto al edificio antiguo (luego transformado en hotel) una nueva terminal con capacidad para un número de pasajeros muy superior.

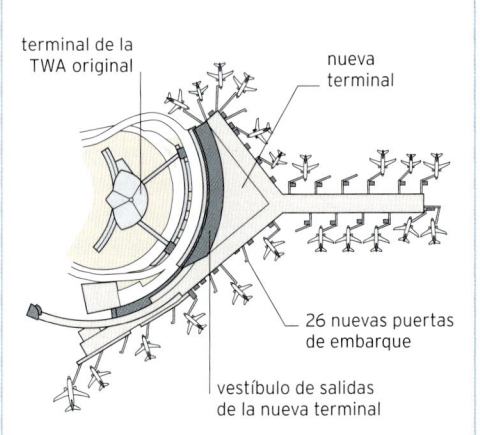

terminal de la TWA original

nueva terminal

26 nuevas puertas de embarque

vestíbulo de salidas de la nueva terminal

Terminal de la TWA (Aeropuerto Internacional JFK)

Una terminal aeroportuaria futurista para la era de los vuelos a reacción.

E de América del Norte

En 1955, las autoridades del Aeropuerto Idlewild de Nueva York (Aeropuerto John F. Kennedy a partir de 1963) decidieron que las grandes compañías aéreas que usaban las instalaciones debían construir y gestionar sus respectivas terminales. Para su terminal, Trans World Airlines (TWA) eligió un atrevido diseño de aire futurista de Eero Saarinen. Con su llamativa cubierta de hormigón blanco con forma de alas sobre grandes ventanales que permitían a los viajeros ver despegar y aterrizar los aviones, la terminal de Saarinen era todo un monumento a la aviación.

Innovaciones para los pasajeros

La terminal se inauguró el 28 de mayo de 1962, un año después de la prematura muerte de Saarinen. Fue una de las primeras terminales con pasarelas cubiertas para que los pasajeros pudieran embarcar y desembarcar de los aviones sin salir al exterior, cintas deslizantes para el equipaje, una pantalla de información electrónica y circuito cerrado de televisión, entonces grandes innovaciones. En 1969 fue ampliada para que pudiera acoger más pasajeros. Se cerró en 2001, pero volvió a cobrar vida en 2015, cuando se anunciaron los planes para transformarla en hotel.

◁ **INTERIORES FLUIDOS**
El interior de la terminal es extraordinariamente armonioso. La ausencia de columnas o paredes que entorpezcan la visión da la impresión de apertura en un espacio cerrado.

Arco Gateway

Una entrada simbólica al Oeste de EE UU erigida a orillas del poderoso Misisipi.

E de América del Norte

El Arco Gateway se alza sobre el lugar donde, en 1764, dos tramperos franceses llamados Pierre Laclède y Auguste Chouteau) fundaron la ciudad portuaria de San Luis, en la orilla occidental del Misisipi, considerada históricamente la puerta de la expansión estadounidense hacia el Oeste. Fue allí donde Meriwether Lewis y William Clark emprendieron en 1804 su célebre expedición a la costa del Pacífico. El arco se construyó en homenaje al espíritu pionero de la ciudad y el 25 de mayo de 1968 se dedicó oficialmente al «pueblo americano».

Diseño y construcción

La estructura fue diseñada por el estadounidense de origen finlandés Eero Saarinen (1910–1961) en 1947, pero los problemas de financiación y urbanísticos retrasaron su construcción, que empezó dos años después de la muerte del arquitecto. El arco, de acero al carbono y hormigón revestido de acero inoxidable, es el monumento más alto del país. Un sistema de trenes interno lleva a los visitantes hasta el mirador de la cima.

▷ **LA PUERTA HACIA EL OESTE**
El arco mide lo mismo de ancho que de alto: 192 m. La sección transversal de las patas es un triángulo equilátero que se estrecha a medida que se acerca a la cúspide.

Museo Guggenheim

Un triunfo de la arquitectura moderna construido para albergar una colección de arte moderno sin parangón.

E de América del Norte

Solomon Robert Guggenheim (1861–1949) nació en el seno de una familia acaudalada y multiplicó su fortuna gracias a sus minas de oro y otras inversiones. Empezó a coleccionar obras de arte en la década de 1890 y después de la Primera Guerra Mundial se retiró para dedicarse plenamente a su colección. En 1939, su fundación artística creó un museo para exponerla; sin embargo, en 1943 el espacio ya no bastaba para albergarla, y Guggenheim encargó a Frank Lloyd Wright (1867–1959), el arquitecto moderno más relevante de EE UU, que diseñara un espacio permanente para sus cuadros.

Una espiral de arte

Wright ideó uno de los edificios más extraordinarios de la ciudad de Nueva York, tan impresionante por dentro como fuera. Es cilíndrico, más ancho en la parte superior que en la inferior, a modo de zigurat invertido, y su inusual galería expositiva es una rampa que asciende en espiral junto al muro exterior hasta la claraboya del techo. Su construcción se prolongó durante siete años hasta su inauguración en 1959.

◁ UNA ESPIRAL DESCENDENTE
En el interior del museo, la galería fluye suavemente y sin interrupción en torno al atrio central, iluminado por una claraboya.

△ EL PALITO PARA MIEL
El exterior del museo Guggenheim recuerda al utensilio ranurado de madera que se utiliza para servir la miel.

LA RAMPA EN ESPIRAL

Wright diseñó el museo como un zigurat (un antiguo templo formado por plataformas superpuestas escalonadas) o un túmulo invertido, con un diseño en espiral que evoca la concha de un nautilus. Los visitantes suben en ascensor hasta arriba y descienden lentamente por la rampa para contemplar las obras antes de admirar el espectacular atrio de la planta baja.

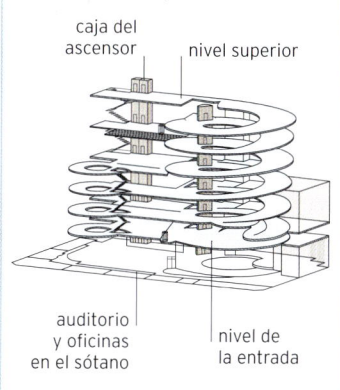

caja del ascensor
nivel superior
auditorio y oficinas en el sótano
nivel de la entrada

Guggenheim **no llegó a ver** su museo: **murió diez años antes** de su apertura.

Space Needle

Un platillo volante en el cielo de Seattle, construido para la Exposición Universal de 1962.

NO de América del Norte

Su característica forma de reloj de arena con un disco en la cima ha convertido a la torre Space Needle en el símbolo de la ciudad de Seattle desde 1962. Desde sus 184 m de altura se puede contemplar el centro de la ciudad y la bahía, e incluso la cordillera de las Cascadas y los montes Olímpicos a lo lejos.

Fuerte y sólida

La construcción de la torre comenzó el 17 de abril de 1961 y finalizó el 8 de diciembre del mismo año. Diseñada para resistir terremotos de magnitud 9, vientos de hasta 320 km/h y rayos, cuenta con el primer y único suelo giratorio de vidrio del mundo, conocido como «la Lupa». Las últimas modificaciones para eliminar los montantes que interrumpían las vistas desde el mirador la han acercado al diseño de los arquitectos originales.

▷ HACIA EL ESPACIO
El disco que corona la Space Needle contiene el suelo giratorio de vidrio llamado la Lupa y, encima, un mirador al aire libre.

Habitat 67

Un complejo de viviendas revolucionario, construido con módulos de hormigón prefabricados para celebrar el centenario de Canadá.

NE de América del Norte

El diseño de este complejo de viviendas de Montreal (Canadá), junto al río San Lorenzo, fue la tesis de final de carrera del arquitecto israelí-canadiense Moshe Safdie (n. en 1938). Su director de tesis de la Universidad McGill le pidió más adelante que hiciera realidad su proyecto para la Expo 67, la exposición universal que conmemoraría el centenario de Canadá como nación independiente.

Módulos conectados

Habitat 67 tiene doce plantas y se compone de 354 cajas de hormigón idénticas prefabricadas, dispuestas en distintas configuraciones para crear 146 viviendas de entre uno y ocho módulos conectados. Las primeras maquetas del proyecto se construyeron con piezas LEGO® para visualizar el edificio en tres dimensiones. Aunque se concibió como un complejo de viviendas subvencionadas, Habitat 67 se ha convertido en un complejo residencial de alto precio. No consiguió impulsar la construcción de edificios modulares similares ni revolucionó la vivienda asequible, como pretendía su diseñador.

▷ **CAJITAS**
Las cajas están dispuestas de modo que cada una está atrasada respecto a su vecina inmediata. Así, todas las viviendas disponen de terraza propia y de una magnífica ventilación.

Monumento a los veteranos de Vietnam

Un austero monumento en memoria de los estadounidenses que dieron su vida en la guerra de Vietnam.

E de América del Norte

Las 58 320 personas que perdieron la vida sirviendo a las fuerzas armadas estadounidenses en la guerra de Vietnam (1955–1975) permanecieron en el olvido hasta 1982, cuando se les erigió un monumento en los Jardines de la Constitución, junto a la Explanada Nacional, en Washington D. C.

Un muro y dos esculturas

El monumento consta de un muro de granito negro pulido con forma de uve y 75 m de longitud con los nombres de los muertos grabados. Cerca se encuentran las estatuas de bronce del monumento a las mujeres que sirvieron en la guerra, la mayoría como enfermeras, y de los Tres Soldados, que contiene la primera representación de un afroamericano en la Explanada Nacional. El conjunto es un recordatorio desgarrador de una de las guerras más largas e inútiles de la historia de EE UU.

◁ **UN MURO PARA EL RECUERDO**
En el muro conmemorativo, diseñado por Maya Lin, figura el nombre de los soldados caídos, o que fueron declarados muertos o desaparecidos en combate o que acabaron en paradero desconocido. Aparecen solo los nombres de los soldados, sin especificar su rango, la unidad o las condecoraciones.

△ EL ÚLTIMO VERTIDO

Esta fotografía se tomó justo al acabar el hormigonado de la torre, el 22 de febrero de 1974. Desde el inicio de las obras, poco más de un año antes, 1532 personas se habían encargado de verter el hormigón de manera continua.

◁ VISTAS PANORÁMICAS

La Torre CN se alza 346 m por encima de los edificios próximos más altos y ofrece vistas ininterrumpidas de la ciudad de Toronto y el lago Ontario. En días claros, incluso se distinguen las cataratas del Niágara.

Torre CN

El edificio más destacado del perfil de Toronto y, en su día, la torre más alta del planeta.

NE de América del Norte

MIRADORES

La Torre CN tiene dos zonas públicas. La más alta es el SkyPod, justo bajo la antena, a 446,5 m de altura. El LookOut Level, cerca del extremo superior de la columna principal, está a 342 m y contiene dos miradores y un restaurante giratorio, además de los receptores de microondas de la torre.

En 1968, la compañía ferroviaria Canadian National (CN) decidió construir una torre de comunicaciones para el área de Toronto y como símbolo corporativo. Las obras duraron de 1973 a 1976. La torre CN mide 553 m del suelo a la punta de la antena, lo suficiente para ostentar el título de la más alta del mundo hasta 2009, cuando fue superada por la Burj Jalifa de Dubái (p. 310) y la Torre de Telecomunicaciones de Cantón, en Guangzhou.

Hasta el cielo

La columna principal es un pilar de hormigón hexagonal hueco que contiene escaleras y servicios. Para construirlo se usó una plataforma de encofrado metálica deslizante que se elevaba lentamente mediante gatos hidráulicos a razón de unos 6 m diarios, virtiendo hormigón de forma continua sobre el hormigón recién fraguado más abajo. La torre contiene un total de 40500 m^3 de hormigón, que se mezcló *in situ* para garantizar la consistencia correcta. Para comprobar que fuera perfectamente vertical, desde la plataforma de encofrado se lanzaban plomadas que eran observadas por instrumentos en el suelo.

Hay una antena de telecomunicaciones metálica de 102 m de altura sobre la columna. Seis ascensores con paredes de vidrio instalados en los soportes exteriores de la torre llevan a las áreas de observación, aunque el suelo de vidrio y el mirador al aire libre no son para pusilánimes.

El **Restaurante 360** de la Torre CN es **giratorio** y completa una rotación **cada 72 minutos**.

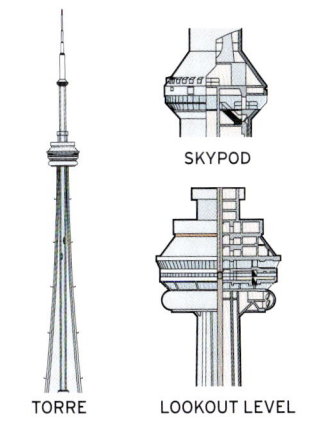

SKYPOD

TORRE LOOKOUT LEVEL

Estilos arquitectónicos

CONTEMPORÁNEO

Ningún estilo define por sí solo la arquitectura contemporánea. Los arquitectos de hoy se inspiran en un amplio abanico de fuentes, ideas, tendencias y tecnologías para crear edificios singulares o adaptados a su entorno.

La arquitectura contemporánea se caracteriza por la pluralidad. Los arquitectos de todo el mundo trabajan a distintas escalas, con estilos y métodos formales diversos y con una amplia variedad de materiales de construcción. Hoy, el diseño asistido por ordenador y las técnicas de ingeniería avanzadas les brindan una increíble libertad para crear prácticamente cualquier forma imaginable (con permiso del cliente y del presupuesto, claro está). Al mismo tiempo, muchos se resisten a la tentación del modelado informático en favor de diseños que surgen de la comprensión del entorno y del contexto del edificio en cuanto a la forma, la escala o los materiales.

Lo que conecta tal diversidad de estrategias es la conciencia de la huella ecológica del edificio. La construcción altera el entorno físico y ejerce un impacto medioambiental importante, tanto a escala local como planetaria. El hormigón, material clave para casi todos los edificios, es el responsable de alrededor del 8 % de las emisiones mundiales de CO_2. En consecuencia, muchos edificios actuales incorporan elementos ecológicos, como paneles solares y sistemas de reciclaje del agua o de ventilación pasiva para reducir el uso de aire acondicionado. A ello hay que añadir los sofisticados programas de modelado informático que permiten evaluar (y mejorar) el comportamiento medioambiental de un edificio ya durante la fase de diseño.

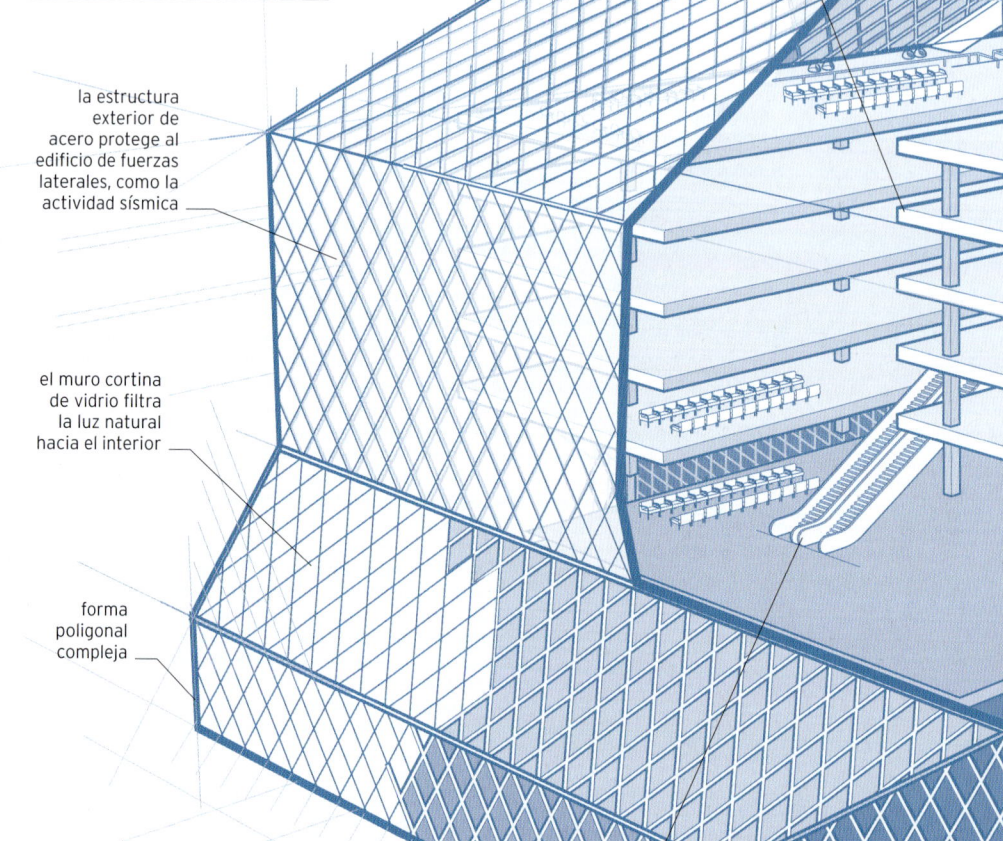

el techo de la sala de lectura de la 10.ª planta tiene una altura máxima de 12 m

la Books Spiral, de cuatro plantas, alberga la colección principal en una ruta ascendente ininterrumpida

la estructura exterior de acero protege al edificio de fuerzas laterales, como la actividad sísmica

el muro cortina de vidrio filtra la luz natural hacia el interior

forma poligonal compleja

las escaleras mecánicas conectan las plantas

la plataforma cuelga sobre la calle

el lateral del edificio ocupa la longitud de una manzana

LA COMPLEJIDAD CONTEMPORÁNEA

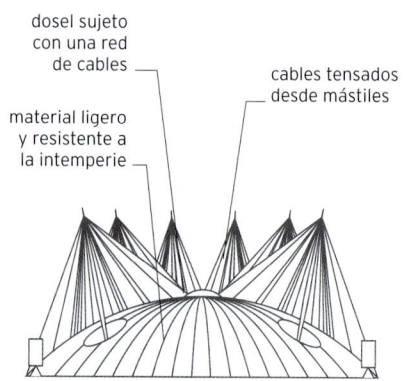

dosel sujeto con una red de cables

cables tensados desde mástiles

material ligero y resistente a la intemperie

△ **CUBIERTAS TEXTILES**
Las estructuras textiles, o tensadas, surgidas en las décadas de 1960 y 1970, permiten cubrir amplios espacios con un mínimo de material y menor presupuesto.

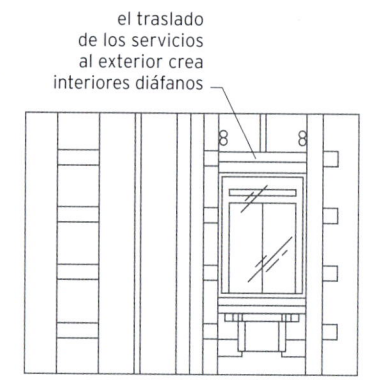

el traslado de los servicios al exterior crea interiores diáfanos

△ **ASCENSORES EXTERIORES**
El estilo *high-tech* de la década de 1980 creó interiores totalmente flexibles al trasladar al exterior estructuras, servicios e incluso espacios de paso.

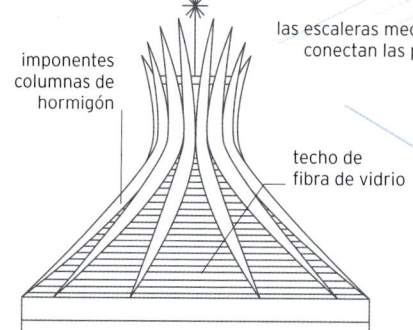

imponentes columnas de hormigón

techo de fibra de vidrio

△ **GEOMETRÍA COMPLEJA**
Las estructuras geométricas complejas como la hiperboloide (arriba) se han impuesto tanto por su potente presencia formal como por sus ventajas estructurales.

▲ **BIBLIOTECA CENTRAL DE SEATTLE**
Las cinco plataformas interiores de este edificio de once plantas diseñado por Rem Koolhaas y Joshua Ramus e inaugurado en 2004 carecen de apoyos visibles. La forma geométrica cubierta por un muro cortina de acero y vidrio energéticamente eficiente ofrece un espacio adaptable a los cambios de la colección.

Para muchos **edificios altos** actuales, el **viento** supone una **carga** mayor que el **peso** de la propia estructura.

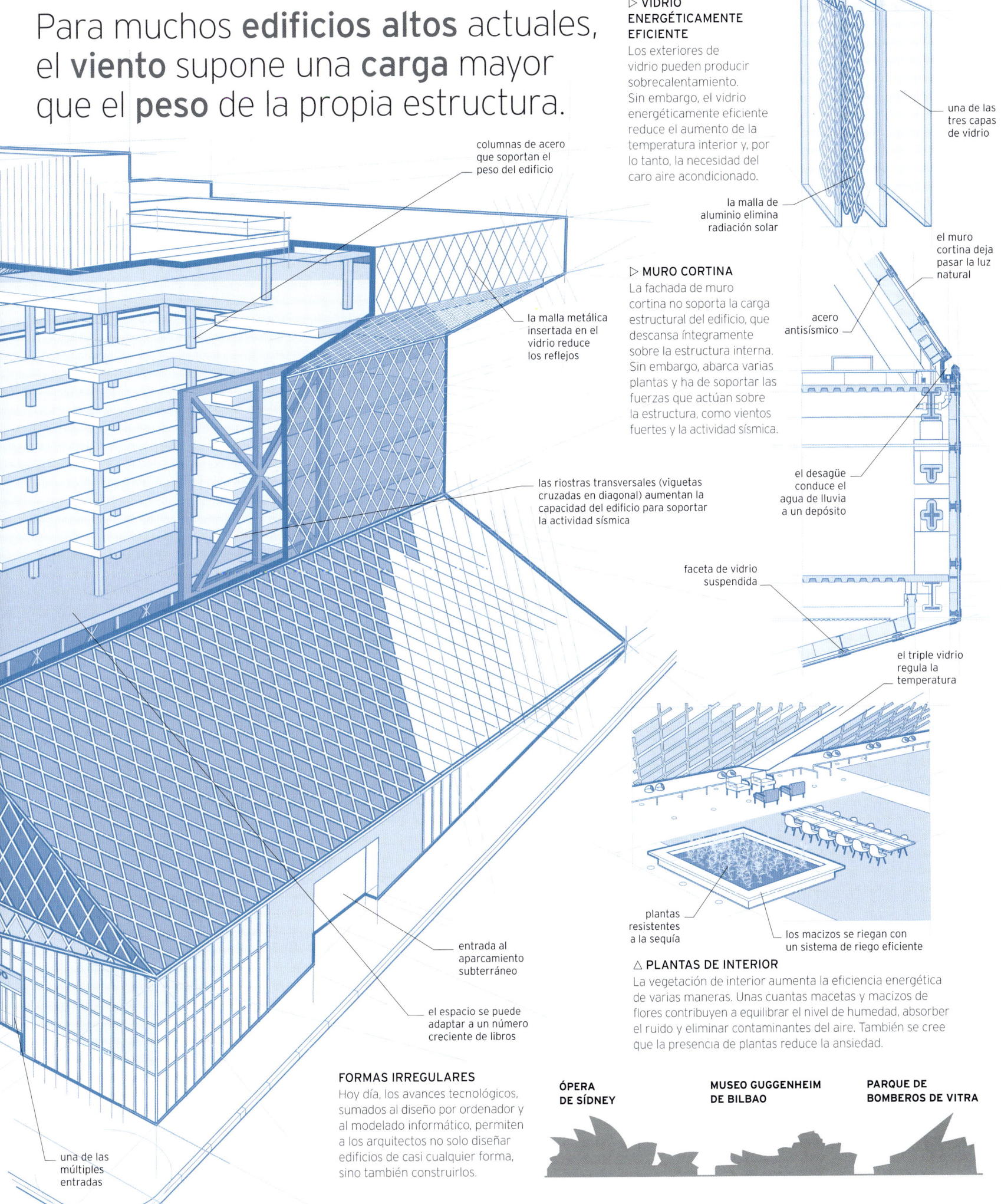

columnas de acero que soportan el peso del edificio

la malla metálica insertada en el vidrio reduce los reflejos

las riostras transversales (viguetas cruzadas en diagonal) aumentan la capacidad del edificio para soportar la actividad sísmica

entrada al aparcamiento subterráneo

el espacio se puede adaptar a un número creciente de libros

una de las múltiples entradas

▷ VIDRIO ENERGÉTICAMENTE EFICIENTE

Los exteriores de vidrio pueden producir sobrecalentamiento. Sin embargo, el vidrio energéticamente eficiente reduce el aumento de la temperatura interior y, por lo tanto, la necesidad del caro aire acondicionado.

una de las tres capas de vidrio

la malla de aluminio elimina radiación solar

el muro cortina deja pasar la luz natural

▷ MURO CORTINA

La fachada de muro cortina no soporta la carga estructural del edificio, que descansa íntegramente sobre la estructura interna. Sin embargo, abarca varias plantas y ha de soportar las fuerzas que actúan sobre la estructura, como vientos fuertes y la actividad sísmica.

acero antisísmico

el desagüe conduce el agua de lluvia a un depósito

faceta de vidrio suspendida

el triple vidrio regula la temperatura

plantas resistentes a la sequía

los macizos se riegan con un sistema de riego eficiente

△ PLANTAS DE INTERIOR

La vegetación de interior aumenta la eficiencia energética de varias maneras. Unas cuantas macetas y macizos de flores contribuyen a equilibrar el nivel de humedad, absorber el ruido y eliminar contaminantes del aire. También se cree que la presencia de plantas reduce la ansiedad.

FORMAS IRREGULARES

Hoy día, los avances tecnológicos, sumados al diseño por ordenador y al modelado informático, permiten a los arquitectos no solo diseñar edificios de casi cualquier forma, sino también construirlos.

ÓPERA DE SÍDNEY

MUSEO GUGGENHEIM DE BILBAO

PARQUE DE BOMBEROS DE VITRA

Walt Disney Concert Hall

*Un reluciente templo dedicado a las artes escénicas en Los Ángeles que lleva el nombre
de uno de los hijos más célebres de la industria del cine.*

O de América
del Norte

La larga y fructífera relación del productor cinematográfico Walt
Disney (1901–1966), con Hollywood y la ciudad de Los Ángeles
se reforzó en 1967 cuando su viuda, Lillian, donó los primeros
50 millones de dólares para construir un nuevo auditorio. La
donación no solo enriquecería la vida cultural de la ciudad; sería
también un homenaje al estrecho vínculo entre su marido y el arte.

El nuevo auditorio, situado en el 111 de South Grand Avenue,
en el centro de Los Ángeles, fue obra del arquitecto canadiense
Frank Gehry (n. en 1929), cuyo diseño radical precedió al del
Museo Guggenheim de Bilbao (pp. 200–201), cubierto de titanio
que lo catapultó a la fama. El diseño se completó en 1991, pero
las obras no empezaron en serio hasta 1999 por falta de fondos
y terminaron en 2003. El auditorio se inauguró oficialmente con
un concierto de gala el 24 de octubre de ese mismo año.

Muros al viento

Con la intención de proporcionar una experiencia íntima al público,
Gehry dispuso los asientos en torno a la orquesta y prestó especial
atención a la acústica revistiendo las paredes y los techos con madera
de abeto de Douglas y los suelos con roble, para mejorar el sonido.
Este interior funcional está envuelto por un exterior espectacular,
inspirado por la afición a la navegación del arquitecto.

Gehry usó un programa informático de la industria aeroespacial
para diseñar las velas de acero inoxidable que envuelven el edificio.
La superficie de algunas de las piezas cóncavas se tuvo que lijar para
matificarla ligeramente, ya que la luz que reflejaba calentaba las
viviendas cercanas y aumentaba el riesgo de accidentes de tráfico.
Una vez resuelto este problema, el auditorio se convirtió en uno
de los edificios más bellos de Los Ángeles.

La sala retiene el **eco** de una
nota durante **dos segundos
después** de haber sido tocada.

CAPARAZÓN

En la creación de las complejas curvas del exterior se utilizaron más de 12 500 piezas de acero inoxidable, y no hay dos piezas iguales. En las partes más convencionales del edificio se usó vidrio y piedra.

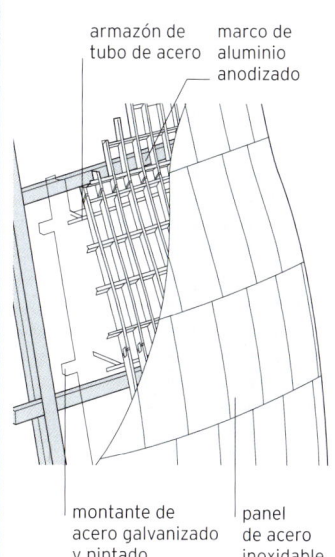

armazón de tubo de acero

marco de aluminio anodizado

montante de acero galvanizado y pintado

panel de acero inoxidable

◁ **PIEL DE ACERO**

El reluciente exterior de acero inoxidable envuelve una sala de conciertos con un aforo de 2265 espectadores, además de restaurantes, un espacio para exposiciones y otras salas.

△ **UN ESPACIO PARA LA REFLEXIÓN**

El Contemplative Court invita a reflexionar sobre las piezas del museo, a menudo dolorosas. En el centro, una fuente cilíndrica vierte agua en un estanque cuadrado.

◁ **MOTIVOS SIMBÓLICOS**

El exterior del edificio está cubierto por una fina celosía de aluminio de color bronce, un homenaje a la elaborada artesanía del hierro de los esclavos afroamericanos.

Museo Nacional de la Historia y la Cultura Afroamericanas

Un edificio imaginativo que aúna elementos de la expresión cultural de África y América.

E de América del Norte

Aunque la guerra de Secesión (1861–1865) terminó con la esclavitud, el amargo legado de esta perduró durante años. En 1915, un grupo de veteranos afroamericanos del ejército de la Unión celebró una reunión en la que se lamentaron de la discriminación racial que aún sufrían y formaron un comité para construir un monumento a los logros afroamericanos, que recibió la autorización del presidente Hoover (1874–1964) en 1929. Las obras, enfrentadas a una feroz oposición, avanzaron despacio. Finalmente, el 24 de septiembre de 2016, el primer presidente afroamericano del país, Barack Obama (n. en 1961), inauguró el Museo Nacional de la Historia y la Cultura Afroamericanas del Instituto Smithsonian, que se alza orgullosamente en la Explanada Nacional de Washington D. C. y alberga más de 37 000 piezas.

La llamativa forma del edificio (una pirámide de tres escalones invertida), inspirada en la corona de los soberanos yoruba de África occidental, refleja los ángulos del remate del cercano monumento a George Washington (p. 30). El exterior del edificio está cubierto por una celosía de 3600 paneles metálicos de color bronce.

Un futuro sostenible

Los visitantes entran desde la Explanada Nacional por un amplio pórtico que lleva a un gran vestíbulo central con amplias vistas de los niveles superior e inferior (el 60 % del museo es subterráneo). El edificio se construyó con materiales locales o reciclados, y aplicando las mejores pautas del diseño ecológico para reducir el consumo de energía y agua.

Pirámides en la selva
En Mesoamérica los mayas crearon su propia versión de la
pirámide de piedra. La pirámide de Kukulkán, conocida como El
Castillo, cuyos lados se alinean con el Sol en los solsticios de verano
y de invierno, domina las ruinas de la ciudad de Chichén Itzá.

Mesoamérica y América del Sur

REINOS PRECOLOMBINOS
c.1200 a.C.-1550 d.C.

En las selvas mesoamericanas, las empinadas pirámides de la antigua cultura olmeca dieron paso a los elaborados diseños de los mayas, que construyeron las ciudades más grandes del mundo. Los arquitectos mesoamericanos demostraron su dominio de la astronomía y la ingeniería, así como su maestría a la hora de incorporar referencias simbólicas.

2 TEMPLO DE TIKAL

CONSTRUCTORES DE MONOLITOS
900-1600 d.C.

Desde el altiplano del sur de Colombia hasta el extremo más distante del Pacífico suroriental, distintas culturas indígenas llevaron a cabo proezas constructivas y escultóricas similares en forma de monolitos gigantescos, como los 800 moáis erigidos por los habitantes de Rapa Nui (isla de Pascua).

12 MOÁIS DE LA ISLA DE PASCUA

UNA TIERRA DE TEMPLOS Y CIUDADES

Mesoamérica y América del Sur

Aun sin disponer de medios de transporte rodado, las antiguas civilizaciones de Mesoamérica (México y América Central) y América del Sur superaron el reto que suponía un terreno poco propicio o accidentado y construyeron un número extraordinario de estructuras impresionantes. Entre sus innovaciones tecnológicas destacan la mampostería en seco (sin mortero) con piedras talladas con precisión y a prueba de terremotos, las terrazas agrícolas que canalizaban el agua de uno a otro nivel y sistemas de agua a presión. Algunos rasgos recurrentes son las láminas de oro que utilizaban la ornamentación suntuosa, como las formas geométricas y los incas. En el siglo XVI, la conquista y la colonización destruyeron las culturas indígenas y transformaron el paisaje con proyectos ambiciosos cuya escala y grandiosidad recordaban a las civilizaciones precolombinas. Durante el siglo XX, la mezcla de elementos nativos y europeos dio lugar a nuevos estilos arquitectónicos adaptados al clima y a los materiales locales.

LUGARES CLAVE

1 Calakmul
2 Tikal
3 Las líneas de Nazca
4 Monte Albán
5 Teotihuacán
6 Chichén Itzá
7 Copán
8 Yaxchilán
9 Templo de las Inscripciones
10 Sacsayhuamán
11 Chan Chan
12 Moáis de la isla de Pascua
13 Machu Picchu
14 Iglesia de Santa Prisca de Taxco
15 San Ignacio Miní
16 Ciudadela Laferrière
17 Canal de Panamá
18 Cristo del Corcovado
19 Catedral de Brasilia
20 Ciudad Universitaria de la UNAM
21 Catedral de Sal de Zipaquirá
22 Museo de Arte Contemporáneo de Niterói
23 Presa de Itaipú

Chichen Itzá, que alcanzó su máximo esplendor entre c. 600 y 1200 d.C., fue una de las mayores ciudades de la civilización maya

la Ciudadela Laferrière se construyó en la cima de una montaña entre 1805 y 1820 por orden del líder de la rebelión haitiana Henri Christophe

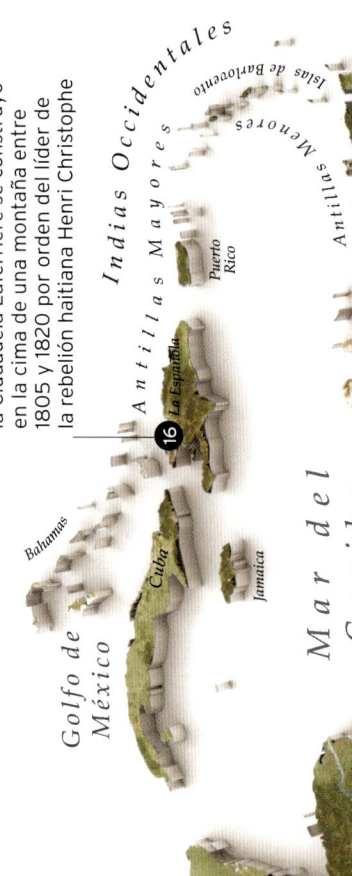

PIONEROS EN MONTAÑAS Y SELVAS

Las culturas precolombinas poblaron montañas y selvas de América Central y del Sur con ciudades y complejos ceremoniales de piedra en lugares de relevancia astronómica. La colonización introdujo nuevos estilos, y la deforestación posterior abrió el camino a la arquitectura de la era industrial y moderna.

OCÉANO ATLÁNTICO

Sierra de los Carajás

Macizo de las Guayanas

Islas de Barlovento

Antillas Menores

Indias Occidentales

Antillas Mayores

Puerto Rico

Cuenca del Amazonas

Llanos

Orinoco

Amazonas

La Española

Apure

Lago Maracaibo

Bahamas

Cuba

Jamaica

Mar del Caribe

Golfo de México

AMÉRICA DEL SUR

Sierra de Espinhaço

Meseta Brasileña

Sierra do Espinhaço

Sº Francisco

Sierra Dorada

Sierra del Mar

Sierra de Mantiqueira

18 22

Sierra Geral

Laguna de los Patos

Laguna Merín

Sierra de Maracaju

Sierra de Caiapó

Mesopotamia

Paraná

Paraguay

Paraná

Pampas

Gran Chaco

Río Grande

Madeira

Ucayali

Altiplano

Sierras de Córdoba

Andes

Patagonia

13

3

10 11

Islas Malvinas

Tierra del Fuego

Cabo de Hornos

Islas Galápagos

19

23

15

OCÉANO PACÍFICO

12
Isla de Pascua

Km
0 250 500

la estatua *Art Déco* de Cristo Redentor de Río de Janeiro es un símbolo del cristianismo que los europeos llevaron a América

trazadas entre 500 a. C. y 500 d. C., las líneas de Nazca forman misteriosas figuras de plantas, animales y seres humanos, además de dibujos geométricos

ARQUITECTURA CONTEMPORÁNEA A PARTIR DE 1945

Una explosión de creatividad, innovación y experimentalismo caracterizó la segunda mitad del siglo XX, cuando los urbanistas intentaron crear una identidad arquitectónica en varios países del continente, con obras como la vanguardista Brasilia, la nueva capital brasileña, o la cúpula geodésica del Poliedro de Caracas (Venezuela).

22 MUSEO DE ARTE CONTEMPORÁNEO DE NITERÓI

LA INDUSTRIA ENTRA EN ESCENA 1800-1914

La expansión industrial en Europa y EE UU impulsó la extracción de materias primas y la industria en América Latina. Al mismo tiempo, las repúblicas recién independizadas empezaron a reformar sus ciudades. Estos factores se combinaron en los ambiciosos proyectos de infraestructuras y de renovación urbana que se desplegaron por todo el continente.

17 CANAL DE PANAMÁ

FORTALEZAS DE MONTAÑA 1438-1572

Enfrentándose a algunos de los territorios andinos más abruptos, los ingenieros incas construyeron una extensa red de calzadas, escaleras y puentes colgantes para conectar los enclaves de su imperio y erigieron impresionantes ciudadelas de piedra sin mortero que soportaron terremotos y fueron inexpugnables durante siglos.

13 MACHU PICCHU

ARQUITECTURA COLONIAL 1521-1821

A medida que la sociedad colonial imponía su cultura, luego absorbida por el nuevo paisaje cultural de la América Latina independiente, surgieron estilos arquitectónicos híbridos que aunaban la tradición europea y los materiales y gustos locales, como el exuberante barroco andino, el expresivo barroco novohispano y el rico churrigueresco mexicano.

14 IGLESIA DE SANTA PRISCA DE TAXCO

C de
Mesoamérica

Calakmul

Una ciudad maya perdida en las profundidades del bosque tropical y dominada por dos imponentes pirámides.

Antaño una ciudad de 50 000 habitantes, Calakmul, a la que los mayas llamaban Ox Te' Tuun («Tres piedras»), hoy yace en ruinas, parcialmente cubierta por el bosque tropical de las Tierras Bajas, protegido por la Unesco, en la península de Yucatán (México), el corazón de la civilización maya. El primer asentamiento, establecido en el I milenio a.C., se convirtió en el centro de un poderoso reino durante el periodo clásico mesoamericano (*c.* 250–900 d.C.). Aunque fue abandonada en el siglo IX, al igual que otras ciudades mayas, muchas de sus estructuras se han conservado bien, y desde su descubrimiento en 1931

ha recuperado parte del espacio que la selva le había arrebatado. En el yacimiento se han descubierto miles de edificios residenciales, funerarios y monumentales con espléndidos murales decorativos y muchas piezas de cerámica y estelas de piedra. Entre sus monumentos destacan los dos tempos piramidales a los que debe su nombre moderno (Calakmul significa «Ciudad de las dos pirámides adyacentes»).

◁ **ESTELA ESCULPIDA**
Esta es una de las 117 estelas de piedra caliza halladas con retratos e inscripciones conmemorativas de los miembros de las familias gobernantes.

Cyrus Lundell, botánico estadounidense, **descubrió por azar las ruinas** de Calakmul mientras trabajaba en la selva.

△ **LA GRAN PIRÁMIDE**
La mayor de las pirámides, denominada Estructura II o Gran Pirámide, fue construida sobre otra anterior y contiene cuatro tumbas.

△ **LA CAPITAL DE UN REINO SELVÁTICO**
La ciudad maya de Tikal permaneció oculta bajo la exuberante selva guatemalteca hasta finales del siglo XIX, cuando se empezó a desforestar la zona.

EL MUNDO PERDIDO

El complejo monumental de Tikal llamado Mundo Perdido contiene la Gran Pirámide en el centro, rodeada de cuatro plazas. Está cercado por varias estructuras, como los ocho edificios en hilera que lo separan al este de la contigua plaza de los Siete Templos.

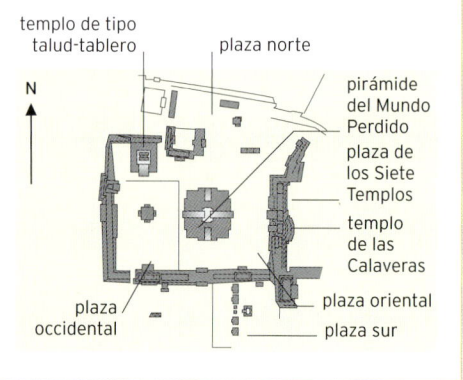

templo de tipo talud-tablero
plaza norte
N
pirámide del Mundo Perdido
plaza de los Siete Templos
templo de las Calaveras
plaza occidental
plaza oriental
plaza sur

Tikal

Una ciudad de altos templos, monumentos
y palacios, capital de un poderoso reino maya.

C de
Mesoamérica

La ciudad abandonada de Tikal, antaño capital de un poderoso reino maya, se halla en el Parque Nacional de Tikal, declarado Patrimonio de la Humanidad por la Unesco, en el departamento guatemalteco de Petén. Aunque muchas de sus áreas residenciales, edificios administrativos y estructuras de regadío continúan sepultados bajo la selva, el centro de la ciudad, que contiene los principales monumentos y edificios públicos, ha sido despejado.

Perdida y encontrada

La zona central contiene plazas públicas construidas sobre terrazas conectadas por calzadas y a las que se accedía por rampas. Estas plazas están rodeadas de templos y palacios, junto con otras estructuras, como

pirámides, plataformas ceremoniales y canchas para el popular juego de pelota. Las principales son la Gran Plaza y los complejos de las Pirámides Gemelas y del Mundo Perdido (recuadro p. anterior). Los monumentos mayas son unos de los más bellos hallados hasta la fecha. Muchos están decorados con jeroglíficos y pinturas que permiten seguir la evolución de los estilos arquitectónicos y artísticos desde el origen del asentamiento, en el siglo I a.C., hasta el siglo IX d.C., cuando Tikal dominaba la región.

▷ EL EPICENTRO DE TIKAL
La Gran Plaza, o Plaza Mayor, de Tikal consistía en un juego de pelota y dos templos, llamados Templo 1 y Templo 2. Los mayas creían que el Templo 1 (a la dcha. en la imagen) era un portal al inframundo.

O de América del Sur

Las líneas de Nazca

Unos colosales dibujos geométricos y zoomórficos trazados sobre el desierto peruano.

Los enormes geoglifos (dibujos trazados sobre el suelo) que adornan la cuenca del río Grande de Nazca, en el sur de Perú, son el legado de la civilización nazca, que floreció entre 500 a. C. y 500 d. C. Estas líneas, creadas sobre una extensa área desértica pedregosa a lo largo de unos 1000 años, forman una serie de imágenes a tan gran escala que resulta imposible apreciarlas bien desde el suelo.

Figuras y motivos

Los geoglifos de Nazca podrían clasificarse en dos grandes categorías. La primera comprende líneas rectas y curvas: las rectas recorren varios kilómetros de desierto y a veces se entrecruzan, miden entre 50 cm y 5 m de ancho, y puede que tuvieran algún significado ritual o conectaran lugares sagrados, mientras que las curvas forman motivos geométricos, como espirales y ondas.

La segunda categoría comprende representaciones estilizadas de formas naturales. Casi todas las escasas imágenes de seres humanos y de objetos inanimados se encuentran en las laderas de las colinas que rodean la llanura.

TRAZADO DE LAS LÍNEAS DE NAZCA

Las líneas de Nazca son visibles gracias al contraste de color entre las oscuras piedras cubiertas de óxido de hierro del suelo del desierto y el mucho más claro sedimento arenoso que hay debajo. Basta con retirar piedras de la superficie para dejar surcos permanentes. Estos son algunos de los dibujos.

GARZA
72 m de longitud

LABERINTO
72 m de longitud

MONO
110 m de longitud

MANOS
52 m de longitud

HOMBRE BÚHO
40 m de longitud

△ **LA ARAÑA DE NAZCA**
Vista desde arriba, la araña muestra el característico estilo artístico del pueblo nazca y un trazado asombrosamente preciso.

◁ **COLA DE COLIBRÍ**
Las plumas de la cola del colibrí están formadas por una serie de largas líneas paralelas escarbadas sobre la superficie del desierto.

Generalmente los **dibujos figurativos** están formados por **una sola línea continua** que no se cruza nunca.

Monte Albán

La capital de la civilización zapoteca, tallada en una montaña sobre el valle de Oaxaca.

N de Mesoamérica

La ciudad de Monte Albán fue una de las primeras de Mesoamérica y estuvo habitada durante 1400 años a partir de 500 a. C. aproximadamente. Situada en una posición dominante en una cordillera del sur de México, se convirtió en el centro de un estado que abarcaba gran parte del valle de Oaxaca.

La ciudad de la montaña

Monte Albán cuenta con varios niveles y terrazas tallados en la cima y las laderas de la montaña y que forman la base de varias zonas de la ciudad. En la cima está el centro urbano, con una gran plaza y estructuras ceremoniales; al este y al oeste se alzan templos y palacios sobre plataformas, y en los extremos norte y sur de la plaza, unas plataformas más grandes a las que se accede por magníficas escalinatas. A medida que crecía la importancia de la ciudad se fueron construyendo más terrazas en las laderas de la montaña y se añadieron fortificaciones. Abandonada gradualmente a partir del siglo IX d. C., la ciudad fue excavada y ampliamente restaurada en el siglo XX.

△ **RELIEVE ZAPOTECA**
Este relieve que representa al dios ave de pico ancho muestra las líneas estilizadas típicas del arte zapoteca.

El complejo incluye un **patio** para el **juego de pelota ritual**.

▽ **PLATAFORMAS Y ESCALINATAS**
Las escalinatas características del centro de la ciudad unen los distintos niveles en los dos extremos de la Plaza Central y conducen a las plataformas de los monumentos y edificios ceremoniales.

N de Mesoamérica

Teotihuacán

Una antigua y vasta metrópoli que prosperó durante siglos y llegó a ostentar un poder inmenso.

La magnífica ciudad de Teotihuacán, situada en el centro de México, fue construida entre los siglos I y VII d. C. En su momento álgido, hacia el año 600, albergaba a una población superior a los 150 000 habitantes y ejercía una gran influencia económica, cultural y religiosa en la región.

La ciudad de los dioses

Se sabe poco sobre la lengua y la identidad de los fundadores de Teotihuacán. Los aztecas, de lengua náhuatl, descubrieron las ruinas de la ciudad siglos después de su declive y, convencidos de que solo los dioses podían haber creado sus colosales pirámides, la llamaron Teotihuacán, o «ciudad de los dioses». Construida según el modelo del cosmos mesoamericano, todo en ella tenía un significado religioso o ritual.

El centro ceremonial contiene tres monumentos gigantescos: las pirámides del Sol y de la Luna, y el templo de Quetzalcóatl, la mítica serpiente emplumada. La pirámide del Sol es la mayor de las tres y la tercera más grande del mundo. El esplendor arquitectónico de Teotihuacán se corresponde con su riqueza artística, atestiguada por abundantes esculturas de piedra, relieves y vívidos murales. Los teotihuacanos también producían tejidos, cerámica y otros artefactos, como unas impresionantes máscaras funerarias.

La civilización teotihuacana desapareció súbitamente después de 550 sin que los estudiosos hayan logrado dilucidar el motivo a día de hoy. Teotihuacán es Patrimonio de la Humanidad desde 1987.

La ciudad debía su **riqueza** a una rara **obsidiana** extraída en la región.

PLANIFICACIÓN URBANÍSTICA

La planta en cuadrícula de Teotihuacán es uno de los ejemplos de planificación urbanística más notables del mundo. La avenida de los Muertos, la calle principal, tiene más de 3 km de longitud y alberga tres importantes monumentos: las pirámides del Sol y de la Luna, y el templo de Quetzalcóatl.

N

pirámide de la Luna

plaza de la pirámide de la Luna

pirámide del Sol

río San juan

templo de Quetzalcóatl

avenida de los Muertos

◁ **MÁSCARA DE TEOTIHUACÁN**

Esta máscara funeraria de c. 200-550 d. C., con decoración añadida en los siglos posteriores, es una muestra emblemática del arte de Teotihuacán. Es de piedra con incrustaciones de turquesa, amazonita, coral, obsidiana y nácar.

△ **LA PIRÁMIDE DEL SOL**

Esta vista aérea de Teotihuacán muestra la enorme pirámide del Sol, de 64 m de altura, con cinco niveles y una base de 222 por 225 m. Hay 248 escalones hasta la cúspide.

◁ **CIELO E INFIERNO**

Este detalle de un mural del complejo de Tepantitla, en Teotihuacán, de *c.* 200 d. C., contrapone imágenes del paraíso y la vitalidad, representada por mariposas, y escenas terroríficas, como un juego en el que se usa un ser humano como pelota (abajo, dcha.) y una fila de víctimas sacrificiales (arriba, dcha.).

Chichén Itzá

La última de las grandes ciudades-estado mayas, que atesora obras maestras de la arquitectura mesoamericana.

N de
Mesoamérica

Chichén Itzá, la ciudad maya más grande del suroeste de México, alcanzó su máximo esplendor en el siglo IX y empezó a declinar a inicios del siglo XIII. Este magnífico yacimiento Patrimonio de la Humanidad, de unos 10 km², contiene pirámides, templos, cenotes, un juego de pelota y un observatorio astronómico que seguía los movimientos del planeta Venus, lo que indica la riqueza de la vida espiritual y artística de la civilización maya. Los murales, estelas y vasijas en los que se representan escenas de guerra, torturas, sangrías y sacrificios humanos atestiguan la importancia que daban los mayas a estas prácticas rituales.

La estructura central

La pirámide de Kukulkán (a la que los españoles llamaron El Castillo), que domina la plaza central de la ciudad, tiene 364 escalones entre los cuatro lados. La plataforma superior eleva ese número a 365, los días de un año solar. Cada escalinata está orientada a uno de los cuatro puntos cardinales.

▽ **CHAC MOOL**
Un Chac Mool preside la entrada del templo de los Guerreros. El cuenco que sostiene pudo estar destinado a los corazones de las víctimas de los sacrificios humanos.

ALINEACIÓN SOLAR

Los mayas veneraban al Sol y alinearon la pirámide de Kukulkán con los solsticios. En los equinoccios de primavera y de otoño, el Sol crea un juego de sombras sobre la escalinata norte que da la impresión de que la deidad de la serpiente emplumada desciende por la pirámide.

plataforma del templo

escalinata con 91 escalones

amanecer en el solsticio de verano

atardecer en el solsticio de verano

amanecer en el solsticio de invierno

atardecer en el solsticio de invierno

N

Copán

Una importante ciudad maya que permite conocer mejor su compleja civilización.

C de
Mesoamérica

Copán, que floreció entre los siglos V y IX d. C. , está considerada como una de las ciudades más importantes de la civilización maya. Posee un interés excepcional para los estudiosos porque su diseño y su arquitectura, así como sus esculturas y relieves, plasman la cosmología maya y ha sido declarada Patrimonio de la Humanidad.

Inspiración astronómica

Numerosas esculturas y relieves datan del reinado del soberano más famoso de Copán, el rey 18 Conejo, y reflejan

◁ **UNA TALLA ELABORADA**
La estela N se encuentra delante del Templo 11, al sur de la plaza de la escalinata de los Jeroglíficos. El tocado de la figura también está flanqueado por jeroglíficos.

las pautas del cosmos y los movimientos de las estrellas y los planetas por los que los mayas se guiaban para planificar y regular su vida. Un edificio relevante en este sentido es el magnífico Templo 22, concebido como un portal al inframundo, con abundantes y fascinantes referencias astronómicas, como una serpiente bicéfala que representa la Vía Láctea, el eje cósmico para los mayas. En el templo 26, encargado por el rey Concha Ahumada e inaugurado en 749, se encuentra la escalinata de los Jeroglíficos, así llamada por los bellos símbolos que la flanquean y que narran la historia de la ciudad. Copán fue abandonada alrededor de 1200 d. C., y su restauración comenzó en las décadas de 1930 y 1940. A mediados de la de 1970, el desciframiento de varios jeroglíficos permitió avanzar considerablemente en el conocimiento de su historia.

EL CASTILLO
La pirámide alcanza los 24 m de altura. En el templo de cima está representado Kukulkán, la serpiente emplumada, una importante deidad mesoamericana.

Yaxchilán

Oculta en las profundidades de la selva, esta impresionante ciudad maya es famosa por su arquitectura y sus espectaculares relieves.

N de Mesoamérica

Limitada por tres de sus lados por el río Usumacinta y oculta en la selva del estado mexicano de Chiapas (en la que fue la región maya con mayor densidad de población), Yaxchilán desempeñaba una importante función defensiva. Muchos de sus templos principales se erigieron en las colinas sobre el río y quizá se utilizaban como observatorios astronómicos.

Arte maya
La ciudad alcanzó su máximo poder a partir del año 681 d. C. aproximadamente, bajo el reinado de Escudo Jaguar II. Es notable por sus esculturas y, en concreto, por los dinteles de piedra de los principales edificios, encargados por distintos gobernantes de la ciudad y que representan ceremonias de sangrías, sacrificios y torturas, que tenían un significado sagrado para los mayas. Varios dinteles son verdaderas obras maestras del arte maya.

◁ ESTELA 35
Esta estela de c. 600–900 d. C. muestra a la señora Estrella Vespertina, esposa de Escudo Jaguar el Grande. Se cree que gobernó Yaxchilán por breve tiempo, una década después de la muerte de su marido.

△ EL PALACIO REAL
Construida a mediados del siglo VIII, la estructura 33 de Yaxchilán es un extraordinario ejemplo de la arquitectura maya clásica. La crestería contiene frisos, nichos y elementos esculpidos.

Estilos arquitectónicos
AMÉRICA PRECOLOMBINA

Se denominan precolombinas todas las civilizaciones nativas que se desarrollaron en América antes de la llegada de los primeros europeos a fines del siglo xv. Las más importantes desde el punto de vista arquitectónico fueron las mesoamericanas.

Mesoamérica es una región histórica que se extiende desde el centro de México, al norte, hasta Costa Rica, al sur. En ella florecieron muchas culturas relevantes, como la olmeca, la zapoteca, la maya y la azteca, que crearon sus propios sistemas numéricos y de escritura, astronómicos, religiosos y, por supuesto, arquitectónicos.

El edificio más característico de la arquitectura mesoamericana es la pirámide escalonada. A diferencia de las egipcias, las pirámides mesoamericanas no eran tumbas, sino templos que se elevaban hacia las estrellas y un elemento clave de la arquitectura concebida como intermediaria entre el mundo humano y el inframundo. La planta de las ciudades también refleja este concepto: los templos dominaban grandes plazas, junto a palacios y canchas para el juego de pelota ritual en numerosas culturas mesoamericanas. Las viviendas y las estructuras ceremoniales solían ocupar distintas zonas de la ciudad para diferenciar las funciones cotidianas de las religiosas. Algunas culturas alineaban sus edificios con la posición de las estrellas y otros objetos celestes en determinados momentos del año.

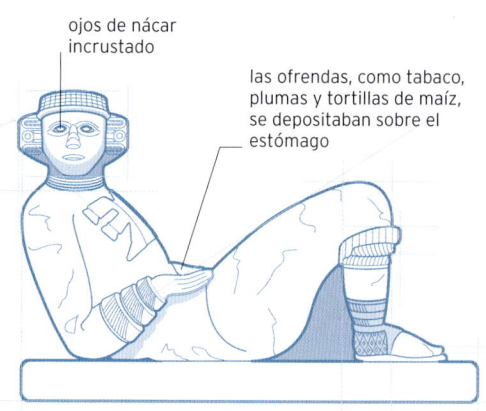

△ **ESTATUA DEL CHAC MOOL**
Esta escultura de bulto redondo, habitual en las culturas mesoamericanas, representa a un hombre reclinado con un cuenco sobre el vientre. Se cree que simboliza a un guerrero caído que porta una ofrenda a los dioses.

ojos de nácar incrustado

las ofrendas, como tabaco, plumas y tortillas de maíz, se depositaban sobre el estómago

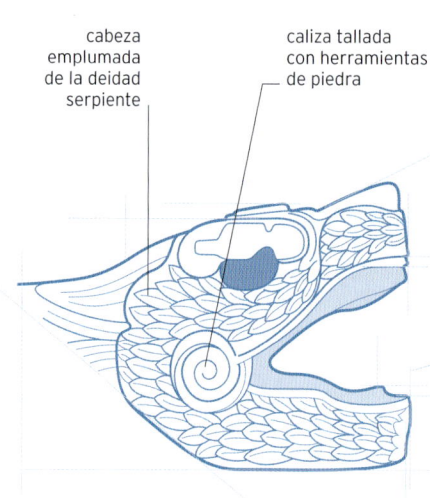

cabeza emplumada de la deidad serpiente

caliza tallada con herramientas de piedra

△ **FIGURAS DE SERPIENTE**
Para los mayas, la serpiente era un símbolo importante representado con frecuencia en sus esculturas. En El Castillo, las sombras simulaban una serpiente descendiendo la escalinata durante los equinoccios.

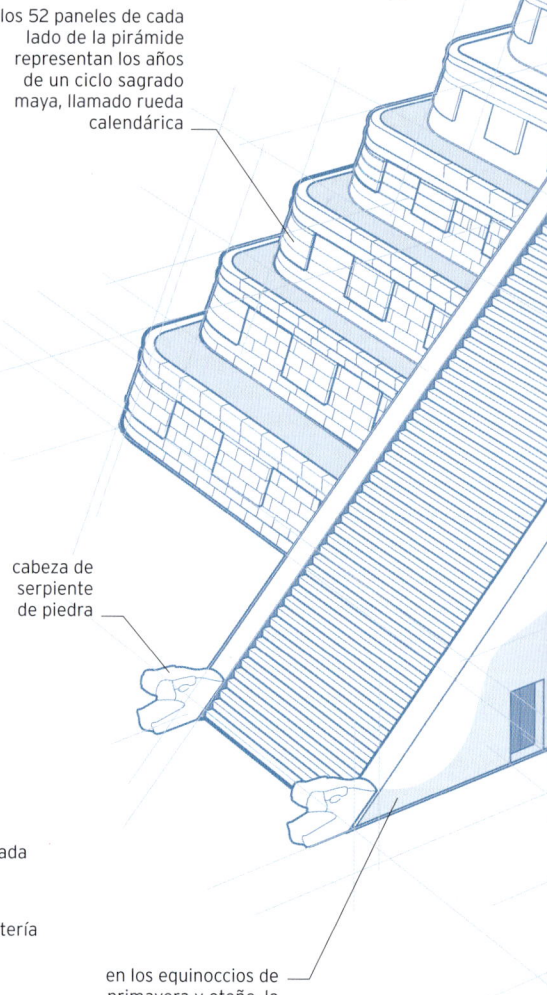

los 52 paneles de cada lado de la pirámide representan los años de un ciclo sagrado maya, llamado rueda calendárica

cabeza de serpiente de piedra

en los equinoccios de primavera y otoño, la sombra formaba aquí una serpiente

ESTRUCTURAS SIMBÓLICAS

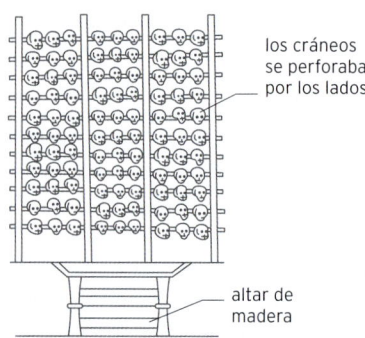

los cráneos se perforaban por los lados

altar de madera

△ **TZOMPANTLI**
Común a varias civilizaciones de Mesoamérica, el *tzompantli* era una empalizada en la que se ensartaban cráneos humanos, generalmente de enemigos o víctimas sacrificiales.

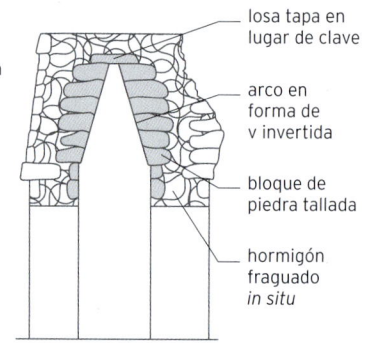

losa tapa en lugar de clave

arco en forma de v invertida

bloque de piedra tallada

hormigón fraguado *in situ*

△ **ARCO MAYA**
Los mayas usaban un arco acartelado, o falso, formado por piedras escalonadas que convergían en la parte superior, combinadas con hormigón, que fraguaba en la estructura de piedra.

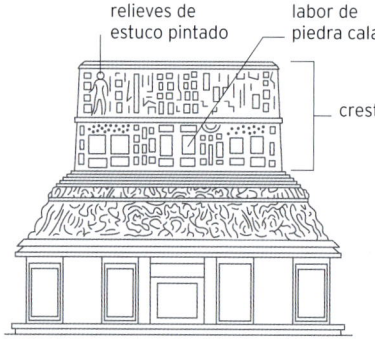

relieves de estuco pintado

labor de piedra calada

cresteria

△ **CRESTERÍA**
Muchas pirámides mayas estaban coronadas por un elemento calado llamado cresteria que aumentaba su altura y mostraba elementos decorativos e iconográficos.

▲ **EL CASTILLO DE CHICHÉN ITZÁ**
Chichén Itzá fue una gran ciudad construida por los mayas a partir del siglo vii d. C. en el actual Yucatán (México). Su principal edificio es la pirámide de Kukulkán, llamada El Castillo, construida con piedra caliza y a cuya cima se accede por cuatro escalinatas exteriores.

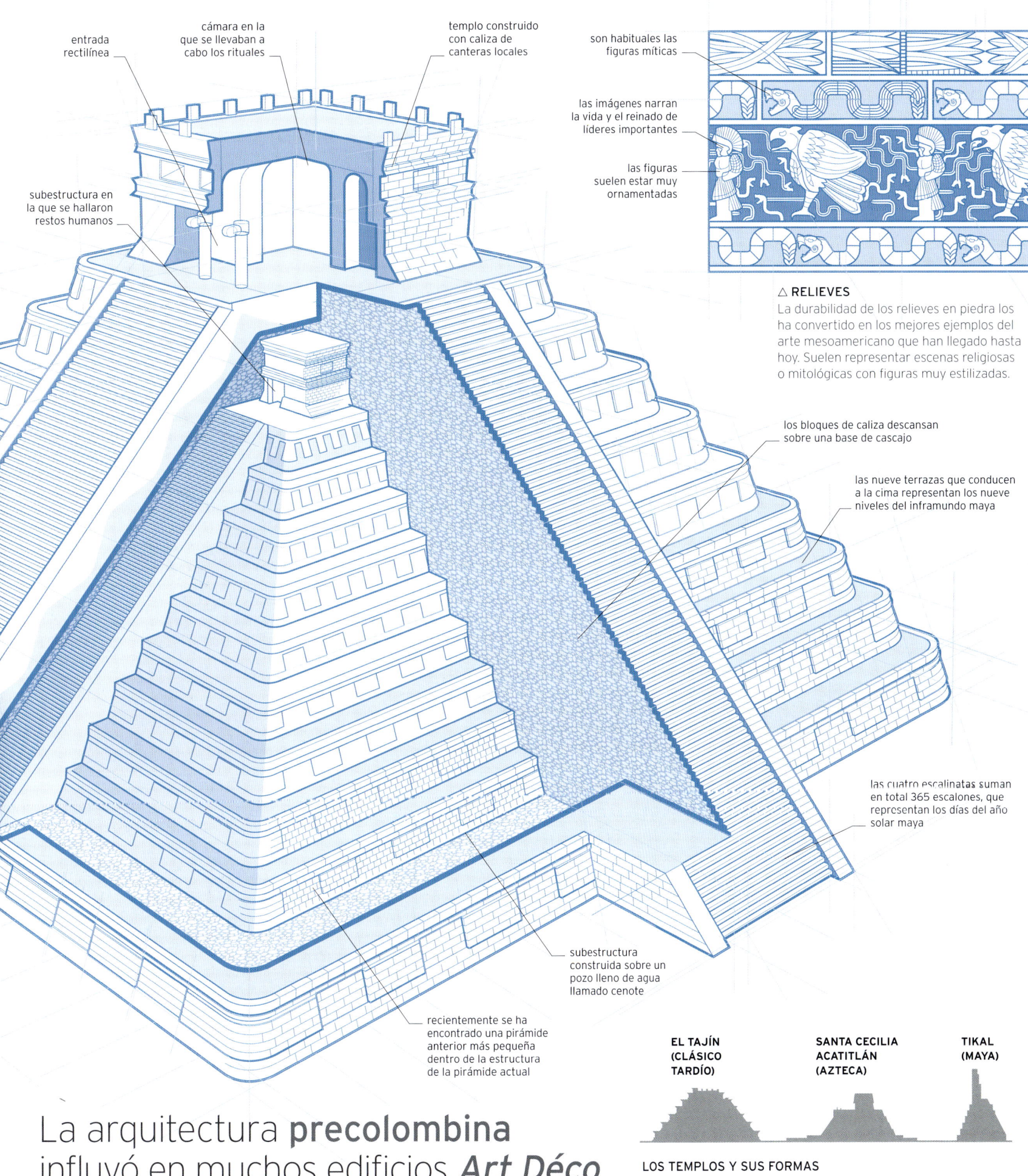

entrada rectilínea

cámara en la que se llevaban a cabo los rituales

templo construido con caliza de canteras locales

subestructura en la que se hallaron restos humanos

son habituales las figuras míticas

las imágenes narran la vida y el reinado de líderes importantes

las figuras suelen estar muy ornamentadas

△ **RELIEVES**
La durabilidad de los relieves en piedra los ha convertido en los mejores ejemplos del arte mesoamericano que han llegado hasta hoy. Suelen representar escenas religiosas o mitológicas con figuras muy estilizadas.

los bloques de caliza descansan sobre una base de cascajo

las nueve terrazas que conducen a la cima representan los nueve niveles del inframundo maya

las cuatro escalinatas suman en total 365 escalones, que representan los días del año solar maya

subestructura construida sobre un pozo lleno de agua llamado cenote

recientemente se ha encontrado una pirámide anterior más pequeña dentro de la estructura de la pirámide actual

EL TAJÍN (CLÁSICO TARDÍO)

SANTA CECILIA ACATITLÁN (AZTECA)

TIKAL (MAYA)

La arquitectura **precolombina** influyó en muchos edificios *Art Déco* durante las décadas de 1920 y 1930.

LOS TEMPLOS Y SUS FORMAS
La pirámide escalonada de estilo talud-tablero es el templo mesoamericano clásico, pero existen variantes con escalinatas en los cuatro lados, otras solo en uno, y otras están coronadas por cresterías.

Templo de las Inscripciones

Un monumento funerario en honor de K'inich Janaab' Pakal, soberano de la ciudad-estado maya de Palenque.

N de Mesoamérica

Palenque, situada en el actual estado de Chiapas (México), fue una de las ciudades mayas más relevantes. Se consolidó como centro comercial durante el periodo clásico maya (*c.* 250–900 d. C.), con el nombre de Lakam Ha, y alcanzó su apogeo bajo K'inich Janaab' Pakal, o Pakal el Grande, que reinó desde 615 hasta su muerte en 683.

Rescatada de la selva

Aunque solo se ha podido arrebatar a la selva una parte de la ciudad, lo que se ha descubierto incluye algunos de los ejemplos más hermosos de la arquitectura maya clásica, como el palacio real de Pakal y la pirámide que alberga su tumba. En la cima de esta pirámide de nueve niveles, a la que se accede por una escalinata de 69 escalones, se halla el templo de las Inscripciones, así llamado por la gran cantidad de textos jeroglíficos inscritos sobre tablillas en los muros interiores y en los paneles esculpidos de los pilares que separan las cinco entradas.

Después de la caída de la dinastía de Palenque en torno al año 800, la selva ocupó la ciudad, que se ha ido redescubriendo lentamente a partir del siglo XVIII.

△ **MÁSCARA FUNERARIA DE PAKAL**
Esta máscara de jade con ojos de nácar y obsidiana se halló entre los tesoros de la cámara funeraria de Pakal.

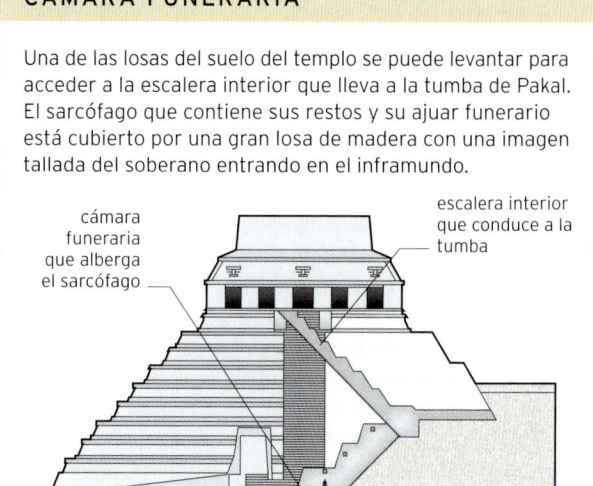

CÁMARA FUNERARIA

Una de las losas del suelo del templo se puede levantar para acceder a la escalera interior que lleva a la tumba de Pakal. El sarcófago que contiene sus restos y su ajuar funerario está cubierto por una gran losa de madera con una imagen tallada del soberano entrando en el inframundo.

cámara funeraria que alberga el sarcófago

escalera interior que conduce a la tumba

Esta es la única pirámide funeraria maya conocida que se construyó en vida de su destinatario.

▽ **FACHADA DETERIORADA**
Al igual que otras construcciones de Palenque, esta pirámide estaba decorada con pinturas y adornos de estuco. De la crestería original solo quedan los pilares.

Sacsayhuamán

El mayor complejo arquitectónico inca, extraordinario por la precisión de sus imponentes muros de piedra seca.

O de América del Sur

La ciudadela de Sacsayhuamán ocupa una posición dominante sobre una colina al norte de Cuzco (Perú), la capital del Imperio inca. Fue fundada por los killke hacia el año 1100, pero cuando los incas invadieron la región en el siglo XIII ampliaron y fortificaron el complejo.

A la vez fortaleza y complejo ceremonial, posee tres niveles protegidos por murallas de hasta 18 m de altura. Los muros defensivos que se encuentran al pie de la ciudadela están dispuestos en un peculiar zigzag diseñado para disparar a los atacantes desde varias direcciones.

Un encaje perfecto

Primero, los incas reforzaron la ciudadela con unas sencillas murallas de arcilla y barro; sin embargo, a mediados del siglo XV empezaron a sustituirlas por los colosales muros de piedra seca que han dado fama a Sacsayhuamán. Para construirlos se extrajeron de las canteras enormes bloques de piedra, algunos de hasta 100 toneladas, que luego se labraron para darles formas poligonales tan precisas que encajaban perfectamente sin necesidad de mortero.

Según cuenta una leyenda inca, la ciudad de Cuzco se conocía como «ciudad león» y, vista desde arriba, tenía forma de puma. La ciudadela de Sacsayhuamán era la cabeza.

▽ **UNA FORTALEZA INCA**
Esta vista aérea muestra el área central del complejo, construido en terrazas sobre un promontorio cerca de Cuzco.

Chan Chan

La capital del Imperio chimú, con diez recintos separados por gruesos muros de adobe.

O de América del Sur

△ **UNA GIGANTESCA CIUDAD DE ADOBE**
La ciudad de Chan Chan y sus murallas de adobe cubrían unos 20 km². Los recintos estaban bien planificados y cercados por muros de arena decorados con una suerte de celdillas romboidales.

Chan Chan fue una próspera ciudad chimú del norte de Perú entre los siglos XII y XV. Situada en la costa, junto a la desembocadura del río Moche, creció a partir de un asentamiento agrícola mediante una red de canales y embalses que abastecían a la vasta ciudad dispuesta en recintos amurallados que llegó a ser. Los mayores de estos recintos son las diez «ciudadelas», o pequeñas ciudades, rectangulares y cercadas por muros de 10 m de altura que albergan palacios y edificios administrativos construidos con ladrillos de adobe y tierra. La cara exterior de los muros está decorada con relieves de motivos geométricos y representaciones de peces y otros animales.

Pese a que la naturaleza de los ladrillos moldeados que se utilizaron para construir la ciudad los hacía propensos al deterioro, la sequedad del clima los ha mantenido casi intactos. Por otra parte, y después de que la ciudad fuera declarada Patrimonio de la Humanidad, un programa de voluntariado de la Unesco ha preservado la mayoría de las estructuras para la posteridad.

O de América
del Sur

Moáis de la isla de Pascua

Monumentales estatuas ancestrales talladas por los habitantes de Rapa Nui,
la actual isla de Pascua, en el Pacífico.

En algún momento del I milenio, un grupo polinesio se asentó en la isla de Rapa Nui, a 3700 km de la costa de Chile. Entre los siglos XI y XVII, el pueblo rapanui talló entre 800 y 1000 figuras monolíticas que se cree encarnan los espíritus de antepasados importantes. Estas estatuas (moáis) suelen estar sobre plataformas ceremoniales (*ahus*) y orientadas de cara a la isla, a la que guardan, así como a sus habitantes. Casi todas se tallaron en bloques de toba volcánica amarilla-parduzca y tienen una cabeza desproporcionadamente grande. Algunas llevan una especie de sombrero, o *pukao*, de toba roja, y se cree que son las últimas que se tallaron.

Estatuas andantes

Hoy en día aún continúa discutiéndose sobre cómo se transportaron los moáis a lo largo de las grandes distancias que separan la cantera donde se tallaron de su emplazamiento actual. Las teorías del arrastre sobre troncos han dado paso a la creencia de que se ataban con cuerdas y se las hacía «andar» inclinándolas y tirando de lado a lado.

Los colonos europeos llegaron a Rapa Nui en 1722, y a finales del siglo XVIII, casi todos los moáis habían sido derribados. Se empezaron a erigir de nuevo en 1978, y en 1995 la Unesco declaró a la isla de Pascua Patrimonio de la Humanidad. En 2018, los habitantes de la isla solicitaron al Museo Británico la devolución de un moái arrebatado a la isla en 1868.

▷ **OJOS QUE TODO LO VEN**
La única estatua cuyos ojos se han restaurado está en el Ahu Ko te Riku. Tenía unas profundas cuencas oculares, donde se colocaban fragmentos de coral blanco durante los rituales.

LOS GIGANTES DEL PACÍFICO

La altura de los moáis oscila entre 2 y más de 10 m. El más pesado de los que siguen en pie es el del Ahu Tongariki y pesa 86 toneladas. El moái inacabado más grande sigue a medio tallar en un acantilado, mide más de 21 m y se estima que pesa 244 toneladas. Aquí se muestran algunos moáis. La mayoría tiene la cabeza exageradamente grande y termina justo sobre los muslos. El moái Tukuturi es una figura naturalista arrodillada, con las nalgas sobre los talones.

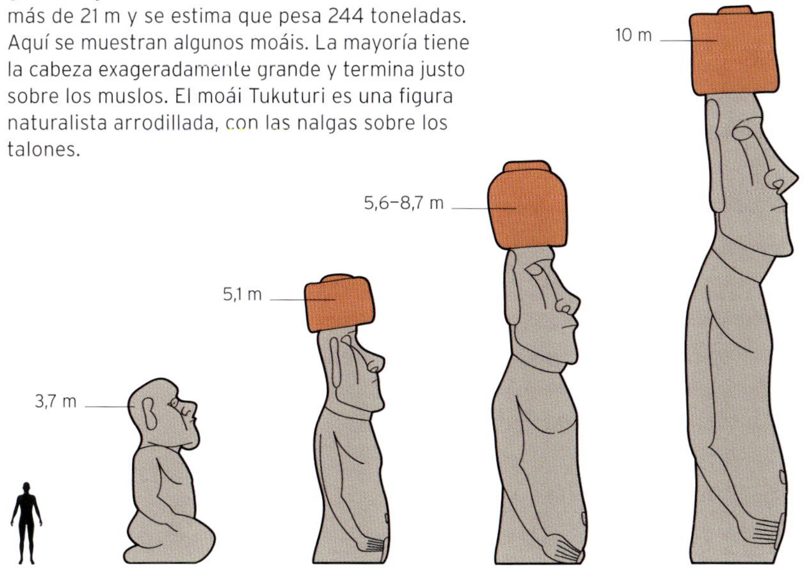

10 m

5,6–8,7 m

5,1 m

3,7 m

MOÁI TUKUTURI

MOÁI DEL AHU KO TE RIKU

MOÁI DEL AHU TONGARIKI

MOÁI PARO

△ **FÁBRICA DE MOÁIS**
En la cantera Rano Raraku se tallaron casi 900 moáis en toba, una roca porosa formada por ceniza volcánica. Los que muestra la imagen carecen del tocado de escoria roja que llevan algunos.

▽ **ROSTROS PÉTREOS**
El Au Tongariki es la mayor estructura ceremonial de la isla. Sus 15 moáis se alzan sobre una plataforma de 100 m de longitud dando la espalda al mar, para seguir protegiendo a la antigua aldea que antaño tenían delante.

El **peso medio** de los colosales moáis de piedra de la isla de Pascua es de **13 toneladas**.

Machu Picchu

Una soberbia ciudad y complejo ceremonial inca encaramada en una montaña sobre el río Urabamba, en Perú.

O de América del Sur

Fundada por el soberano inca Pachacútec a mediados del siglo xv, Machu Picchu («Montaña Antigua») ocupa un espacio espectacular en los Andes peruanos, 80 km al noroeste de la capital inca de Cuzco. Era fundamentalmente un lugar sagrado dedicado a Inti, el dios del Sol, además del centro administrativo de la región. En su apogeo Machu Picchu llegó a albergar unos mil habitantes y contaba con viviendas para la aristocracia, además de barrios con alojamientos más modestos para los trabajadores al sur y al este.

El templo del Sol

Los edificios de Machu Picchu están construidos con bloques de granito tallados siguiendo el característico estilo inca, que encajaban con tal precisión que no necesitaban mortero y se disponían en hiladas irregulares para que pudieran soportar los terremotos.

Las estructuras más bellas se encuentran en la parte superior de la ciudad, que tenía funciones religiosas y astronómicas. Algunas de ellas son el templo de las Tres Ventanas y el Torreón, en el templo del Sol, que servía de observatorio y cuyas ventanas se alineaban con el Sol en los solsticios de verano y de invierno, y con las constelaciones importantes en la mitología inca.

Perdida y encontrada

Gracias a su remota ubicación, Machu Picchu se libró del pillaje de los conquistadores españoles y permaneció olvidada hasta que en 1911 el explorador estadounidense Hiram Bingham la encontró mientras buscaba la legendaria capital inca «perdida». Un programa de restauración ha permitido recuperar o reconstruir más de un tercio de la ciudad.

△ **AJUARES FUNERARIOS**
Los miembros de la aristocracia inca eran enterrados con valiosos objetos funerarios, como esta llama de oro hallada en Machu Picchu.

▽ **UNA CIUDAD EN LA CIMA**
Tanto por su diseño como por su arquitectura, Machu Picchu armoniza a la perfección con su espectacular entorno natural.

INGENIERÍA DE DRENAJE

La construcción de Machu Picchu sobre pendientes empinadas en una zona de lluvias abundantes exigió una ingeniería de alto nivel. La ciudadela contaba con un sofisticado sistema de drenaje, con canales de distintos perfiles dentro de los muros de contención de las terrazas para que el agua pudiera escapar durante las tormentas y capas subterráneas de cascajo que podían retener agua y actuar como reservas temporales. Sin estas estructuras, el complejo se habría desmoronado hace mucho tiempo.

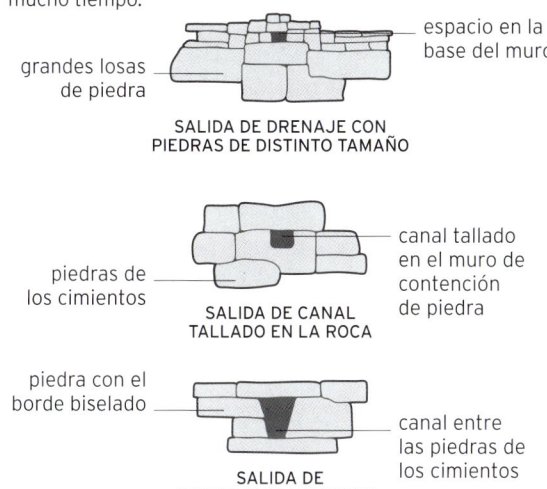

grandes losas de piedra

espacio en la base del muro

SALIDA DE DRENAJE CON PIEDRAS DE DISTINTO TAMAÑO

piedras de los cimientos

canal tallado en el muro de contención de piedra

SALIDA DE CANAL TALLADO EN LA ROCA

piedra con el borde biselado

canal entre las piedras de los cimientos

SALIDA DE DRENAJE TRAPEZOIDAL

◁ **EL TORREÓN**
El Torreón semicircular forma parte del templo del Sol. Sus ventanas trapezoidales están orientadas astronómicamente, y se accedía a él por la «Puerta de la Serpiente», en la pared recta.

La **ciudad** de Machu Picchu está a **2430 m** sobre el nivel del mar.

Iglesia de Santa Prisca de Taxco

Una iglesia monumental con dos campanarios que ejemplifica la arquitectura colonial y el estilo barroco novohispano.

La ricamente ornamentada iglesia de Santa Prisca de Taxco, en el estado de Guerrero (México), fue construida entre 1751 y 1758 por orden del próspero empresario minero de la región José de la Borda, como expresión de gratitud por la riqueza que había acumulado.

La portada principal, en la fachada occidental, está flanqueada por dos torres visibles desde cualquier punto de la ciudad con campanarios cubiertos por la elaborada decoración escultórica característica del barroco de Nueva España que descansan sobre un cuerpo inferior de piedra rosa. La fachada principal combina columnas clásicas y salomónicas que enmarcan el gran relieve central y estatuas de santos como los mártires santa Prisca y san Sebastián, y está rematada por una imagen de la Inmaculada Concepción. En la cabecera de la iglesia hay una cúpula cubierta de azulejos de vivos colores.

Decoración interior

El interior no es menos suntuoso, decorado en parte con motivos relacionados con el martirio. Los nueve retablos barrocos de la nave mayor y el transepto se hacen eco de la magnificencia de la fachada principal. Las paredes están adornadas con cuadros del pintor mexicano Miguel Cabrera, que José de la Borda le encargó para esta iglesia.

△ **RELIEVE BARROCO**
El relieve central de la fachada principal representa el bautismo de Cristo en un medallón ovalado de compleja ornamentación barroca.

La iglesia de Santa Prisca de Taxco fue el **edificio más alto de México** entre 1758 y 1806.

EXPRESIÓN DE UNA NUEVA RIQUEZA

La ornamentada iglesia de Santa Prisca, que se alza en la bulliciosa ciudad minera de Taxco (México), es un símbolo imponente de la prosperidad colonial española.

San Ignacio Miní

Las ruinas de arenisca roja de una misión jesuítica en la selva argentina.

E de América del Sur

San Ignacio Miní, construida a mediados del siglo XVII, fue una de las numerosas misiones o reducciones fundadas por los jesuitas para evangelizar y enseñar (o imponer) el modo de vida cristiano a la población nativa de América del Sur. Esta misión fue construida en territorio guaraní, en lo que hoy es la frontera entre Argentina, Brasil y Paraguay, en el estilo barroco español de la época con elementos indígenas hoy día conocido como barroco hispano guaraní.

Caída en desgracia

En el momento álgido de la reducción vivían en ella más de 2000 personas; sin embargo, los jesuitas acabaron cayendo en desgracia y, a principios del siglo XIX, los propios habitantes, casi todos indígenas, intentaron destruir el edificio. Aunque solo sobrevivió la estructura exterior del edificio principal, San Ignacio Miní es la misión mejor conservada de toda la región guaraní. Pese a que la disposición del complejo no está clara, lo que queda de los muros y los arcos dan fe de la majestuosidad de su arquitectura.

LAS REDUCCIONES

En las zonas de América que estuvieron bajo dominio español entre los siglos XVI y XVIII, muchos indígenas fueron concentrados en reducciones o misiones dirigidas por jesuitas. El trazado de estos poblados solía emular el de un pueblo español, con una plaza central rodeada por la iglesia, un cementerio, un convento y edificios administrativos, además de las viviendas para la población indígena.

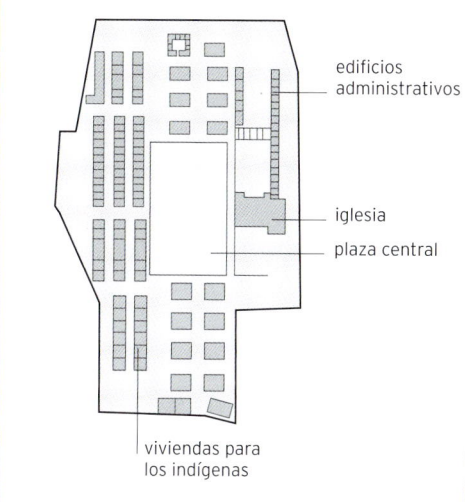

edificios administrativos

iglesia

plaza central

viviendas para los indígenas

UNA NAVE ANGOSTA

Taxco, emplazada en un terreno montañoso, apenas tenía espacio nivelado para una construcción a gran escala. El diseño de la iglesia de Santa Prisca tuvo que modificarse para que encajara en una pequeña quebrada: la estrechez de la nave y el corto transepto resaltan aún más la altura de las torres que flanquean la portada.

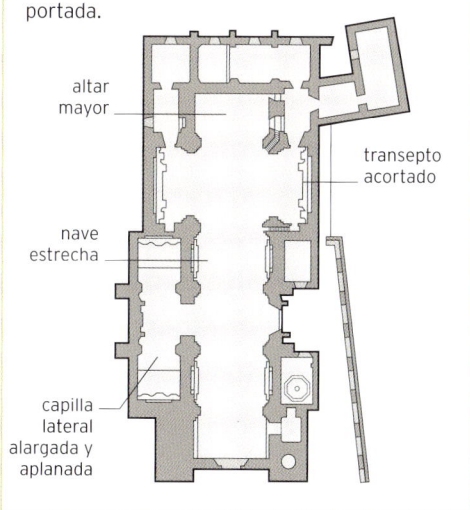

altar mayor

transepto acortado

nave estrecha

capilla lateral alargada y aplanada

△ **VESTIGIOS COLONIALES**

Las ruinas de San Ignacio Miní son magníficas incluso en su estado actual. La fusión de arquitectura barroca y guaraní sigue siendo evidente en los muros y los arcos inconexos de la iglesia.

Ciudadela Laferrière

Una fortaleza anticolonial convertida en símbolo de la independencia de Haití.

E de Mesoamérica

En 1791, los esclavos de Haití se rebelaron contra sus amos franceses. En 1802, Francia envió soldados a recuperar la isla; sin embargo, la mayoría murió por las fiebres, y finalmente, el 1 de enero de 1804, Jean-Jacques Dessalines, el líder de la rebelión, proclamó la independencia de Haití.

Construida para impresionar

Temiendo un nuevo ataque francés, el general Henri Christophe (1767–1820), gobernador del norte de Haití, ordenó construir una gran fortaleza. Las obras duraron de 1805 a 1820. Las piedras de los cimientos se colocaron directamente sobre la roca, fijadas con un mortero hecho con cal viva, melaza, sangre de vaca y de chivo, y cola hecha con pezuñas de vaca cocidas. Se construyeron también cisternas y almacenes para poder abastecer de agua y comida a 5000 defensores durante un año.

△ MUNICIÓN APILADA

Los haitianos reunieron un arsenal que incluía unos 160 cañones. Las balas de cañón cuidadosamente apiladas aún esperan una hipotética invasión.

▽ UNA POSICIÓN PRIVILEGIADA

La ciudadela Laferrière está sobre una montaña de 900 m de altura y cubre un área de más de 10 000 m². Los muros angulares tienen 4 m de grosor y alcanzan 40 m de altura.

Unos **20 000 trabajadores** necesitaron **quince años** para construir la fortaleza.

△ LAS ESCLUSAS MÁS GRANDES

Las esclusas de Gatún, en el extremo norte caribeño, son las mayores del canal. Con 33,5 m de altura y 320 m longitud, elevan los barcos hasta 27 m sobre el nivel del mar para que entren en el lago Gatún.

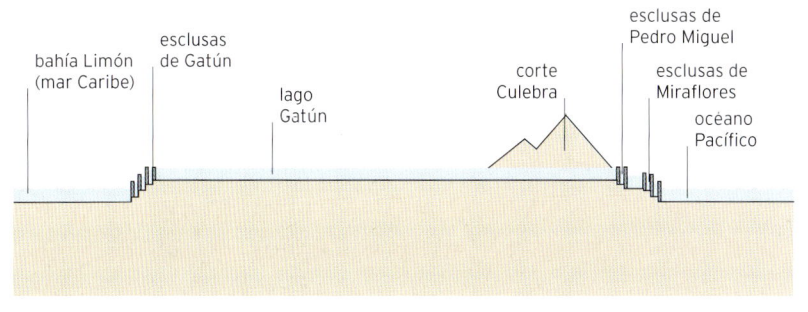

Canal de Panamá

Una maravilla de la ingeniería entre dos océanos
que se cobró un alto precio en vidas humanas.

S de
Mesoamérica

△ **AÑADIDOS POSTERIORES**
El canal de Panamá, de 82 km de longitud, fue ampliado en 2016 con nuevas esclusas que pueden admitir barcos tres veces más grandes que las antiguas.

El istmo que separa los océanos Atlántico y Pacífico fue durante mucho tiempo un obstáculo para el transporte marítimo. El paso de un océano a otro por la peligrosa ruta del sur, que exigía doblar el cabo de Hornos, desalentaba a la mayoría de viajeros y comerciantes. En 1880, unos ingenieros franceses, animados por el éxito del canal de Suez, que había conectado el Mediterráneo y el mar Rojo, decidieron construir un canal similar en el istmo de Panamá. En 1889, las obras se interrumpieron, cuando los problemas de ingeniería y la elevada mortalidad laboral llevaron a la bancarrota a la empresa constructora.

Un esfuerzo colosal

EE UU, el país más beneficiado por la existencia del canal, se hizo cargo del proyecto en 1904. Durante la década siguiente, los obreros extrajeron más de 130 millones de m³ de tierra y roca, y crearon el que entonces fue el mayor lago artificial del mundo (el lago Gatún) para alimentar las esclusas de ambos extremos. El nuevo canal tuvo un éxito inmediato: en 1914, el primer año en que estuvo operativo, lo cruzaron unos 350 barcos.

LA RUTA DEL CANAL

Los barcos acceden al canal de Panamá desde el mar Caribe por la entrada norte, a través de la bahía Limón. Luego ascienden 26 m en las esclusas de Gatún hasta el lago de este nombre, atraviesan el corte Culebra y descienden por más esclusas hasta el océano Pacífico junto a la ciudad de Panamá. En 2016 se inauguraron nuevas esclusas en ambos extremos para permitir el paso de barcos más grandes.

Cristo del Corcovado

La imagen más famosa de Río de Janeiro y y la estatua Art Déco más grande del mundo.

E de América
del Sur

La colosal estatua de Cristo Redentor domina Río de Janeiro desde la cima del monte Corcovado, con el rostro orientado hacia la salida del sol para que (en palabras de su diseñador) «la estatua divina sea la primera imagen que aparezca». La idea de erigir un monumento sobre el Corcovado se remonta a la década de 1850, pero la archidiócesis no propuso la estatua de Cristo hasta 1921. La primera piedra del pedestal se puso el 4 de abril de 1922 (el año del centenario de la independencia de Brasil), cuando aún no se había acordado el diseño definitivo de la estatua. Ese mismo año se confió el diseño al ingeniero brasileño Heitor da Silva Costa (1873–1947), aunque el artista brasileño Carlos Oswald y el escultor francés Paul Landowski también contribuyeron al diseño final.

Abrazar la ciudad

La Iglesia reunió la mayor parte de los 250 000 dólares necesarios para financiar la construcción del Cristo Redentor, y los trabajadores y el material comenzaron a ascender por la montaña en tren en 1926. La estatua *Art Déco*, de hormigón armado y cubierta por un mosaico de teselas triangulares de esteatita, se terminó en 1931. Mide 30 m de altura y descansa sobre un pedestal cuadrado de 8 m de altura revestido de granito negro para dotarle de una base austera. Los brazos de Cristo se abren 28 m de norte a sur.

▷ **BAJO LA MIRADA DE CRISTO**
La gigantesca estatua de Cristo Redentor se alza sobre la ciudad de Río de Janeiro frente al Pan de Azúcar con sus brazos abiertos en ademán de protección y acogida.

El Cristo del Corcovado es la **quinta estatua** de Jesús **más grande del mundo**.

DENTRO DE LA ESTATUA

En el interior de la estatua hay varias plantas reforzadas y unidas por una escalera angosta. La décima planta se extiende a lo largo de los brazos, y un estrecho pasillo llega hasta los dedos. Una trampilla en el hombro permite acceder al exterior. A la altura del pecho se encuentra un corazón tallado y decorado con mosaico. El pedestal contiene la capilla de Nuestra Señora de la Concepción Aparecida (Nossa Senhora da Conçeicao Aparecida), consagrada en el 75 aniversario de la estatua, en 2006.

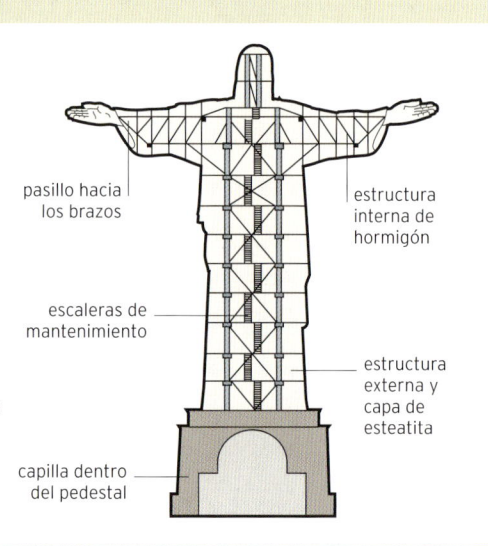

pasillo hacia los brazos

estructura interna de hormigón

escaleras de mantenimiento

estructura externa y capa de esteatita

capilla dentro del pedestal

△ **HORMIGÓN Y ESTEATITA**
La cabeza del Cristo, de 3,75 m de altura, es de hormigón con mosaico de esteatita.

Catedral de Brasilia

Una catedral de estilo moderno con forma de corona y un vitral como techo diseñada para una ciudad futurista.

E de América del Sur

Cuando en 1957 se decidió construir la nueva capital de Brasil, uno de los primeros edificios que se empezaron a erigir fue la catedral, diseñada por Oscar Niemeyer (1907–2012), el arquitecto brasileño más famoso. La sencilla, pero impresionante estructura hiperboloide de la Catedral Metropolitana de Nuestra Señora de la Concepción Aparecida consiste en 16 columnas cóncavas de hormigón, cada una de las cuales pesa 90 toneladas. La primera piedra de la catedral se puso el 15 de septiembre de 1958, y el templo se consagró el 21 de octubre de 1968.

Un templo de luz

A la entrada de la catedral se alinean las estatuas de bronce, de 3 m de altura, de los cuatro evangelistas. A la derecha se alza un campanario de 20 m de altura. Se accede al templo por un oscuro túnel que conduce a un espacio circular iluminado por vidrieras multicolores de cuyo techo cuelgan las estatuas de tres ángeles.

SOBRE EL SUELO

La mayor parte de la catedral está bajo el nivel del suelo. Solo el techo de la nave, de 70 m de diámetro y 42 de altura; la cúpula ovoide del baptisterio y el campanario son visibles sobre el suelo. Para algunos, la cubierta de la catedral representa unas manos que se alzan al cielo; para otros, la corona de espinas que Jesús llevó camino del Calvario.

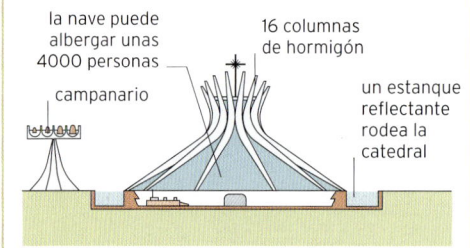

la nave puede albergar unas 4000 personas

16 columnas de hormigón

campanario

un estanque reflectante rodea la catedral

Ciudad Universitaria de la UNAM

Un conjunto de edificios que reflejan el dinamismo y las aspiraciones de un México que se modernizaba a toda velocidad.

N de Mesoamérica

▽ **UN MURAL DE MOSAICO**
El mural *Representación histórica de la cultura* que cubre las cuatro fachadas de la biblioteca es uno de los mosaicos continuos más grandes del mundo.

Las facultades de la Universidad Nacional Autónoma de México estaban dispersas por Ciudad de México hasta la construcción, entre 1949 y 1952, de una nueva universidad en un campus único que se convirtió en el mayor proyecto constructivo emprendido en el país desde el Imperio azteca (1325–1521). Muchos de los modernos edificios armonizan con los jardines y rocas volcánicas entre los que se alzan, pero la Biblioteca Central destaca por su decoración exterior.

Un mosaico gigantesco

La biblioteca está enteramente revestida por un mural diseñado por el mexicano Juan O'Gorman (1905–1982) que cubre más de 4000 m², con millones de teselas de piedras de colores procedentes de todo México. En la fachada norte está representado el pasado prehispánico de México; en la fachada sur, el pasado colonial; en la oriental, el mundo contemporáneo, y en la occidental, la universidad y el México actual. En reconocimiento a esta obra maestra, la Unesco declaró a la Ciudad Universitaria Patrimonio de la Humanidad en 2007.

△ UN COLOFÓN GLORIOSO
La sencilla cruz de metal que remata la catedral fue bendecida en 1967 por el papa Pablo VI, que también donó el altar mayor y el sagrario.

◁ ÁNGELES EN VUELO
Los tres ángeles, de entre 100 y 300 kg cada uno, que sobrevuelan la nave sujetos por cables de acero fueron diseñados por Alfredo Ceschiatti.

Catedral de Sal de Zipaquirá

Una iglesia tallada en la sal a 200 m bajo tierra que inspira devoción y sobrecoge.

△ FIGURA CENTRAL
En el centro de la nave principal hay un altorrelieve de mármol del colombiano Carlos Enrique Rodríguez inspirado en *La creación de Adán* pintado por Miguel Ángel en el techo de la Capilla Sixtina.

N de América del Sur

Cuando el naturalista alemán Alexander von Humboldt (1769–1859) visitó Colombia en 1801, creyó que los depósitos de halita (sal gema) de las minas de Zipaquirá eran mayores que cualquiera de las minas europeas.

Las minas se explotaban desde hacía siglos, durante los cuales los mineros excavaron capillas donde pedían protección antes de iniciar su peligroso trabajo. Así pues, en la década de 1930 excavaron una iglesia subterránea y en 1950 empezaron a transformarla en la Catedral de Sal, dedicada a la Virgen del Rosario de Guasá, su patrona.

Diversos problemas estructurales y de seguridad llevaron al cierre de este templo en 1992, pero los mineros respondieron excavando otro 61 m por debajo del anterior. Inaugurada el 16 de diciembre de 1995, la nueva Catedral de Sal tiene tres naves y catorce pequeñas capillas, una para cada estación del vía crucis, con sus símbolos y detalles arquitectónicos tallados en la halita.

Unas **3000 personas** asisten a **misa** en la Catedral de Sal **cada domingo**.

Museo de Arte Contemporáneo de Niterói

Una galería de arte de líneas pulidas sobre un acantilado, diseñada por el maestro de la arquitectura moderna Niemeyer.

E de América del Sur

△ **PREPARADO PARA EL DESPEGUE**
La estructura del edificio se ha comparado con un ovni a punto de despegar sobre la bahía de Guanabara. La situación del museo sobre un promontorio rocoso ofrece unas vistas extraordinarias de Río de Janeiro.

El Museo de Arte Contemporáneo de Niterói, cerca de Río de Janeiro, inaugurado en 1996, es uno de los edificios más simples del célebre arquitecto brasileño Oscar Niemeyer (1907–2012). Tiene forma de platillo volante y mide 16 m de altura y 50 de diámetro en la cúpula. En el interior hay tres plantas: la Sala de Exposiciones ocupa la principal, que carece de columnas y tiene un aforo máximo de 60 personas. Se accede al museo por una sinuosa rampa de hormigón de 98 m de longitud que asciende desde la plaza que lo rodea. La base cilíndrica del «platillo» está rodeada por un estanque reflectante con una superficie de 817 m². El edificio es especialmente impactante por su ubicación sobre un acantilado de la playa Boa Viagem, en la orilla oriental de la bahía de Guanabara, frente a Río de Janeiro.

△ **ENTRADA ESPECTACULAR**
Una sinuosa pasarela que recuerda a la alfombra roja de los Oscar unida al «platillo» lleva a la Sala de Exposiciones.

SENCILLEZ DE DISEÑO

Este corte transversal revela la sencillez del diseño del museo. Una pasarela lleva al edificio principal, que contiene las oficinas, la galería principal, dos galerías laterales más pequeñas y un mirador corrido en el borde. En el subsuelo hay más oficinas y otras salas.

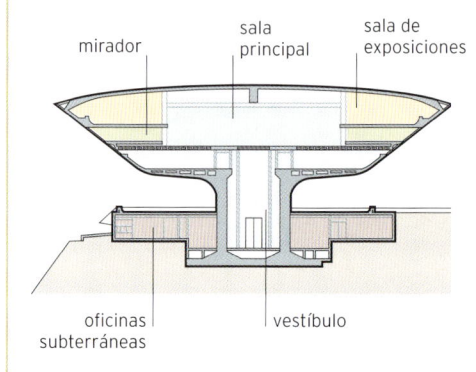

mirador · sala principal · sala de exposiciones · oficinas subterráneas · vestíbulo

«Niterói» procede de la lengua tupí local y significa «agua escondida».

Presa de Itaipú

Un conjunto de estructuras colosales que produce el 15 % de la electricidad consumida en Brasil.

E de América del Sur

En realidad, la presa de Itaipú sobre el río Paraná, entre Brasil y Paraguay, es una serie de cuatro presas: dos de materiales sueltos (una de tierra y otra de rocas) y otras dos, incluida la presa principal, de hormigón. El conjunto alcanza una altura máxima de 196 m y tiene una longitud de 7919 m. La capacidad del embalse, con una superficie de 1350 km^2, es de 29 km^3 de agua. En 2016, la presa alcanzó el récord mundial de producción de electricidad: 103 098 366 megavatios-hora (MWh), más que la presa de las Tres Gargantas (China). La mitad de esa electricidad se dirige hacia el oeste, a Paraguay, y la otra mitad a Brasil, si bien la mayor parte de la energía enviada a Paraguay se exporta a Brasil.

La presa de la piedra que suena

La presa lleva el nombre de una isla de un río cercano. En guaraní, *itaipu* significa «piedra que suena». La idea de este gigantesco proyecto surgió en la década de 1960, cuando los dos países vecinos acordaron explotar el río Paraná para generar hidroelectricidad. La construcción comenzó en enero de 1971 y el río se desvió en 1978 para poder levantar la presa, que se inauguró el 5 de mayo de 1984.

△ PROPORCIONES TITÁNICAS

En la construcción de las cuatro presas se usaron unos 12,3 millones de m^3 de hormigón, una cantidad suficiente para construir más de 200 estadios de fútbol. Con el hierro y el acero utilizados se podrían haber construido 380 torres Eiffel.

▽ ILUMINACIÓN ESPECTACULAR

La iluminación nocturna de la presa de Itaipú evidencia la hazaña de ingeniería estructural que supuso la construcción del enorme dique.

DENTRO DE LA PRESA

La presa principal de Itaipú consiste en grandes segmentos de hormigón unidos que rodean una cámara hueca. El agua del embalse fluye por las cuatro presas a través de 20 juegos de turbinas que generan la electricidad, mientras que el excedente que no se necesita para este fin se descarga por catorce compuertas a razón de 62 200 m^3 por segundo.

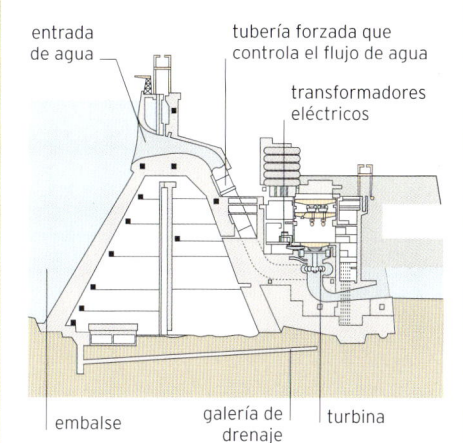

entrada de agua

tubería forzada que controla el flujo de agua

transformadores eléctricos

embalse   galería de drenaje   turbina

Una línea histórica

En el Arco de Triunfo de París convergen doce avenidas
radiales. El monumento se alza sobre el eje histórico de la
ciudad, una línea imaginaria que une el palacio del Louvre
y el Arco de La Défense.

Europa

DEL NEOLÍTICO HASTA HOY
Europa

El culto a las fuerzas naturales inspiró en Europa las primeras estructuras, en cuya construcción se usaron técnicas ingeniosas y conocimientos de astronomía. En Grecia y Roma, el culto a dioses antropomórficos produjo maravillas arquitectónicas regidas por los principios que llamamos «clásicos». La razón y las matemáticas permitieron a los arquitectos europeos desarrollar innovaciones, sobre todo en los periodos románico y gótico y, luego, en la era moderna. En el siglo VI d.C., Bizancio añadió elementos orientales a la arquitectura y pasó de la piedra al ladrillo, que en el Renacimiento se usaría de un modo espectacular. Los materiales impulsaron la creatividad en los siglos posteriores: desde la maestría del estuco barroco a la obsesión moderna y contemporánea con el hormigón y el vidrio.

GRECIA ANTIGUA
800-146 A.C.

Los constructores griegos se adherían a estrictos valores estéticos que durante los milenios siguientes se recuperaron en muchas ocasiones. Desarrollaron los principios de la simetría y la escala, y la columna, el capitel y el frontón como elementos arquitectónicos que perdurarían durante siglos.

5 PARTENÓN

ROMA
509 A.C.-476 D.C.

Inspirándose en la antigua Grecia, los romanos desarrollaron sus propios modelos arquitectónicos, que difundieron por el imperio e influyeron en las ciudades europeas mucho después de la caída del mismo. Emplearon el arco y la cúpula como elementos arquitectónicos básicos.

9 PANTEÓN

MONUMENTOS NEOLÍTICOS
4000-1700 A.C.

Muchos de los edificios neolíticos de Europa son reflejo de creencias paganas. Con pocas herramientas y sin medios de transporte rodado, los primeros constructores movieron rocas colosales, tallaron cuarcita y granito y excavaron enormes volúmenes de tierra para construir tumbas y monumentos religiosos.

1 NEWGRANGE

Newgrange, con más de 5000 años de antigüedad, combina una larga tradición de construcción de tumbas con la nueva idea de alinear los monumentos con puntos de referencia astronómicos

Islandia

Islas Feroe

Islas Orcadas

Mar del Norte

Támesis

LONDRES

Canal de la Mancha

E U R

Sena

PARÍS

Golfo de Vizcaya

Macizo Central

Cordillera Cantábrica

Pirineos

Camarga

Alpes

Po

Mar Adriático

Apeninos

Península Ibérica

Tíber

ROMA

Islas Baleares

Sierra Nevada

Sicilia

Mar Mediterráneo

Malta

Km
0   250   500

INGENIEROS ANTIGUOS Y MODERNOS

Los griegos antiguos instauraron la tradición de edificios públicos monumentales y de ciudades planificadas, que los romanos refinaron a medida que colonizaban casi todo el continente. Mucho después, la revolución industrial en el norte de Europa transformó los entornos urbanos y rurales con los logros de la ingeniería, en un proceso que se prolongó hasta bien entrado el siglo xx con la arquitectura moderna.

LUGARES CLAVE

1 Newgrange		**42** Castillo de Chenonceau	
2 Carnac		**43** Castillo de Chambord	
3 Templos megalíticos de Malta		**44** Castillo de Frederiksborg	
4 Stonehenge		**45** Iglesias de madera de Kizhi	
5 El Partenón		**46** Basílica de San Pedro	
6 Delfos		**47** Capilla Sixtina	
7 Pont Du Gard		**48** Mezquita Azul	
8 El Coliseo		**49** Catedral de San Pablo	
9 El Panteón		**50** Palacio de Versalles	
10 Columna de Marco Aurelio		**51** Sanssouci	
11 Palacio de Diocleciano		**52** Palacio de Blenheim	
12 Basílica de San Vital		**53** Palacio de Buckingham	
13 Santa Sofía		**54** Residencia de Wurzburgo	
14 Mont Saint-Michel		**55** Palacio de Schönbrunn	
15 Mezquita-catedral de Córdoba		**56** Fontana di Trevi	
16 Catedral de Aquisgrán		**57** Puerta de Brandemburgo	
17 Catedral de Durham		**58** El Louvre	
18 Castillo de Praga		**59** Arco de Triunfo de París	
19 Abadía de Westminster		**60** Palacio de Invierno	
20 Torre de Londres		**61** Catedral de Colonia	
21 Torre inclinada y *duomo* de Pisa		**62** Parlamento de Hungría	
22 Basílica de San Marcos		**63** Palacio de Westminster	
23 Basílica de Saint-Denis		**64** Torre Eiffel	
24 Catedral de Chartres		**65** Puente de la Torre	
25 Iglesia de madera de Heddal		**66** Sagrada Família	
26 Catedral de Uppsala		**67** Castillo de Neuschwanstein	
27 Palacio papal de Aviñón		**68** Museo de Orsay	
28 La Alhambra		**69** Casa Milà	
29 Catedral de Notre Dame		**70** Sacré-Coeur	
30 Monasterio de Ferapóntov		**71** Parque Güell	
31 Castillo de Český Krumlov		**72** El Atomium	
32 Castillo de Bran		**73** Palacio Stoclet	
33 Mistrá		**74** Torre Einstein	
34 Catedral de Florencia		**75** Centro Georges Pompidou	
35 Ponte Vecchio		**76** Iglesia de Hallgrímur	
36 Catedral de Sevilla		**77** Arco de La Défense	
37 Palacio ducal de Venecia		**78** Museo Guggenheim de Bilbao	
38 Villa Capra		**79** Viaducto de Millau	
39 Palacio ducal de Urbino		**80** Setas de Sevilla	
40 El Kremlin			
41 Catedral de San Basilio			

ARQUITECTURA MODERNA
SIGLOS XIX Y XX

Los avances industriales de fines del siglo xix hicieron posibles nuevas técnicas y materiales de construcción e inspiraron un nuevo modo de entender la arquitectura, centrada sobre todo en las ciudades en expansión. Las estructuras de metal y hormigón permitían levantar estructuras más altas y complejas, y se consolidó la idea de la arquitectura como forma de arte.

66 SAGRADA FAMILIA

EL RENACIMIENTO
c. SIGLOS XIV-XVI

Los arquitectos renacentistas recuperaron el racionalismo de la Grecia y la Roma antiguas, así como su veneración por la simetría y las leyes de la geometría. Uno de los mayores innovadores fue Filippo Brunelleschi, que construía sin andamiaje, arbotantes o arcos de apoyo y usó el *opus spicatum* para dar más resistencia a las estructuras.

34 CATEDRAL DE FLORENCIA

ARQUITECTURA ROMÁNICA
c. SIGLOS XI-XII

A medida que los normandos ampliaban su influencia política y estilística, desarrollaron la arquitectura románica, un estilo constructivo basado en el arco de la Roma antigua. Los normandos usaron los arcos a gran escala y, con el paso del tiempo, revolucionaron la arquitectura con el arco apuntado y la bóveda de crucería propios del gótico.

17 CATEDRAL DE DURHAM

Santa Sofía, construida en 537 d. C., es uno de los más bellos ejemplos de la arquitectura bizantina

Mar de Barents

Península de Kola

Lago Onega

Lago Ladoga

Gran Llanura Europea

OPA

Montes Cárpatos

Gran Llanura Húngara

Danubio

Montes Balcanes

Mar Negro

Creta

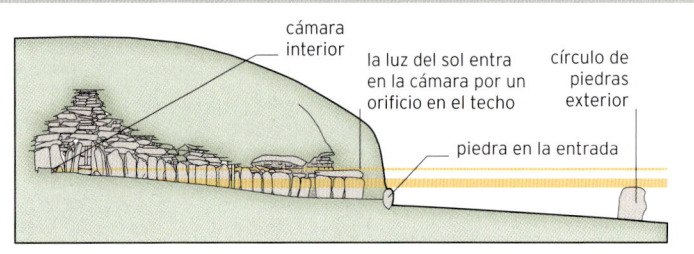

Newgrange

Una tumba circular que se ilumina en la mañana del solsticio de invierno.

NO de Europa

La gran tumba de corredor de Newgrange, en el este de Irlanda, se construyó *c.* 3200 a. C., por lo que es más antigua que las pirámides de Egipto o que Stonehenge (p. 95), en Inglaterra. Consiste en un montículo circular de 80 m de diámetro y construido con capas alternas de tierra y piedras hasta una altura de 11 m. Cuenta con un muro de contención delantero, hecho en su mayoría con adoquines de cuarzo blanco, y está rodeado por un círculo de guardacantones tallados y otro círculo exterior

de piedras. El corredor, de 19 m de longitud, se abre por el sureste y se adentra hasta un tercio del diámetro; al final hay una gran cámara con un techo abovedado en voladizo y con tres cámaras más pequeñas detrás.

Aún no se sabe con seguridad cuál era el propósito de esta tumba, aunque probablemente tuviera una función religiosa, quizás relacionada con el culto al Sol. La mitología irlandesa sugiere que estuvo habitada por dioses, y hoy sigue resultando impresionante.

ALINEADO CON EL SOLSTICIO

En el amanecer del solsticio de invierno, la luz del sol entra por el corredor e incide sobre los grabados de la pared de la cámara interior, sobre todo en el *triskelion*, o triple espiral, de la pared anterior. El acontecimiento continúa atrayendo a multitudes, entre las que un sorteo elige a los afortunados que podrán presenciar cómo se ilumina la cámara.

cámara interior · la luz del sol entra en la cámara por un orificio en el techo · círculo de piedras exterior · piedra en la entrada

△ **TUMBA MEGALÍTICA**
La mayoría de las 547 losas de piedra del pasaje y de las cámaras interiores, así como las que forman los guardacantones exteriores, son de grauvaca, variedad de arenisca dura y oscura.

Carnac

*Misteriosas hileras de piedras prehistóricas
que siguen intrigando a los arqueólogos.*

NO de Europa

En el campo abierto cerca de la localidad bretona de Carnac, en el oeste de Francia, se alzan más de 4000 menhires (la mayor agrupación de menhires del mundo) erigidos en el Neolítico, hace unos 7000 años, aunque su datación es dudosa.

Los menhires se extienden en dirección noreste desde Carnac, dispuestos en tres alineamientos principales y otro más pequeño. Los tres principales trazan hileras convergentes o abanicos junto a dólmenes y túmulos prehistóricos.

Líneas misteriosas

El motivo por el que se erigieron estos menhires sigue siendo un misterio. Algunos arqueólogos han sugerido que están alineados con la puesta de sol de los solsticios o que constituían un gran observatorio astronómico. Otros han propuesto usos funerarios o han especulado con que los menhires marcaran el umbral entre dos mundos. Por su parte, la tradición local afirma que los menhires están alineados porque se trata de una antigua legión romana a la que el mago Merlín transformó en piedras.

△ **POR ORDEN DE ALTURA**
La altura de los menhires varía entre los 60 cm y los 4 m, según la posición que ocupen en cada alineamiento.

▽ **ALINEAMIENTO DE LE MÉNEC**
El alineamiento de Le Ménec se compone de doce hileras convergentes de menhires que se extienden sobre 1165 m de longitud y unos 100 m de anchura.

△ **COMPLEJO NEOLÍTICO**
Newgrange se halla en el complejo neolítico de Brú na Bóinne, que cuenta con otras dos tumbas de corredor parecidas en los cercanos Dowth y Knowth y con 90 monumentos más.

△ **GUARDACANTÓN GRABADO**
Los guardacantones que rodean Newgrange están grabados con diversos trazos rectos y curvos. Aunque se desconoce su significado, se cree que tenían un propósito simbólico.

El **alineamiento más largo**, el de Kermario, consta de **1029 menhires**.

Templos megalíticos de Malta

Más de 50 templos prehistóricos, considerados las estructuras independientes más antiguas del mundo.

S de Europa

A partir de 6000–5000 a. C., en las islas de Malta habitó una cultura cada vez más sofisticada que se embarcó en un periodo de construcción de templos que se prolongó durante un milenio.

La Torre de los Gigantes

Los dos templos más antiguos, conocidos como Ġgantija (Torre de los Gigantes), se construyeron en la isla de Gozo hacia 3600 a. C. Son de diseño relativamente sencillo, con un trilito (dintel soportado por dos pilares) en la entrada que lleva a dos cámaras semicirculares, o «ábsides», revestidas con grandes losas de piedra erguidas. Cada ábside tiene un altar de caliza, y los huesos de animales que se han hallado en las proximidades sugieren que tenían un uso sacrificial.

El periodo de construcción de templos megalíticos llegó a su apogeo entre 3000 y 2500 a. C., cuando los complejos de templos en la isla principal de Malta, como los de Ħaġar Qim, Mnajdra, Skorba o Tarxien, adoptaron el estilo de los templos de Ġgantija, pero con plantas más complejas y con varios ábsides.

Aunque en los templos de Ġgantija se accede a los dos ábsides por una pequeña cámara de entrada, en los más grandes había un corredor pavimentado (o en algunos casos dos) que llevaba de la entrada principal a las cámaras interiores. Por fuera, la entrada al templo estaba señalada por un arco de piedra, y la fachada estaba construida con una caliza más dura que la del interior. Por eso, la decoración en forma de relieves de animales y plantas casi siempre se limitaba al interior de los templos.

◁ ARTE EN LOS TEMPLOS
Los templos contienen muchos artefactos esculpidos, como esta estatuilla que demuestra un alto nivel artesanal.

▽ INTERIOR DEL TEMPLO
Los techos de las cámaras (o ábsides) interconectadas se apoyan en pilares tallados y en los trilitos que constituyen los umbrales.

△ LUGAR SAGRADO
En esta imagen aérea se aprecian con claridad los restos del círculo de pilares y trilitos alrededor de los arcos interiores dispuestos en herradura y del altar central.

PIEDRAS ERECTAS
El círculo de inmensos pilares y dinteles conocido como Stonehenge se alza en el centro de un complejo prehistórico.

Stonehenge

Un único círculo de colosales piedras erguidas cuyo simbolismo es un misterio, y acaso el monumento prehistórico más famoso del mundo.

NO de Europa

Stonehenge, en Salisbury Plain (una meseta en el sur de Inglaterra), se alza en una región de gran riqueza arqueológica, cuyos monumentos se remontan a hace miles de años. Los primeros movimientos de tierra comenzaron hacia 3100 a. C., con un *henge*: un área delimitada por una zanja circular y un terraplén. En torno a 3000 a. C. se erigió en el *henge* una estructura de madera que se utilizaba para la cremación ceremonial, y el monumento de piedra comenzó a tomar forma hacia 2500 a. C. Se erigieron 80 pilares de arenisca azulada y en el centro se colocó un colosal «altar» de arenisca. Más adelante, enormes bloques de *sarsen* (una arenisca muy densa) sustituyeron o se sumaron a los pilares y formaron la estructura actual: un círculo de 30 piedras erectas y dinteles en torno a un grupo central de trilitos dispuestos en herradura que se alinean con el sol en los solsticios.

Ceremonias para los muertos
Los estudiosos desconocen la función exacta del *henge*. Es probable que tuviera una función calendárica y que se usara como lugar ceremonial y de sepultura, como sugiere el hallazgo *in situ* de abundantes huesos cremados.

Cada **bloque de *sarsen*** pesa hasta **30 toneladas**.

ALINEAMIENTO SOLAR

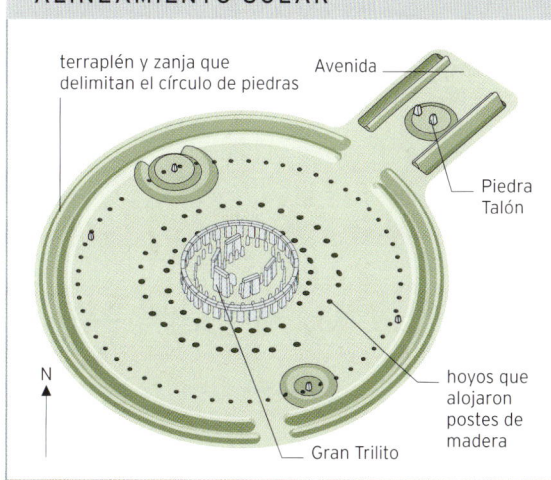

terraplén y zanja que delimitan el círculo de piedras

Avenida

Piedra Talón

hoyos que alojaron postes de madera

Gran Trilito

N

Un camino procesional, conocido como la Avenida, conduce desde el río Avon, a 2,5 km de distancia, hasta Stonehenge. El último tramo está alineado con el eje del círculo de piedras, de modo que si se entra por la Avenida en el amanecer del solsticio de invierno, el sol se ve a través del Gran Trilito central. Se cree que la llamada Piedra Talón de la entrada principal era parte de un par que conformaba una especie de puerta por la que entraban las procesiones.

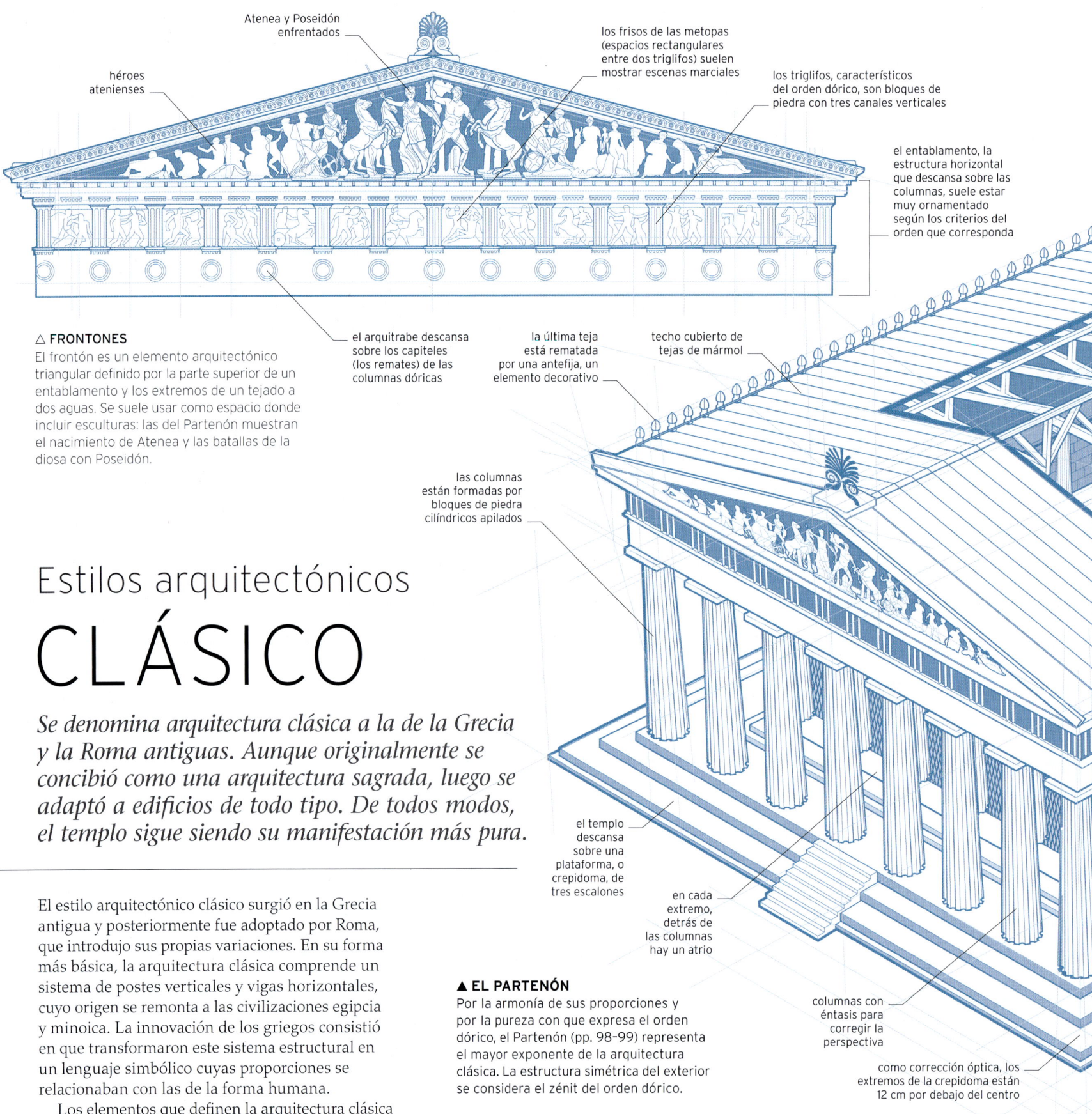

Atenea y Poseidón
enfrentados

héroes
atenienses

los frisos de las metopas
(espacios rectangulares
entre dos triglifos) suelen
mostrar escenas marciales

los triglifos, característicos
del orden dórico, son bloques de
piedra con tres canales verticales

el entablamento, la
estructura horizontal
que descansa sobre las
columnas, suele estar
muy ornamentado
según los criterios del
orden que corresponda

△ FRONTONES

El frontón es un elemento arquitectónico
triangular definido por la parte superior de un
entablamento y los extremos de un tejado a
dos aguas. Se suele usar como espacio donde
incluir esculturas: las del Partenón muestran
el nacimiento de Atenea y las batallas de la
diosa con Poseidón.

el arquitrabe descansa
sobre los capiteles
(los remates) de las
columnas dóricas

la última teja
está rematada
por una antefija, un
elemento decorativo

techo cubierto de
tejas de mármol

las columnas
están formadas por
bloques de piedra
cilíndricos apilados

Estilos arquitectónicos
CLÁSICO

*Se denomina arquitectura clásica a la de la Grecia
y la Roma antiguas. Aunque originalmente se
concibió como una arquitectura sagrada, luego se
adaptó a edificios de todo tipo. De todos modos,
el templo sigue siendo su manifestación más pura.*

El estilo arquitectónico clásico surgió en la Grecia
antigua y posteriormente fue adoptado por Roma,
que introdujo sus propias variaciones. En su forma
más básica, la arquitectura clásica comprende un
sistema de postes verticales y vigas horizontales,
cuyo origen se remonta a las civilizaciones egipcia
y minoica. La innovación de los griegos consistió
en que transformaron este sistema estructural en
un lenguaje simbólico cuyas proporciones se
relacionaban con las de la forma humana.

Los elementos que definen la arquitectura clásica
son los cinco órdenes: el dórico, el jónico y el corintio,
a los que luego se sumaron el toscano y el compuesto.
Aunque la forma más fácil de identificarlos es el tipo
de columna que usaban, el orden clásico comprende
la base, la columna, el capitel y el entablamento, para
los que cada orden definió unas proporciones y unos
esquemas decorativos concretos. Esta combinación de
lo simbólico y lo estructural es la clave del atractivo
de la arquitectura clásica.

el templo
descansa
sobre una
plataforma, o
crepidoma, de
tres escalones

en cada
extremo,
detrás de
las columnas
hay un atrio

▲ EL PARTENÓN

Por la armonía de sus proporciones y
por la pureza con que expresa el orden
dórico, el Partenón (pp. 98-99) representa
el mayor exponente de la arquitectura
clásica. La estructura simétrica del exterior
se considera el zénit del orden dórico.

columnas con
éntasis para
corregir la
perspectiva

como corrección óptica, los
extremos de la crepidoma están
12 cm por debajo del centro

Originalmente, gran parte de la
arquitectura **griega y romana** clásica
no era blanca, como la vemos ahora:
estaba pintada de **vivos colores**.

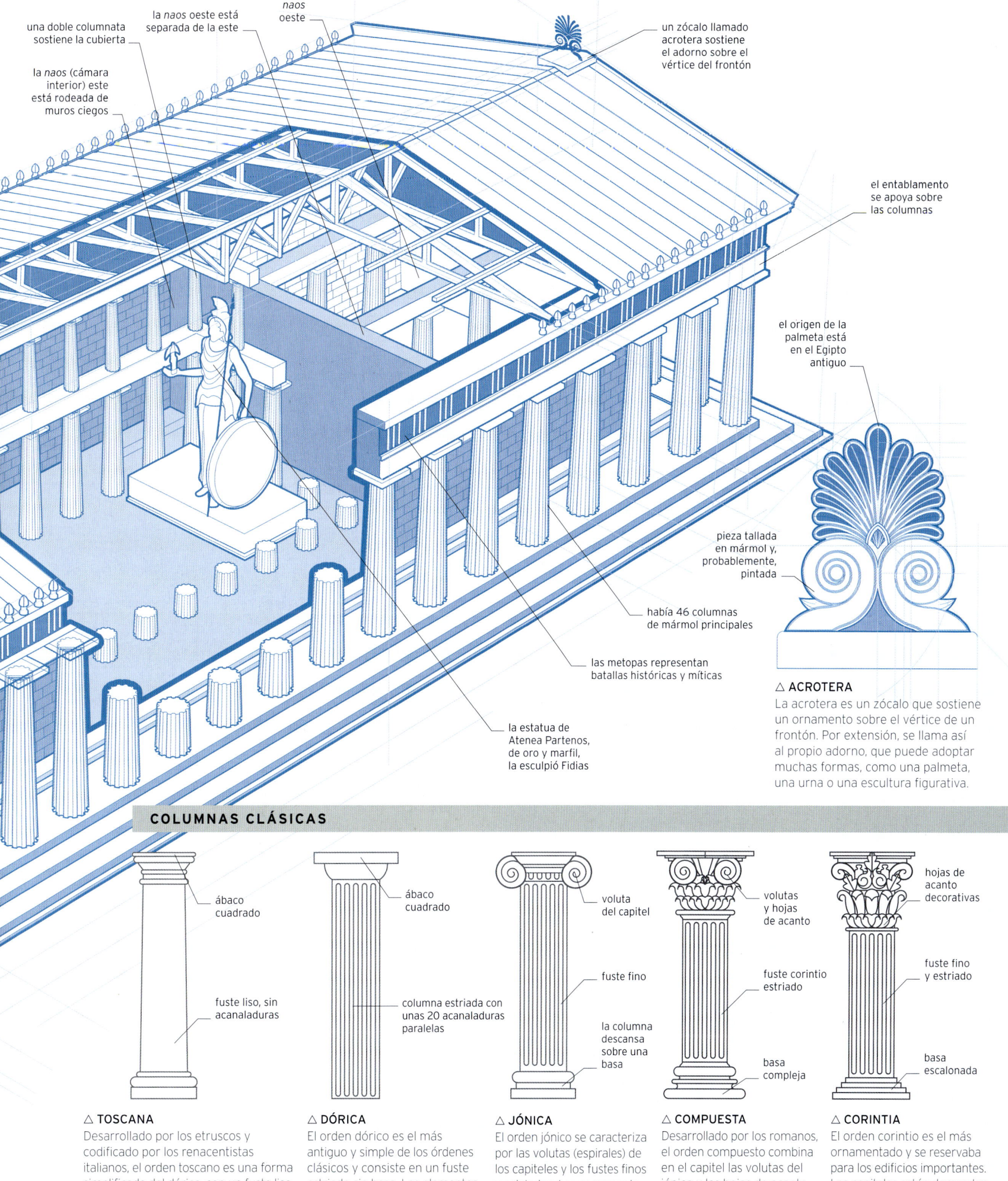

una doble columnata sostiene la cubierta

la *naos* oeste está separada de la este

naos oeste

la *naos* (cámara interior) este está rodeada de muros ciegos

un zócalo llamado acrotera sostiene el adorno sobre el vértice del frontón

el entablamento se apoya sobre las columnas

el origen de la palmeta está en el Egipto antiguo

pieza tallada en mármol y, probablemente, pintada

había 46 columnas de mármol principales

las metopas representan batallas históricas y míticas

la estatua de Atenea Partenos, de oro y marfil, la esculpió Fidias

△ ACROTERA

La acrotera es un zócalo que sostiene un ornamento sobre el vértice de un frontón. Por extensión, se llama así al propio adorno, que puede adoptar muchas formas, como una palmeta, una urna o una escultura figurativa.

COLUMNAS CLÁSICAS

ábaco cuadrado

fuste liso, sin acanaladuras

ábaco cuadrado

columna estriada con unas 20 acanaladuras paralelas

voluta del capitel

fuste fino

la columna descansa sobre una basa

volutas y hojas de acanto

fuste corintio estriado

basa compleja

hojas de acanto decorativas

fuste fino y estriado

basa escalonada

△ TOSCANA

Desarrollado por los etruscos y codificado por los renacentistas italianos, el orden toscano es una forma simplificada del dórico, con un fuste liso y un capitel y una basa sin adornos.

△ DÓRICA

El orden dórico es el más antiguo y simple de los órdenes clásicos y consiste en un fuste estriado sin basa. Los elementos decorativos están en el friso.

△ JÓNICA

El orden jónico se caracteriza por las volutas (espirales) de los capiteles y los fustes finos y estriados. Los romanos lo usaron mucho.

△ COMPUESTA

Desarrollado por los romanos, el orden compuesto combina en el capitel las volutas del jónico y las hojas de acanto del corintio.

△ CORINTIA

El orden corintio es el más ornamentado y se reservaba para los edificios importantes. Los capiteles están decorados con hojas de acanto.

SE de Europa

El Partenón

El templo de Atenea, epítome de la arquitectura griega clásica, preside Atenas desde la Acrópolis.

El Partenón simboliza el cénit de la civilización griega clásica y es una expresión ejemplar de la arquitectura de orden dórico que tuvo un lugar de honor en la Acrópolis, la ciudadela que se alza sobre la ciudad de Atenas. Fue construido en el lugar de un templo de Atenea más antiguo que había sido destruido durante la invasión persa de 480 a. C. Junto con otros templos menores y la gran entrada a la Acrópolis, pretendía celebrar la victoria de los atenienses sobre los invasores. Construido con mármol del monte Pentélico, el Partenón fue el templo más grande construido hasta la fecha: medía 70 m de longitud y 31 m de anchura.

El hogar de la virgen

En el corazón del templo había una cámara que albergaba la enorme estatua de Atenea Partenos (Atenea la Virgen) que le dio nombre, «el hogar de la virgen». Supervisados por el escultor Fidias, los arquitectos Ictino y Calícrates concibieron un diseño en el que integraron elementos del nuevo estilo jónico en una estructura esencialmente dórica. Luego decoraron esta estructura con esculturas en los frontones y relieves en los frisos sobre las hileras de columnas exteriores e interiores.

A partir del siglo VI el templo se usó como iglesia cristiana y, cuando los otomanos conquistaron Atenas en 1458, lo convirtieron en mezquita. Sobrevivió intacto hasta 1687, cuando resultó dañado durante un bombardeo veneciano contra la ciudad. A principios del siglo XIX, Thomas Bruce, 7.º conde de Elgin, se llevó la mayoría de las esculturas que quedaban y que siguen expuestas, a pesar de la controversia al respecto, en el Museo Británico de Londres.

▷ **FRISO DE MÁRMOL**
Sobre las hileras de columnas había frisos con altorrelieves que representaban a dioses y otros personajes de la mitología griega.

La **desaparecida** estatua de **Atenea Partenos** de Fidias era de **oro y marfil**.

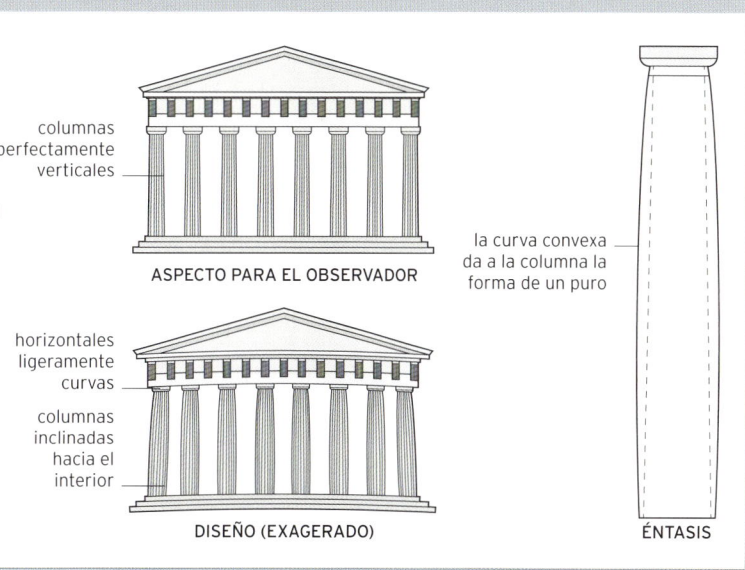

△ EL TEMPLO DE ATENEA PARTENOS

La Acrópolis se alza sobre una colina, a 150 m sobre el nivel del mar, y conserva aún unos 20 edificios. El más grande es el Partenón, cuya área equivale a la de ocho canchas de tenis.

◁ COLUMNAS PECULIARES

Esculturas de figuras femeninas, llamadas cariátides, sirven de columnas en el Erecteón, templo situado al norte del Partenón.

ILUSIONES ÓPTICAS

Por cuestiones de perspectiva, si el Partenón estuviera construido sobre un plano estrictamente rectilíneo, parecería irregular. Para evitarlo, los arquitectos lo diseñaron sobre una base convexa, con líneas ligeramente curvas y con las columnas inclinadas hacia el interior y algo más anchas en el centro, en una técnica conocida como éntasis; las columnas de los extremos son un poco más anchas y están más cerca de sus vecinas que las interiores. Asimismo, los frisos están levemente inclinados hacia delante para que no parezca que se alejan del observador.

columnas perfectamente verticales

ASPECTO PARA EL OBSERVADOR

horizontales ligeramente curvas

columnas inclinadas hacia el interior

DISEÑO (EXAGERADO)

la curva convexa da a la columna la forma de un puro

ÉNTASIS

S de Europa

Delfos

Un santuario dedicado al dios Apolo, considerado por los griegos como el centro del mundo.

Situado entre los magníficos picos del monte Parnaso, Delfos fue un lugar de gran importancia mística en el mundo antiguo. El santuario que se construyó allí en el siglo VII a. C. era la sede de la Pitia, la suma sacerdotisa del templo de Apolo, más conocida como oráculo de Delfos, una de las mujeres más famosas del mundo antiguo, a quien la gente acudía en busca de profecías y sentencias, que se suponía emanaban de Apolo.

La reconstrucción del templo

El templo de Apolo fue reconstruido tras un incendio y de nuevo después de un terremoto. Lo que ha sobrevivido hasta hoy (los cimientos del templo y varias columnas dóricas) corresponde a la estructura construida en 330 a. C. En torno al templo había muchos otros edificios, cuyos restos aún se pueden ver. Los más notables son un teatro con capacidad para 5000 espectadores, un estadio que acogía los Juegos Píticos, los tesoros y varios templos menores como el *tholos* (templo circular) dedicado a la diosa Atenea Pronea.

En Delfos se celebraban los **Juegos Píticos**, solo superados en importancia por los Olímpicos.

△ EL THOLOS DE DELFOS

Delfos se ha excavado ampliamente y algunas de sus estructuras se han restaurado parcialmente, entre ellas el *tholos*, compuesto por un círculo de 20 columnas dóricas alrededor de un anillo interior de diez columnas corintias.

UN DISEÑO RESISTENTE

El Pont du Gard debe su fuerza a sus bloques de piedra, tallados tan meticulosamente que apenas necesitaron mortero, y al diseño en tres niveles: cada uno es un poco más estrecho que el inmediatamente inferior; los pilares principales están alineados verticalmente; y todos los arcos son independientes, para compensar los posibles hundimientos.

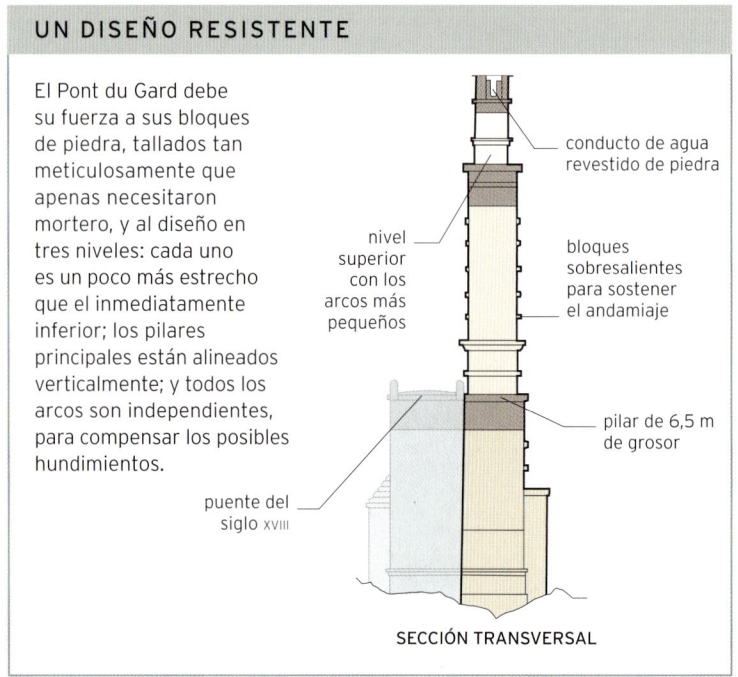

conducto de agua revestido de piedra

nivel superior con los arcos más pequeños

bloques sobresalientes para sostener el andamiaje

pilar de 6,5 m de grosor

puente del siglo XVIII

SECCIÓN TRANSVERSAL

Pont du Gard

Un espectacular puente de tres pisos sobre el río Gard,
que es un tramo del acueducto romano de Uzès a Nimes.

S de Europa

△ **BLOQUES DE PIEDRA**
Los bloques del acueducto, que pesan
hasta 6 toneladas cada uno, se colocaron
utilizando un cabrestante de tracción
humana. Más de mil hombres trabajaron
durante cinco años en su construcción.

A casi 50 m sobre el río Gard, el Pont du Gard es
el acueducto elevado más alto que construyeron los
romanos. Forma parte de un canal de 50 km de longitud
que llevaba agua desde un manantial cerca de la ciudad
romana de Ucetia (Uzès actual) a Nemasus (Nimes) y
que se construyó en el siglo I d. C.; discurre sobre un
terreno muy irregular, a veces también por canales
subterráneos, y cruza el valle del Gard.

Arcos sobre arcos

El puente que cruza la garganta se compone de tres
arcadas superpuestas, rematadas con un conducto de
agua revestido de piedra. El nivel inferior consta de
seis arcos de 22 m de altura; el nivel central tiene
once arcos similares, y el superior, 47 arcos más
pequeños, de 7 m de altura, de los que quedan 35.
A lo largo de los 456 m de la longitud del puente,
el nivel del acueducto solo desciende 2,5 cm, un
gradiente de menos de 1 en 18 000.

Tras la caída del Imperio romano, el Pont du Gard
dejó de funcionar como acueducto, pero su función
como puente de peaje permitió mantenerlo en
un estado de conservación razonable y, en el
siglo XVIII, se añadió una carretera a un lado
del nivel inferior. El puente se renovó en 1885
y la carretera se cerró al tráfico en el año 2000.

◁ **AGUA PARA
LA POBLACIÓN**
Las fuentes de
Nimes, bellamente
labradas, recibían
su agua del
acueducto.

S de Europa

El Coliseo

El anfiteatro romano más grande de la historia, todo un icono de la ciudad de Roma.

El Coliseo se construyó en el siglo I d. C. como parte de un plan de renovación de la ciudad tras la muerte del infame emperador Nerón. Vespasiano, su sucesor, ordenó su construcción en el año 72, y se inauguró en el 80. Era un espacio para espectáculos como el combate de gladiadores y animales y las representaciones de batallas y episodios míticos, así como para ejecuciones públicas.

Una construcción a gran escala

El Coliseo se construyó principalmente con caliza local, aunque en algunas zonas interiores se usaron ladrillos. Tenía 48,5 m de altura y cubría un área elíptica de 188 m de longitud y 156 m de anchura. El exterior de la estructura tiene arcadas dóricas, jónicas y corintias, cuyos arcos alojaron estatuas. El suelo de la arena cubría un hipogeo, un laberinto de túneles y cámaras que albergaba a quienes participaban en los juegos en la superficie.

El anfiteatro comenzó a deteriorarse a partir de 404, tras la abolición de las luchas de gladiadores, y con el tiempo sufrió desperfectos como consecuencia de terremotos, del abandono y el pillaje. Pese a algunos intentos ocasionales de restaurarlo, hasta el siglo XIX no se reconoció plenamente su importancia arquitectónica ni se procuró preservarlo para la posteridad.

▷ **ARCOS DE CALIZA**
El exterior del Coliseo tiene tres niveles de arcadas decoradas con semicolumnas y una cuarta planta sin decorar y con pequeñas ventanas rectangulares.

El Coliseo se diseñó para alojar a **más de 50 000 espectadores**.

△ **UNA RUINA MAGNÍFICA**
Aunque solo se conserva la mitad de las paredes exteriores del Coliseo, los pasajes de entrada que han sobrevivido y el hipogeo revelan lo colosal de su escala y la pericia que exigió su construcción.

ASIENTOS ESCALONADOS

En torno a la arena, los asientos para los espectadores estaban organizados en gradas, con distintos niveles para las diversas clases sociales. Los asientos de primera fila en el nivel inferior estaban reservados para el emperador y los senadores; detrás había un área destinada a los équites (caballeros); luego venían las clases medias, separadas en dos niveles; y encima había una grada de bancos de madera para la plebe y las mujeres sin rango.

plebeyos y mujeres sin rango

clases medias

équites

senadores

El Panteón

El monumento de la Roma antigua mejor conservado, con la cúpula de hormigón sin armar más grande del mundo.

S de Europa

El Panteón original, templo dedicado a todos los dioses romanos, fue encargado por el cónsul Marco Agripa, gran estadista y líder militar, además de constructor prolífico, en el año 27 a. C. Unos 150 años después, el emperador Adriano lo remplazó por el edificio actual y, a excepción de algunas pequeñas modificaciones posteriores, el templo que se terminó en torno a 125 es, básicamente, el que aún hoy se alza en el centro de Roma. Desde el año 608 es, oficialmente, una iglesia católica.

Una construcción de hormigón

El diseño del Panteón es distinto del de cualquier otro edificio de la antigua Roma. Los visitantes entran por un gran pronaos con 16 columnas de granito y unas colosales puertas de bronce que se abren a un impresionante espacio circular bajo una cúpula con casetones. La luz natural entra por el óculo, un orificio en el ápex de la bóveda que también deja pasar la lluvia cuando hace mal tiempo.

La cúpula, hecha de hormigón, con un diámetro de 43,3 m y sin estructura de apoyo, es una obra de ingeniería asombrosa. Aunque se desconoce cómo se construyó exactamente, uno de sus secretos es que el material es cada vez más fino y ligero a medida que asciende, una técnica que hace que la cúpula sea más plana en el exterior que en el interior. El peso de la cúpula descansa sobre muros de hormigón revestidos de ladrillo y de 6 m de espesor. El interior, decorado opulentamente con mármol, alberga las tumbas del artista Rafael y de dos monarcas italianos.

△ **UNA FACHADA IMPONENTE**
La impresionante fachada del Panteón impide ver la cúpula desde el frente del edificio. Las columnas del pronaos miden 12,5 m de altura y tienen una circunferencia de 4,5 m.

△ **EL ÓCULO**

El óculo en el cénit de la gran cúpula permite que la luz natural entre en el Panteón. Por debajo del óculo se suceden las hileras de casetones.

PERFECCIÓN GEOMÉTRICA

El interior del Panteón es un cilindro coronado por una semiesfera. La altura del cilindro es exactamente igual al radio de la cúpula, por lo que en el interior del edificio se podría dibujar una esfera perfecta. Los casetones del techo están dispuestos en cinco hileras de 28, que se van reduciendo de tamaño a medida que ascienden.

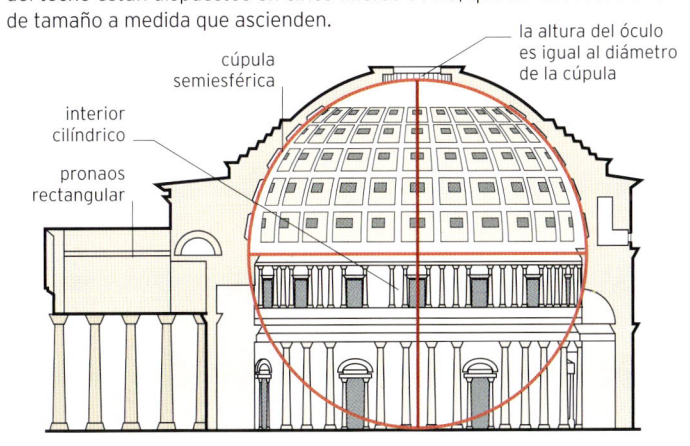

cúpula semiesférica

la altura del óculo es igual al diámetro de la cúpula

interior cilíndrico

pronaos rectangular

S de Europa

Columna de Marco Aurelio

Una celebración monumental del poder militar de Roma que ilustra cómo era la guerra en la Antigüedad.

La columna de Marco Aurelio, en la Piazza Colonna de Roma, se erigió en honor a las campañas militares del emperador contra los pueblos «bárbaros» de Europa central entre los años 172 y 175. Probablemente se construyó entre 176 y 193.

Una historia de victorias

El fuste de la columna de Marco Aurelio está compuesto de 28 tambores de mármol y mide 26,5 m de altura. La columna es hueca y el interior alberga una escalera de caracol de 200 peldaños. Con seguridad, se inspiró en otro monumento famoso de Roma, la columna de Trajano, acabada en el año 113. Como esta, está cubierta de relieves que ascienden en espiral desde el pie de la columna hasta la cúspide. En los relieves de la mitad inferior, Marco Aurelio lidera a sus tropas en la batalla contra los marcomanos, y los de la mitad superior ilustran sus victorias sobre los sármatas. Una de las escenas más famosas representa un incidente ocurrido en 172, cuando una tormenta salvó a los soldados romanos, que morían de sed bajo el asedio enemigo. Los relieves son de gran interés histórico, pues ofrecen información detallada sobre el material militar y las técnicas de campaña romanas, como la construcción de puentes de barcas. Originalmente, sendas estatuas del emperador Marco Aurelio y de su esposa Faustina coronaban la columna, pero desaparecieron en la Edad Media y, en 1589, fueron sustituidas por una de san Pablo.

◁ **COLUMNA TRIUNFAL**

Ahora coronada por una estatua cristiana, la columna fue erigida para celebrar las victorias de los ejércitos romanos en las fronteras del imperio. Las escenas de batallas de sus relieves son precisas y muy gráficas.

Palacio de Diocleciano

Un gran palacio y fortín romanos que el emperador Diocleciano ordenó construir para su retiro.

La mayor parte del casco antiguo de Split, en la costa croata, coincide con el área amurallada de calles y edificios que hoy se conoce como el palacio de Diocleciano. No obstante, la residencia en sí misma solo es una parte del complejo fortificado que Diocleciano ordenó construir para su retiro antes de abdicar como emperador de Roma en 305.

Estructura de la ciudadela

Protegida por altos muros y torres de vigilancia por tres lados, y por el mar en el lado sur, la fortaleza está dividida en dos por una calle que discurre entre la Puerta de Hierro, al oeste, y la Puerta de Plata, al este. Al norte se hallan el cuartel y el área residencial, y en el muro norte está la magnífica Puerta de Oro, que lleva a la calle principal norte-sur y a la plaza central, el Peristilo. Esta constituye la entrada a la mitad sur del complejo, que acoge los edificios públicos y la lujosa residencia del emperador, con vistas al mar. Cuando los romanos abandonaron la fortaleza, los edificios se ocuparon como viviendas privadas y comercios, y hoy son parte integral de la ciudad.

△ **UNA FORTALEZA ADAPTADA**
El cuerpo principal de la catedral de San Domnius está formado por el mausoleo imperial romano, al que se añadió un campanario en el siglo XII.

LA PLANTA DE LA BASÍLICA

La combinación de elementos romanos y bizantinos da a la basílica una estructura compleja: la planta octogonal contiene un octágono interior de arcos que sostienen la cúpula central; y el nártex (atrio de entrada) está descentrado respecto al eje principal de la iglesia.

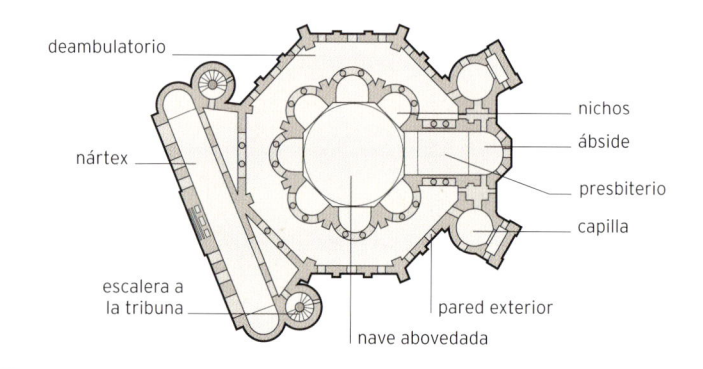

deambulatorio

nártex

escalera a la tribuna

nave abovedada

nichos

ábside

presbiterio

capilla

pared exterior

S de Europa

Basílica de San Vital

Un hito de la arquitectura bizantina en Italia, decorado con unos mosaicos espléndidos.

La ciudad italiana de Rávena es muy rica en arquitectura paleocristiana, que se remonta a los siglos V y VI y que erigieron sucesivos gobiernos romanos, ostrogodos y bizantinos. Uno de los ocho edificios Patrimonio de la Humanidad en Rávena es la iglesia de San Vital, imponente edificio octogonal construido entre los años 526 y 547.

Mosaicos célebres

Aunque en términos estrictos San Vital no es una basílica (el término designa un edificio rectangular con una nave central y varias naves laterales), la iglesia recibió este título en razón de su estatus eclesiástico. Su estilo arquitectónico es un híbrido de elementos romanos, como la cúpula, y bizantinos: en concreto, la planta octogonal y el uso de ladrillos con un espeso revestimiento de yeso. El austero exterior de la iglesia es engañoso, porque el interior de la espaciosa nave octogonal está inundado de luz natural y completamente decorado con mosaicos centelleantes, que representan a santos y escenas de la vida de Cristo, y celebran al emperador bizantino Justiniano I y su esposa Teodora como gobernantes de Rávena.

△ **MOSAICOS BIZANTINOS**
La basílica de San Vital está decorada con mosaicos de gran belleza. También alberga la colección más relevante de arte bizantino del periodo.

▷ **MOSAICO DE JUSTINIANO**
En una pared del ábside, un mosaico representa al emperador Justiniano y su séquito de dignatarios eclesiásticos y altos funcionarios; enfrente, otro mosaico representa a su esposa, la emperatriz Teodora.

▽ **EXTERIOR OCTOGONAL**
Típicamente bizantina, la nave octogonal soporta un tambor octogonal con una cúpula. Los botareles trasladan las fuerzas laterales de la estructura al suelo.

Santa Sofía

La gran basílica bizantina de Constantinopla, convertida en la principal mezquita de la ciudad tras la conquista otomana.

SE de Europa

Justiniano I, emperador romano de Oriente entre 527 y 565, ordenó la construcción de la basílica de Santa Sofía (o *Hagia Sophia*, «santa sabiduría» en griego) para remplazar la iglesia destruida durante los disturbios que sacudieron Constantinopla (hoy Estambul) en el año 532. Quería un edificio digno de ser la iglesia principal del Imperio romano de Oriente, y sus arquitectos le presentaron un plan revolucionario: una estructura cuadrada coronada por una enorme cúpula. El edificio se terminó en 537, pero la cúpula se hundió tan solo 20 años después, por problemas de diseño y construcción. Se reconstruyó con una cúpula algo menos plana y con unos refuerzos más sólidos, y así ha sobrevivido hasta hoy.

De iglesia a mezquita

El interior de la basílica estaba ricamente decorado en el estilo bizantino, con mármol y mosaicos de Jesús y los santos en las paredes, el techo y el suelo. Santa Sofía fue la basílica principal de la Iglesia ortodoxa hasta que los otomanos conquistaron Constantinopla en 1453. Por suerte, los invasores musulmanes apreciaron el valor del edificio y, en vez de destruirlo, lo convirtieron en una mezquita: le añadieron cuatro minaretes e instalaron un mihrab (un nicho que indica la dirección de La Meca) y un almimbar, o púlpito. Tras la caída del Imperio otomano, y como parte de la secularización de Turquía emprendida por Kemal Ataturk, Santa Sofía se cerró como mezquita en 1931, y volvió a abrirse en 1935 como museo.

La **cúpula** de Santa Sofía fue la **más grande del mundo** hasta que se construyó el *duomo de Florencia*, en el siglo XV.

△ **DOMINANDO EL HORIZONTE**
La silueta de la basílica bizantina, con sus cuatro minaretes, domina el perfil de la península histórica de Estambul.

◁ **ESPACIO Y LUZ**
La planta cuadrada, las altas paredes y la cúpula colosal de Santa Sofía dan a su interior una gran sensación de amplitud y luminosidad.

SOPORTE DE LA CÚPULA

Para crear la espaciosa nave de Santa Sofía, los arquitectos desarrollaron un innovador diseño que colocaba la cúpula circular sobre una estructura cuadrada. El peso de la cúpula descansa sobre cuatro pilares con los que se une a través de las pechinas, que forman elegantes arcos bajo la cúpula.

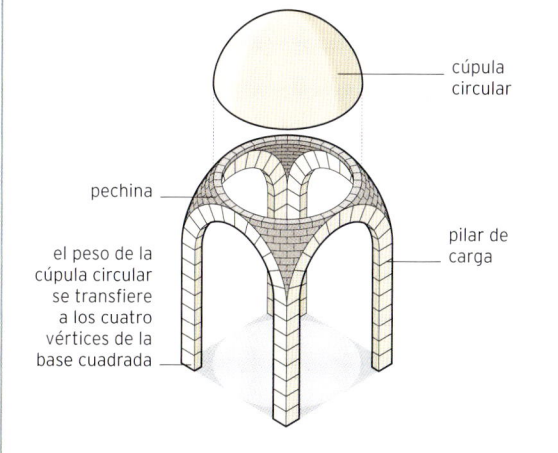

cúpula circular

pechina

pilar de carga

el peso de la cúpula circular se transfiere a los cuatro vértices de la base cuadrada

NO de Europa

Mont Saint-Michel

Una abadía medieval fortificada que combina estilos diversos en un entorno espectacular.

El peñasco del Mont Saint-Michel se alza frente a la costa de Normandía y se convierte en una isla cuando sube mucho la marea. La extraordinaria historia de los edificios y las fortificaciones sobre la cumbre del peñasco comenzó hace más de 1300 años.

La primera iglesia del Mont Saint-Michel se construyó en 709 y los peregrinos empezaron a llegar poco después, aprovechando la marea baja. En 966 se construyó una abadía benedictina y, a medida que esta crecía, fue incorporando las estructuras anteriores en un laberinto de cimientos, criptas y escaleras. En el siglo XIII se alzó una obra maestra del gótico normando, conocida como La Merveille («la Maravilla»), y a los pies de la abadía empezó a crecer una pequeña ciudad.

Fuerte, prisión y monumento

La isla, fortificada en 1256, fue asediada en muchas ocasiones durante la guerra de los Cien Años (1337–1453) y durante las guerras de religión francesas (1562–1598). La suerte de la abadía dio un giro tras la Reforma, y en el siglo XIX se reconvirtió en prisión. Esta se cerró en 1863 y al poco el peñón fue declarado monumento histórico. La construcción de una carretera elevada en 1874 facilitó el acceso a la isla. Los benedictinos volvieron al Mont Saint-Michel en 1966, y la Unesco lo declaró Patrimonio de la Humanidad en 1979.

LA MERVEILLE

Las tres plantas de La Merveille alcanzan los 35 m de altura, y los distintos niveles reflejan la visión jerárquica del mundo medieval: los peregrinos pobres comían en las bodegas; los caballeros y los huéspedes importantes, en las salas de los Caballeros y de los Huéspedes; y los monjes -espiritualmente más próximos al cielo- comían en el refectorio y se relajaban en el claustro.

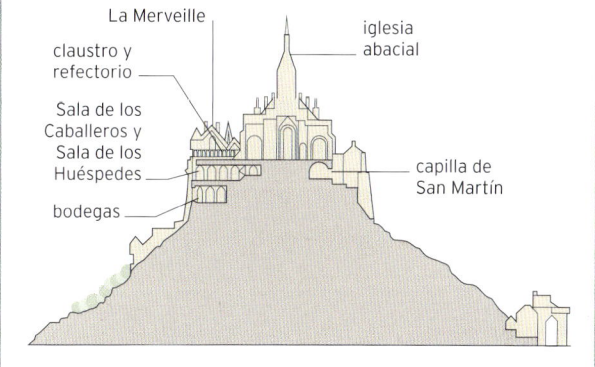

La Merveille
claustro y refectorio
Sala de los Caballeros y Sala de los Huéspedes
bodegas
iglesia abacial
capilla de San Martín

Este fue el **único lugar** de **Normandía** que **no cayó** ante los ingleses durante la **guerra de los Cien Años**.

◁ UNA CIUDADELA MARINA
La sedimentación de limo y la ganancia de tierra al mar han hecho que la isla, que antaño estaba a 7 km mar adentro, ahora esté solo a 2 km de la costa. Es posible que algún día acabe unida a tierra firme.

▷ PUEBLO Y ABADÍA
La aguja de la iglesia abacial se alza 170 m sobre la bahía. Grandes murallas protegen la ciudadela durante las mareas altas.

Mezquita-catedral de Córdoba

Una catedral dentro de una enorme mezquita en una combinación única de arquitectura árabe y cristiana.

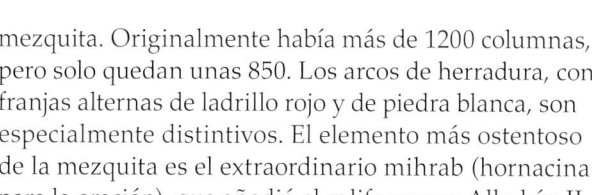

SO de Europa

La dinastía omeya, originaria de La Meca, fundó el califato de Damasco en el siglo VII, y en 711 invadió la península Ibérica, donde siguió prosperando tras ser derrocada en oriente en 750. En 929, los omeyas fundaron otro califato en Córdoba, y entonces la capital omeya se convirtió en uno de los centros culturales más importantes de Europa.

La construcción de la mezquita de Córdoba empezó en 786 por orden de Abderramán I, el emir omeya. Se construyó en el lugar donde hubo un templo romano y luego una iglesia visigoda, aprovechando gran parte de los materiales de las estructuras anteriores.

Columnas y arcos

El bosque de columnas de mármol y arcos que se extiende a lo largo y ancho de la sala principal es el elemento más llamativo de la mezquita. Originalmente había más de 1200 columnas, pero solo quedan unas 850. Los arcos de herradura, con franjas alternas de ladrillo rojo y de piedra blanca, son especialmente distintivos. El elemento más ostentoso de la mezquita es el extraordinario mihrab (hornacina para la oración), que añadió el califa omeya Alhakén II (*r.* 961–976) en 962.

En el siglo XVI se derribó parte de la mezquita para abrir espacio para la catedral, de estilo renacentista; y el minarete, o alminar, se transformó en torre-campanario. En 1984, la Unesco declaró al edificio Patrimonio de la Humanidad.

◁ **MOTIVO DECORATIVO**
Las paredes y el techo del amplio *mihrab* de la mezquita de Córdoba están decorados con motivos vegetales.

◁ **SALA DE ORACIÓN**
Un bosque de columnas con arcos de herradura ocupa la gran sala de oración. Hay columnas de distintas longitudes, pues muchas proceden de edificios anteriores.

△ **CÚPULA SOBRE EL MIHRAB**
Sobre el imponente mihrab hay una espectacular cúpula en forma de estrella de ocho puntas y adornada con mosaicos.

PLANTA DEL EDIFICIO

La mezquita original mide 180 × 130 m. En la entrada está el Patio de los Naranjos, que da paso a la gran sala de oración, al fondo de la cual se haya el mihrab. Desde 1236, el complejo devino una catedral cristiana, y se erigió un altar y numerosas capillas laterales. Ya en el siglo XVI se construyó la actual catedral.

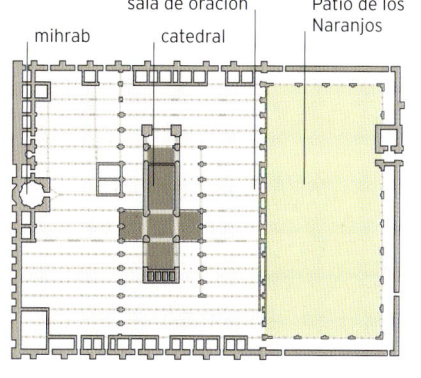

mihrab   sala de oración   catedral   Patio de los Naranjos

NO de Europa

Catedral de Aquisgrán

Una de las catedrales más antiguas, lugar de sepultura de Carlomagno y de coronación de los reyes alemanes durante 600 años.

Carlomagno, el rey de los francos y gobernante de la mayor parte de Europa occidental y central, fue coronado emperador del Sacro Imperio Romano el día de Navidad del año 800. En Aquisgrán construyó una iglesia con elementos arquitectónicos de los imperios romano y bizantino. Consagrada en 805, la Capilla Palatina, de planta octogonal y situada en el centro de la catedral, se inspiró en la iglesia bizantina de San Vital (p. 107), del siglo VI, aunque las bóvedas de cañón y de arista, así como las columnas corintias, remiten al arte romano clásico.

Arquitectura celestial

La decoración de mosaicos, mármoles y frescos de la capilla, destinada a ser el corazón espiritual del Sacro Imperio Romano, simboliza la conexión entre el Cielo y la Tierra. Carlomagno murió en 814 y fue enterrado en la capilla. La catedral se fue ampliando a lo largo de los siglos, a medida que aumentaba el número de peregrinos.

UN MILENIO DE CONSTRUCCIÓN

A partir de la Capilla Palatina y la girola de 16 lados construidas por Carlomagno, la catedral de Aquisgrán fue creciendo hasta el siglo XIX, cuando se construyó la torre occidental. Un gran incendio en 1656 y después los bombardeos de la Segunda Guerra Mundial obligaron a reconstruir algunas partes del edificio.

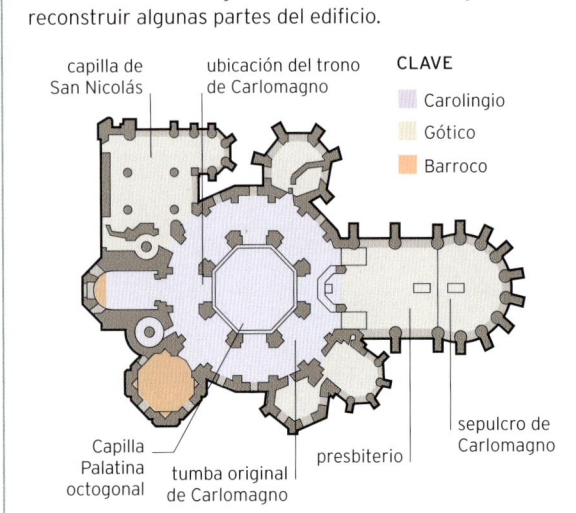

capilla de San Nicolás

ubicación del trono de Carlomagno

CLAVE
- Carolingio
- Gótico
- Barroco

Capilla Palatina octogonal

tumba original de Carlomagno

presbiterio

sepulcro de Carlomagno

△ **ESTILOS DIVERSOS**
La capilla carolingia original, cuya cubierta fue sustituida tras el incendio de 1656, se halla entre la torre (izda.) y el presbiterio góticos, ambos del siglo XIV.

△ **ALDABÓN ORNAMENTADO**
Este es uno de los dos aldabones con forma de cabeza de león que decoran la llamada Puerta del Lobo de la catedral de Aquisgrán. Esta puerta carolingia está inspirada en las puertas de los templos romanos y se forjó hacia el año 800 para la Capilla Palatina.

◁ **EL SEPULCRO DEL EMPERADOR**
El ataúd de oro y plata que contiene los restos de Carlomagno fue encargado por el emperador del Sacro Imperio Romano Germánico Federico II en 1215, y se halla dentro de un cofre de cristal en el centro del presbiterio gótico de la catedral de Aquisgrán, construido entre 1355 y 1414.

Entre **936** y **1531** se coronó en Aquisgrán a **treinta reyes** y **doce reinas**.

NO de
Europa

Catedral de Durham

Uno de los más bellos ejemplos de la arquitectura gótica en Gran Bretaña.

La construcción de la catedral de Durham comenzó en 1093, menos de 30 años después de la conquista normanda, y finalizó en torno a 1133. Se construyó para albergar los sepulcros de san Cutberto (que difundió el cristianismo en el norte de Inglaterra en el siglo VII) y del teólogo Beda el Venerable (673–735). Es el ejemplo más completo de arquitectura normanda en Gran Bretaña: conserva la nave, el coro y el transepto normandos originales.

Un diseño innovador
La catedral se caracteriza por su solidez y su sentido del orden y la proporción, además de por los arcos de medio punto al estilo románico. No obstante, la nave presenta la primera bóveda de crucería estructural del mundo, elemento que definiría la arquitectura gótica a mediados del siglo XII. El innovador uso de nervios de piedra para formar arcos apuntados (que proporcionaban más apoyo y distribuían mejor el peso) permitió levantar la que es la mayor cubierta abovedada de piedra de ese periodo que ha llegado a nuestros días. La catedral –que conserva su función litúrgica– y el castillo de Durham fueron declarados Patrimonio de la Humanidad de la Unesco en 1986.

△ **SOPORTES SÓLIDOS**
Sólidas columnas románicas soportan los arcos de medio punto del coro y conducen a la capilla de los Nueve Altares, construida entre 1242 y 1290 para acoger al creciente número de peregrinos que acudían a venerar las reliquias de san Cutberto.

C de Europa

Castillo de Praga

El mayor castillo antiguo del mundo, sede de los reyes de Bohemia durante mil años y luego de los presidentes checos.

Alzándose sobre el río Moldava, el castillo de Praga se construyó a lo largo de varios siglos, y la variedad de estilos arquitectónicos y de edificios religiosos, reales y militares que forman el complejo es un reflejo de su larga y compleja historia.

Tiempos de cambio

El complejo data de finales del siglo IX, cuando el príncipe Bořivoj I (el primer gobernante cristiano de Bohemia) eligió el lugar para erigir un castillo de madera fortificado y protegido por un foso y una muralla. Las iglesias dedicadas a la Virgen María y luego a san Vito y a san Jorge fueron de los primeros edificios erigidos, aunque las estructuras originales fueron destruidas o reconstruidas. San Vito fue sustituida por una iglesia románica más grande en el siglo XI, cuando el castillo se convirtió en la residencia del obispo de Praga. Se volvió a reconstruir como gran catedral gótica durante el reinado del emperador del Sacro Imperio Romano Germánico Carlos IV (1316–1378), cuando Praga se convirtió en la capital del vasto imperio que se extendía desde el sur de la Dinamarca actual hasta el norte de Italia y desde Bélgica hasta Cracovia (Polonia). En el siglo XII, el castillo de madera fue sustituido por el Antiguo Palacio Real románico, que Carlos IV reconstruyó con techos revestidos de láminas de metal bañado en oro.

El Renacimiento dejó su huella en el salón de Vladislao II (r. 1471–1516) del Antiguo Palacio Real y en el Callejón del Oro, que Rodolfo II (r. 1576–1612) construyó para alojar a sus orfebres y sirvientes. Rodolfo II también construyó el Salón Español para su amplísima colección de arte, que por desgracia fue saqueada durante la batalla de Praga (1648).

◁ **RELIEVE EN LA CATEDRAL**
Este detalle del relieve esculpido en el portal occidental de la catedral de San Vito representa escenas de la vida de Cristo.

El escritor **Franz Kafka** vivió en el **Callejón del Oro** entre **1916 y 1917**.

PLANO DEL CASTILLO

El complejo del castillo de Praga tiene 70 000 m². Está construido alrededor de tres patios, el mayor de los cuales está dominado por la catedral gótica de San Vito, cuyo campanario principal, de 103 m de altura, es una de las figuras más emblemáticas de Praga. Hoy, el castillo es la residencia del presidente checo y aloja las joyas de la Corona de Bohemia.

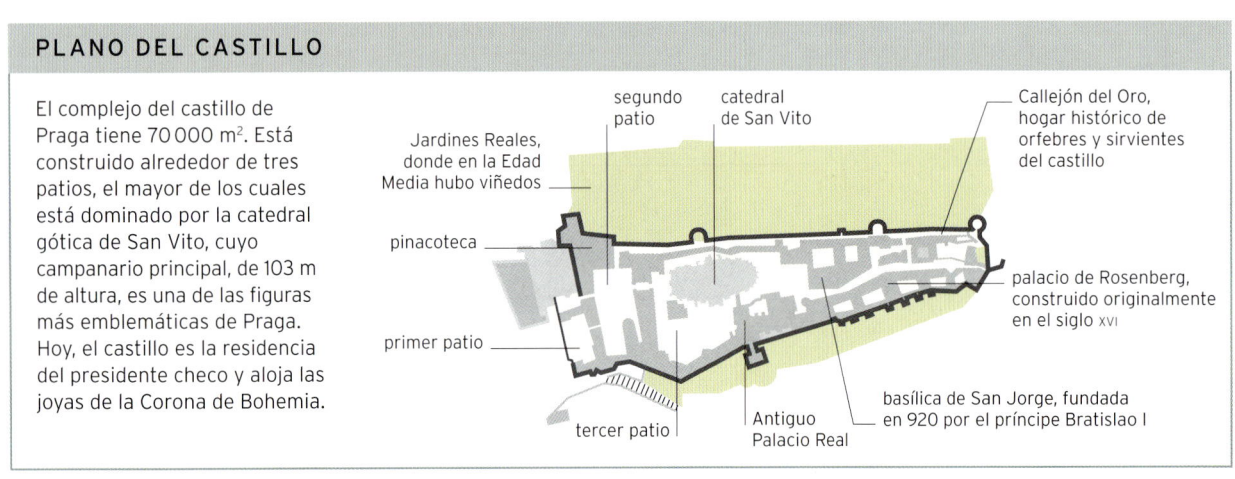

segundo patio

catedral de San Vito

Callejón del Oro, hogar histórico de orfebres y sirvientes del castillo

Jardines Reales, donde en la Edad Media hubo viñedos

pinacoteca

primer patio

palacio de Rosenberg, construido originalmente en el siglo XVI

tercer patio

Antiguo Palacio Real

basílica de San Jorge, fundada en 920 por el príncipe Bratislao I

Abadía de Westminster

*Obra maestra del gótico, iglesia de coronación de la monarquía británica
desde hace 900 años y mausoleo de los reyes y los héroes nacionales británicos.*

NO de Europa

▽ **UN ESTILO EMERGENTE**
La fachada norte de Westminster tiene los arcos
apuntados y los portales tallados característicos
del gótico. El rosetón refleja la influencia francesa,
si bien las estrechas ventanas de lanceta indican
la emergencia de un estilo inglés.

Construida por orden del rey Eduardo el Confesor
hacia 1042, la abadía de Westminster ha sido testigo
de la coronación de todos los monarcas ingleses excepto
dos (Eduardo V y Eduardo VIII) desde Guillermo el
Conquistador (*r.* 1066–1087), además de 16 bodas reales.
En 1245, la iglesia románica de Edward Norman, la
primera de este tipo en Inglaterra, fue derribada para
dejar espacio a la nueva catedral gótica del rey Enrique
III. A lo largo de los siglos se fueron añadiendo capillas,
como la espectacular Lady Chapel de Enrique VII. Los
enormes campanarios de la fachada oeste, diseñados
por Nicholas Hawksmoor, se terminaron en 1745.

Tesoros nacionales

La abadía tiene un área de más de 9750 m² y,
además de ser una exquisitez arquitectónica, alberga
una colección extraordinaria de esculturas y pinturas
murales medievales. En ella hay unas 3300 personas
enterradas, y muchas más conmemoradas. Monarcas
británicos, desde Eduardo el Confesor hasta Jorge II,
reposan junto a personalidades ilustres como Charles
Darwin o Isaac Newton, y el Rincón de los Poetas
conmemora a figuras como William Shakespeare,
Charles Dickens o Jane Austen.

La abadía es una «Royal Peculiar», sometida solo a la monarquía británica.

EL TRIFORIO DE WESTMINSTER

Muchas catedrales góticas tienen una galería sobre las
naves laterales, llamada triforio. A 16 m sobre el suelo de
la abadía, el triforio de Westminster ofreció unas vistas
magníficas de la coronación de Isabel
II en 1953, pero durante mucho
tiempo se usó como almacén.
En 2018, el triforio oriental
se abrió al público para
exponer los tesoros
de la abadía.

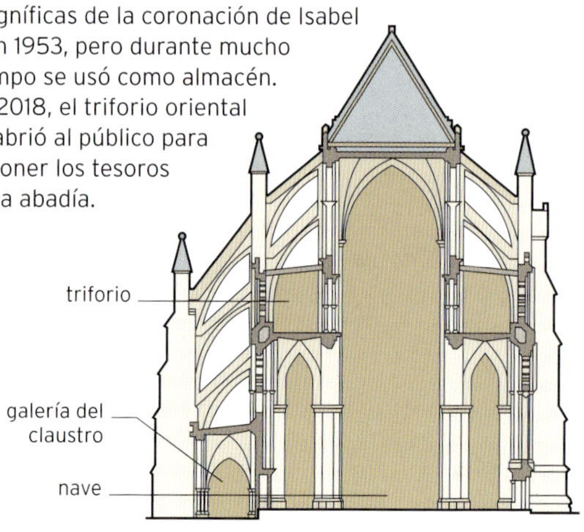

triforio

galería del
claustro

nave

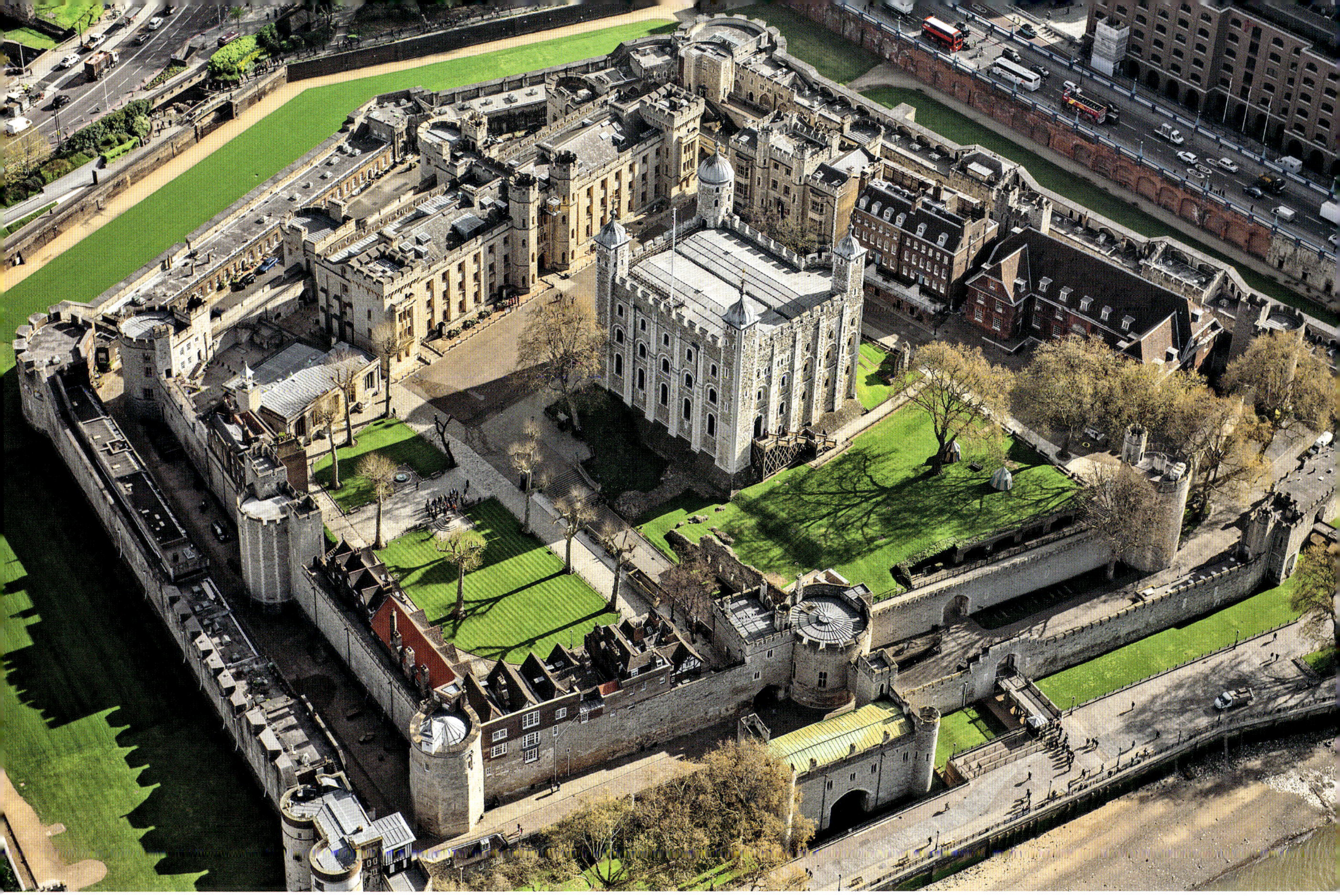

Torre de Londres

Fortaleza de Guillermo el Conquistador, palacio real, célebre prisión y tesoro de la monarquía británica.

NO de Europa

En 1066, Guillermo el Conquistador se hizo con la corona inglesa en la batalla de Hastings y, como parte de su conquista de Inglaterra, construyó varios castillos desde donde los normandos pudieran controlar el país. El más impresionante fue esta fortaleza a orillas del Támesis, en Londres. En el centro de la fortaleza había una torre cuadrada y robusta que a partir del siglo XIII recibió el nombre de Torre Blanca, después de que el rey Enrique III ordenara encalarla. La colosal torre se construyó con piedra traída de Caen (Francia) entre *c.* 1078 y 1100, y medía 36 por 33 m. Los muros tenían 4,6 m de grosor en la base y ascendían hasta una altura de 27,5 m. La Torre de Londres era tres veces más alta que los edificios vecinos y dio nombre a todo el complejo. Dominaba el paisaje (era la primera estructura que se veía cuando se llegaba a Londres en barco) y constituía un poderoso recordatorio de la derrota de la ciudad ante los invasores normandos.

Fortaleza reforzada

En el siglo XIII, Enrique III y Eduardo I ampliaron la fortaleza de Guillermo con dos anillos concéntricos de murallas fortificadas, torreones, un foso y la Puerta de los Traidores. Una de las estructuras añadidas fue la infame Torre Sangrienta, donde Enrique VI fue asesinado en 1471 y donde desaparecieron, quizás asesinados, los hijos de Eduardo VI en 1483. Monarcas posteriores añadieron más edificios a la Torre. En 1826, el condestable de la Torre, el duque de Wellington, empezó a modernizar el complejo: drenó el foso y cerró la casa de fieras que el rey Juan había construido en el siglo XIII y que había albergado a leones, osos y elefantes. La Torre ha sido testigo de batallas y ejecuciones y ha servido como prisión, residencia real, sede de la Real Casa de la Moneda y arsenal. Desde 1600 custodia las joyas de la Corona británica.

CASTILLOS CONCÉNTRICOS

La Torre Blanca fue el primero de los grandes torreones rectangulares de piedra de Inglaterra. Más tarde, muchos de los castillos de madera levantados durante la conquista se volvieron a construir con piedra. En los siglos XII y XIII algunos se fortificaron con murallas. La Torre de Londres fue uno de los castillos «concéntricos» más grandes e inexpugnables de Inglaterra.

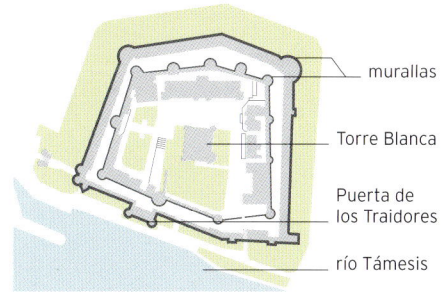

murallas

Torre Blanca

Puerta de los Traidores

río Támesis

Torre inclinada
y *duomo* de Pisa

Un campanario icónico que comparte la Plaza de los Milagros de Pisa con otras maravillas de la arquitectura medieval.

S de Europa

Célebre por su inclinación accidental, la torre de Pisa es una de las mayores atracciones de Italia. Se proyectó en el siglo XII como campanario exento (o *campanile*) del *duomo*, una magnífica catedral románica construida unos 200 años antes.

Máximo esplendor

El *duomo* se alza en una gran plaza amurallada con extensiones de césped entre las áreas adoquinadas. La plaza también acoge un baptisterio y, en el lado norte, el Camposanto Monumentale. Todos los edificios tienen un mérito arquitectónico extraordinario, pero la inclinación del *campanile* erigido detrás de la catedral ha eclipsado al resto.

La construcción de la torre, que se proyectó con 56 m de altura, empezó en 1173. La inestabilidad de los cimientos hizo que se empezara a inclinar hacia el sur cuando solo se habían construido tres plantas, y el edificio no se terminó hasta el siglo XIV, después de muchos retrasos.

△ **RELIEVES**
El púlpito del *duomo* tiene unos relieves en mármol con escenas de la vida de Cristo, como la matanza de los inocentes, en la imagen.

◁ EL CAMPANILE

Las plantas superiores del *campanile* se construyeron con un lado más alto que el otro, para compensar la inclinación.

△ UN CLAUSTRO ÚNICO

El conjunto que forman el baptisterio (izda.), el *duomo* (centro) y el *campanile* (dcha.) en la Piazza del Duomo se considera la máxima expresión del románico pisano.

CORREGIR LA INCLINACIÓN

A finales del siglo xx, el *campanile*, inclinado en un ángulo de 5,5 grados, corría peligro de derrumbe a pesar de los intentos de restauración. Las obras para solucionar el problema empezaron en 1992. Se estabilizó la torre con cables y se extrajo tierra de debajo del lado elevado para reducir la inclinación a menos de 4 grados: lo suficiente como para estabilizar la estructura conservando la inclinación que la ha hecho famosa.

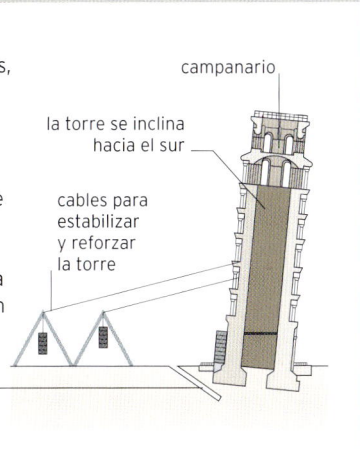

campanario

la torre se inclina hacia el sur

cables para estabilizar y reforzar la torre

tierra extraída de debajo de la cara norte

Entre la **base** de la torre y el **campanario** hay más de **290 escalones**.

Basílica de San Marcos

*Una exótica iglesia en Venecia, centelleante por sus mosaicos dorados
y repleta de tesoros.*

S de Europa

Cuando, el año 832, dos mercaderes venecianos presentaron el presunto cuerpo de san Marcos, que habían robado de una tumba en Alejandría, al dogo de Venecia, este ordenó construir una basílica para albergar la reliquia sagrada. La basílica actual es la tercera que se erige en el mismo lugar. Construida entre 1063 y 1094, fue durante siglos la capilla privada del dogo y el escenario de las ceremonias de estado de Venecia hasta que, en 1807, se le dio el estatuto de catedral de Venecia.

Influencia bizantina
Las cinco cúpulas y los arcos de medio punto de la fachada otorgan a la basílica una marcada imagen oriental, un reflejo de las estrechas relaciones entre Venecia y el Imperio bizantino durante la Edad Media. El interior reluce con mosaicos de vidrio de oro (en su mayoría de los siglos XII a XIV) que cubren las paredes y los techos abovedados con vívidas escenas de la Biblia. El suelo de mármol teselado, con sus llamativos dibujos geométricos e imágenes de animales, contribuye al impresionante efecto ornamental.

La basílica alberga un tesoro de objetos únicos, algunos de los cuales son más antiguos que el propio edificio. Parte de la centelleante Pala d'Oro, un retablo de pan de oro adornado con piezas de esmalte y casi dos mil piedras preciosas, data del siglo X. Los caballos de bronce de San Marcos, o Cuadriga Triunfal, que se alzan sobre el portal principal de la fachada, se esculpieron en tiempos del Imperio romano, probablemente alrededor del año 200. La Cuadriga llegó a Venecia como botín del saqueo de Constantinopla (actual Estambul) durante la Cuarta Cruzada (1204), financiada por Venecia. La antigua estatua romana de pórfido de cuatro figuras, conocida como los Tetrarcas, en el exterior de la basílica, es otra obra de arte expoliada a Constantinopla.

Añadidos posteriores
Posteriormente se añadieron elementos, como los pináculos góticos del siglo XV o los mosaicos del siglo XIX, que han alterado la fachada. Sin embargo, a pesar de tales cambios y del impacto del turismo moderno, la basílica conserva su carácter original.

Los **mosaicos** del interior de San Marcos cubren un **área total** de **4000 m²**.

◁ **MOSAICO DE LA CRUCIFIXIÓN**
Los mosaicos de la basílica ilustran escenas del Antiguo y el Nuevo Testamento. Este mosaico es una representación tradicional de la crucifixión de Jesús.

▷ **BELLA FACHADA**
La opulenta fachada de la basílica está coronada por una estatua de san Marcos con el león alado (emblema del santo y de Venecia) a sus pies. Los cuatro caballos son réplicas de los originales, expuestos en el museo de la basílica.

△ **INTERIOR DESLUMBRANTE**
Los mosaicos que cubren el techo y la parte superior de las paredes de la basílica producen un mágico brillo dorado al reflejar la luz. De ahí que se la llamara Iglesia de Oro.

CÚPULAS QUE CRECEN

La estructura básica de la basílica, construida mayormente con ladrillo revestido de mármol, apenas ha cambiado durante casi mil años, y está inspirada en las iglesias de Bizancio. En el siglo XIII, las cúpulas de la basílica se elevaron externamente añadiendo unas estructuras de madera cubiertas de plomo. La forma de las cúpulas originales puede verse desde el interior del edificio.

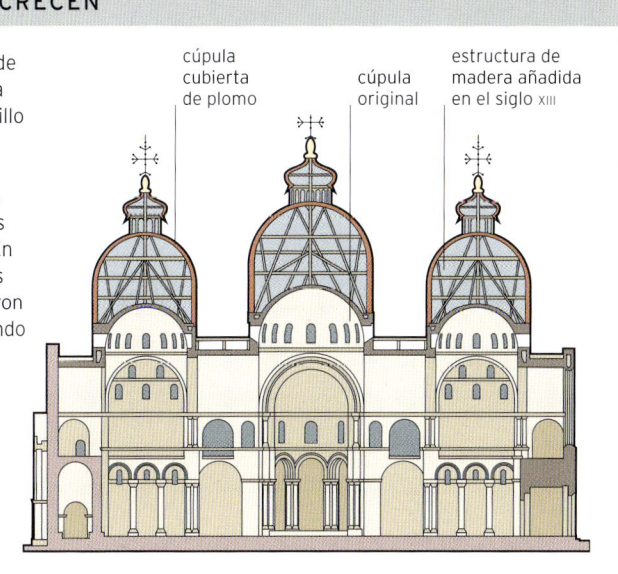

cúpula cubierta de plomo

cúpula original

estructura de madera añadida en el siglo XIII

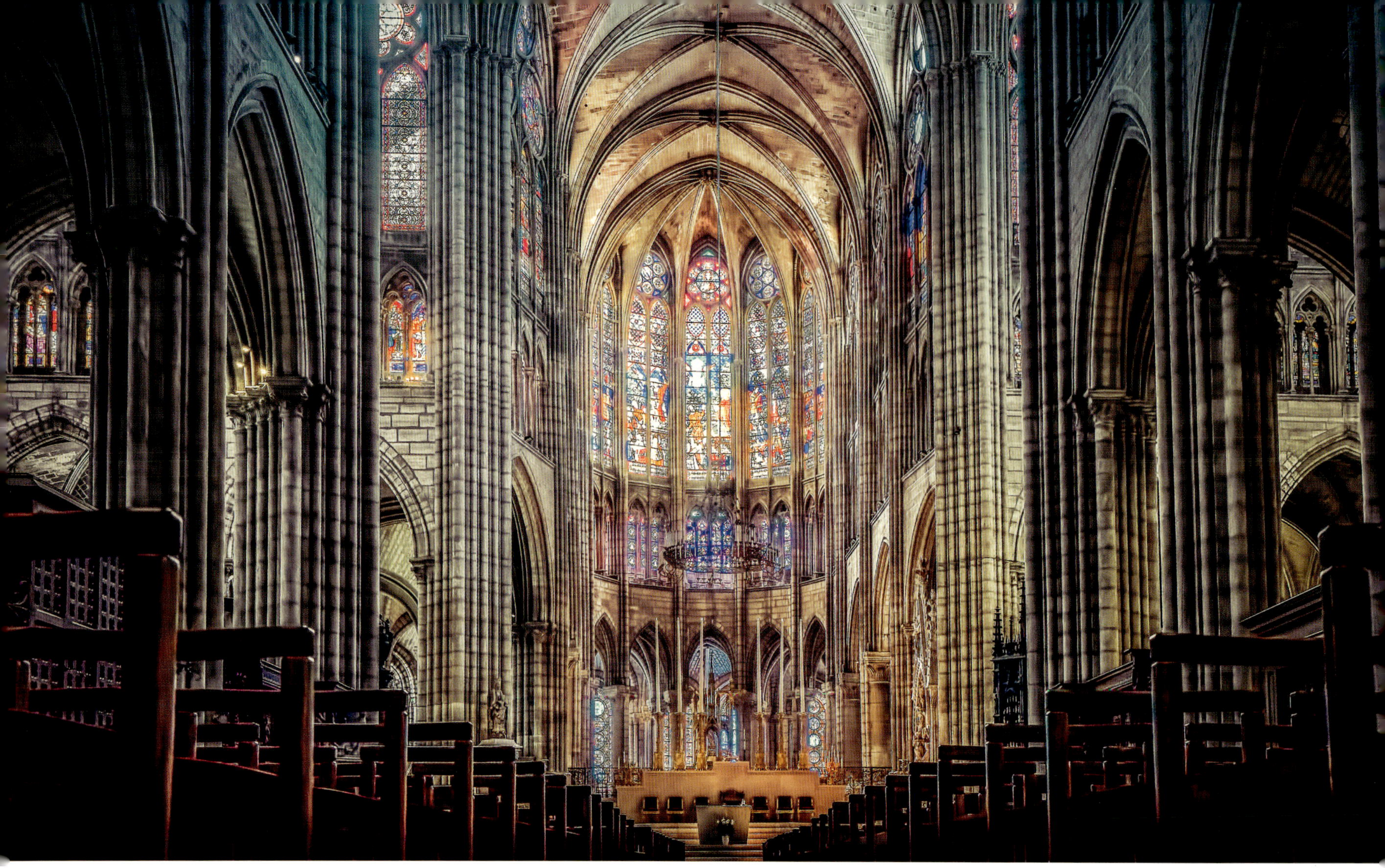

Basílica de Saint-Denis

*El origen de la arquitectura gótica y el lugar de sepultura
de los monarcas franceses.*

NO de Europa

Según la tradición, san Dionisio, patrón de Francia, fue
obispo de París en el siglo III y llevó el cristianismo a la
Galia. Su sepultura, a las afueras de París, se convirtió
en un centro de peregrinación, y la abadía que se
construyó allí en el siglo VII acabó siendo una de las
más ricas de Europa. En 1135, Suger, el abad de Saint-
Denis, decidió reconstruir la iglesia abacial y levantó
una basílica con un nuevo estilo, el gótico, que
dominaría la arquitectura religiosa europea
durante los tres siglos siguientes.

Espacio y luz

En el extremo oeste de la iglesia,
Suger levantó una fachada de 34 m de
anchura con tres puertas, torres gemelas
(la torre norte se desmanteló en 1846)
y un rosetón. En el extremo oriental,
el ábside, construido entre 1140 y 1144,
plasma su visión de una iglesia espaciosa

e inundada de luz. Por primera vez, elementos como
los arcos apuntados, las bóvedas de crucería, las capillas
absidiales (absidiolos) y los botareles que permitían
abrir grandes vidrieras en el nivel superior (claristorio)
se reunían en un estilo gótico unificado. Además, los
arquitectos de Suger sustituyeron los gruesos muros de
separación de naves por esbeltas columnas para que,
en palabras del propio Suger, «la iglesia reluzca
con la luz maravillosa e ininterrumpida de
las ventanas más luminosas». La luz,
que irrumpía por las vidrieras, se
reflejaba en un altar dorado y una
gran cruz con joyas engarzadas,
ambos posteriormente destruidos.

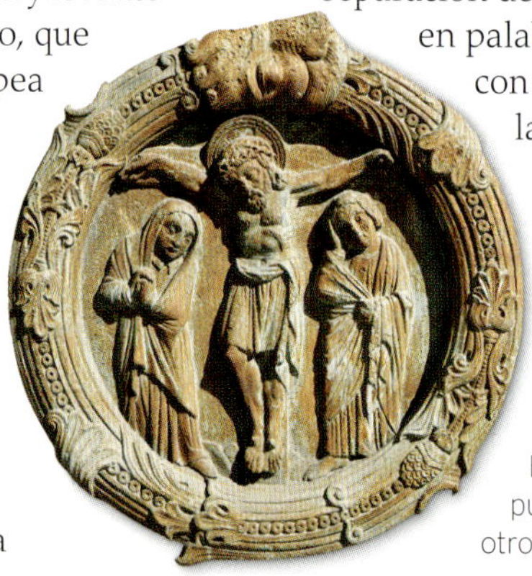

◁ ESCULTURA SAGRADA

Este bajorrelieve de la Crucifixión se halla en la
puerta central de la fachada principal, que presenta
otros siete relieves semejantes sobre la vida de Cristo.

NO de Europa

Catedral de Chartres

El ejemplo de arquitectura gótica mejor conservado de Francia, célebre por sus vidrieras con bleu *de Chartres.*

El gótico francés alcanzó su expresión más coherente en la catedral de Chartres. A diferencia de lo que sucedió con muchas catedrales medievales, cuya construcción se prolongó durante décadas o siglos, lo que dio lugar a una mezcla de estilos arquitectónicos, la de Chartres se alzó en tan solo 26 años, después de que la catedral románica de la ciudad se incendiara en 1194 y la comunidad aunara esfuerzos para remplazarla. Así pues, fue completamente gótica: de planta cruciforme con dos torres en la fachada oeste, con un ábside semicircular rodeado de absidiolos, alta y luminosa. La bóveda se alza 34 m sobre el suelo de la nave y las paredes son, en su mayoría, grandes vidrieras.

Elementos originales

Son muy pocos los edificios medievales que se han conservado tan intactos como la catedral de Chartres. La mayor parte de los 3000 m² de vidrieras que contiene datan de inicios del siglo XIII, al igual que las esculturas que adornan los pórticos de la catedral y el laberinto embaldosado del suelo de la nave central.

▷ FACHADA ASIMÉTRICA
La simetría de la fachada principal de la catedral la rompen las dos torres dispares. La torre norte original (izda.) se derrumbó en 1506 y fue sustituida por otra de estilo flamígero.

◁ PÓRTICO REAL
Las figuras talladas en las jambas del pórtico real (oeste) de Chartres datan de mediados del siglo XII y representan a ancestros de Cristo del Antiguo Testamento.

BOTARELES

El botarel, elemento típico de las catedrales góticas, es un contrafuerte exento que se apoya en el muro mediante un arbotante, que transfiere a aquel el peso de la cubierta. Esta innovación permitió a los constructores de catedrales medievales levantar edificios más altos que nunca antes, y utilizar columnas más finas y paredes con grandes vitrales, lo que abría drásticamente el espacio interior, que quedaba inundado de luz.

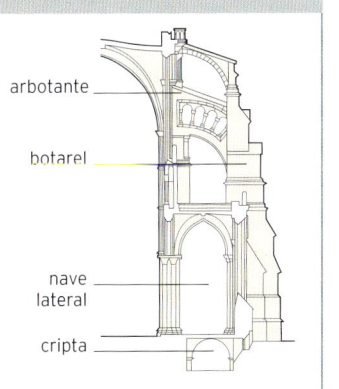

arbotante

botarel

nave lateral

cripta

Estilos arquitectónicos
GÓTICO

Hablar de arquitectura gótica es hablar de la Edad Media. Surgió en Francia en el siglo XII y se extendió por Europa rápidamente.

El gótico evolucionó a partir del estilo románico precedente. Los edificios románicos eran sumamente sólidos, con grandes columnas y muros gruesos, mientras que las estructuras góticas eran ligeras, abiertas y, con frecuencia, muy ornamentadas. Tal diferencia fue posible gracias a varias innovaciones estructurales, especialmente el arco apuntado, que era más fuerte y ligero que el arco de medio punto románico y permitió a los constructores levantar edificios más altos. Además, permitía apoyar el peso del edificio, por medio de nervios, en esbeltos pilares en lugar de muros, lo que, a su vez, posibilitó abrir grandes vidrieras que inundaban el espacio interior de luz y color. Las estructuras más altas exigían apoyos laterales. La solución fueron los botareles, que, manteniendo el interior despejado, sustituían los pesados muros de carga por una serie de arcos abiertos.

La arquitectura gótica evolucionó de manera considerable, con múltiples variaciones locales, hasta que fue remplazada por la arquitectura renacentista (pp. 146–147) en el siglo XV y hasta principios del XVII. Íntimamente ligada a la religión cristiana, fue siempre un símbolo de la unión de lo terreno y lo divino.

La **catedral de Lincoln** (Reino Unido) fue el primer edificio que superó en altura a la **Gran Pirámide de Giza**.

las gárgolas representan el mal y el peligro

△ **GÁRGOLAS**
Las gárgolas son criaturas grotescas o salvajes que sobresalen de los muros de los edificios góticos recubriendo un caño de desagüe.

AGUJAS CATEDRALICIAS
NOTRE DAME 91 m	COLONIA 157 m	SALISBURY 123 m

Las agujas son estructuras construidas sobre una torre y que se afilan progresivamente. Son un elemento importante de la arquitectura gótica y anuncian la presencia de una catedral (u otro edificio) a gran distancia.

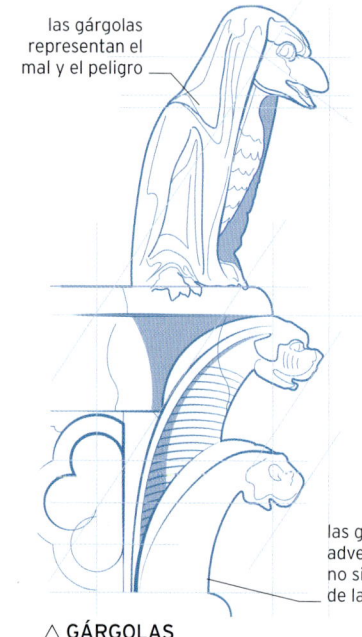

las torres góticas suelen tener campanas

la torre norte de Notre Dame es ligeramente más grande que la sur

claristorio, nivel superior con ventanas

las gárgolas son una advertencia para quienes no siguen las enseñanzas de la Iglesia

arcos concéntricos

las esculturas representan escenas bíblicas para un pueblo mayoritariamente analfabeto

tímpano (espacio entre el dintel y las arquivoltas)

esculturas religiosas en las jambas

el vértice es una punta aguda

la forma del arco está definida por círculos con dos centros

el radio de los círculos es igual a la luz del arco

△▷ **PÓRTICOS CON ARCOS**
Los portales, o pórticos, de los edificios góticos suelen estar adornados con arcos concéntricos (arquivoltas).

PARTES DE UNA CATEDRAL

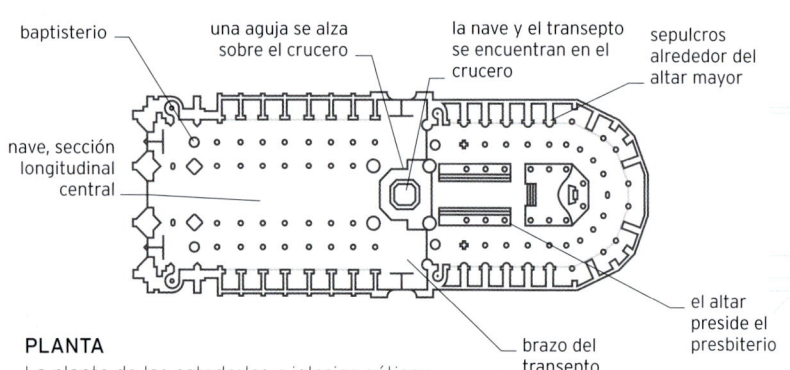

baptisterio

una aguja se alza sobre el crucero

la nave y el transepto se encuentran en el crucero

sepulcros alrededor del altar mayor

nave, sección longitudinal central

el altar preside el presbiterio

brazo del transepto

PLANTA
La planta de las catedrales e iglesias góticas suele ser de cruz latina, con un transepto que atraviesa la nave por delante del presbiterio.

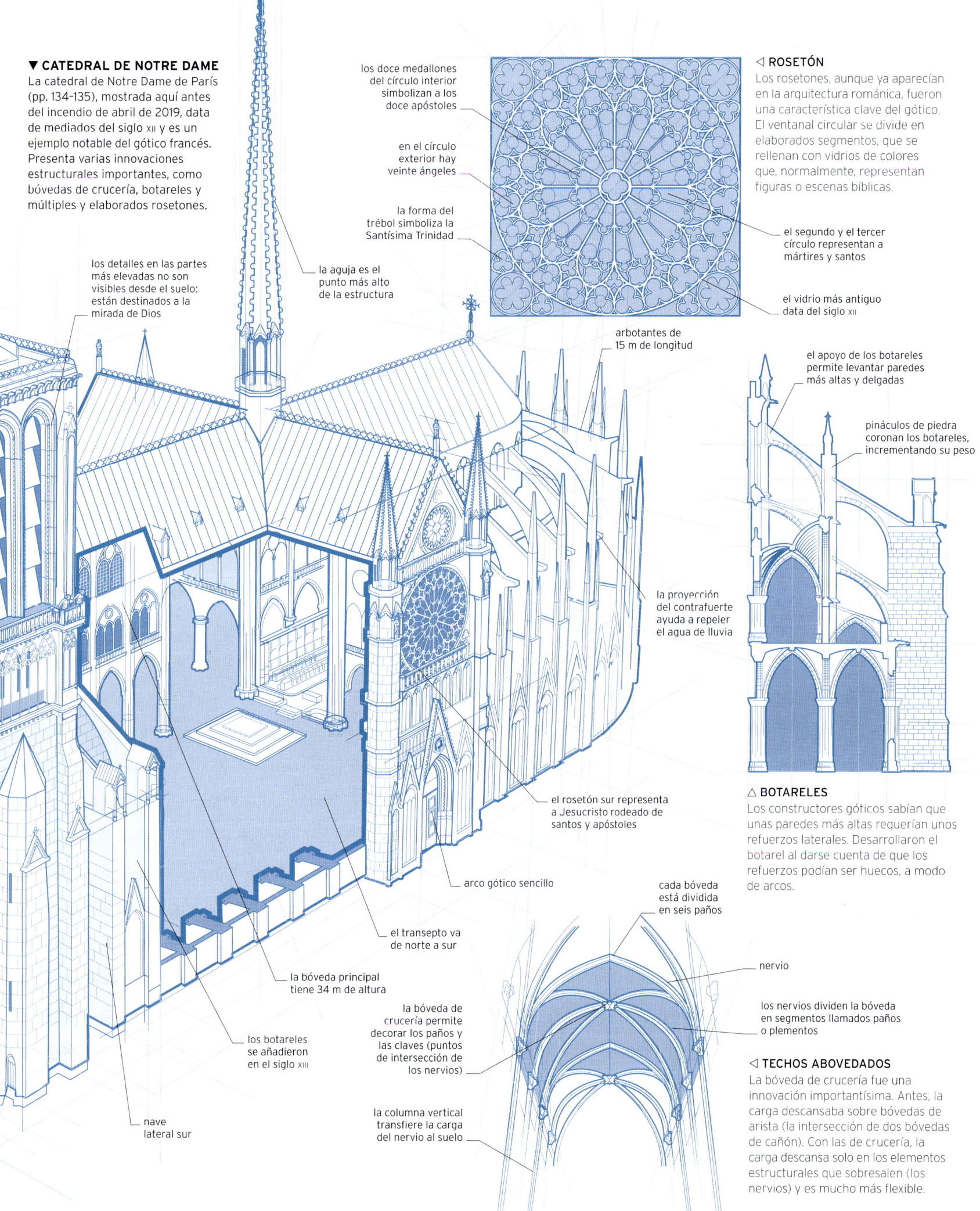

▼ CATEDRAL DE NOTRE DAME
La catedral de Notre Dame de París (pp. 134-135), mostrada aquí antes del incendio de abril de 2019, data de mediados del siglo XII y es un ejemplo notable del gótico francés. Presenta varias innovaciones estructurales importantes, como bóvedas de crucería, botareles y múltiples y elaborados rosetones.

los detalles en las partes más elevadas no son visibles desde el suelo: están destinados a la mirada de Dios

la aguja es el punto más alto de la estructura

los doce medallones del círculo interior simbolizan a los doce apóstoles

en el círculo exterior hay veinte ángeles

la forma del trébol simboliza la Santísima Trinidad

◁ **ROSETÓN**
Los rosetones, aunque ya aparecían en la arquitectura románica, fueron una característica clave del gótico. El ventanal circular se divide en elaborados segmentos, que se rellenan con vidrios de colores que, normalmente, representan figuras o escenas bíblicas.

el segundo y el tercer círculo representan a mártires y santos

el vidrio más antiguo data del siglo XII

arbotantes de 15 m de longitud

el apoyo de los botareles permite levantar paredes más altas y delgadas

pináculos de piedra coronan los botareles, incrementando su peso

la proyección del contrafuerte ayuda a repeler el agua de lluvia

el rosetón sur representa a Jesucristo rodeado de santos y apóstoles

arco gótico sencillo

△ **BOTARELES**
Los constructores góticos sabían que unas paredes más altas requerían unos refuerzos laterales. Desarrollaron el botarel al darse cuenta de que los refuerzos podían ser huecos, a modo de arcos.

el transepto va de norte a sur

la bóveda principal tiene 34 m de altura

los botareles se añadieron en el siglo XIII

nave lateral sur

la bóveda de crucería permite decorar los paños y las claves (puntos de intersección de los nervios)

la columna vertical transfiere la carga del nervio al suelo

cada bóveda está dividida en seis paños

nervio

los nervios dividen la bóveda en segmentos llamados paños o plementos

◁ **TECHOS ABOVEDADOS**
La bóveda de crucería fue una innovación importantísima. Antes, la carga descansaba sobre bóvedas de arista (la intersección de dos bóvedas de cañón). Con las de crucería, la carga descansa solo en los elementos estructurales que sobresalen (los nervios) y es mucho más flexible.

NO de Europa

Iglesia de madera de Heddal

La stavkirke *más grande de Noruega y una obra maestra de la construcción con madera.*

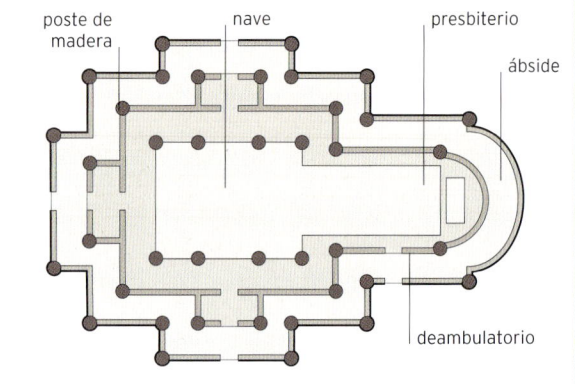

△ LA «SILLA DEL OBISPO»

La silla de madera tallada que preside el presbiterio, del siglo XIII, está decorada con cabezas de animales y representa la leyenda vikinga de Sigurd, el asesino de dragones, convertida en una alegoría cristiana.

▽ OBRA MAESTRA DE CARPINTERÍA

La iglesia de Heddal, construida sobre una estructura de madera, ha sobrevivido más de 800 años. Sus distintivas tejas de madera la hacen aún más imponente.

Con 25 m de altura, la de Heddal es la iglesia de empalizada (*stavkirke*) más grande que se conserva en Noruega. Durante la Edad Media se construyeron en Noruega unas 1500 de estas enormes estructuras, que se alzan sobre postes de madera que soportan pesadas vigas horizontales, pero solo 28 han sobrevivido hasta hoy.

Una historia en madera

Los arqueólogos han podido datar la iglesia analizando la madera. Esta se taló antes de 1196, y se cree que la iglesia data, aproximadamente, del reinado de Sverre Sigurdsson (1177–1202), periodo en el que proliferó la construcción de iglesias. Aunque sufrió cambios a lo largo de los siglos, en 1939 se restauró y recuperó su aspecto medieval.

Se han conservado bien los cuatro pórticos tallados de Heddal, y el gran detalle de los motivos decorativos de animales, plantas y máscaras demuestra el elevado nivel de la artesanía medieval. Aunque algunos de los tesoros de la iglesia se han trasladado a museos, el elaborado retablo del siglo XVII que representa la crucifixión de Cristo sigue allí.

PLANTA Y CONSTRUCCIÓN

El sofisticado exterior de la iglesia enmascara la sencillez de su planta, que sigue el modelo tradicional de otras iglesias cristianas, a excepción de que las columnas de piedra se han sustituido por postes de carga de madera, clavados en agujeros en el suelo. Sobre el suelo, un sistema de cubos y triángulos sostiene el tejado y las planchas verticales de las paredes.

poste de madera · nave · presbiterio · ábside · deambulatorio

NO de Europa

Catedral de Uppsala

La catedral más grande y más alta de los países nórdicos, y la sede del primado de Suecia.

La construcción de la catedral de Uppsala empezó hacia 1270, después de que un incendio destruyera la catedral anterior, situada a unos kilómetros de distancia. El mal tiempo, la peste bubónica y la escasez de fondos conspiraron para ralentizar la construcción de la catedral, que aún no había terminado cuando se consagró en 1435. Las torres de la fachada principal se añadieron entre 1470 y 1489, se rediseñaron en el siglo XVII y sufrieron graves daños en un incendio en 1702.

Adiciones posteriores

En 1885, el arquitecto sueco Helgo Zettervall, representante del estilo neogótico, hizo cambios importantes (y a menudo criticados) en la catedral; añadió las altas agujas que hacen que el edificio sea tan alto (118,7 m) como largo. Durante siglos, y hasta 1719, cuando la catedral de Estocolmo le arrebató ese honor, la de Uppsala fue la catedral de coronación de los monarcas suecos. Tras la Reforma, varios reyes y reinas suecos fueron enterrados allí, junto a obispos y científicos notables, como el botánico Carlos Linneo.

△ RESTAURACIÓN NEOGÓTICA

La bóveda de la Coronación, de 27 m de altura, se decoró en la década de 1880 al estilo neogótico. La restauración también descubrió algunos frescos medievales originales.

▷ UNA CATEDRAL DE LADRILLO

La catedral de Uppsala se construyó casi por entero de ladrillo, en el estilo gótico propio del noroeste y el centro de Europa, donde escaseaba la piedra.

GÓTICO BÁLTICO

La catedral de Uppsala fue diseñada por maestros constructores franceses, entre ellos Étienne de Bonneuil, y su planta de cruz latina es típica de otras catedrales góticas del siglo XII. Sin embargo, debido a la escasa disponibilidad de piedra local, la catedral se construyó con ladrillos rojos; solo las columnas del presbiterio y algunos detalles se construyeron con los bloques de caliza más habituales. Este estilo se conoce como gótico báltico o gótico de ladrillo.

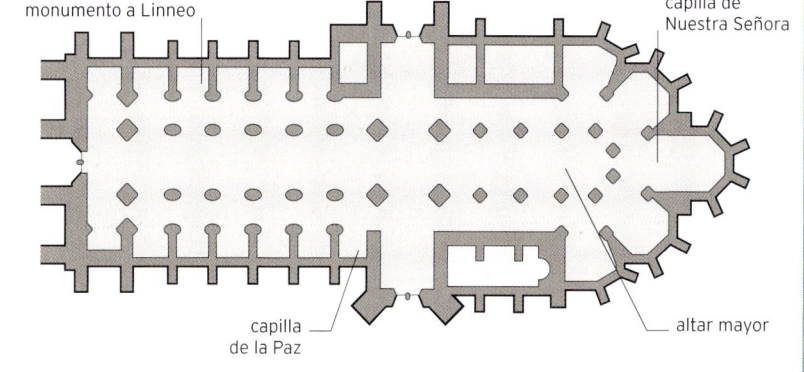

monumento a Linneo

capilla de Nuestra Señora

capilla de la Paz

altar mayor

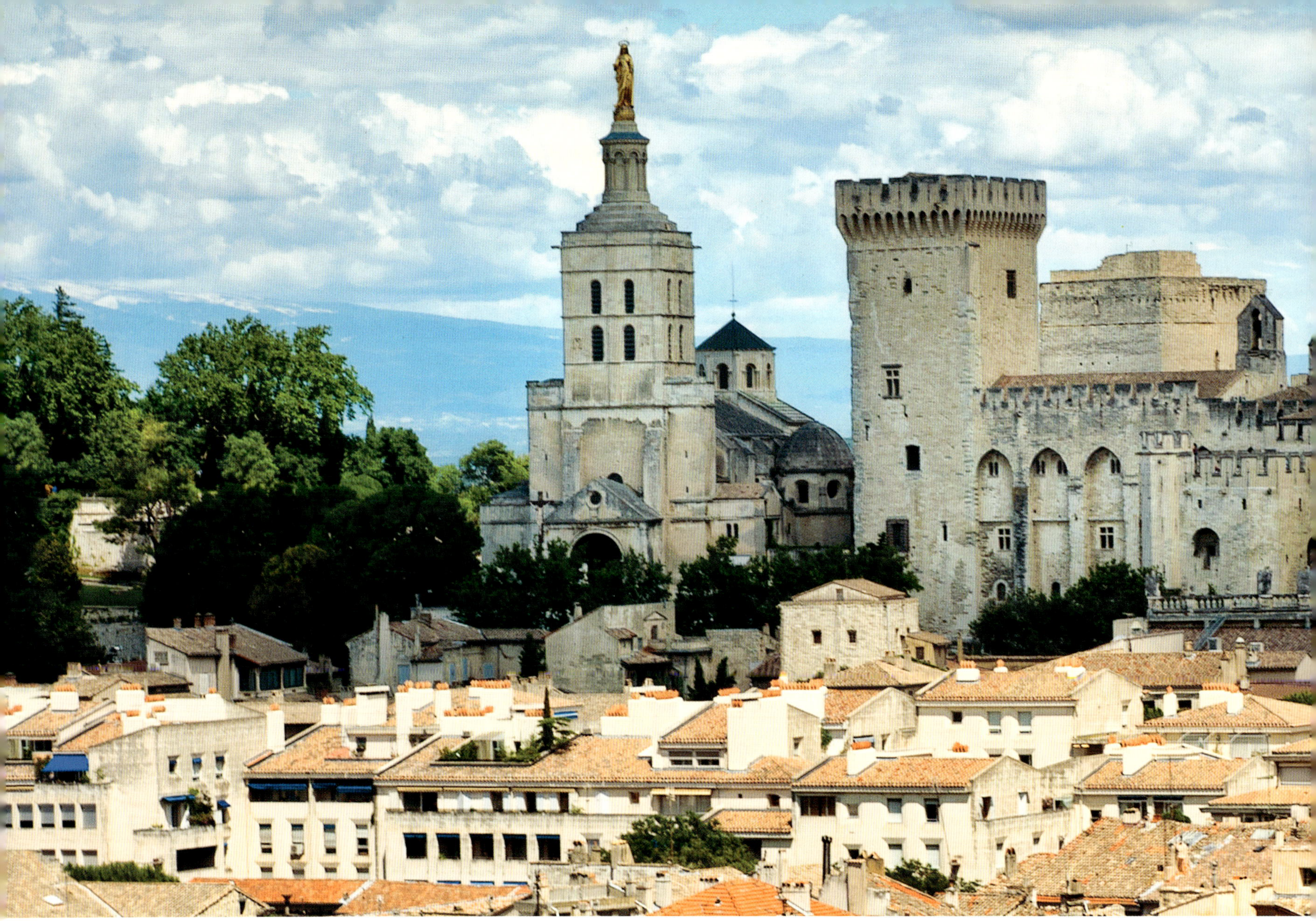

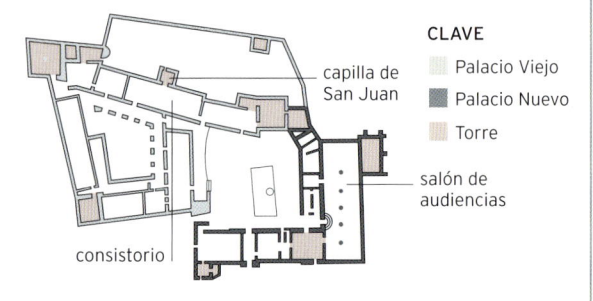

Palacio papal de Aviñón

*Un gran monumento al poder papal en el siglo XIV y el palacio gótico
más grande del mundo.*

O de Europa

En 1309, el papa Clemente V abandonó Roma y trasladó la capital
del papado a Aviñón, a orillas del Ródano, donde permaneció hasta
1377. El enorme palacio papal fue construido por dos papas en menos
de 20 años, entre 1335 y 1352. El Palais Vieux (Palacio Viejo) del papa
Benedicto XII, terminado en 1342, se construyó en torno a un claustro
central y albergaba el consistorio, el tesoro, dos capillas y el Gran
Tinel, una sala para recepciones y banquetes, donde los cardenales se
reunían para elegir al nuevo papa. Todo el palacio estaba flanqueado
por varias torres enormes. En 1342, el papa Clemente VI empezó a
ampliar el palacio, al que añadió el Palais Neuf (Palacio Nuevo), que
incluía la Gran Capilla, el salón de audiencias y más torres.

El complejo palaciego se deterioró cuando el papado regresó a
Roma; las fuerzas revolucionarias francesas lo saquearon en 1789,
y la ocupación militar posterior lo dañó aún más. La restauración
empezó en 1906 y, en 1995, el palacio fue declarado Patrimonio
de la Humanidad. Los cuadros y frescos que han sobrevivido
revelan la belleza de la decoración original.

PLANTA DEL PALACIO

Este plano muestra las principales fases de construcción del
palacio e identifica el Palais Vieux de Benedicto XII y el Palais
Neuf de Clemente VI. El complejo se caracteriza por el
número, el grosor y la altura de sus torres y por sus murallas
almenadas, que lo convertían en una fortaleza inexpugnable.

capilla de
San Juan

CLAVE

Palacio Viejo

Palacio Nuevo

Torre

salón de
audiencias

consistorio

A principios del siglo XIV, trabajaban en el palacio
más de 1500 funcionarios eclesiásticos y laicos.

△ **FRESCOS INESTIMABLES**
Como grandes mecenas de las artes,
los papas llenaron el palacio de pinturas,
como estos frescos de la capilla de San
Marcial.

▷ **VISTA INTERIOR**
Desde el deambulatorio del claustro
del Palacio Viejo se ven la Torre de la
Campana y la imagen dorada de la
Virgen María.

La Alhambra

Una ciudadela y palacio espectacular que se alza sobre la ciudad de Granada, el más bello ejemplo de arquitectura morisca que se conserva en España.

S de Europa

La estratégica ubicación sobre una colina otorga unas vistas extraordinarias a la Alhambra, que fue construida en el siglo IX como ciudadela militar. «Alhambra» significa «la roja», en alusión al color rojizo de sus ladrillos, y llegó a ser mucho más que una mera fortaleza. Durante el reinado nazarí (1232–1492), la última dinastía musulmana que gobernó en la península Ibérica, partes del complejo se transformaron en un lujoso palacio.

Las principales mejoras se llevaron a cabo en el siglo XIV bajo Yusuf I y Mohamed V. Los materiales utilizados eran modestos (mayormente azulejos, estuco y madera), pero la calidad artesanal era excelente. Todas las superficies disponibles se adornaron con motivos vegetales o geométricos o con inscripciones caligráficas. Aún más impresionantes son los exquisitos mocárabes que adornan las cúpulas de algunos salones y la intrincada decoración de los arcos.

Tras la era musulmana

A finales del siglo XV, tras la Reconquista, los Reyes Católicos vivieron en la Alhambra durante un tiempo, y Carlos V construyó allí su propio palacio, pero en el siglo XVIII se abandonó y empezó a deteriorarse. Entre otras cosas, fue un campamento gitano, un hospital militar y una prisión. La decadente belleza de la Alhambra cautivó a los románticos, que la redescubrieron en el siglo XIX; finalmente se reconoció su importancia y en 1870 se declaró monumento nacional. En 1984, fue declarada asimismo Patrimonio de la Humanidad.

▽ **EL PATIO DE LOS LEONES**
Esta fuente con doce leones de mármol se encuentra en el centro del harén del palacio y data del reinado de Mohamed V (1338-1391).

FASES DE CONSTRUCCIÓN

La Alhambra conserva elementos de cada una de sus fases históricas. La Alcazaba son los restos de la fortaleza original; el Salón de Embajadores era la sala del trono y el lugar donde el sultán recibía a los dignatarios que lo visitaban; y la mezquita se convirtió en la iglesia de Santa María de la Alhambra tras la Reconquista.

Alcazaba

Salón de Embajadores

Santa María de la Alhambra

Muchos de los **arcos interiores** de la Alhambra **carecen de función estructural**: se diseñaron por motivos meramente **ornamentales**.

◁ **DECORACIÓN ÁRABE**
Elemento decorativo de la Sala de las Camas de los Baños, cerca del Patio de los Leones.

▽ **MAGNÍFICAS VISTAS**
Los muros y las torres de la Alhambra ofrecen vistas sobre la ciudad de Granada y la llanura en torno.

Catedral de Notre Dame

La catedral gótica de París, célebre por sus rosetones y por las grotescas gárgolas que popularizó Victor Hugo.

NO de Europa

La construcción de la catedral de Notre Dame, en el extremo oriental de la Île de la Cité, la inició Maurice de Sully, obispo de París, en 1163. Una sucesión de cuatro maestros constructores completó la nave, el coro y la fachada occidental en 1250. Durante el siglo siguiente se fueron añadiendo capillas.

Obra maestra del gótico

Aunque las dos colosales torres de tres plantas, los botareles de un solo arbotante y los tres grandes rosetones hacen de la catedral un edificio típicamente gótico (pp. 126–127), el naturalismo y la escala de sus esculturas la distinguieron de los edificios religiosos contemporáneos. Los tres enormes pórticos están decorados con tallas de vívidas escenas bíblicas y con símbolos de la ciencia y la filosofía medievales; todo ello constituía un *liber pauperum* (libro de pobres) que permitía entender las historias bíblicas incluso a los analfabetos. Son famosas también sus monstruosas gárgolas, que desaguaban el agua de lluvia y conjuraban el mal, y que inspiraron a Victor Hugo la novela *Nuestra Señora de París* (1831). La catedral fue profanada durante la Revolución francesa de 1789, pero la novela de Hugo reavivó el interés por el edificio y, en 1845, el arquitecto francés Eugène Viollet-le-Duc comenzó las obras de restauración. En abril de 2019, un incendio destruyó la aguja y la mayor parte del tejado, pero la estructura de piedra principal se mantuvo en pie.

La **más grande** de las **diez campanas** de la catedral se llama **Emmanuel** y pesa **13 toneladas**.

◁ **AGUJA Y SANTOS**
Estatuas de cobre de los doce apóstoles rodean la aguja de roble revestido de plomo del siglo XIX, que fue destruida por el incendio de 2019.

△ **ISLA SAGRADA**
Esta vista de la catedral de Notre Dame y de la Île de la Cité muestra los grandes arbotantes que rodean el ábside y el rosetón del lado sur.

FACHADA GÓTICA

La fachada principal de Notre Dame mide 41 m de ancho. Tiene tres pórticos (el más grande es el del Juicio Final) y un rosetón de 9,6 m de diámetro. La verticalidad de las torres queda compensada por las galerías horizontales, lo que da una impresión de sólida elegancia.

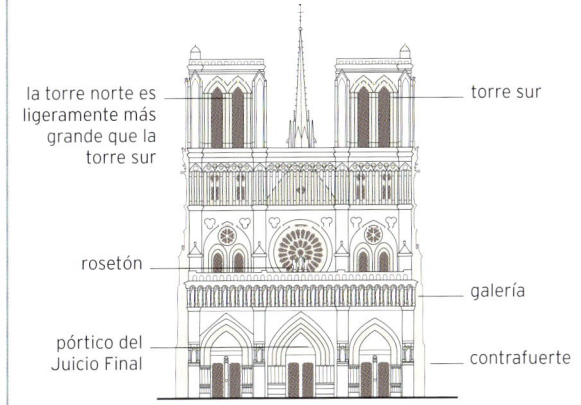

la torre norte es ligeramente más grande que la torre sur

torre sur

rosetón

galería

pórtico del Juicio Final

contrafuerte

Monasterio de Ferapóntov

Hogar de las obras de un maestro de la pintura al fresco, y el más completo ejemplo de complejo monástico ruso entre los siglos XV y XVII.

E de Europa

Fundado en 1398 por san Ferapont en el óblast de Vólogda, al norte de Moscú, Ferapóntov fue uno de los monasterios más poderosos de Rusia bajo el mecenazgo de los descendientes de Iván III (1440–1505), el primer Soberano de Toda Rusia. En 1490, el abad Ioasaf, consejero espiritual del gran príncipe, reconstruyó en ladrillo la iglesia de la Natividad de la Virgen, originalmente de madera, y encargó al célebre artista Dionisio que pintara el interior. Los frescos de Dionisio cubren todas las paredes y techos de la iglesia, se conservan prácticamente intactos y con los colores aún vivos, y representan múltiples milagros, arcángeles, santos, padres de la Iglesia y figuras de Cristo Pantocrátor («Todopoderoso»). La iglesia de la Anunciación, un refectorio, el tesoro y los edificios de viviendas se añadieron a inicios del siglo XVI y, tras sobrevivir a los saqueos del Periodo Tumultuoso (1598–1613), el monasterio se amplió con la iglesia de San Martiniano, la iglesia barbacana y un campanario. Con sus elegantes fachadas blancas, sus torres con techo carpado y sus cúpulas bulbosas, Ferapóntov ofrece un maravilloso conjunto de los elementos que dominaron la arquitectura rusa entre los siglos XV y XVII.

CUBIERTAS RUSAS

Las cúpulas bulbosas (a partir del siglo XIII) y las torres con techo carpado, poligonales y de fuertes pendientes (a partir del siglo XVI), caracterizaron la arquitectura religiosa rusa hasta finales del siglo XVII, y Ferapóntov es un ejemplo de ello. Tales cubiertas tenían una estructura de madera -propio de lugares donde escaseaba la piedra-, y sus formas evitaban la acumulación de nieve sobre ellas.

torre con techo carpado de cuatro lados

cúpula bulbosa

torre con techo carpado

Castillo de Český Krumlov

Un complejo construido entre los siglos XIV y XIX sobre un promontorio rocoso ceñido por el río Moldava.

C de Europa

El castillo de Český Krumlov fue fundado a mediados del siglo XIII por la poderosa familia Witigonen, que eran los señores de Krumlov, y pasó por las manos de otras tres familias nobles checas: los Rosenberg (1302–1602), los Eggenberg (1602–1719) y los Schwarzenberg (1719–1947), antes de ser entregado al estado checo en 1947. En 1989 fue declarado monumento nacional y, en 1992, la Unesco lo declaró Patrimonio de la Humanidad.

Homenaje a la historia

El castillo se fue ampliando y reúne más de 40 edificios (palacios, establos, un almacén de sal, una fábrica de cerveza y una vaquería, entre otros) construidos en torno a cinco patios y un elegante jardín. Los edificios reflejan una gran diversidad de estilos arquitectónicos, desde el gótico hasta el renacentista o el barroco. Entre ellos está el *Hrádek* («pequeño castillo») gótico, con sus bellísimas fachada, torre y frescos renacentistas, y un teatro barroco de 1766 que es el ejemplo de su tipo más completo del mundo. Las colosales murallas de Krumlov recuerdan la función defensiva del castillo (nunca puesta a prueba), mientras que el teatro y los osos que habitan en el foso son un peculiar recordatorio de su historia como importante centro social y cultural del sur de Bohemia.

▽ **UNA TORRE DE CUENTO**
La colorida torre del castillo, que mezcla los estilos gótico y renacentista, tiene seis plantas, con una galería a media altura y un campanario como remate.

△ **LA BELLEZA DE LA SENCILLEZ**
Esta imagen muestra la pura y sencilla belleza del exterior de los edificios de Ferapóntov; de izquierda a derecha: la iglesia de San Martiniano, la iglesia de la Natividad de la Virgen, el campanario y la iglesia de la Anunciación.

△ **UN INTERIOR VIBRANTE**
El fresco del Pantocrátor de la cúpula de la iglesia de la Natividad de la Virgen del monasterio de Ferapóntov lo pintó Dionisio hacia 1502.

Castillo de Bran

Fortaleza y palacio gótico en los montes Cárpatos,
conocido popularmente como el castillo de Drácula.

Desde hace más de 600 años, el castillo de Bran domina un paso
de montaña fronterizo entre las regiones históricas de Transilvania
y Valaquia. Hoy en Rumanía, en el siglo xiv el lugar se hallaba en
territorio húngaro, y el castillo fue construido por colonos alemanes
procedentes de Sajonia entre 1377 y 1388 con la autorizaron de los
reyes húngaros. Los gruesos y altos muros exteriores eran un
elemento defensivo necesario: el castillo, en el límite de la Europa
cristiana, debía protegerse frente a los ejércitos otomanos que
avanzaban hacia el norte desde Turquía y los Balcanes.

¿El castillo de Drácula?

La mayoría de los historiadores descartan como una invención de
la industria turística la supuesta asociación del castillo de Bran con
Vlad III el Empalador, el infame y cruel gobernante de Valaquia del
siglo xv que inspiró el personaje de ficción de Drácula, el vampiro.
Vlad el Empalador debe su apodo a que empalaba a sus enemigos
en estacas. El creador de Drácula, el novelista irlandés Bram Stoker,
no visitó el castillo jamás. Sin embargo, es posible que Vlad fuera
encarcelado brevemente en las mazmorras del castillo en 1462.

Tras la Primera Guerra Mundial, cuando el castillo pasó de
Hungría a Rumanía, se convirtió en el palacio preferido de la reina
María, que disfrutaba de la romántica soledad que ofrecía. Hoy, el
edificio exhibe la valiosa colección de arte y mobiliario de la reina.
Aunque la relación del castillo con Drácula sea espuria, la atmósfera
que lo envuelve y lo espectacular de su ubicación garantizan su
puesto como uno de los principales destinos turísticos en Rumanía.

REMODELACIÓN DEL CASTILLO

La fortaleza original del siglo xiv se construyó con madera y piedra y
tenía una planta rectangular torcida. Las paredes estaban perforadas
con aspilleras, ahora convertidas en ventanas. Durante el siglo xvi se
levantaron torres nuevas que transformaron la planta del edificio
y se añadieron ventanas con cristales y tejas.

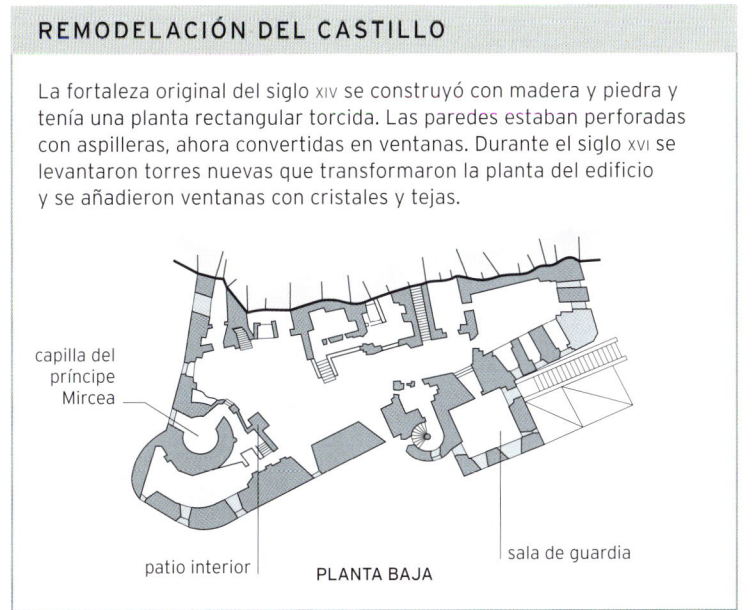

capilla del
príncipe
Mircea

patio interior | **PLANTA BAJA** | sala de guardia

Mistrá

Las ruinas perfectamente conservadas de una ciudad
medieval que se alza sobre la llanura de Esparta.

En 1249, el príncipe Guillermo de Villehardouin, un cruzado
francés, construyó un castillo en Mistrá, sobre el monte Taigeto,
en el Peloponeso (sur de Grecia). La fortaleza fue asimilada por
el Imperio bizantino, y en torno a ella creció una ciudad. Mistrá
ya era un floreciente centro cultural y de enseñanza en el siglo xiv,
con ricos monasterios e iglesias adornados con bellos frescos.

Declive

Desde 1460, después de la conquista por los turcos otomanos,
la ciudad empezó a declinar. Como consecuencia, cambió muy
poco durante los siglos siguientes hasta 1832, cuando la escasa
población que quedaba abandonó la ciudad. Mistrá ha sobrevivido
como un conjunto casi perfecto de arquitectura bizantina tardía,
tanto religiosa como secular. Desde 1989 es Patrimonio de la
Humanidad de la Unesco.

◁ **MONASTERIO DE
SANTA MARÍA PERIBLEPTOS**
Construido al borde de un
acantilado a mediados del
siglo xiv, el monasterio de Santa
María Peribleptos, semejante a
un castillo, es uno de los múltiples
edificios religiosos de Mistrá.

▽ **MISTRÁ DESDE LAS ALTURAS**
El castillo de Villehardouin se
alza en la cima sobre Mistrá,
con el palacio de los déspotas de
Morea (los gobernantes bizantinos
de la ciudad) a sus pies.

◁ OBRA MAESTRA FLORENTINA
La catedral de Florencia es un edificio imponente, tanto por su tamaño como por su belleza. Para construir su famosa cúpula se emplearon cuatro millones de ladrillos.

Catedral de Florencia

Una obra maestra de la arquitectura renacentista con una colosal cúpula que domina el perfil de la ciudad de Florencia.

S de Europa

En 1296, Florencia, la próspera ciudad-estado de la Toscana, anunció un plan para construir una catedral, «un edificio […] tan magnífico en altura y calidad que supere a todo lo construido […] por los griegos y los romanos». El arquitecto elegido, Arnolfo di Cambio (*c.* 1240–1310), diseñó un edificio impresionante, con pilares colosales que sostenían una alta bóveda de crucería a lo largo de la nave. En el extremo oriental, el vasto presbiterio octogonal debía ser coronado por una cúpula. Por desgracia, aunque los antiguos romanos habían construido cúpulas enormes, sus conocimientos de ingeniería se habían perdido.

Recuperación del saber clásico

La catedral de Florencia permaneció inacabada durante más de un siglo, hasta que se encomendó la tarea de concluirla al arquitecto Filippo Brunelleschi (1377–1446). Fiel al espíritu del Renacimiento, que redescubrió el conocimiento del mundo antiguo, Brunelleschi viajó para estudiar las ruinas de la Roma antigua. Regresó a Florencia en 1420, dispuesto a empezar a trabajar en la cúpula. El resultado, terminado en 1436, fue un logro de la ingeniería, además de una obra de gran belleza. Posteriormente, la cúpula se coronó con una linterna de piedra, diseñada por Brunelleschi y terminada tras su muerte por Michelozzo, discípulo suyo.

En contraposición a la austeridad del interior de la catedral, el exterior está decorado con franjas de mármol de colores a juego con el *campanile* de Giotto y el baptisterio, en la misma plaza. La elaboradísima fachada es un añadido del siglo xix. La catedral de Santa Maria del Fiore, como se conoce oficialmente, está en el corazón del centro histórico de la ciudad, que es Patrimonio de la Humanidad de la Unesco, y es una de las atracciones turísticas más visitadas del mundo.

△ **RELOJ DE LA CATEDRAL**
En el interior de la catedral, un reloj con una sola aguja medía el tiempo de atardecer a atardecer. La esfera la pintó Paolo Uccello (1397-1475).

▽ **TECHO DEL BAPTISTERIO**
El interior del baptisterio octogonal que se halla frente a la catedral está ricamente decorado. Los mosaicos del techo datan del siglo xiii.

La cúpula de la catedral tiene **42 m de diámetro** y se alza **114 m** sobre el suelo.

LA CÚPULA DE BRUNELLESCHI

La cúpula de la catedral de Florencia se alza sobre un tambor octogonal. Desde este se alza una ligera estructura de nervios de piedra, sobre la que se extienden dos capas de ladrillo, una interna y otra externa. En lo alto de la cúpula, la linterna, de 6 m de diámetro, contribuye a estabilizar la estructura, además de añadir altura.

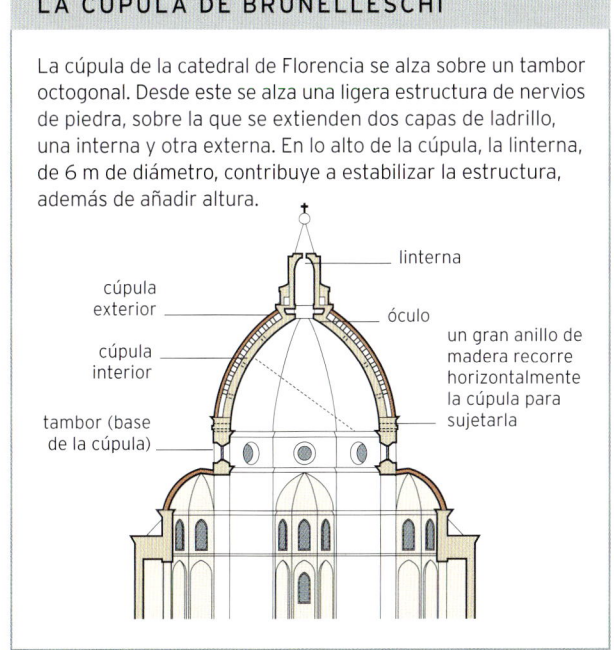

linterna

cúpula exterior

óculo

cúpula interior

un gran anillo de madera recorre horizontalmente la cúpula para sujetarla

tambor (base de la cúpula)

△ **ARCOS SOBRE EL RÍO**
El Ponte Vecchio, con sus tres arcos, une el centro de Florencia y el barrio de Oltrano, en la orilla sur del Arno.

Ponte Vecchio

Un vestigio medieval que se alza sobre el río Arno como un monumento al comercio.

S de Europa

Cuando el Ponte Vecchio –el puente cubierto de tiendas que cruza el río Arno en su punto más estrecho en Florencia– se construyó en 1345, no fue nada especial. En aquella época, la mayoría de los puentes urbanos estaban repletos de tiendas y puestos y contaban con espacios para las mesas donde los comerciantes exponían sus productos. Lo que hace que el Ponte Vecchio sea especial hoy en día es que las tiendas permanecen, ocupadas por orfebres, galeristas de arte y vendedores de recuerdos. El concepto de bancarrota surgió en este puente, pues los soldados rompían la mesa (*banco*) de aquel comerciante que no podía pagar sus deudas.

A la tercera va la vencida

El Ponte Vecchio es el tercer puente construido en ese mismo punto. El primero, construido por los romanos, era de piedra con una superestructura de madera. Cuando una riada destruyó ese puente en 1117, se reconstruyó, pero el río lo arrastró de nuevo en 1333. El puente actual tiene un arco principal con una luz de 30 m y dos arcos laterales con una luz de 27 m, que se alzan entre 3,5 y 4,4 m sobre el río. Sobre las tiendas recorre el puente el Corredor Vasariano, una galería construida por Giorgio Vasari, el arquitecto de los Médicis, en 1565, y que conecta el Palazzo Vecchio, sede del gobierno de Florencia, con el Palazzo Pitti, el palacio de la familia Médicis, en la orilla sur.

SO de Europa

Catedral de Sevilla

Un enorme templo cristiano erigido para remplazar a uno de los tesoros de la España musulmana.

En 1172, el califa almohade Yusuf I ordenó la construcción de una gran mezquita en Sevilla. Cuando los cristianos castellanos reconquistaron la ciudad en 1248, la transformaron en una catedral que se usó hasta 1401, cuando los gobernantes de la ciudad decidieron construir un nuevo templo en el mismo lugar. La nueva catedral, dedicada a la Virgen María, se terminó en 1528.

Construida en el estilo gótico, está muy ornamentada y llena de esculturas, pinturas, sepulcros y monumentos. Se conservaron dos partes de la mezquita original: el minarete, convertido en el campanario (la Giralda), y el Patio de los Naranjos.

▽ **PROPORCIONES COLOSALES**
Con 135 m de longitud, 100 m de anchura y 42 m de altura, la catedral de Sevilla fue, y sigue siendo, la catedral más grande de la cristiandad.

LA GIRALDA

El minarete islámico original (izda.) se construyó en 1198 a semejanza del alminar de la mezquita principal (p. 228) de Marrakech (Marruecos). Tras la reconquista cristiana de Sevilla, se convirtió en el campanario de la catedral, y en 1568 se extendió en altura.

veleta (o giralda) que da nombre a la torre

cuatro esferas doradas celebraban la victoria sobre los ejércitos cristianos de la península Ibérica

nueva sección añadida por el arquitecto Hernán Ruiz el Joven

△ **AÑADIDOS INTERESANTES**
Los propietarios de las tiendas han modificado la superestructura añadiendo ventanas y contraventanas que dan al conjunto un aspecto caótico y multicolor.

S de Europa

Palacio ducal de Venecia

Un fastuoso edificio que encarna la gloria y la crueldad de la histórica república veneciana.

Durante más de mil años, entre 726 y 1797, la ciudad-estado marítima de Venecia fue una república gobernada por un dogo, o duque, electo. El lujoso palacio construido para el dogo y su administración en los siglos XIV y XV demuestra la riqueza y la influencia extraordinarias que había alcanzado la ciudad gracias a la habilidad de sus marineros y a la rapacidad de sus mercaderes. Venecia comerciaba sobre todo con el mundo árabe, y esto se refleja en el característico estilo de las fachadas del palacio ducal, que da un giro marcadamente islámico a la arquitectura gótica europea.

Centro legislativo y de gobierno

El palacio ducal cumplía diversas funciones: alojaba la residencia del dogo, las oficinas del gobierno, instalaciones para recibir a embajadores extranjeros, un parlamento, un tribunal de justicia y una cárcel.

Las amplias salas de las estancias del gobierno están adornadas con numerosas pinturas de artistas del Renacimiento, en su mayoría sobre las glorias y triunfos de la República de Venecia.

El palacio también ofrece abundantes pruebas de los aspectos más oscuros del estado veneciano, marcado por la crueldad y las intrigas. Los presos políticos, juzgados en secreto, eran encarcelados en unas celdas situadas bajo el tejado del palacio llamadas *Piombi* («plomos») o en las lúgubres celdas del sótano, o *Pozzi* («pozos»). En 1600 se construyó una nueva prisión junto al palacio, unida a él por el Puente de los Suspiros, así llamado por las supuestas lamentaciones de los prisioneros. Tras el fin de la era de los dogos, el palacio siguió sirviendo para funciones administrativas hasta 1923, cuando se convirtió en museo y en toda una atracción turística.

△ **TECHOS LUJOSOS**
Las dependencias gubernamentales del palacio lucen techos dorados y decorados con pinturas de maestros del Renacimiento veneciano.

El palacio alberga una de las **pinturas al óleo** más grandes del mundo, *El Paraíso* de Tintoretto.

◁ **ÁNGEL DE PIEDRA**
Este ángel es una de las esculturas situadas en las esquinas de la fachada del palacio ducal de Venecia. El original edificio dio lugar a un estilo gótico característico de Venecia.

△ **UN PALACIO FLOTANTE**
El palacio flota sobre su propio reflejo. Construido con ladrillo recubierto de mármol, la ligereza de su estructura es idónea teniendo en cuenta el suelo lodoso de la isla.

EL GÓTICO VENECIANO

Las dos plantas inferiores de la fachada tienen arcadas abiertas, con los arcos apuntados característicos del gótico veneciano. La delicada talla de la piedra de los capiteles y los cuadrifolios sobre las columnas produce un gran efecto de ligereza. La pared superior está cubierta de mármol rosa y blanco con un llamativo diseño geométrico.

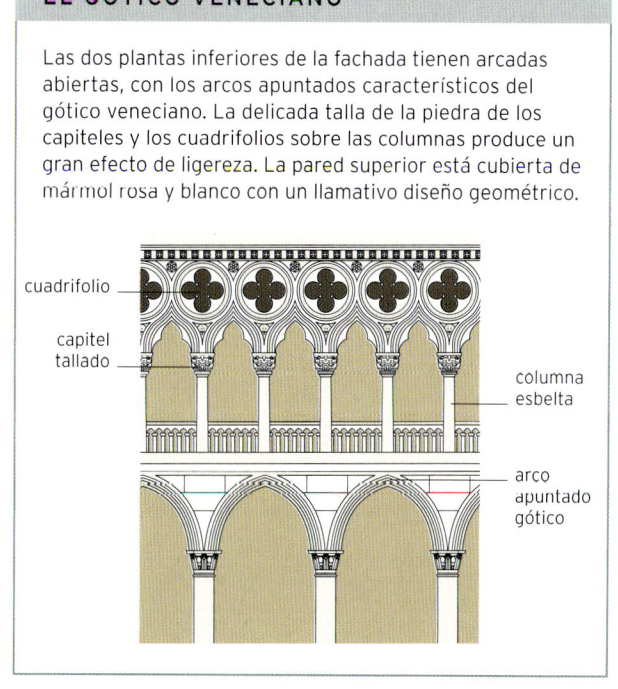

cuadrifolio

capitel tallado

columna esbelta

arco apuntado gótico

Estilos arquitectónicos
RENACIMIENTO

Surgido en Italia, el Renacimiento supuso la recuperación de la cultura clásica en Europa. En la arquitectura, esto se manifestó como una decidida ruptura con las tradiciones medievales y con la adopción de los estilos arquitectónicos del mundo romano antiguo.

El Renacimiento, que surgió en Italia en el siglo XIV y se desarrolló en Europa occidental en los siglos XV y XVI, recuperó el conocimiento, la filosofía, la literatura, el arte y la arquitectura (pp. 96–97) de la Antigüedad clásica. En este contexto fue clave la emergencia del pensamiento humanista, que proponía una cultura antropocéntrica frente al teocentrismo medieval. En términos arquitectónicos, esto se manifestó en la recuperación del interés por la arquitectura del mundo antiguo y en el intento de reivindicar la arquitectura como un arte liberal e intelectual en lugar de como un mero oficio.

El arquitecto Leon Battista Alberti fue el principal teórico del Quattrocento, y su influyente obra *De re aedificatoria* (1454) argumentaba que la base geométrica fundamental de la arquitectura clásica se inspiraba en la naturaleza. Tratados posteriores codificaron los principios arquitectónicos renacentistas, que entonces se difundieron y aplicaron por toda Europa.

El **único libro** del mundo antiguo **sobre arquitectura** que había sobrevivido era *De architectura*, del arquitecto romano **Vitruvio**.

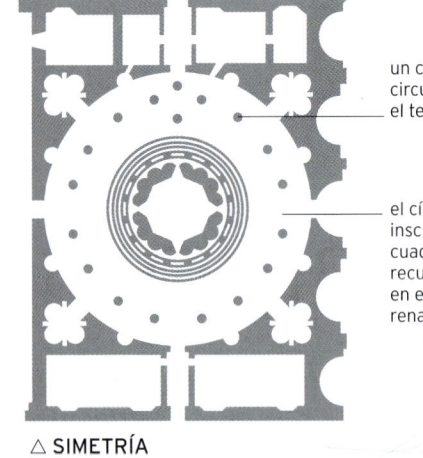

△ **SIMETRÍA**
Para los arquitectos renacentistas era muy importante emular en los edificios la simetría de la naturaleza. Este plano muestra el diseño original de Bramante para su templete, que no llegó a terminarse nunca.

un claustro circular rodea el templete

el círculo inscrito en un cuadrado es un recurso habitual en el diseño renacentista

metopas decoradas con motivos cristianos, como las llaves de san Pedro

friso ornamentado según el orden dórico

los triglifos separan las metopas

△ **FRISO**
Los arquitectos renacentistas adaptaban a menudo los códigos constructivos clásicos a tipos de edificios y mecenas concretos, por ejemplo, en la ornamentación de los frisos.

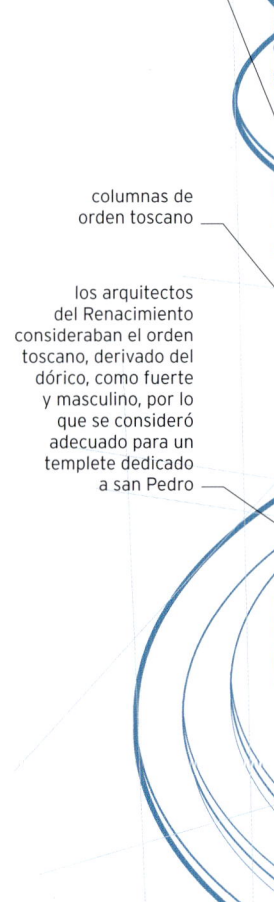

cúpula semiesférica

triglifos y metopas en el entablamento

columnas de orden toscano

los arquitectos del Renacimiento consideraban el orden toscano, derivado del dórico, como fuerte y masculino, por lo que se consideró adecuado para un templete dedicado a san Pedro

estilóbato (plataforma escalonada) circular

RECUPERACIÓN DE LA ARQUITECTURA CLÁSICA

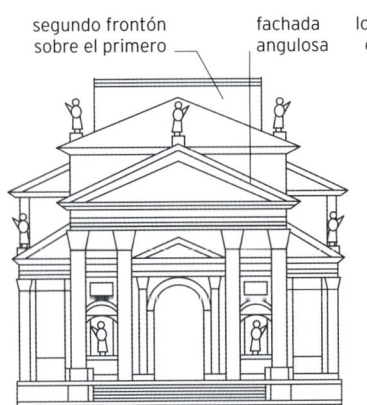

segundo frontón sobre el primero

fachada angulosa

△ **FRONTONES SUPERPUESTOS**
Un frontón superpuesto es un frontón colocado sobre o detrás de otro. Puede tener una función estructural, pero también se usa como recurso expresivo.

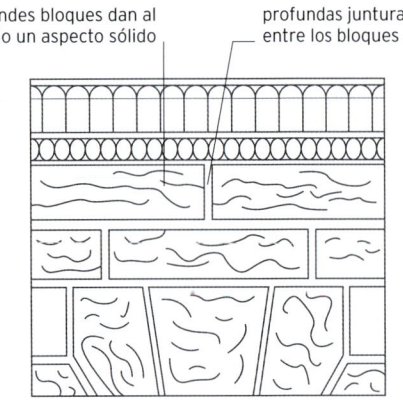

los grandes bloques dan al edificio un aspecto sólido

profundas junturas entre los bloques

△ **ALMOHADILLADO**
El almohadillado acentúa las junturas entre los bloques de piedra adyacentes para destacar su peso y solidez. Se usa sobre todo en las plantas inferiores.

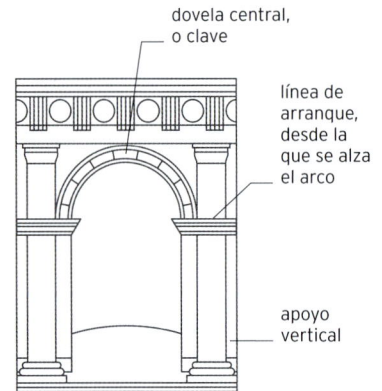

dovela central, o clave

línea de arranque, desde la que se alza el arco

apoyo vertical

△ **ARCO DE MEDIO PUNTO**
La arquitectura gótica se basaba en el arco apuntado. Por el contrario, la arquitectura renacentista recuperó el arco de medio punto de los romanos, al que dio usos nuevos.

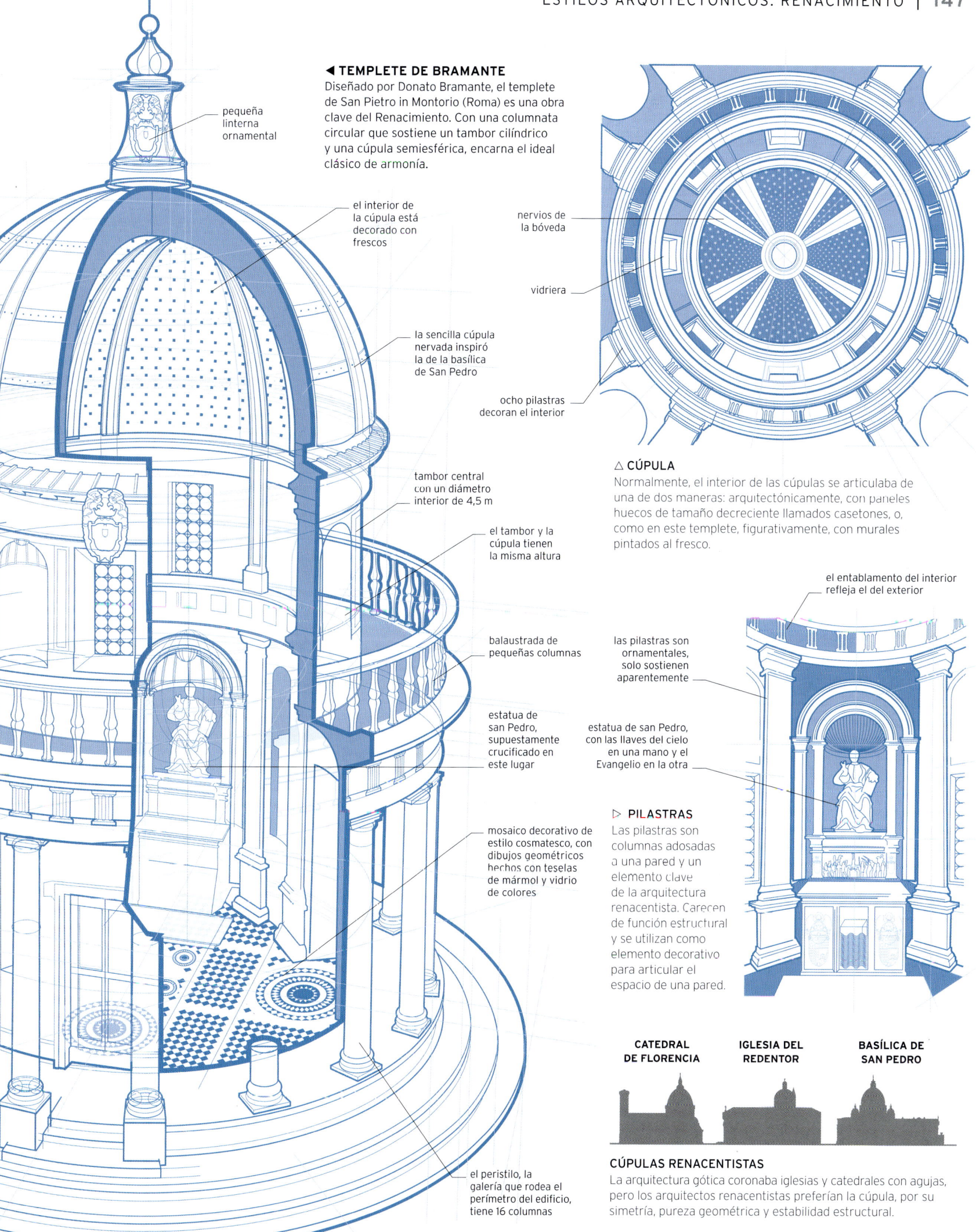

◄ TEMPLETE DE BRAMANTE

Diseñado por Donato Bramante, el templete de San Pietro in Montorio (Roma) es una obra clave del Renacimiento. Con una columnata circular que sostiene un tambor cilíndrico y una cúpula semiesférica, encarna el ideal clásico de armonía.

pequeña linterna ornamental

el interior de la cúpula está decorado con frescos

la sencilla cúpula nervada inspiró la de la basílica de San Pedro

tambor central con un diámetro interior de 4,5 m

el tambor y la cúpula tienen la misma altura

balaustrada de pequeñas columnas

estatua de san Pedro, supuestamente crucificado en este lugar

mosaico decorativo de estilo cosmatesco, con dibujos geométricos hechos con teselas de mármol y vidrio de colores

el peristilo, la galería que rodea el perímetro del edificio, tiene 16 columnas

nervios de la bóveda

vidriera

ocho pilastras decoran el interior

△ CÚPULA

Normalmente, el interior de las cúpulas se articulaba de una de dos maneras: arquitectónicamente, con paneles huecos de tamaño decreciente llamados casetones, o, como en este templete, figurativamente, con murales pintados al fresco.

el entablamento del interior refleja el del exterior

las pilastras son ornamentales, solo sostienen aparentemente

estatua de san Pedro, con las llaves del cielo en una mano y el Evangelio en la otra

▷ PILASTRAS

Las pilastras son columnas adosadas a una pared y un elemento clave de la arquitectura renacentista. Carecen de función estructural y se utilizan como elemento decorativo para articular el espacio de una pared.

CATEDRAL DE FLORENCIA

IGLESIA DEL REDENTOR

BASÍLICA DE SAN PEDRO

CÚPULAS RENACENTISTAS

La arquitectura gótica coronaba iglesias y catedrales con agujas, pero los arquitectos renacentistas preferían la cúpula, por su simetría, pureza geométrica y estabilidad estructural.

Villa Capra

*Una villa de Palladio y uno de los edificios más
influyentes en la historia de la arquitectura occidental.*

S de Europa

Situada sobre una colina a las afueras de
Vicenza, en el norte de Italia, la Villa Capra,
también conocida como La Rotonda, fue
diseñada por el arquitecto veneciano Andrea
Palladio (1508–1580), que la construyó como
residencia de campo para el prelado Paolo
Almerico, que había regresado a Vicenza
después de retirarse de la corte vaticana.
Su vibrante interior estaba decorado con
espectaculares frescos que celebraban las
virtudes cristianas.

Armonía y serenidad

La construcción de La Rotonda comenzó
en 1567, y refleja la profundidad con que
Palladio había estudiado los edificios de la
Roma antigua. Es una estructura de simetría
casi perfecta, con un salón central cilíndrico
y abovedado inscrito en un cuadrado con
cuatro pórticos –uno en cada lado– con
columnas idénticos, inspirados en templos
romanos como el Panteón (pp. 104–105).
Así, el aspecto de la villa resulta equilibrado
y elegante desde todos los ángulos, y su
cuidadosa ubicación otorga una armoniosa

vista del paisaje que la rodea. Tras la muerte
de Palladio en 1580, su discípulo Vincenzo
Scamozzi acabó el edificio. Desde entonces,
su bella perfección ha inspirado y fascinado
a arquitectos de todo el mundo occidental.

PRINCIPIOS DE PERFECCIÓN

El diseño de Palladio se basa en proporciones
matemáticas estrictas, cuyo propósito es crear
una armonía mística entre los elementos del
edificio. La planta es un círculo inscrito en un
cuadrado, formas que para los pensadores
renacentistas simbolizaban la perfección del
universo. El edificio está orientado con gran
precisión: los ejes norte-sur y este-oeste
coinciden con los vértices del cuadrado.

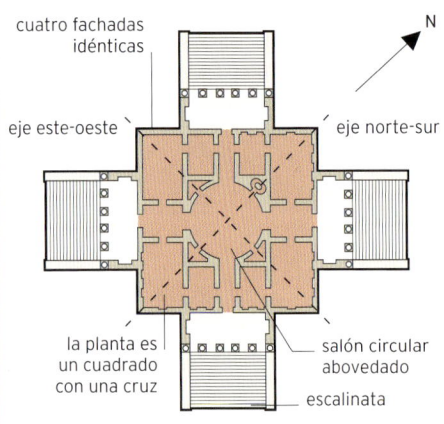

cuatro fachadas idénticas

eje este-oeste

eje norte-sur

N

la planta es un cuadrado con una cruz

salón circular abovedado

escalinata

▽ ESTILO CLÁSICO

Gracias a su inspirado uso de las proporciones
clásicas y del espacio natural, Palladio fue uno de los
arquitectos de más éxito de su tiempo. Construyó
más de veinte villas en la región del Véneto.

MARIVS CAPRA
GABRIELIS F

UN COMPLEJO ENORME

Descrito por Castiglione como «una ciudad
con la forma de un palacio», el complejo ya
era enorme cuando Laurana se hizo cargo
de la construcción del palacio en 1465. Este
añadió la fachada con las torres gemelas,
el patio y otras partes del complejo.

PLANO DEL PALACIO

El palacio ducal se construyó alrededor de un
patio, con las habitaciones principales en la
primera planta (*piano nobile*), aquí mostrada.
La fachada que da al valle tiene un balcón
entre las dos torres. El estudio del duque, el
studiolo, era una estancia diminuta de tan solo
3,6 m de ancho, pero estaba exquisitamente
decorada con paneles de marquetería.

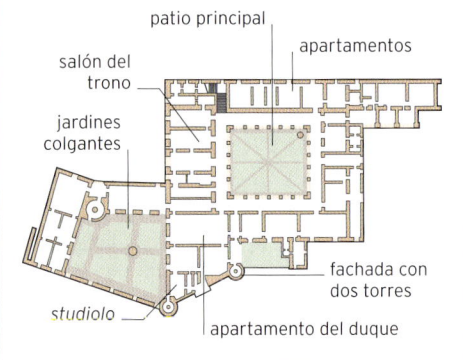

patio principal

salón del trono

apartamentos

jardines colgantes

fachada con dos torres

studiolo

apartamento del duque

Palacio ducal de Urbino

Una obra maestra de la arquitectura, diseñada para la vida de una refinada corte renacentista.

S de Europa

El palacio ducal domina la ciudad amurallada de Urbino, en la región italiana de las Marcas. Se construyó para satisfacer las ambiciones sociales y culturales de Federico de Montefeltro (1422–1482), un aristócrata menor que había logrado fama y fortuna como general mercenario y que aspiraba a convertir su corte en un refinado centro de saber humanista.

Vida cortesana

En 1465, Montefeltro contrató al arquitecto dálmata Luciano Laurana para que reconstruyera y ampliara el castillo ya existente en Urbino. Laurana levantó dos esbeltas torres, con una *loggia* (galería exterior) entre ellas que ofrecía bellas vistas sobre el paisaje circundante. En el interior, una escalinata monumental conducía a las plantas superiores desde un patio porticado. La devoción de Montefeltro por el saber clásico se hizo evidente en la magnífica biblioteca, en su exquisito estudio personal (el *studiolo*) y en un «templo de las musas» dedicado a estas deidades romanas. En 1472, Francesco di Giorgio Martini sustituyó a Laurana e instaló un innovador sistema de fontanería que demuestra que el baño habitual formaba parte del ideal de vida civilizada del duque. Más tarde, Baltasar Castiglione celebró la elegancia de la corte de Urbino en su tratado *El cortesano* (1528). Hoy, el palacio alberga una extraordinaria colección de arte renacentista.

△ **PATIO PRINCIPAL**
El patio porticado, de proporciones clásicas, es una de las partes más antiguas del palacio. Construido con piedra clara y ladrillo, luce una inscripción que celebra la gloria de Montefeltro.

UNA CIUDAD DENTRO DE UNA CIUDAD

Tras los muros rojos del Kremlin se alzan las
torres con cúpulas doradas de sus catedrales,
así como el enorme Gran Palacio. Terminado
en 1849, este incluye el palacio de los Terems,
del siglo XVII, más de 700 habitaciones y nueve
iglesias.

△ TÍPICAMENTE RUSO

Las ventanas del Gran Palacio del Kremlin están
adornadas al estilo ruso, con arcos dobles, molduras
características y el águila bicéfala rusa.

E de Europa

El Kremlin

El corazón del poder ruso desde hace más de 600 años.

El Kremlin de Moscú es un triángulo fortificado a orillas del río Moscova y fue la residencia de los grandes duques de Moscú, de los zares rusos y de los líderes soviéticos. Ahora es la residencia oficial del presidente de la Federación Rusa. Las murallas almenadas de ladrillo rojo, que tienen 2,5 km de longitud y veinte torres, se construyeron a finales del siglo XV a instancias de Iván III el Grande, gran príncipe de Moscú. Rodean un área de casi 300 000 m², en la que se halla una gran variedad de edificios, entre ellos, tres catedrales y cuatro palacios.

Fusión de estilos

La arquitectura del Kremlin abarca desde la sencilla arquitectura ítalo-bizantina de piedra blanca de la catedral de la Asunción, construida para el gran príncipe en el siglo XV, hasta el edificio del Senado, construido en el estilo clásico moscovita durante el reinado de Catalina la Grande, o el Palacio Estatal del Kremlin, de cristal pulido y hormigón, construido durante la era soviética.

△ **ENTRADA IMPONENTE**
La Torre Spásskaya («Torre del Salvador») fue la entrada principal del Kremlin, y se creía que tenía el poder de proteger el recinto de los invasores.

Un «kremlin» es un **recinto amurallado** dentro de una ciudad; **cinco kremlins rusos**, incluido el de Moscú, son hoy **Patrimonio de la Humanidad de la Unesco**.

◁ **UNA CATEDRAL MULTICOLOR**
Frescos de escenas bíblicas y de vidas de santos cubren el interior de la catedral de la Dormición, la iglesia de coronación de los monarcas rusos entre 1547 y 1896.

ÁGUILAS Y ESTRELLAS

Tras la revolución de 1917, los líderes soviéticos quisieron destruir los símbolos imperiales. En 1935 retiraron las águilas de metal de cuatro de las torres del Kremlin y las sustituyeron por estrellas de cinco puntas rojas. Las estrellas originales perdieron pronto el lustre y fueron sustituidas por estrellas de cristal que pesan 0,9 toneladas, miden 3,75 m de ancho, giran y se iluminan.

las cabezas miran al este y al oeste

escudo de armas de Moscú

orbe

cetro

estrella de cristal rojo iluminada por una bombilla de filamento

ÁGUILA BICÉFALA

ESTRELLA DEL KREMLIN

Catedral de San Basilio

La incomparable iglesia ortodoxa construida por Iván el Terrible, dedicada a un zapatero y santo moscovita.

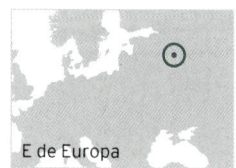

E de Europa

En 1554, el primer zar de Rusia, Iván IV Vasílievich, más conocido como Iván el Terrible, ordenó construir una catedral para conmemorar la conquista de los kanatos independientes de Kazán y Astracán. La catedral se terminó en 1561 y se llamó oficialmente catedral de la Intercesión de la Santísima Virgen en el Montículo, pues estaba construida sobre el montículo que separaba el Kremlin (pp. 150–151) de la ciudad de Moscú. Popularmente se llamó catedral de San Basilio, por Basilio el Bendito, enterrado en la iglesia después de su muerte en 1557. La leyenda dice que el zar cegó al arquitecto de la catedral, Póstnik Yákovlev, para impedir que pudiera construir una catedral más bella.

Usos religiosos y seglares

Cimentada en piedra blanca, la catedral se construyó con ladrillo rojo sobre una estructura interna de madera; y allí donde se usó piedra, se pintó para que pareciera ladrillo. Originalmente, las cúpulas bulbosas eran semicsféricas y doradas; los colores actuales se añadieron a partir del siglo XVII. Más tarde, el interior también se cubrió de iconos y murales. La catedral sobrevivió a diversos incendios y escapó de la destrucción por parte de Napoleón en 1812 y de Stalin en el siglo XX. Desde 1929 es un museo, y hoy forma parte del Patrimonio de la Humanidad constituido por la Plaza Roja y el Kremlin. Acoge oficios religiosos una vez al año, el día de la Intercesión, en octubre.

San Basilio simbolizaba la **Nueva Jerusalén** bíblica, imaginada como una **ciudadela** con múltiples torres.

LAS CAPILLAS DE LA CATEDRAL

El complejo de la catedral de San Basilio se compone de nueve capillas. La capilla central de la Intercesión de la Virgen es la más grande y tiene una altura interna de 46 m. Otras cuatro grandes capillas están alineadas con los puntos cardinales; y cuatro más pequeñas se alzan sobre plataformas. La capilla dedicada a san Basilio se añadió en 1588.

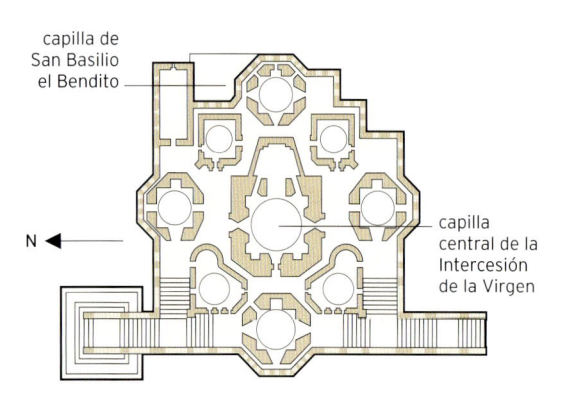

capilla de San Basilio el Bendito

N

capilla central de la Intercesión de la Virgen

△ CÚPULAS BULBOSAS
Esta vista aérea muestra las cúpulas bulbosas de las capillas, la torre con techo carpado del campanario (arriba, dcha.) y el tejado verde de las galerías que unen los edificios.

Castillo de Chenonceau

El más bello de los castillos del Loira y, después de Versalles, el más visitado de los castillos franceses.

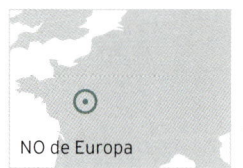

NO de Europa

La torre circular del siglo xv que se alza aparte del cuerpo principal del castillo es el único vestigio de la mansión fortificada que en 1513 pasó a manos de Thomas Bohier, un chambelán real. Su esposa, Katherine Briçonnet, transformó la mansión en el castillo que hoy admiramos.

El castillo de las damas

Chenonceau se conoce también como el «castillo de las damas», pues fueron mujeres quienes desempeñaron un papel clave tanto en su construcción como en su conservación. Diana de Poitiers (1500–1566), amante de Enrique II, fue la principal responsable. En la década de 1550, encargó al arquitecto Philibert de l'Orme que construyera el bello puente con arcadas y la larga galería que cruza el río Cher; asimismo, supervisó la creación de los magníficos jardines. La reina Catalina de Médicis, viuda de Enrique, obligó luego a Diana a trasladarse de Chenonceau a otro castillo, y bajo sus órdenes, el arquitecto Jean Bullant añadió la planta superior de la galería entre 1576 y 1578. María I de Escocia residió brevemente en el castillo, pero la inquilina más trágica fue Luisa de Lorena. Tras el asesinato de su marido, Enrique III, se recluyó aquí y se rodeó de macabros tapices decorados con calaveras y cruces. Actualmente el castillo pertenece a los Menier, una famosa familia de chocolateros.

CÁMARAS DE LAS DAMAS RIVALES

Las dos damas rivales escogieron la misma área residencial del castillo. La cámara de Diana de Poitiers está en la planta baja y la de Catalina de Médicis, justo encima de la de Diana. Esta está decorada con tapices flamencos y una ornada cama con dosel.

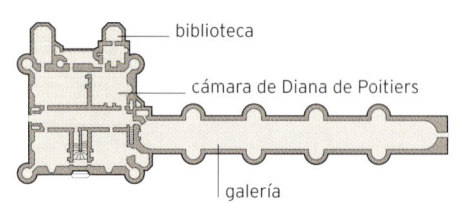

biblioteca

cámara de Diana de Poitiers

galería

◁ **MAGNÍFICA GALERÍA**
La gran galería de Chenonceau mide 60 m de longitud. Con su elegante suelo de baldosas blancas y grises, en su apogeo también se usó como salón de baile.

▽ **JARDINES RIVALES**
El jardín de Diana de Poitiers, aquí mostrado, se plantó en el lado derecho del castillo, y el de Catalina de Médicis, en el izquierdo.

ESPLENDOR RENACENTISTA
El diseño general de Chambord presenta una elegante sencillez y simetría. En contraste, la curiosa profusión de chimeneas y torrecillas es notablemente variada.

Castillo de Chambord

Construido como pabellón de caza, es el más grande de los castillos del Loira y una obra maestra del estilo renacentista.

NO de Europa

Chambord fue una idea de Francisco I (1494–1547), que en 1519 demolió la fortaleza que se alzaba en el lugar y la remplazó por un pabellón de caza monumental. El tamaño lo era todo: quería impresionar a invitados y visitantes. La construcción duró muchos años y costó una fortuna. Una vez acabado, Chambord tenía 440 estancias, 365 chimeneas y 83 escaleras. La valla que rodeaba el bosque habitado por venados tenía la misma longitud (33 km) que el *périphérique*, el bulevar que circunvalaba París.

Un perfil impresionante

El elemento más espectacular de Chambord es su escalera de doble hélice, una obra maestra del diseño y la ingeniería. El tejado también es admirable por su asombrosa variedad de chimeneas, cúpulas y linternas doradas, con las que Francisco quería emular el perfil de Constantinopla. A pesar de la atención que le dedicó, tan solo residió allí durante unas siete semanas. Chambord no fue concebido como residencia principal; sus altos techos y su galería abierta lo hacían muy frío, y permaneció vacío durante largos periodos de tiempo. La Unesco lo declaró Patrimonio de la Humanidad en 1981.

DOBLE HÉLICE

La ingeniosa escalera permite que dos grupos de personas la usen para subir y bajar de forma simultánea sin encontrarse, aunque sí se pueden ver por los huecos que deja la estructura. Se rumorea que la diseñó Leonardo da Vinci, que fue un invitado de Francisco I hacia la época de su construcción.

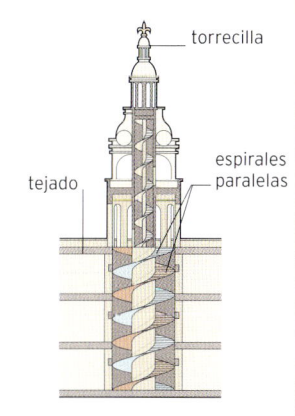

torrecilla

tejado

espirales paralelas

◁ **ESCALERA ESPIRAL**
La escalera de Chambord está alojada en una especie de cimborrio colosal en el eje central del castillo. No tiene parangón en ningún otro edificio de la época.

Iglesias de madera de Kizhi

Dos iglesias con múltiples cúpulas y un campanario construidos íntegramente con madera en el estilo tradicional ruso.

E de Europa

Sobre una lengua de tierra en la isla de Kizhi, en el lago Onega (noroeste de Rusia), se alzan dos magníficas iglesias del siglo XVIII, la iglesia de la Transfiguración y la iglesia de la Intercesión, además de un campanario del siglo XIX. Los tres edificios están construidos íntegramente con madera: las paredes están hechas con troncos de pino silvestre, los techos, con planchas y tablillas de pícea, y las cúpulas están cubiertas con tejas de álamo que ahora son plateadas debido al desgaste del tiempo. Lo que hace únicas a las iglesias de Kizhi es la multitud de cúpulas que lucen. A diferencia de otras iglesias de madera tradicionales rusas, que tienen un tejado piramidal, la iglesia de la Transfiguración, que es octogonal, tiene 22 cúpulas con tejas decorativas.

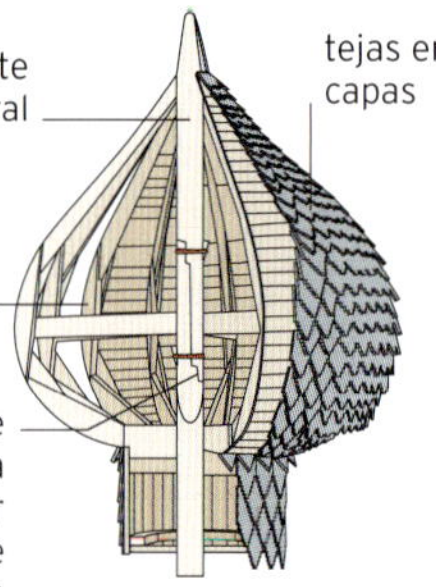

▽ **CONSTRUCCIÓN TRADICIONAL EN MADERA**
La iglesia de la Intercesión (izda.), la iglesia de la Transfiguración (centro) y el campanario (dcha.) detrás de esta son auténticas obras de arte de la carpintería rusa. Para su construcción se usaron solo herramientas básicas, como hachas y escoplos.

CONSTRUCCIÓN CON MADERA

Ambas iglesias se construyeron empleando técnicas tradicionales rusas: los troncos horizontales de las paredes, por ejemplo, se encajan entre sí mediante juntas de cola de pato. Solo se utilizaron clavos para fijar las tejas de madera, dispuestas en capas para formar las cúpulas bulbosas.

poste central

tejas en capas

riostra

piezas de madera unidas por juntas de bufanda

△ **CAPILLA DEL PALACIO**
La espaciosa capilla palaciega, como el resto del interior del castillo, ostenta una gran riqueza de elementos arquitectónicos. Está profusamente adornada, al estilo barroco, y contiene numerosas obras de arte.

Castillo de Frederiksborg

La residencia del rey Cristián IV de Dinamarca y Noruega, hoy Museo de Historia Nacional de Dinamarca.

NO de Europa

Construido a principios del siglo XVII, el castillo de Frederiksborg está ubicado sobre uno de los tres islotes del lago Slotssøen en Hillerød, al norte de Copenhague. El edificio principal, el ala del Rey, es simétrico, con un patio en el centro. No obstante, el conjunto, que comprende el ala de la Capilla, el ala de la Princesa y el ala de la Terraza, es asimétrico.

De castillo a museo

Los edificios son de ladrillo rojo con ornamentos de arenisca. Tienen tejados empinados con gabletes, al estilo renacentista flamenco, así como varias torres y agujas y multitud de motivos decorativos escultóricos que celebran el reinado de Cristián IV (r. 1588–1648). Un incendio destruyó el castillo casi por completo en 1859, pero tan pronto como fue posible se reconstruyó siguiendo el diseño original, tanto por dentro como por fuera. Una vez terminado, se abrió al público como museo en 1882.

JARDÍN BARROCO

El castillo de Frederiksborg tiene un amplio terreno que originalmente era un parque destinado a la caza de ciervos. Federico IV (r. 1699-1730) encargó al jardinero de la corte Johan Cornelius Krieger que diseñara un jardín barroco acorde con el estilo del castillo. Este incluye una fuente y cascadas que fluyen por terrazas con parterres geométricos.

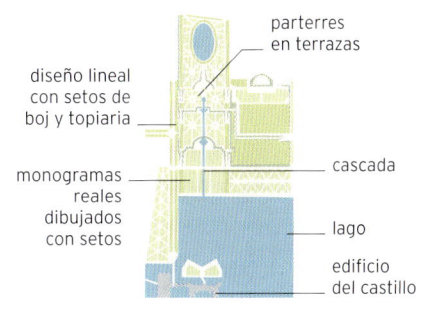

parterres en terrazas

diseño lineal con setos de boj y topiaria

monogramas reales dibujados con setos

cascada

lago

edificio del castillo

△ **EL ALA DEL REY**
La fachada del edificio principal del castillo, que da al lago y a los jardines, combina la seriedad del estilo renacentista flamenco con la ornamentación y las florituras del barroco.

Basílica de San Pedro

El lugar de culto católico más importante del mundo,
impresionante por su tamaño y su magnífica decoración.

S de Europa

La basílica de San Pedro está construida sobre el lugar donde supuestamente descansan los restos del apóstol Pedro. Ubicada en la Ciudad del Vaticano, ciudad-estado independiente gobernada por el papa, cada año atrae a millones de peregrinos y turistas. El interior, revestido de mármol y mosaicos, impresiona por su tamaño: la nave tiene 186 m de longitud y la cúpula se alza 136 m sobre el suelo.

La segunda basílica

La primera basílica que se construyó en ese lugar databa del año 330. En 1506, el papa Julio II decidió sustituir el ruinoso edificio por una nueva estructura, usando piedras expoliadas de ruinas de la Roma antigua, y puso al arquitecto Donato Bramante (1444–1514) a trabajar en una iglesia de proporciones épicas. Cuando el proyecto se acabó, hacía mucho tiempo que Julio II y Bramante habían muerto. En San Pedro trabajaron grandes figuras renacentistas, como Miguel Ángel (1475–1564), que diseñó la cúpula. La larga nave y la imponente fachada, con su despliegue de columnas y estatuas, se terminaron en 1615. Los trabajos en el interior prosiguieron bajo la dirección del escultor y arquitecto barroco Gian Lorenzo Bernini (1598–1680), responsable del enorme baldaquino de bronce que se alza sobre el altar mayor, que está a su vez sobre la tumba de san Pedro.

△ OBRA DE MUCHAS MANOS
Las estatuas de la fachada tienen a sus espaldas la impresionante cúpula. Muchos artistas famosos de Italia participaron en la construcción de la basílica.

LA PLAZA DE SAN PEDRO

Delante de la basílica se extiende la espectacular plaza de San Pedro. Diseñada por Bernini y construida entre 1656 y 1667, la plaza, de forma oval, está rodeada por dos largas columnatas, cada una de cuatro hileras de columnas de estilo toscano y coronadas por estatuas barrocas. La forma oval, que acoge a los fieles y dirige la atención hacia la basílica, permite además que el máximo número de personas pueda ver al papa cuando se dirige al pueblo desde el balcón sobre la puerta principal.

fachada de la basílica

plaza de San Pedro

columnata de Bernini

△ A VISTA DE PÁJARO
Esta perspectiva muestra el espléndido espacio que Bernini diseñó como antesala de la basílica. El obelisco egipcio se erigió en el centro de la plaza en 1586.

UNA DECORACIÓN ESPLÉNDIDA
El interior de San Pedro es un tesoro de arte renacentista y barroco. A la izquierda, uno de los pies del baldaquino de bronce de Bernini.

Capilla Sixtina

*Una capilla vaticana decorada con algunas de
las mayores obras maestras del Renacimiento.*

S de Europa

La Capilla Sixtina, que forma parte del palacio papal
del Vaticano (Roma), se construyó por orden del papa
Sixto IV en 1475. Es la sala donde se reúne el cónclave
de cardenales para elegir al nuevo papa, pero debe
su fama sobre todo a la extraordinaria calidad de las
pinturas que la decoran. Sixto IV encargó a algunos
de los principales pintores de la época, como Pietro
Perugino, Sandro Botticelli y Domenico Ghirlandaio,
que cubrieran las paredes de la capilla con frescos. En
1508, el papa Julio II, sobrino de Sixto IV, encomendó al
artista florentino Miguel Ángel Buonarroti que pintara
el techo de la capilla. Miguel Ángel tardó cuatro años
en completar esa maravillosa obra, que cubre más de
500 m². Años después, entre 1536 y 1541, pintó el
mural de *El juicio final*, que algunos consideran su
obra maestra.

▽ FRESCOS DEL TECHO
Miguel Ángel pintó el techo de la
Capilla Sixtina de colores vivos y
con figuras grandes y musculosas.

EL TECHO Y LA PARED DEL ALTAR

El techo de la Capilla Sixtina, pintado por Miguel
Ángel, ilustra escenas del libro del Génesis, desde
la creación del mundo hasta la expulsión de

Adán y Eva del Paraíso y la historia de Noé. El
mural del altar representa la segunda venida de
Cristo y el juicio final de Dios a la humanidad.

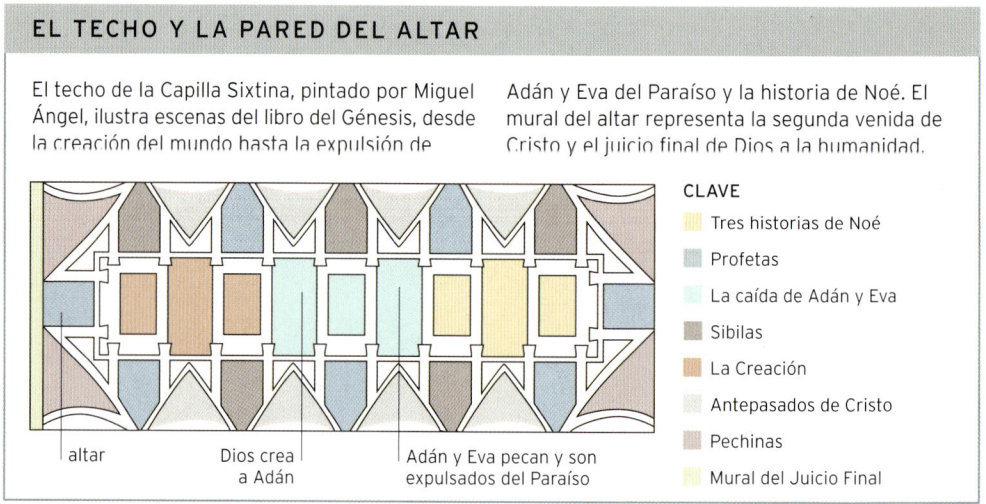

altar

Dios crea
a Adán

Adán y Eva pecan y son
expulsados del Paraíso

CLAVE
- ☐ Tres historias de Noé
- ☐ Profetas
- ☐ La caída de Adán y Eva
- ☐ Sibilas
- ☐ La Creación
- ☐ Antepasados de Cristo
- ☐ Pechinas
- ☐ Mural del Juicio Final

Los **frescos** del techo de la Capilla Sixtina contienen **más de 300 figuras**.

Mezquita Azul

Un imponente lugar de culto otomano célebre por los ricos azulejos azules de su interior.

SE de Europa

△ **ESPLENDOR OTOMANO**
La Mezquita Azul, cuyos seis minaretes se elevan hacia el cielo sobre Estambul, fue la última gran mezquita del periodo clásico de la arquitectura otomana.

La mezquita del Sultán Ahmed, también conocida como la Mezquita Azul, domina el perfil del casco antiguo de Estambul, y fue la última obra de un imperio en franco declive. Cuando el sultán otomano cuyo nombre lleva la mezquita ordenó su construcción en 1609, su imperio estaba herido por las derrotas en las guerras contra Irán y Austria. Levantar un edificio musulmán que rivalizara con la Santa Sofía cristiana, que se halla justo enfrente, fue un acto de desafío que ignoró lo mermado que por aquel entonces estaba el tesoro del Imperio otomano.

aliada cristiana de los otomanos, y recubierta por 20 000 azulejos azules de la alfarería imperial de İznik. La mezquita se terminó en 1617, poco antes de que el sultán muriera a los 27 años de edad.

▽ **AZULEJOS**
La luz que entra por las múltiples ventanas de la mezquita hace brillar los multicolores azulejos de İznik que revisten el interior.

Interior de azulejos azules

El arquitecto del sultán Ahmed, Sedefkar Mehmet Ağa (c. 1540–1617), diseñó el complejo de la mezquita, que además de la sala de oración incluía un gran patio, una madrasa (escuela religiosa) y un hospicio. De una escala enorme, está coronada por una cúpula central rodeada de cuatro semicúpulas y seis esbeltos minaretes. El austero exterior de piedra gris contrasta con el magnífico interior de la sala de oración, iluminada por 200 vitrales que fueron un regalo de Venecia, la

NO de Europa

Catedral de San Pablo

La obra maestra barroca de Christopher Wren, cuya cúpula domina el horizonte de Londres desde hace más de 300 años.

La catedral de San Pablo, sede del obispo de Londres, está ubicada sobre Ludgate Hill, el punto más alto de Londres. Es la quinta catedral dedicada a san Pablo que se alza en ese mismo lugar. Construida por el arquitecto y polímata inglés Christopher Wren, se consagró el día 2 de diciembre de 1697.

Estilo clásico

El diseño de Wren para San Pablo debía satisfacer las exigencias de la Iglesia anglicana y de su mecenas real, Carlos II. Construida en el estilo barroco inglés, con una gran cúpula (como la de la basílica de San Pedro de Roma, pp. 158–159) y una fachada principal de estilo clásico, la catedral se alza sobre ocho grandes pilares que aguantan todo su peso. Modernamente, la catedral ha seguido desempeñando un papel clave en la vida nacional británica. Durante la Segunda Guerra Mundial se convirtió en un símbolo de la resistencia, y acogió el funeral de Winston Churchill en 1965 y la boda del príncipe Carlos y Diana Spencer en 1981.

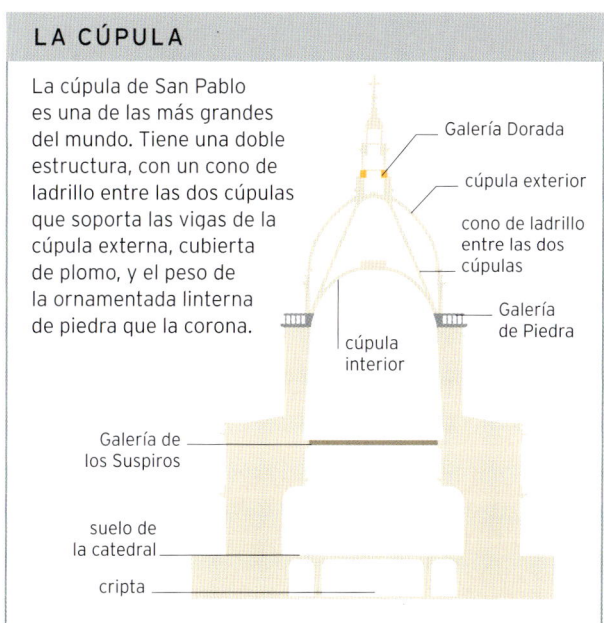

LA CÚPULA

La cúpula de San Pablo es una de las más grandes del mundo. Tiene una doble estructura, con un cono de ladrillo entre las dos cúpulas que soporta las vigas de la cúpula externa, cubierta de plomo, y el peso de la ornamentada linterna de piedra que la corona.

Galería Dorada
cúpula exterior
cono de ladrillo entre las dos cúpulas
Galería de Piedra
cúpula interior
Galería de los Suspiros
suelo de la catedral
cripta

Con **111 m de altura**, San Pablo fue el **edificio más alto** de Londres entre **1710 y 1967**.

▷ **CÚPULA INTERIOR**
La cúpula, pintada por James Thornhill (1675/6-1734), muestra ocho escenas de la vida de san Pablo y tiene un óculo central inspirado en el Panteón de Roma (pp. 104-105).

◁ **SOLA EN LAS ALTURAS**
La normativa urbanística de Londres limita la altura de los nuevos edificios para proteger la vista de la catedral de San Pablo desde distintos puntos de la ciudad.

Estilos arquitectónicos

BARROCO Y ROCOCÓ

Caracterizado por sus efectos de ilusión y dramatismo, el barroco surgió en el siglo XVII como una manifestación del espíritu de la Contrarreforma. Se originó en Italia y se extendió por toda Europa, seguido de su variante, el rococó.

El origen del barroco está muy ligado a la doctrina de la Contrarreforma, que surgió para responder a la Reforma protestante del siglo XVI y reafirmar los principios de la fe católica, que los protestantes habían cuestionado. El arte y la arquitectura se convirtieron en herramientas vitales en esta empresa, y la construcción de nuevas iglesias se aprovechó a menudo para afirmar el poder de la Iglesia católica. Arquitectos como Bernini, Borromini y Guarini usaron formas atrevidas, curvas sinuosas y efectos de luces y sombras espectaculares, y crearon edificios que transmitían un poderío y un dramatismo asombrosos.

A medida que el barroco se extendía por Europa, fueron apareciendo variantes locales. Aunque el barroco se originó en el contexto de la arquitectura eclesiástica, se aplicó con frecuencia a la arquitectura palaciega, donde sirvió más claramente como expresión de poder. Fue en este contexto en el que se desarrolló el rococó en el siglo XVIII.

dedicatoria inscrita en el friso

△ **ENTABLAMENTO CURVO**
Aunque su vocabulario arquitectónico aún depende del lenguaje clásico, el barroco exagera las formas y las proporciones. Un ejemplo evidente es el modo en que un entablamento recto se transforma en una ondulante superficie cóncava o convexa.

El término **«barroco»** procede del portugués *barocco*, que designa una **perla irregular**.

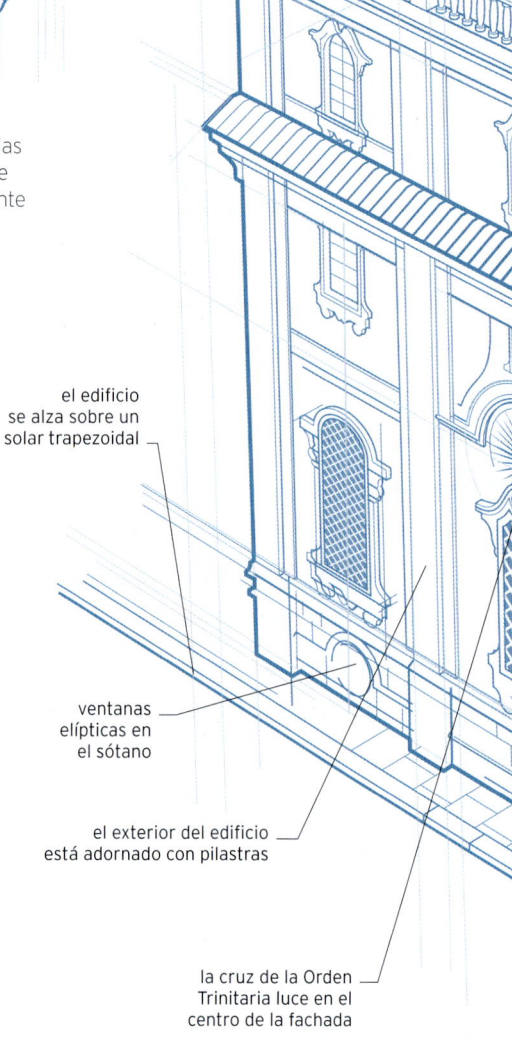

la cúpula carece de tambor, descansa directamente sobre la cornisa

el edificio se alza sobre un solar trapezoidal

ventanas elípticas en el sótano

el exterior del edificio está adornado con pilastras

la cruz de la Orden Trinitaria luce en el centro de la fachada

ESTATUAS, DECORACIÓN Y ESCALERAS

los querubines suelen aparecer tocando algún instrumento musical

las esculturas parecen estar en movimiento

△ **QUERUBINES**
Un querubín es un angelito, por lo general rollizo, y es un motivo frecuente en la arquitectura y el arte religiosos barrocos.

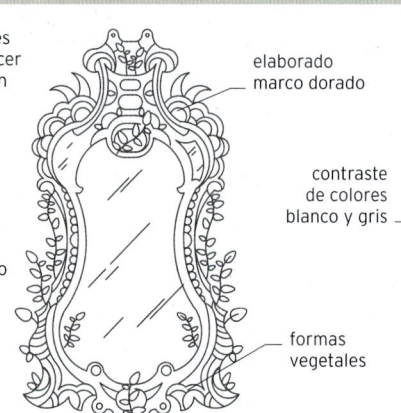

elaborado marco dorado

formas vegetales

△ **ESPEJOS ORNAMENTADOS**
El rococó es un estilo de arquitectura interior que subsume las formas de la arquitectura clásica en un lenguaje decorativo casi abstracto.

escalinata vistosa y teatral

contraste de colores blanco y gris

△ **ESCALERAS DE VARIOS NIVELES**
La escalera de varios niveles es un ejemplo de la audacia estética y la intersección de volúmenes que caracterizan al barroco.

cuatro escalones concéntricos rematan la linterna

▷ CÚPULAS AUDACES

Mientras que los renacentistas usaban la cúpula semiesférica, los barrocos preferían formas más alargadas y dinámicas. Asimismo, a diferencia de los regulares casetones de las cúpulas renacentistas (pp. 146-147), los barrocos preferían una decoración más intrincada, y recurrían a menudo a formas y geometrías superpuestas.

la linterna descansa sobre tres escalones concéntricos

adornos de hojas de acanto

la balaustrada ondula con la fachada

óculo oval en el centro de la cúpula

los casetones, de forma octogonal, hexagonal o de cruz, se hacen más pequeños a medida que se acercan al centro de la cúpula, para crear la ilusión de mayor altura

gran tondo oval en el centro del frontón

dos ángeles sostienen el tondo

en esta fachada, solo una ventana deja pasar la luz

△ ESTATUAS EN MOVIMIENTO

El artificio y la ilusión son dos características clave del estilo barroco, que difumina la distinción entre el arte, la arquitectura y el mundo en torno. Tanto en la pintura como en la escultura, las figuras suelen aparecer en movimiento, como si estuvieran vivas y quisieran escapar del marco que las contiene.

varias estatuas adornan la fachada

altas columnas corintias con capiteles de hojas de acanto

◀ SAN CARLO ALLE QUATTRO FONTANE

Diseñada por el enigmático arquitecto Francesco Borromini, la iglesia de San Carlo alle Quattro Fontane es uno de los edificios más reconocibles del barroco italiano. Borromini convirtió en virtud el reducido espacio de que disponía y creó una serie de formas y volúmenes con una tensión y un dramatismo extraordinarios.

el diseño del suelo es un eco de la cúpula que se alza sobre él

NO de Europa

Palacio de Versalles

Un palacio construido para exhibir la riqueza y el poder de Luis XIV de Francia, el Rey Sol.

En la década de 1630, el rey Luis XIII transformó un pabellón de caza cerca del pueblo de Versalles, a las afueras de París, en un modesto palacio. La ambición de su sucesor, Luis XIV, fue mucho mayor. En 1661 ordenó al arquitecto Louis le Vau que convirtiera el edificio en un palacio digno de un monarca absoluto que regía por derecho divino. El artista Charles le Brun supervisó la decoración del interior.

Vida cortesana

Luis XIV hizo de Versalles el centro de su reino: la sede del gobierno y un lugar de vida cortesana ritualizada donde la nobleza francesa era esclava de la etiqueta. Otro arquitecto, Jules Hardouin-Mansart, añadió la espléndida Galería de los Espejos, terminada en 1684, mientras el palacio seguía creciendo y se convertía en un laberinto de pasillos y escaleras que unían más de 700 estancias. En el recinto, el Gran Trianón (un palacete revestido de mármol rosa) era el lugar al que el rey escapaba para relajarse con sus íntimos. El palacio de Versalles fue la residencia real hasta que la Revolución de 1789 derrocó a la monarquía. Hoy es uno de los atractivos turísticos más visitados del mundo.

△ **ESTATUAS**
En los jardines hay más de 250 estatuas de figuras mitológicas, muchas de ellas con fuentes espectaculares. Tales esculturas de tema clásico eran un elemento esencial en los jardines barrocos.

△ **ELEMENTOS ACUÁTICOS**
El palacio tiene vistas sobre los jardines y hasta el Gran Canal, donde Luis XIV y sus cortesanos celebraban fiestas en barcas. Las fuentes y estanques se alimentaban con agua bombeada desde el río Sena.

△ **PATIO DE MÁRMOL**
El palacio de Versalles original, construido por Luis XIII, permanece en el centro del palacio de Luis XIV, y rodea un patio pavimentado con mármol blanco y negro.

◁ **GALERÍA DE LOS ESPEJOS**
Terminada en 1684, la Galería de los Espejos es célebre porque fue el lugar donde se firmó el tratado de Versalles tras la Primera Guerra Mundial. Contiene 357 espejos.

LOS JARDINES DE VERSALLES

El célebre arquitecto y paisajista André le Nôtre se encargó del diseño original de los amplios jardines del palacio de Versalles, con fuentes, una *orangerie*, avenidas de grava y un canal ornamental. Su trabajo se considera la obra maestra de los jardines franceses. Con el tiempo, se hicieron algunos cambios. El rey Luis XVI dio a María Antonieta su propio palacio: el encantador Pequeño Trianón; la reina consorte tenía además un falso caserío donde podía jugar a ser pastora.

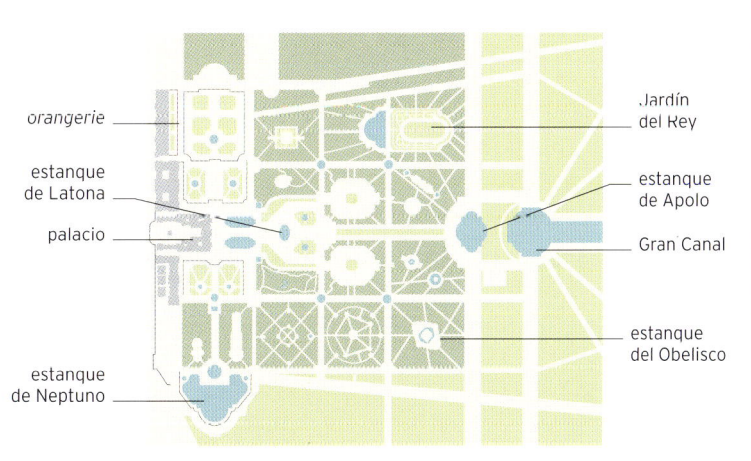

orangerie

estanque de Latona

palacio

estanque de Neptuno

Jardín del Rey

estanque de Apolo

Gran Canal

estanque del Obelisco

En la época de Luis XIV, en el palacio vivían hasta **7000 cortesanos y sirvientes**.

Sanssouci

Un palacio construido para el «déspota ilustrado» de Prusia, Federico el Grande.

C de Europa

El rey Federico II de Prusia (r. 1740–1786), también conocido como Federico el Grande, ordenó construir el pequeño palacio de Sanssouci como un lugar donde alejarse de las cargas del gobierno y de la guerra (en francés, *sans souci* significa «sin preocupaciones»). Construido en Potsdam, a las afueras de Berlín, entre 1745 y 1747, fue diseñado por Georg Wenzeslaus von Knobelsdorff. Federico participó de manera directa en la concepción y ejecución del proyecto y al final acabó discutiendo con Knobelsdorff, al que despidió antes de que el edificio estuviera terminado.

Ligereza rococó

Sanssouci se diseñó en el estilo rococó (pp. 164–165), que era la última moda en la Europa de mediados del siglo XVIII. Derivado del barroco, pero menos pesado y pomposo, el rococó solía explotar temas mitológicos para crear mundos de deliciosa fantasía; hedonista y deliberadamente frívolo, resultaba idóneo para una residencia destinada al placer más que a la pompa pública.

Entorno verde

La parte principal del palacio tiene una sola planta y se divide en diez estancias. El palacio está construido en una colina sobre un viñedo en terrazas y está rodeado de una amplia zona verde salpicada de caprichosos templetes y pabellones. El interior, originalmente rococó, se redecoró más tarde al estilo neoclásico.

El rey solía pasar los veranos en Sanssouci y solicitó que lo enterraran allí cuando muriera. Su voluntad fue ignorada hasta 1991, cuando sus restos se llevaron desde la iglesia de la Guarnición de Potsdam y recibieron sepultura en el viñedo.

Federico el Grande pidió que lo enterraran en Sanssouci junto a sus galgos preferidos.

Palacio de Blenheim

Una residencia campestre concebida como homenaje al duque de Marlborough, héroe de guerra británico.

NO de Europa

En 1704, el duque de Marlborough, que había liderado el ejército británico en la batalla de Blenheim, recibió terrenos reales en Oxfordshire. Entonces contrató a John Vanbrugh, dramaturgo con escasa experiencia como arquitecto, para que le diseñara un palacio. Vanbrugh, junto con Nicholas Hawksmoor, ya había empezado a trabajar en una lujosa residencia en Yorkshire, y Blenheim debía ser igualmente esplendorosa. Más monumento que vivienda, Blenheim se construyó en el estilo barroco inglés, entre jardines que luego transformó el célebre arquitecto paisajista Lancelot «Capability» Brown.

▽ **BARROCO LUJOSO**
Vanbrugh diseñó Blenheim a gran escala, inspirado por los palacios barrocos que se estaban construyendo en la Francia de Luis XIV.

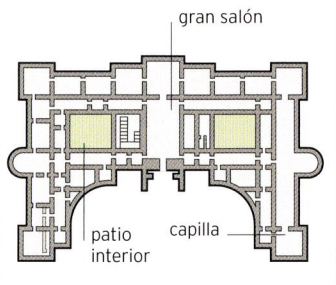

gran salón

patio interior   capilla

Palacio de Buckingham

La residencia principal en Londres de la monarquía británica desde la era de la reina Victoria.

NO de Europa

Jorge III compró Buckingham House, una mansión junto a St. James Park, en 1761, como residencia para su familia en Londres. En 1826, Jorge IV, ordenó al arquitecto John Nash que ampliara el edificio y lo transformara en un palacio real. El primer monarca que ocupó el palacio fue la reina Victoria, tras su coronación en 1837.

Un palacio, varios estilos

El edificio ha sufrido muchos cambios. Marble Arch, que ahora está junto a Hyde Park, fue en origen una gran entrada al patio del palacio. La fachada oriental, con el balcón donde la familia real aparece en ocasiones como las bodas, no obtuvo su forma actual hasta inicios del siglo XX. El interior presenta una combinación de estilos, desde las estancias diseñadas por Nash en el estilo neoclásico francés hasta la decoración *Belle Époque* en colores crema y dorado del gusto de Eduardo VII. Los salones de aparato están abiertos a los turistas, si bien el palacio aún sirve de residencia real, edificio administrativo y sede de ceremonias y banquetes oficiales.

◁ **CENTRO DE LA MONARQUÍA**
Esta vista aérea muestra el palacio de Buckingham desde el este, con la fachada principal orientada hacia el monumento a la reina Victoria, de 1911, y el Mall. Los parques de la parte posterior y lateral del edificio se utilizan para celebrar fiestas en verano.

C de Europa

Residencia de Wurzburgo

Una lujosa demostración de la exuberancia del arte y la artesanía del periodo rococó.

Hoy una ciudad de Baviera, en el siglo XVIII Wurzburgo era un estado independiente gobernado por un príncipe-obispo. En 1720, el príncipe-obispo Johann Philipp Franz von Schönborn ordenó al arquitecto Balthasar Neumann que iniciara la construcción de un nuevo palacio. Junto a relevantes arquitectos de Alemania y Francia, este creó un edificio que fusionaba distintos estilos barrocos europeos y que costó 1,5 millones de florines (entonces, el salario semanal de un trabajador era de un florín). El exterior se acabó en 1744, pero las obras del interior se prolongaron durante un cuarto de siglo más, y resultaron en una obra maestra de la talla, el estuco, el cristal y el pan de oro ornamentales, con un amplio y colorido techo y pinturas murales del artista veneciano Giovanni Battista Tiepolo.

Trabajo de reconstrucción

En 1945, los bombardeos aliados destruyeron la mayor parte del edificio. Afortunadamente, entre las partes que sobrevivieron estaban la Sala Imperial, la escalinata principal y el vestíbulo, con los irremplazables frescos de Tiepolo, y el Salón Blanco, con su prodigioso trabajo de estuco. Artesanos modernos han recreado desde entonces otras partes del interior original. La Unesco declaró la residencia Patrimonio de la Humanidad en 1981.

◁ ESCULTURA DE LA FUENTE

Esta estatua de Walther von der Vogelweide, importante trovador alemán, forma parte de la Fuente de Frankonia, en el patio anterior de la residencia.

LOS JARDINES

Los jardines se tuvieron que diseñar de modo que encajaran con la forma de las murallas de la ciudad, por lo que tienen la silueta de los angulosos bastiones. Junto a la casa, los Jardines de la Corte, de estilo barroco, llegan hasta un prado y un bosque de estilo inglés.

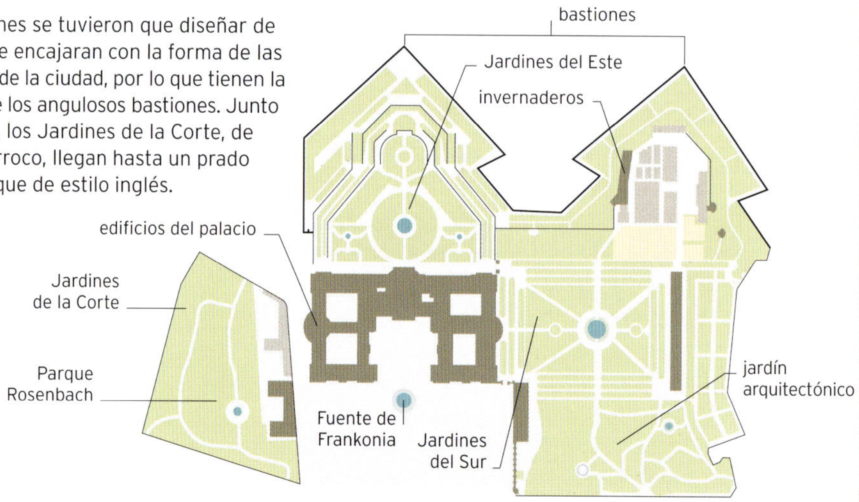

bastiones

Jardines del Este

invernaderos

edificios del palacio

Jardines de la Corte

Parque Rosenbach

Fuente de Frankonia

Jardines del Sur

jardín arquitectónico

◁ **PALACIO Y MONUMENTO**
Esta vista muestra en primer plano el colosal palacio de Schönbrunn, de color miel, y a su espalda, la Glorieta neoclásica, en lo alto de una colina del parque.

C de Europa

Palacio de Schönbrunn

La suntuosa residencia de verano de los gobernantes Habsburgo del Imperio austro-húngaro.

En la década de 1740 comenzaron las obras para transformar un pabellón de caza a las afueras de Viena en un palacio de verano para la emperatriz austríaca, María Teresa. Los Habsburgo construían a escala monumental, y Schönbrunn no iba a ser una excepción. Desarrollado a partir de un diseño original de Johann Fischer von Erlach, el vasto palacio barroco acabó teniendo 1441 estancias exquisitamente decoradas, desde grandes salones para recepciones y banquetes hasta los aposentos de los miembros de la familia imperial. El edificio se halla en medio de unos vastos jardines que reflejan el ideal barroco de la unión de arquitectura y naturaleza y que albergan una casa de fieras, un invernadero, una *orangerie*, un capricho que imita unas ruinas romanas y la apreciada Glorieta, un monumento neoclásico situado sobre una colina detrás del palacio, construida en 1775 según el diseño del arquitecto Johann Hetzendorf von Hohenberg. Con sus ordenados parterres, los jardines del palacio fueron un símbolo del poder de los Habsburgo tan potente como el propio edificio.

Una rica historia

Schönbrunn está lleno de ecos históricos. Wolfgang Amadeus Mozart actuó allí para la emperatriz María Teresa cuando tenía seis años; durante la segunda mitad del siglo XIX, se convirtió en el palacio preferido de la querida emperatriz Isabel, que murió asesinada por un anarquista en 1898; y fue el lugar donde abdicó el último emperador de Austria, Carlos I, en 1918. Una vez recuperado su esplendor imperial tras los daños sufridos durante la Segunda Guerra Mundial, el palacio y sus jardines son actualmente una de las principales atracciones turísticas de Viena.

△ **SALA IMPERIAL**
La magnífica Sala Imperial, o *Kaisersaal*, está decorada con frescos de Giovanni Battista Tiepolo y su hijo, Giovanni Domenico, y sobrevivió al bombardeo de Wurzburgo en 1945.

◁ **JARDINES**
Esta vista aérea muestra la residencia de Wurzburgo y los elegantes Jardines del Este, diseñados por el bávaro Johann Procop Mayer.

Fontana di Trevi

Una exuberante fuente barroca que es uno de los atractivos turísticos más populares de Roma.

S de Europa

Hecha de travertino y mármol, la Fontana di Trevi es una fuente monumental en el corazón de Roma. Es obra del arquitecto Nicola Salvi (1697–1751), que fue elegido tras un concurso convocado por el papa Clemente XII en 1732. Salvi presentó un ostentoso diseño con un estanque de 20 m de anchura decorado con estatuas enormes y un magnífico fondo que es una fachada decorativa adosada al palacio que se halla tras la fuente. Esta recibe el agua de un manantial a las afueras de Roma y llega mediante el Acqua Vergine, la reforma renacentista de un acueducto subterráneo de la Roma antigua. Salvi murió en 1751 sin ver la fuente acabada. Giuseppe Pannini (1691–1765) lo sucedió, que terminó el proyecto en 1762.

El tema del grupo escultórico de la fuente es «la doma de las aguas». La colosal figura de Océano, uno de los titanes inmortales y señor de los mares, conduce un carro con forma de concha tirado por hipocampos y guiado por tritones. En las hornacinas que flanquean a Océano se colocaron representaciones alegóricas de la Abundancia y la Salubridad. Las figuras de Océano y los tritones son del escultor italiano Pietro Bracci (1700–1773).

La fuente en el imaginario popular

Son muchas las películas que han aprovechado el potencial romántico de la fuente, y entre ellas destacan *Vacaciones en Roma* (1953), de William Wyler, y *La dolce vita* (1960), de Federico Fellini. Los turistas conservan la costumbre de lanzar monedas a la fuente: se dice que así se aseguran la buena suerte o el regreso a Roma.

Cada año se lanzan a la fuente **monedas** por un valor total superior a **un millón de euros**.

△ **FIGURAS ALEGÓRICAS**
Un arco triunfal en la pared posterior enmarca la estatua de Océano. A su izquierda, la Abundancia sostiene una cornucopia, y a su derecha, la Salubridad vierte agua en la boca de una serpiente.

△ **UNA PUERTA MONUMENTAL**
La de Brandemburgo es la única puerta histórica de entrada a la ciudad que se conserva. La estructura, neoclásica, tiene 26 m de altura, 65,5 m de longitud y 11 m de profundidad.

◁ **EL PODEROSO OCÉANO**
La figura central de Océano mide 5,8 m de altura y sostiene un bastón de mando en la mano derecha. Entre los detalles escultóricos de la fuente hay representadas más de 30 especies de plantas.

Puerta de Brandemburgo

Un imponente monumento que proporciona un escenario ceremonial a la ciudad de Berlín.

C de Europa

▽ LA CUADRIGA
Originalmente, la Cuadriga era conducida por Irene, la diosa romana de la paz. En 1814, después de que Prusia derrotara a Francia, fue sustituida por la diosa Victoria.

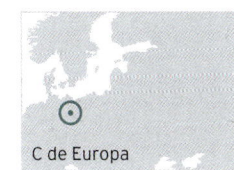

En 1788, Federico el Grande de Prusia ordenó a su arquitecto Carl Gotthard Langhans (1732–1808) que construyera una puerta monumental en la muralla de Berlín. Acorde con el neoclasicismo de la época, el diseño imitó el propileo (puerta monumental) de la Acrópolis de Atenas (pp. 98–99). La estructura, acabada en 1791, tiene seis colosales columnas dóricas a cada lado. El escultor prusiano Johann Gottfried Schadow (1764–1850) creó la Cuadriga, un carruaje tirado por cuatro caballos y conducido por la diosa de la paz, que se colocó en 1793.

La puerta de Brandemburgo tiene una historia turbulenta. En 1806, el emperador francés Napoleón robó la Cuadriga, que regresó en 1814 tras la derrota de Francia. Durante la Segunda Guerra Mundial, la puerta sufrió graves daños y, luego, se convirtió en un elemento central del muro que dividió Berlín entre 1961 y 1989. Recuperada su gloria anterior, ahora simboliza la reunificación alemana.

El Louvre

Hoy es un museo que alberga el cuadro más famoso del mundo, pero antaño fue fortaleza, palacio y almacén de botines obtenidos en saqueos.

O de Europa

El Louvre, a orillas del Sena en París, atrae cada año a más de ocho millones de visitantes, que acuden a admirar su fabulosa colección de arte y antigüedades. Empezó su existencia como fortaleza, construida en la década de 1190 por Felipe II, rey de Francia entre 1180 y 1223, y en el siglo XIV se convirtió en residencia real. Francisco I (r. 1515–1547) decidió transformarlo en un magnífico palacio renacentista, e invitó a Leonardo da Vinci a venir a Francia, quien trajo consigo la *Mona Lisa*.

Pierre Lescot (c. 1515–1578) diseñó el palacio de Francisco, decorado con soberbios bajorrelieves de Jean Goujon (c. 1510–1568). Monarcas posteriores dejaron su propia huella y, posiblemente, la más bella sea la elegante columnata clásica de Claude Perrault, encargada por Luis XIV y construida entre los años 1667 y 1673. Su original diseño fue elegido tras un concurso convocado en 1664.

Museo de arte

Los monarcas franceses guardaban sus colecciones de arte en el Louvre, pero sus puertas no se abrieron al público hasta 1793. En 1803 se rebautizó como Musée Napoléon, y Bonaparte lo usó para exhibir las obras de arte que saqueaba durante sus campañas, muchas de las cuales fueron devueltas más tarde. Tanto la colección de arte como los visitantes siguen creciendo, por lo que el Louvre se ha ido ampliando a lo largo del tiempo.

La pirámide del Louvre

En la década de 1980, François Mitterrand lanzó el proyecto «Grand Louvre», un ambicioso plan para renovar el museo. El elemento más espectacular fue la pirámide de acero y vidrio del Patio de Napoleón; diseñada por el arquitecto sinoestadounidense I. M. Pei (1917–2019), ahora es la entrada principal del museo.

△ **FACHADA ORNAMENTADA**
Este detalle del Patio de Napoleón muestra unas gráciles cariátides sosteniendo figuras alegóricas que representan la historia de la poesía.

▽ **AÑADIDOS POSTERIORES**
Construido originalmente como fortaleza, a lo largo de los siglos sucesivos monarcas franceses fueron ampliando el Louvre. La magnífica pirámide de vidrio se añadió en 1989.

La **Mona Lisa** tiene su propio **buzón de correo** en el Louvre, donde recibe **cartas de amor**.

Arco de Triunfo de París

Un arco monumental en el corazón de París y un símbolo del patriotismo francés.

O de Europa

△ PUNTO FOCAL
La importancia actual del arco debe mucho a la obra del barón Haussmann, que rediseñó completamente la *place de l'Étoile* como parte de su plan de transformación de París, llevado a cabo entre 1853 y 1870.

Construido entre 1806 y 1836, el Arco de Triunfo de París es un imponente legado de la era napoleónica. Lo encargó personalmente Napoleón para celebrar su victoria en la batalla de Austerlitz (1805). No vivió para verlo, pero su cortejo fúnebre pasó por él cuando su cuerpo fue devuelto a Francia en 1840.

Importancia nacional

El arco, diseñado por Jean-François Chalgrin, tiene 50 m de altura y, desde arriba, ofrece unas vistas espectaculares sobre la ciudad. El diseño es una versión libre del arco de triunfo romano y celebra los éxitos militares de Francia. El exterior está decorado con magníficas esculturas alegóricas y relieves que conmemoran victorias militares famosas, y en las paredes interiores están inscritos los nombres de oficiales distinguidos. Bajo el arco se halla la tumba del Soldado Desconocido, y todos los días se enciende una llama que lo recuerda. El Arco de Triunfo se ha convertido en el punto focal de la nación tanto en momentos de celebración como de luto. También es el punto de partida tradicional del desfile del día nacional de Francia.

PLACE DE L'ÉTOILE

El arco se alza en una gran rotonda donde convergen doce avenidas. El trazado de las calles es simétrico y forma la silueta de una estrella, por lo que se la conocía como *place de l'Étoile*, hasta que en 1970 se rebautizó como plaza Charles de Gaulle.

avenida de los Campos Elíseos
avenida Marceau
avenida de Jena
plaza Charles de Gaulle
Arco de Triunfo
avenida del Gran Ejército
avenida Foch
N

△ PAREDES INTERIORES
En las paredes interiores del Arco de Triunfo están grabados los nombres de 660 comandantes militares, en su mayoría de la era napoleónica.

Palacio de Invierno

Un magnífico palacio barroco que fue la residencia oficial de los zares de Rusia en San Petersburgo.

NE de Europa

Construido a orillas del río Neva, en el centro de San Petersburgo, el Palacio de Invierno fue diseñado por el arquitecto italiano Bartolomeo Rastrelli para la zarina Isabel, que gobernó Rusia entre 1741 y 1762. Cuando el edificio se terminó, ocupaba el trono la formidable zarina Catalina la Grande (r. 1762–1796), y es con ella con quien suele asociarse el palacio.

Rastrelli construyó un gigantesco edificio de tres plantas. Decoró el interior con un lujoso estilo rococó, pero la mayor parte de esta decoración fue destruida por un catastrófico incendio en 1837. Durante los últimos años del reinado de Catalina, el palacio se amplió con las alas del Hermitage.

De residencia real a museo

La familia imperial siguió utilizando el palacio hasta 1880, cuando la explosión de una bomba en el comedor demostró que resultaba demasiado accesible para los aspirantes a asesinos políticos. Durante la Revolución rusa de 1917, el palacio fue brevemente la sede del gobierno provisional, hasta que fue asaltado por los bolcheviques. Actualmente, el Palacio de Invierno es el Museo del Hermitage, que alberga una de las colecciones de pintura y escultura más importantes del mundo.

△ **ÁGUILA IMPERIAL**
El águila bicéfala era el símbolo del poder imperial ruso. Esta versión dorada figura en una de las puertas del Palacio de Invierno.

▽ **ESCALINATA ROCOCÓ**
La escalera del Jordán es uno de los pocos elementos rococó originales de Rastrelli del interior del Palacio de Invierno que han sobrevivido intactos hasta hoy.

El Palacio de Invierno tiene 1500 estancias y salones, 1945 ventanas y 117 escaleras.

LA GRÚA DE LA CATEDRAL

Cuando la construcción de la catedral se interrumpió en el siglo XV, los constructores dejaron una grúa sobre la torre sur, incompleta. La grúa, bella muestra de ingeniería medieval, permaneció sobre la torre durante 400 años. No se desmontó hasta 1868, cuando las obras se reanudaron para terminar la torre.

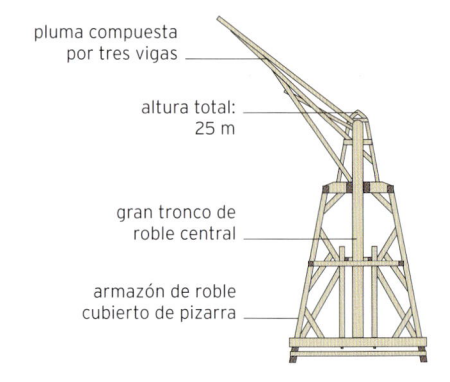

pluma compuesta por tres vigas

altura total: 25 m

gran tronco de roble central

armazón de roble cubierto de pizarra

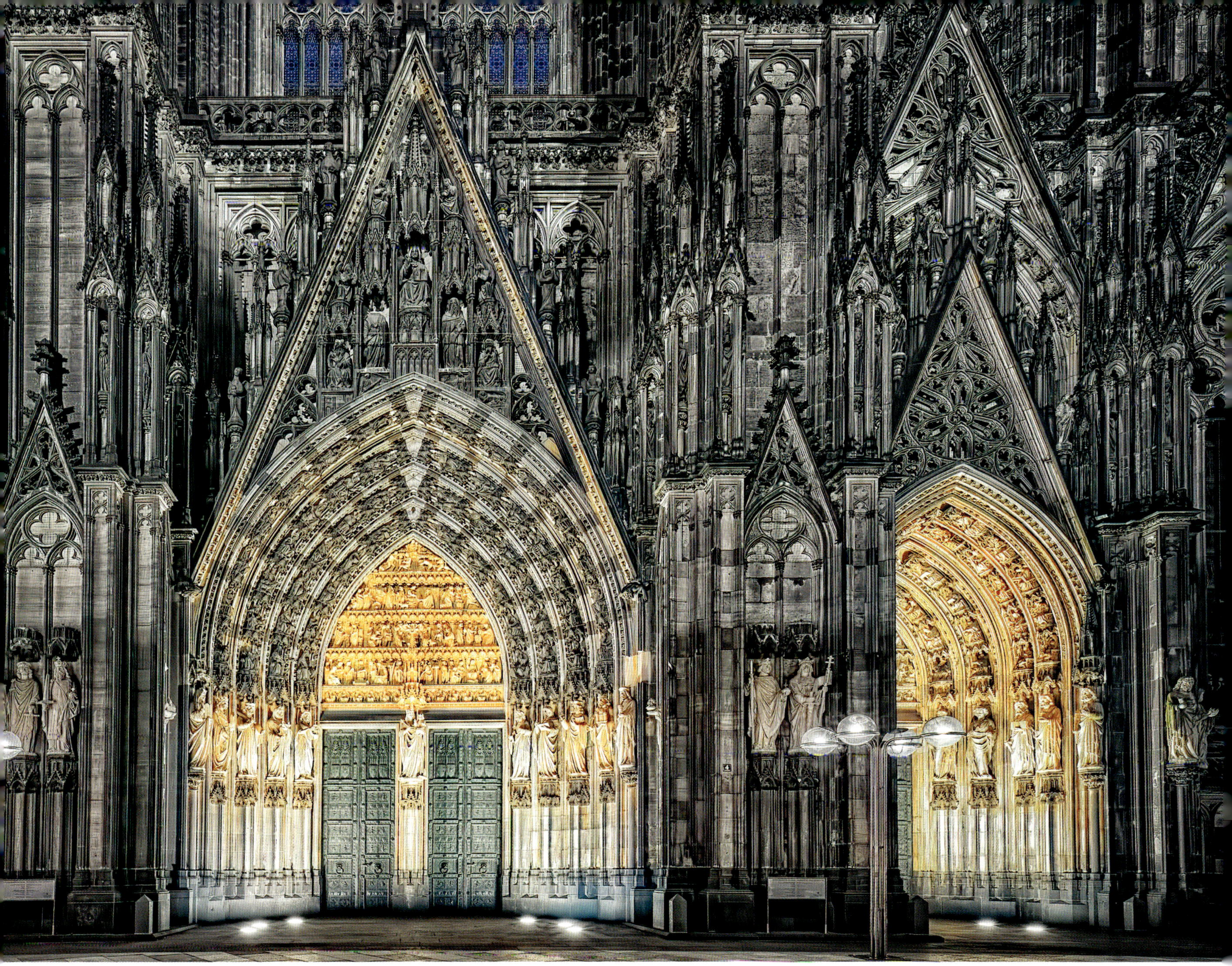

Catedral de Colonia

Una obra maestra del gótico que sobrevivió a los bombardeos de la Segunda Guerra Mundial.

C de Europa

En 1164, el arzobispo de la ciudad de Colonia (Alemania) adquirió los supuestos restos de los tres Reyes Magos que, según la Biblia, llevaron ofrendas al Niño Jesús. Guardadas en un relicario de oro, las reliquias atrajeron a Colonia a miles de peregrinos procedentes de toda Europa. En 1248 se empezó a construir una catedral para albergar el relicario y acoger a la multitud de visitantes.

Construcción interrumpida

Diseñada en el elegante estilo gótico que imperaba entonces en Europa, la catedral era un edificio extraordinariamente ambicioso. A finales del siglo XV aún no se había terminado, y tanto el dinero como la inspiración se habían agotado. Las obras no se reanudaron hasta 1842. Las torres gemelas, el elemento más soberbio del edificio, se terminaron por fin en 1880: con 157 m de altura, fueron la estructura construida por el hombre más alta del mundo.

Durante la Segunda Guerra Mundial, Colonia fue sometida a fuertes bombardeos y la catedral fue alcanzada en múltiples ocasiones por bombas explosivas e incendiarias. Sin embargo, el edificio sobrevivió prácticamente intacto, y la restauración posterior le ha devuelto todo su esplendor original.

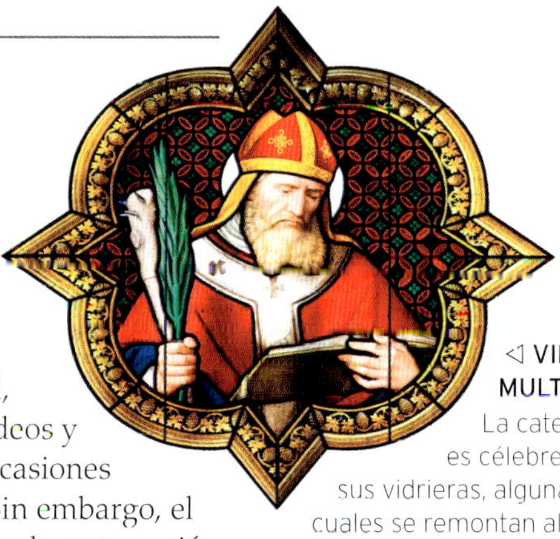

◁ VIDRIERAS MULTICOLORES
La catedral es célebre por sus vidrieras, algunas de las cuales se remontan al siglo XIV. Esta imagen representa a san Apolinar de Rávena.

◁ MAGNÍFICA FACHADA
El edificio del Parlamento es una maravilla de eclecticismo arquitectónico, con agujas y arcos apuntados góticos y coronado por una cúpula de estilo renacentista. La fachada, que mira al Danubio, tiene 268 m de longitud.

▽ CÚPULA CENTRAL
El interior de la cúpula central está ricamente decorado. Debajo de ella hay una sala de 16 lados donde se exponen las joyas de la Corona húngara, como la corona de san Esteban, del siglo XII, que se usaba en la coronación de los monarcas húngaros.

Parlamento de Hungría

Un espléndido edificio a orillas del Danubio en Budapest, reflejo de la edad dorada de la nación húngara.

E de Europa

Erigido entre los años 1884 y 1904, el Parlamento húngaro es una expresión deslumbrante de la confianza y la prosperidad de la ciudad de Budapest en aquella época. Reconocidos como iguales en la monarquía dual de Austria-Hungría, los húngaros estaban experimentando un renacimiento nacional. El arquitecto elegido para realizar el proyecto fue un húngaro, Imre Steindl (1839–1902), y casi todo el material usado en su construcción fue de origen húngaro también. El edificio está adornado con 88 estatuas de monarcas húngaros históricos.

Gran escala

El estilo neogótico de la extensa fachada es un homenaje al palacio de Westminster de Londres (p. siguiente), pero la escala del edificio es mucho mayor. La construcción y la decoración requirieron 40 millones de ladrillos, además de medio millón de piedras preciosas y unos 40 kg de oro. Una de las dos salas del Parlamento aún se usa como sede de la Asamblea Nacional. La otra, la fastuosamente decorada antigua Cámara Alta, está abierta a los turistas, que también pueden admirar las joyas de la Corona húngara, expuestas en la Sala de la Cúpula. Desde 1987, el Parlamento forma parte del Patrimonio de la Humanidad de la Unesco que también incluye el barrio de Buda, en la orilla opuesta del Danubio, y el puente de las Cadenas, del siglo XIX, que cruza el río.

La **cúpula** del Parlamento tiene **96 m de altura**.

Palacio de Westminster

Un símbolo de Londres y la sede del Parlamento del Reino Unido.

NO de Europa

El 16 de octubre de 1834 un incendio destruyó el antiguo palacio de Westminster. Construido como residencia real durante la Edad Media, se había usado como lugar de reunión parlamentaria desde 1265, y era la sede permanente de la Cámara de los Lores y de la Cámara de los Comunes desde el siglo XVI. La única parte importante del antiguo palacio que sobrevivió al incendio fue el Salón Westminster, que se usaba como tribunal de justicia. El concurso convocado para construir un nuevo edificio lo ganó el arquitecto británico Charles Barry (1795–1860). Con la inspirada ayuda del joven diseñador Augustus Pugin (1812–1852), Barry creó el magnífico edificio neogótico que hoy podemos admirar.

El palacio de las mil estancias

El edificio, en la ribera norte del río Támesis, es famoso sobre todo por la torre del reloj. La obra maestra de Pugin, terminada en 1859, tiene un reloj de 7 m de diámetro y cinco campanas, la mayor de las cuales recibe el nombre de Big Ben. La Torre Victoria, en el otro extremo del edificio, es más alta (98,5 m) y custodia los archivos del Parlamento. El interior del palacio, que tiene más de mil estancias, alberga multitud de frescos, esculturas, cuadros, mosaicos, vidrieras victorianos y tallas de madera.

PLANTA DEL PALACIO

Las dos cámaras del Parlamento británico, la de los Lores y la de los Comunes, solo ocupan una parte del palacio. La Entrada del Monarca, que la reina usa en la apertura oficial del Parlamento, se halla en la base de la torre Victoria. El Salón Westminster se usa para ocasiones ceremoniales.

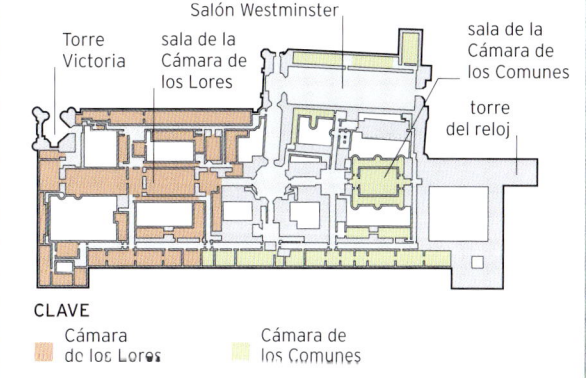

Torre Victoria

sala de la Cámara de los Lores

Salón Westminster

sala de la Cámara de los Comunes

torre del reloj

CLAVE
- Cámara de los Lores
- Cámara de los Comunes

▷ UN SÍMBOLO DE LONDRES
Diseñada por Augustus Pugin, la torre del reloj es uno de los iconos de Londres. Está construida con ladrillo revestido de piedra caliza y coronada por una aguja de hierro forjado.

Torre Eiffel

En su momento el edificio más alto del mundo, una proeza de la ingeniería del siglo XIX que devino un icono de París.

NO de Europa

La torre Eiffel se concibió como entrada a la Exposición Universal del año 1889, que se celebró en París para conmemorar el centenario de la Revolución francesa, y fue diseñada por empleados de la empresa que dirigía Gustave Eiffel (1832–1923), ingeniero que se había hecho famoso como constructor de puentes, viaductos y estaciones de ferrocarril. El diseño fue elegido entre los más de cien que se presentaron al concurso, considerando que era el que mejor simbolizaba un siglo de progresos científicos y tecnológicos.

Construida en una fábrica

Los 300 m de altura de la torre Eiffel casi duplicaban la de las más altas estructuras alzadas hasta entonces. Se construyó con 18 000 piezas de hierro forjado producidas en fábricas, transportadas por el Sena y ensambladas con 2,5 millones de remaches. Su entramado de hierro representaba una ruptura radical con los edificios monumentales tradicionales de ladrillo o piedra,

y los estetas parisinos se indignaron y protestaron contra la torre «inútil y monstruosa» que iba a arruinar «la hasta ahora impoluta belleza de París». Sin embargo, el público la adoró desde el principio y casi dos millones de personas compraron entradas para subir a la torre durante los seis meses que duró la exposición.

Nuevos usos

Gustave Eiffel tenía un contrato de veinte años para explotar comercialmente la torre y se suponía que, al término de ese periodo, sería desmontada. Sin embargo, en 1904 se instaló en la punta una antena de radio que le dio una utilidad práctica y la salvó de la destrucción. La torre Eiffel fue superada como estructura más alta del mundo en 1930 por el edificio Chrysler (p. 42) de Nueva York, pero sigue siendo un símbolo de la ciudad de París y una de las atracciones turísticas más visitadas del mundo.

Cuatro **restaurantes** en la **primera planta** de la torre atendieron a los visitantes de la **exposición**.

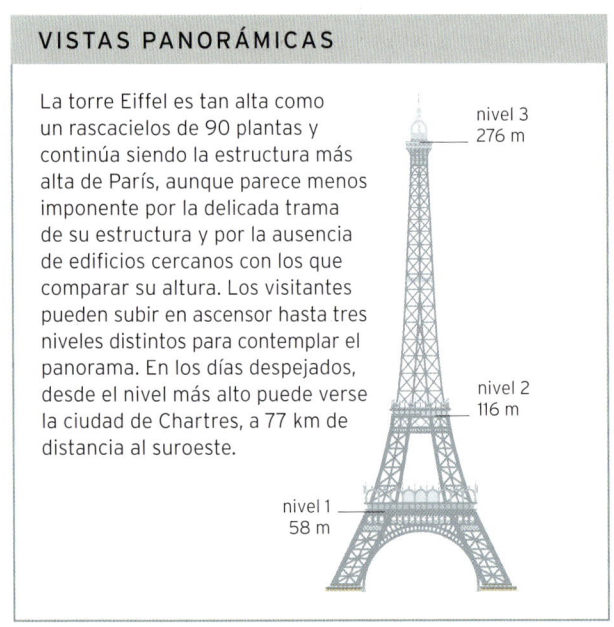

VISTAS PANORÁMICAS

La torre Eiffel es tan alta como un rascacielos de 90 plantas y continúa siendo la estructura más alta de París, aunque parece menos imponente por la delicada trama de su estructura y por la ausencia de edificios cercanos con los que comparar su altura. Los visitantes pueden subir en ascensor hasta tres niveles distintos para contemplar el panorama. En los días despejados, desde el nivel más alto puede verse la ciudad de Chartres, a 77 km de distancia al suroeste.

nivel 3
276 m

nivel 2
116 m

nivel 1
58 m

△ EN CONSTRUCCIÓN

Para montar el primer nivel de la torre se usaron varias grúas de vapor de pequeño tamaño y se levantaron doce andamios de madera de 30 m de altura y otros cuatro de 40 m de altura.

Puente de la Torre

Un puente neogótico cuya magistral ingeniería permite el paso de barcos.

NO de Europa

A fines del siglo XIX, el tráfico en las calles de Londres aumentó tanto que acabó por superar la capacidad de los puentes de la capital e hizo evidente la necesidad de construir un cruce río abajo del congestionado puente de Londres. Sin embargo, un puente en ese punto también debía permitir el paso de los barcos mercantes rumbo a las instalaciones portuarias a ambas orillas del río. En 1884, tras mucho debate, se aprobó el diseño de John Wolfe Barry (1836–1918) y Horace Jones (1819–1887), y sus especificaciones se concretaron en una ley del Parlamento al año siguiente. El vano central se separa en dos hojas, o básculas, que se elevan para permitir el paso de los barcos.

Una solemne inauguración

El puente se construyó en el estilo neogótico de moda en la época, en consonancia con la cercana Torre de Londres. La construcción comenzó en 1886 y duró ocho años. Se hundieron dos enormes pilares en el lecho del río y se llenaron con 71 120 toneladas de hormigón para sostener las dos torres y las pasarelas del puente, que se construyeron con acero revestido de granito de Cornualles y piedra de Portland. El puente fue inaugurado por Eduardo, príncipe de Gales (luego Eduardo VII), el 30 de junio de 1894, y desde entonces ha estado abierto al tráfico (y a los barcos).

△ SALA DE MÁQUINAS
Un trabajador engrasa los motores que bombean vapor a los acumuladores hidráulicos que elevan o hacen descender las básculas del puente.

▷ EL PUENTE AL ATARDECER
El puente se ilumina por la tarde para exhibir la belleza de su arquitectura, especialmente las torres y las dos pasarelas superiores.

APERTURA DEL PUENTE

Cuando el puente se abre, el peso de las hojas, o básculas, se contrapesa con lastres bajo cada una de las dos torres del puente. Originalmente, la energía para elevar las básculas procedía de dos motores de vapor de 360 caballos de potencia que presurizaban agua en acumuladores. Cuando era necesario, se soltaba agua para activar los motores elevadores; abrir y cerrar el puente podía ser cuestión de tan solo cinco minutos. En 1974 se instaló un nuevo sistema hidroeléctrico.

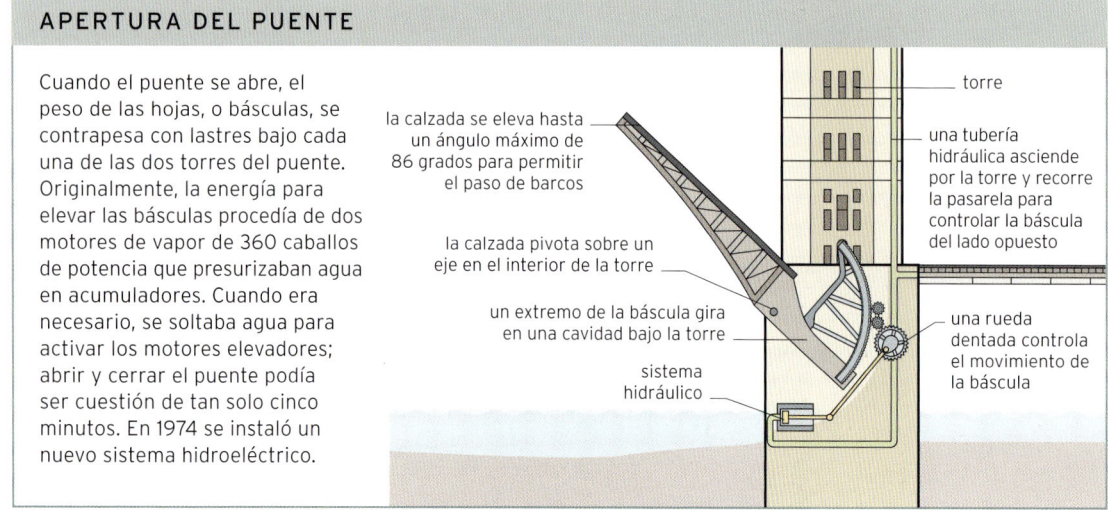

la calzada se eleva hasta un ángulo máximo de 86 grados para permitir el paso de barcos

la calzada pivota sobre un eje en el interior de la torre

un extremo de la báscula gira en una cavidad bajo la torre

sistema hidráulico

torre

una tubería hidráulica asciende por la torre y recorre la pasarela para controlar la báscula del lado opuesto

una rueda dentada controla el movimiento de la báscula

Sagrada Familia

*La inacabada obra maestra de Antoni Gaudí y una
expresión de su amor a Dios y a su Cataluña natal.*

Las altísimas torres y los inmensos portales del templo expiatorio de la Sagrada Familia, en Barcelona, combinan elementos de la arquitectura religiosa gótica con el fluido, orgánico y personal estilo modernista de Antoni Gaudí (1852–1926). Las obras comenzaron en 1882 siguiendo un diseño cruciforme neogótico de Francisco de Paula del Villar, al que Gaudí sustituyó como director de la obra al año siguiente.

Una expresión de fe

Gaudí entendía la construcción de la basílica como un acto de fe: consagró su vida a esta obra y llegó a vivir en el taller del templo. El diseño de Villar pronto dio paso a la extraordinaria imaginación de Gaudí. Cada centímetro de la estructura es un reflejo de su amor por la luz, el color y las formas naturales, y abunda en simbolismo cristiano. Cuando Gaudí murió en 1926 tras ser atropellado por un tranvía, las obras de la fachada del Nacimiento ya estaban muy avanzadas. Adornada con gabletes que parecen estalactitas y altísimas agujas cónicas coronadas por remates helicoidales de mosaico policromado, nunca antes se había visto nada parecido en una iglesia. En la nave central concebida por Gaudí, columnas que se asemejan a árboles sostienen una cubierta con formas de girasoles, conformando una suerte de bosque interior.

La basílica, incluida en la lista del Patrimonio de la Humanidad en 2005 por la Unesco y consagrada por el papa Benedicto XVI en 2010, acoge desde entonces celebraciones litúrgicas y recibe cada año millones de visitantes. Sus donaciones ayudan a reunir los 25 millones de euros anuales que se necesitan para proseguir con la construcción. Se prevé que las obras estructurales acaben en 2026 y los trabajos decorativos, en 2032.

Una vez **terminada**, la Sagrada Familia será la **iglesia más alta** del **mundo**.

TORRES Y SIMBOLISMO

Una vez terminada, la basílica tendrá 18 torres, dedicadas a Jesús, María, los cuatro evangelistas y los doce apóstoles. La más alta, situada sobre el crucero y de casi 180 m de altura, representa a Cristo y está rodeada por las de los evangelistas. Sobre el ábside se alza la de María, y las de los apóstoles coronan, en grupos de cuatro, las fachadas del Nacimiento, la Pasión y la Gloria.

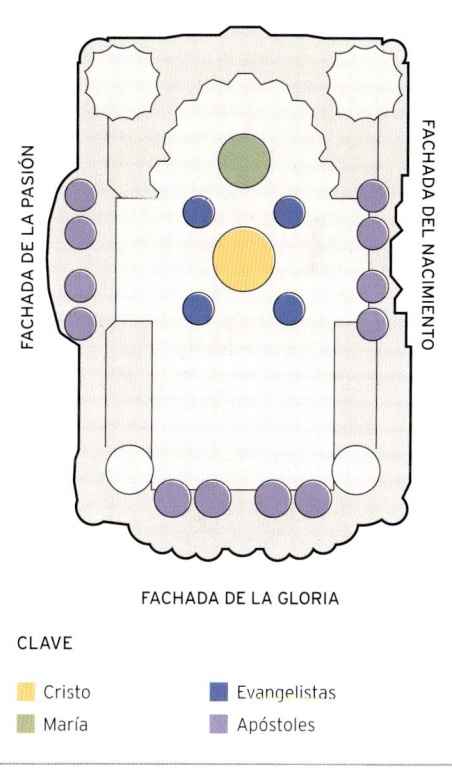

FACHADA DE LA PASIÓN · FACHADA DEL NACIMIENTO

FACHADA DE LA GLORIA

CLAVE

- Cristo
- María
- Evangelistas
- Apóstoles

▷ **LUZ Y COLOR**
Las vidrieras policromadas y el techo de colores inundan de luz y color la extraordinaria nave, que con 45 m de altura es una de las más altas del mundo.

◁ **OBRA EN CURSO**
Las obras de la iglesia no se han interrumpido desde que comenzaran en 1882 y se prevé que terminen en 2032 (en total, 150 años). Es el monumento más visitado de España.

△ **TRADICIÓN Y ORIGINALIDAD**
El distintivo estilo de «cera fundida» de la fachada del Nacimiento combina exóticas formas naturales con esculturas tradicionales que representan el nacimiento de Jesús.

Castillo de Neuschwanstein

Un castillo de cuento de hadas surgido de una fantasía wagneriana y construido sobre un desfiladero espectacular.

C de Europa

Neuschwanstein es célebre por haber inspirado el castillo de la Bella Durmiente en Disneylandia (California). Fue una elección muy acertada, porque el castillo, situado en una cima rocosa en el sur de Baviera, es realmente un lugar maravilloso. Parece un castillo medieval, pero fue construido en el siglo XIX. Tiene una Sala del Trono donde jamás se instaló trono alguno; y una Sala de los Cantores donde nunca actuó ningún músico.

Una fantasía medieval

Neuschwanstein fue una idea de Luis II, rey de Baviera (r. 1864–1886), que tuvo una infancia complicada y se obsesionó con la historia medieval. En concreto quedó fascinado por Lohengrin, una figura de la literatura artúrica. Luis decidió construir un castillo del Grial, el lugar donde se hallaba el Santo Grial según la tradición artúrica, y contrató a Christian Jank, un pintor escénico que había trabajado en la puesta en escena de la ópera *Lohengrin* de Richard Wagner, para que diseñara su ambicioso proyecto.

Por desgracia, Luis no vivió para ver su sueño completado. Fue depuesto por las autoridades bávaras y murió en circunstancias misteriosas. Durante la Segunda Guerra Mundial, los nazis usaron Neuschwanstein para almacenar obras de arte expoliadas. Actualmente es una atracción turística muy popular.

◁ **ESFUERZOS DE CONSERVACIÓN**
El castillo de Luis II se construyó en un entorno espectacular. Los muros y los cimientos se revisan con meticulosidad y se refuerzan periódicamente. Las fachadas de caliza tienden a desgastarse y requieren mantenimiento.

UN EDIFICIO MODERNO

A pesar de su aspecto, el castillo es un edificio del siglo XIX que descansa sobre cimientos de hormigón y está construido con ladrillo revestido de piedra caliza. La estructura tiene 130 m de longitud, y su torre más alta se alza 65 m. Aunque se planearon más de 200 habitaciones distribuidas en seis plantas, solo se terminaron catorce, entre ellas la Sala del Trono, de estilo bizantino y con una cúpula dorada.

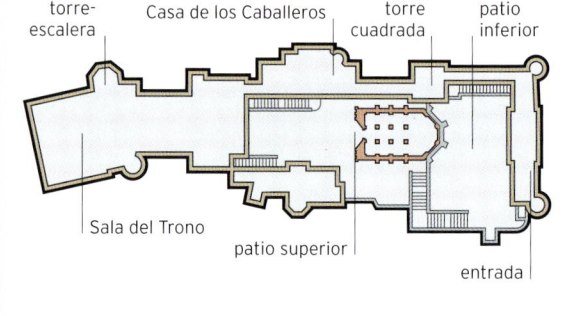

torre-escalera · Casa de los Caballeros · torre cuadrada · patio inferior · Sala del Trono · patio superior · entrada

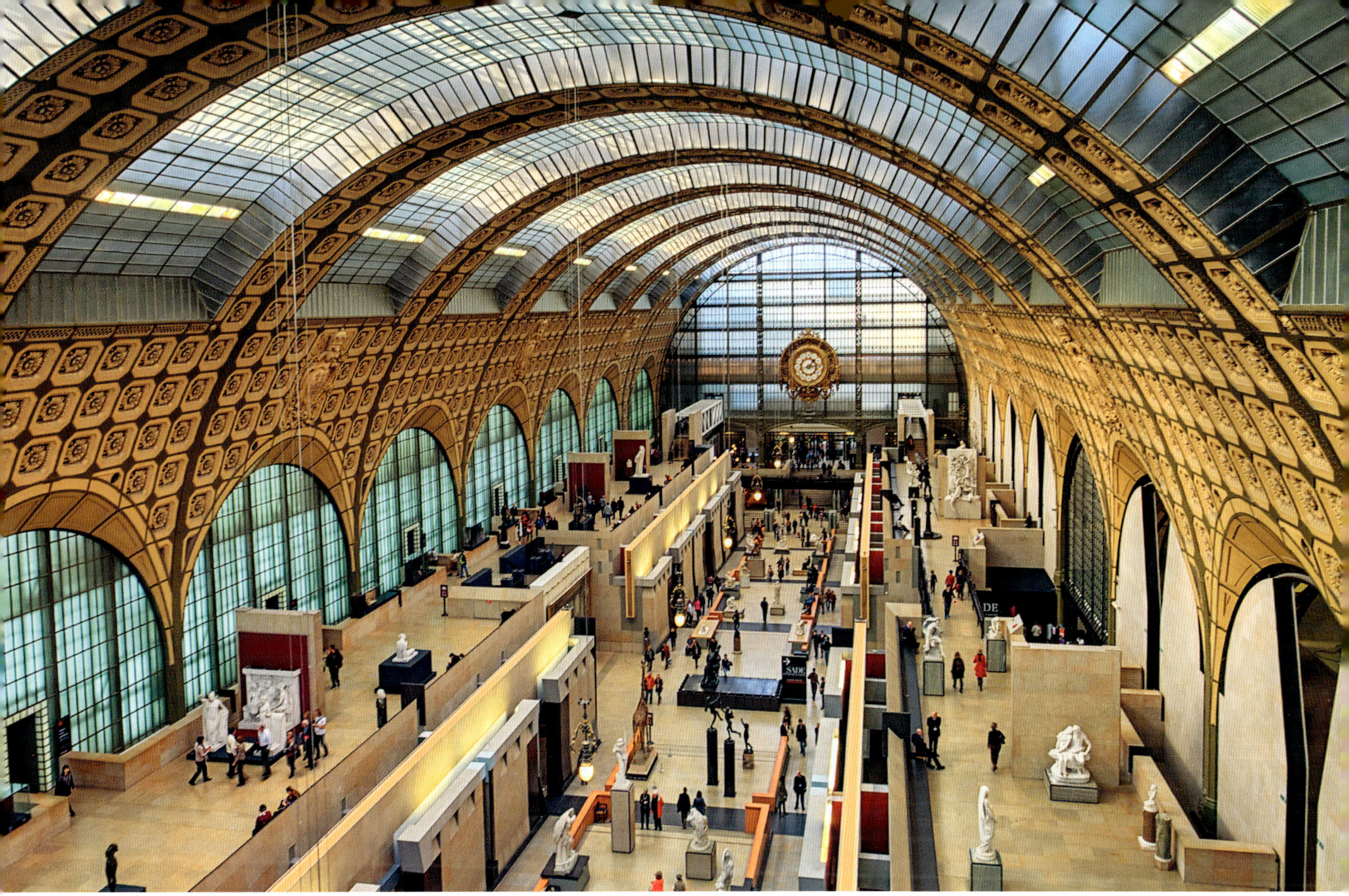

![Vista del interior del Museo de Orsay con sus arcos de hierro forjado](image)

Museo de Orsay

Una estación de ferrocarril transformada en una pinacoteca célebre por su colección de pintura impresionista.

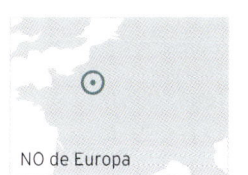

NO de Europa

Situada en la orilla izquierda del río Sena, la Gare d'Orsay se construyó en 1900 para acoger el enorme influjo de visitantes que se esperaba durante la Exposición Universal de ese año. Fue la primera terminal de ferrocarril íntegramente eléctrica del mundo y, como no iba a haber vapor circulando en el interior, el arquitecto, Victor Laloux, pudo cubrir la estación con una enorme bóveda cerrada de hierro y vidrio. Por desgracia, la estación tuvo una vida muy breve, ya que los andenes eran demasiado cortos, y en 1939 ya solo atendía a trenes suburbanos. La amenaza de cierre se cernía sobre la estación, pero el clamor ciudadano impidió que se concedieran licencias de obras en el lugar y, en 1973, la estación pasó a formar parte del Inventario de Monumentos Históricos.

Una nueva vida

Mientras la estación permaneció vacía, se utilizó como aparcamiento, plató de cine, casa de subastas y teatro. A fines de la década de 1970 se iniciaron las obras para convertirla en museo. Un estudio de arquitectura, ACT-Architecture, remodeló el exterior del edificio, y la arquitecta y diseñadora italiana Gae Aulenti adaptó el interior. El museo se organizó en tres niveles. El gran vestíbulo acoge la galería central y las terrazas del nivel intermedio, que se abren a otras galerías laterales. El nivel superior se halla sobre el vestíbulo. Los niveles se conectan mediante pasarelas de vidrio detrás del reloj principal. Se conservaron algunos elementos de la estación, como los icónicos relojes, y otros se remodelaron. Así, los rosetones decorativos de la bóveda se transformaron en respiraderos de aire acondicionado, y lo que fuera la cafetería es hoy una librería. Abierto al público en diciembre de 1986, el museo se centra en el arte entre 1848 y 1914, uno de los periodos más fértiles de la cultura francesa, y abarca todas las ramas del arte: pintura, escultura, fotografía, arquitectura y artes decorativas.

△ EL PASO DEL TIEMPO
Los colosales relojes *Belle Époque* de la antigua estación se han convertido en iconos del museo. Este reloj preside la galería principal, mientras que el vidrio de la fachada ofrece unas vistas espectaculares de París.

S de Europa

△ **PATIO DE LUCES**
En el ingenioso diseño de Gaudí, todo el complejo de la Casa Milà se organiza alrededor de dos grandes patios de luces, cuya forma irregular aporta luz y ventilación a todos los pisos.

Casa Milà

Un ejemplo asombroso de arquitectura modernista con un innovador diseño biomórfico, y el último encargo privado de Gaudí.

S de Europa

Ubicada en el centro de Barcelona, la Casa Milà (o La Pedrera) es una de las mayores obras del arquitecto catalán Antoni Gaudí y uno de los siete edificios diseñados por él que la Unesco ha incluido en su lista de Patrimonio de la Humanidad por su «excepcional contribución a la evolución de la arquitectura y las técnicas de construcción a finales del siglo XIX y principios del XX».

La Casa Milà fue un encargo de Pere Milà, un acaudalado empresario textil, en 1906. Él y su esposa admiraban la Casa Batlló, otro trabajo de Gaudí, y querían algo parecido. Sin embargo, Gaudí era un genio visionario que no repetía sus experimentos: durante el proceso de construcción modificó el diseño y produjo algo muy distinto, que no satisfizo a los Milà. La reacción del público general fue igualmente negativa y el edificio recibió el apodo de La Pedrera («cantera», en catalán).

Inspiración orgánica

La Casa Milà es, básicamente, un bloque de pisos en un chaflán. La familia Milà ocupó la primera planta, y las superiores se dividieron en pisos más pequeños que se ofrecieron en alquiler. Gaudí no usó aquí los azulejos y mosaicos multicolores que caracterizan a la mayoría de sus obras, sino que optó por un diseño biomórfico: la fachada de piedra ondula como las olas marinas; el escultural hierro forjado adopta formas vegetales; y los arcos del techo de los lavaderos, en el desván, evocan las costillas de una colosal ballena. Tras este derroche imaginativo, las ideas de Gaudí tenían un sentido práctico. Las extrañas figuras de la azotea ocultan respiraderos y salidas de escalera, y el sótano alberga el primer aparcamiento subterráneo de Barcelona.

◁ **FACHADA ONDULANTE**
La superficie del edificio de Gaudí transmite movimiento, ondulando como el oleaje marino. Sin embargo, esta fachada es una cortina: no soporta peso y oculta la verdadera estructura del edificio.

Sacré-Coeur

Un icono de París construido como símbolo de unidad tras un desastre nacional y que ofrece unas vistas espectaculares sobre la ciudad.

NO de Europa

El Sacré-Coeur es una de las mayores atracciones turísticas de París. Está en el corazón de Montmartre y ofrece unas vistas imponentes sobre la capital francesa, más aún si se ascienden los 237 escalones que llevan a lo alto de la cúpula.

Un faro para la ciudad

La iglesia se construyó como símbolo de expiación y esperanza tras la humillante derrota francesa en la guerra franco-prusiana (1870–1871). El Parlamento aprobó el proyecto en 1873 y se organizó un concurso para decidir el diseño. El ganador fue Paul Abadie, conocido restaurador de edificios antiguos. Su diseño se ha comparado despectivamente con un biberón o un merengue; sin embargo, la idea magistral de Abadie fue usar piedra de Château-Landon, que se endurece y se aclara con el paso del tiempo. Como resultado, la basílica reluce sobre la capital francesa. El Sacré-Coeur se consagró en 1919 y está dedicada al Sagrado Corazón de Jesús, representado en el enorme mosaico del artista francés Luc-Olivier Merson que adorna el ábside.

△ **INTERIOR DE LA CÚPULA**
La cúpula principal tiene un claristorio y dos balconadas circulares a las que se puede acceder por una vertiginosa escalera de caracol.

▷ **BASÍLICA PARISINA**
Esta vista del Sacré-Coeur muestra dos de sus famosas cúpulas. La estatua de bronce sobre el pórtico representa a san Luis, con la espada en alto, y es obra del escultor francés Hippolyte Lefèbvre.

INTERIOR AUSTERO

Tras el deslumbrante exterior blanco, el interior del Sacré-Coeur resulta oscuro y austero. La combinación de los estilos románico y bizantino refleja la participación de Abadie en la Comisión de Monumentos Históricos. El mosaico del ábside representa a Cristo mostrando su Sagrado Corazón.

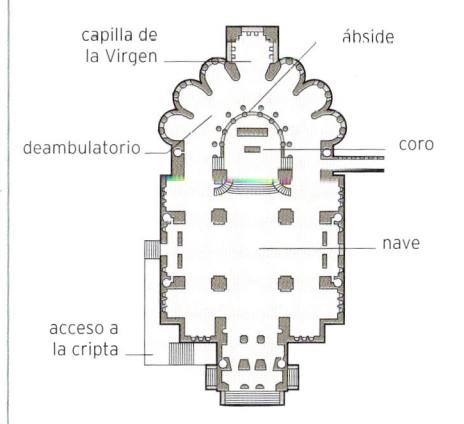

capilla de la Virgen · ábside
deambulatorio · coro
nave
acceso a la cripta

◁ ENTRADA DEL PARQUE
Esta imagen aérea muestra los pabellones de la entrada (abajo) y la escalinata que lleva a la sala hipóstila y a la gran plaza.

△ SALA HIPÓSTILA
Esta sala se diseñó para que albergara un mercado. El techo está sostenido por 86 columnas y adornado por un *trencadís* obra de un ayudante de Gaudí.

Una gigantesca **salamandra** recubierta de *trencadís* recibe a los visitantes del parque.

▷ MOSAICO Y FORMAS ORGÁNICAS
La cubierta de los pabellones de la entrada, de formas orgánicas y con remates con forma de seta, también está adornada con *trencadís*.

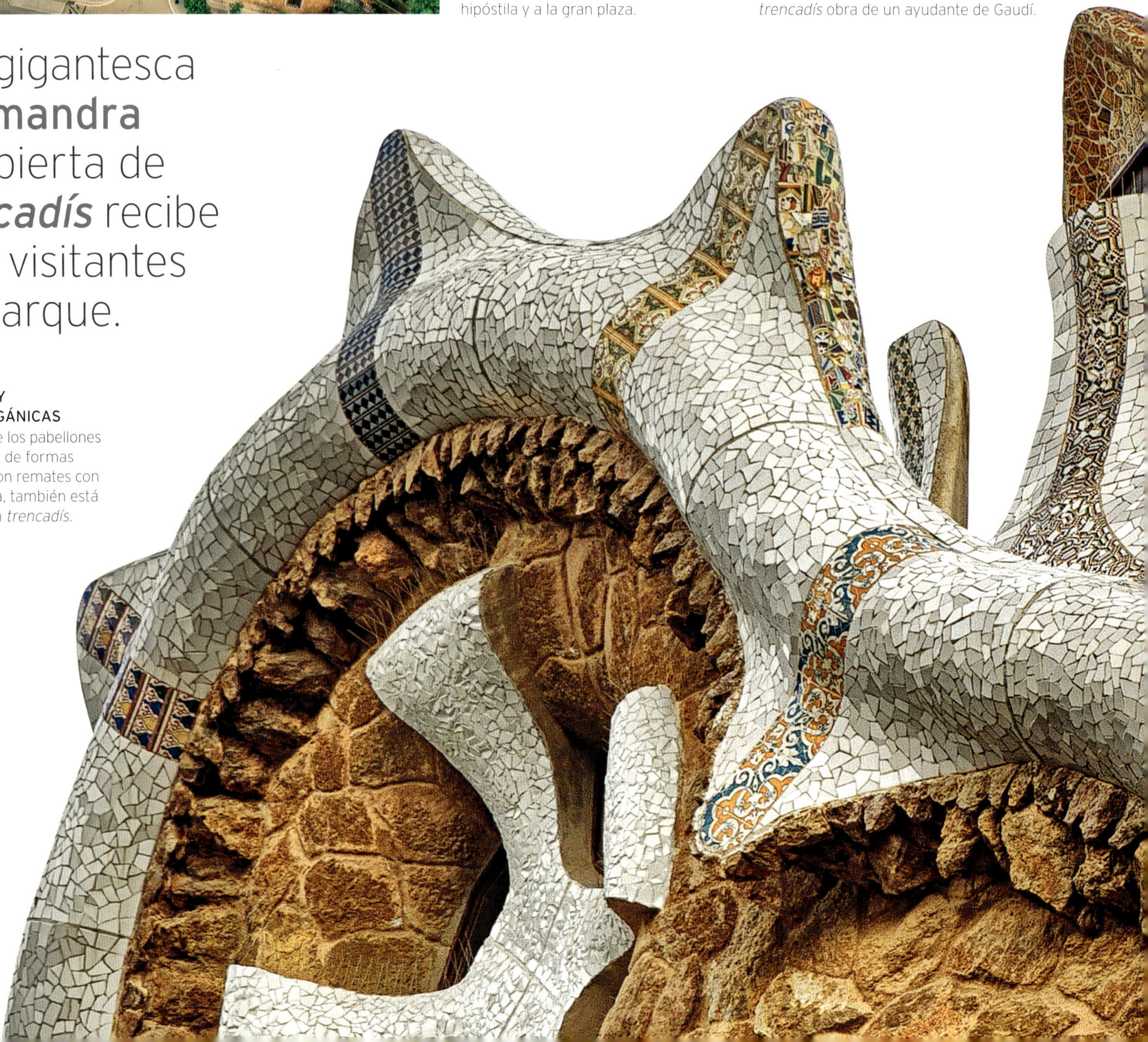

SO de Europa

Parque Güell

La ladera de una colina convertida en un colorido, exótico y alegre jardín para los ciudadanos de Barcelona.

En 1900, Eusebi Güell encargó a su amigo el arquitecto Antoni Gaudí (1852–1926) que diseñara una colonia en las colinas de las afueras de Barcelona. Tenía que albergar 60 viviendas rodeadas por un jardín. Entre 1900 y 1914, Gaudí construyó un parque extraordinario, repleto de simbolismo religioso, histórico y mitológico.

La belleza del fracaso

Gaudí dio rienda suelta al estilo naturalista y a la pasión por el color y las formas orgánicas que lo caracterizaban y creó un bosque de columnas acanaladas que concibió como un mercado cubierto para los residentes. Un sinuoso banco de piedra revestido de *trencadís* multicolor serpentea por el borde de la terraza que se encuentra sobre esa sala hipóstila. Gaudí no niveló el terreno, sino que creó una red de caminos y viaductos soportados por pilares con forma de palmera. Asimismo instaló un sistema de riego que logró transformar lo que se conocía como la Montaña Pelada en un paraíso de vida silvestre.

Cuando Güell murió en 1926, era evidente que el proyecto iba a ser un fracaso comercial: solo se habían construido dos viviendas. El Ayuntamiento de Barcelona compró el Parque Güell en 1922 y lo abrió al público en 1926.

INSPIRADO EN LA NATURALEZA

El parque ilustra la convicción de Gaudí de que, así como en la naturaleza no hay líneas absolutamente rectas, tampoco en la arquitectura debería haberlas. Los caminos y los senderos serpentean por la colina y zigzaguean hasta los niveles inferiores en un trazado que evoca la forma de una medusa.

viaducto

plaza

jardines

MATERIALES Y DETALLES

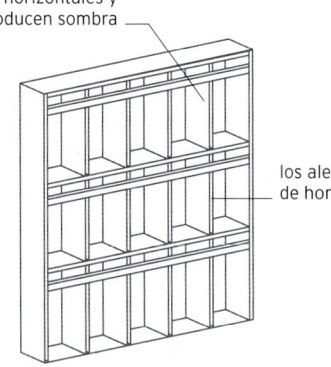

los ladrillos o bloques suelen ser cuadrados

△ **LADRILLOS DE VIDRIO**

Los ladrillos de vidrio (o pavés) son un elemento común en los edificios modernos. Permiten construir paredes de vidrio y su opacidad dota de cierta privacidad al interior del edificio.

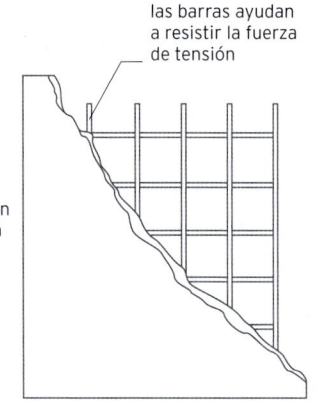

los aleros horizontales y verticales producen sombra

los aleros son de hormigón

△ **PARASOL**

Los parasoles son estructuras fijadas a la fachada con el objetivo de bloquear la luz solar directa, algo de vital importancia cuando una fachada tiene una gran superficie de vidrio.

las barras ayudan a resistir la fuerza de tensión

△ **HORMIGÓN ARMADO**

El hormigón armado es hormigón reforzado con barras de acero. Resiste tanto las fuerzas de tensión como las de compresión, por lo que es un material clave en las construcciones modernas.

Estilos arquitectónicos
MOVIMIENTO MODERNO

El movimiento arquitectónico moderno incorporó nuevos materiales y técnicas de construcción para forjar una arquitectura que reflejara el nuevo espíritu del siglo XX. Relegando la decoración a favor de la abstracción, transformó las ciudades de todo el mundo.

A principios del siglo XX, varios arquitectos consideraron que la arquitectura como se había practicado hasta entonces había llegado a su fin. Pese a que la revolución industrial había transformado casi todos los aspectos de la vida, la arquitectura seguía mirando hacia atrás y a estilos históricos cada vez más anacrónicos. La arquitectura moderna surgió como un intento de forjar una arquitectura que, además de reflejar las transformaciones de la industria, las aprovechara para progresar y lograr resultados positivos.

Uno de los arquitectos más influyentes entre los que intentaron articular esta nueva dirección fue el franco-suizo Charles-Édouard Jeanneret, más conocido como Le Corbusier, que propuso cinco puntos de una nueva arquitectura que indicaban el camino a seguir tanto estructural como estéticamente. Sostenía que la forma debía estar supeditada a la función y, por tanto, que el uso al que estaba destinado un edificio debía determinar su diseño y su aspecto. El ornamento fue sustituido por una estética fresca, limpia y supuestamente racional.

Los principios de la arquitectura moderna se extendieron por todo el mundo, sobre todo durante la reconstrucción posterior a la Segunda Guerra Mundial. Aunque el legado de la arquitectura moderna ha sido muy profundo, también ha sido objeto de encendidos debates, sobre todo cuando se alineó con determinados ideales políticos.

▼ **VILLE SAVOYE**

La Ville Savoye encarna los cinco puntos de Le Corbusier. Los muros de carga han sido sustituidos por pilotis (punto 1). Esto permite una libertad total en el plano interior (2), una fachada también libre (3), ventanas corridas que aprovechan al máximo la luz natural (4) y un jardín en la azotea (5).

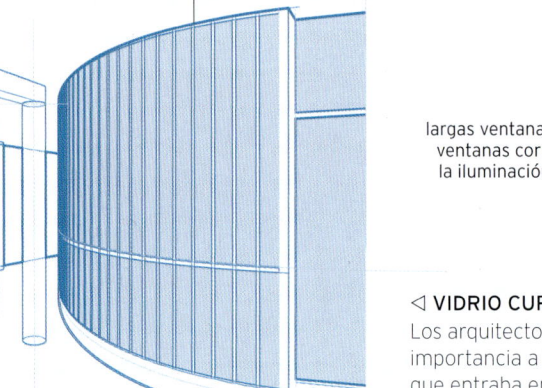

las formas curvilíneas de la azotea reflejan el vidrio curvo de la entrada de la planta baja

el jardín de la azotea y el solárium proporcionan espacio de ocio al aire libre

la fachada tiene unas líneas limpias y ordenadas

las paredes son ligeras, no muros de carga

la pared exterior de la planta baja está diseñada pensando en la llanta de un automóvil

largas ventanas horizontales, o ventanas corridas, maximizan la iluminación y la ventilación

◁ **VIDRIO CURVO**

Los arquitectos modernos daban gran importancia a la cantidad de luz natural que entraba en los edificios, por lo que los grandes ventanales curvos y las ventanas corridas eran elementos habituales.

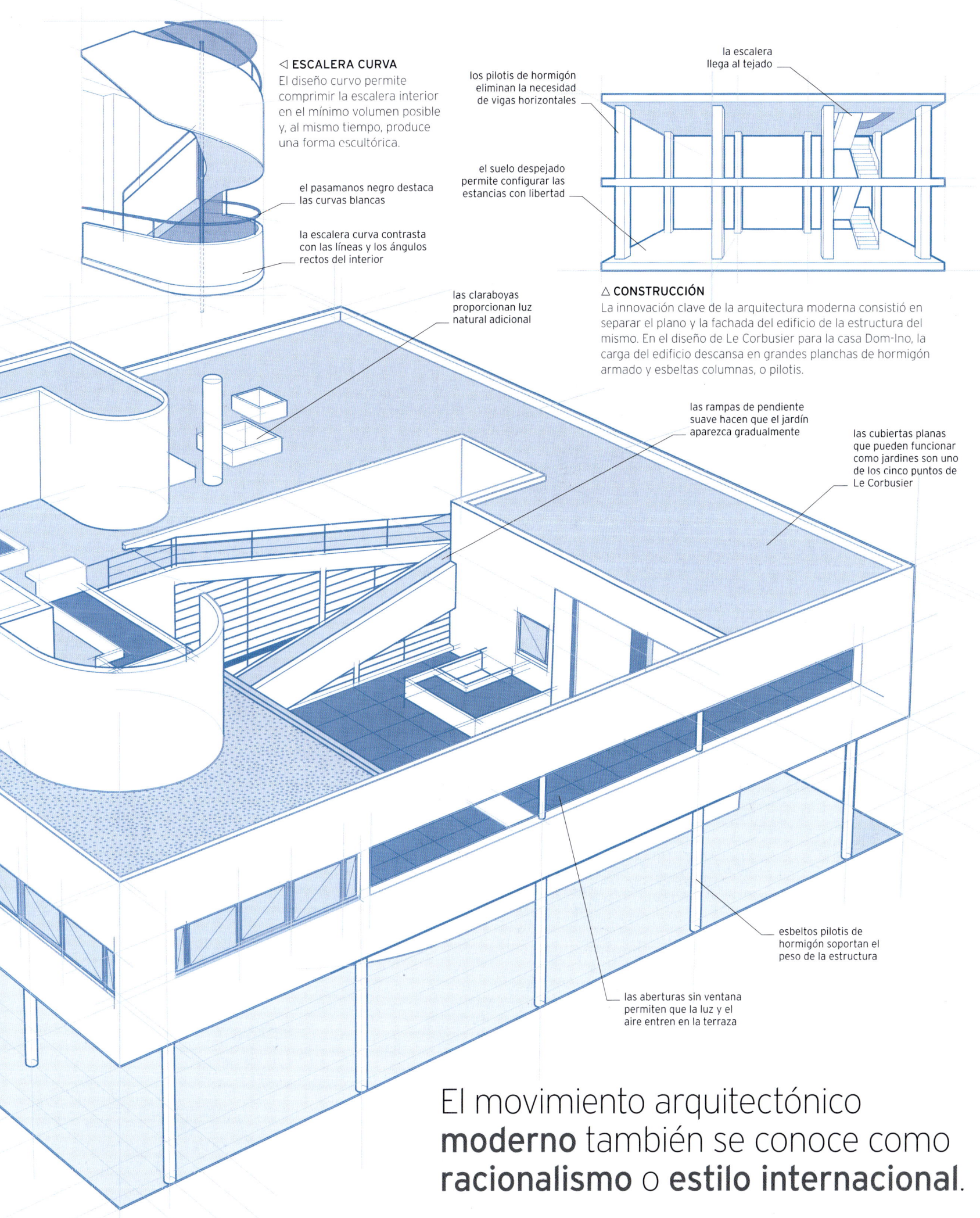

◁ **ESCALERA CURVA**

El diseño curvo permite comprimir la escalera interior en el mínimo volumen posible y, al mismo tiempo, produce una forma escultórica.

el pasamanos negro destaca las curvas blancas

la escalera curva contrasta con las líneas y los ángulos rectos del interior

las claraboyas proporcionan luz natural adicional

los pilotis de hormigón eliminan la necesidad de vigas horizontales

la escalera llega al tejado

el suelo despejado permite configurar las estancias con libertad

△ **CONSTRUCCIÓN**

La innovación clave de la arquitectura moderna consistió en separar el plano y la fachada del edificio de la estructura del mismo. En el diseño de Le Corbusier para la casa Dom-Ino, la carga del edificio descansa en grandes planchas de hormigón armado y esbeltas columnas, o pilotis.

las rampas de pendiente suave hacen que el jardín aparezca gradualmente

las cubiertas planas que pueden funcionar como jardines son uno de los cinco puntos de Le Corbusier

esbeltos pilotis de hormigón soportan el peso de la estructura

las aberturas sin ventana permiten que la luz y el aire entren en la terraza

El movimiento arquitectónico **moderno** también se conoce como **racionalismo** o **estilo internacional**.

El Atomium

Un monumento a la era atómica: nueve brillantes esferas dispuestas como los átomos de un cristal de hierro.

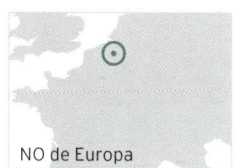

NO de Europa

El Atomium, concebido como el pabellón principal de la Exposición General de Bruselas de 1958 (Expo 58), solo debía permanecer en pie durante tal exposición. Sin embargo, su atrevido diseño futurista y su popularidad entre el público garantizaron su supervivencia y su estatus como una de las atracciones más visitadas de la ciudad. A pesar de ser una estructura concebida para que durara tan solo seis meses, el Atomium sigue siendo una maravilla de la ingeniería más de sesenta años después de su construcción.

Un emblema del progreso

El Atomium, de 102 m de altura, se halla en el parque ferial Heysel, al norte de Bruselas. Es un diseño de André Waterkeyn (1917–2005) y simboliza la fe de la posguerra en la innovación tecnológica y la visión de un futuro pacífico guiado por el conocimiento científico. La estructura sigue el estilo atómico popular en la década de 1950 que evocaba los modelos moleculares de las clases de química. Tiene la forma de nueve átomos de hierro dispuestos en un cristal de hierro aumentado 165 000 millones de veces. Así, la estructura consiste en nueve esferas de 18 m de diámetro cada una y conectadas entre sí por tubos de 3 m de diámetro que contienen escaleras, un ascensor central y una de las escaleras mecánicas más largas de Europa. Solo seis de las nueve esferas están abiertas al público; cada esfera tiene dos plantas principales, con las salas de exposición y otros espacios públicos, y una planta de servicio inferior. La esfera superior alberga un restaurante que ofrece vistas panorámicas sobre Bruselas.

REFUERZO DEL ATOMIUM

En el diseño original, el Atomium carecía de soportes y toda la estructura descansaba sobre la esfera inferior. No obstante, las pruebas en túneles de viento concluyeron que bastarían vientos de 80 km/h para derribarla, y entonces se añadieron columnas de apoyo a las tres esferas inferiores principales para estabilizar la estructura. También se añadieron escaleras de emergencia.

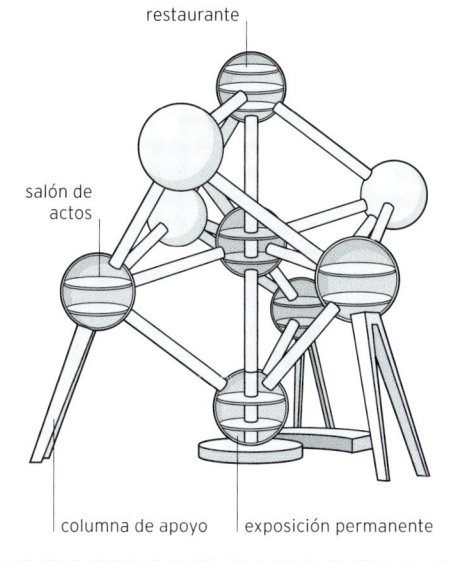

restaurante

salón de actos

columna de apoyo | exposición permanente

◁ CAMBIO DE PIEL

Originalmente, las esferas del gigantesco átomo de hierro estaban revestidas de aluminio, que se empezó a oxidar. En 2001 el aluminio se sustituyó por acero inoxidable para proteger la estructura de la oxidación y garantizar que cumpliera con la normativa arquitectónica moderna.

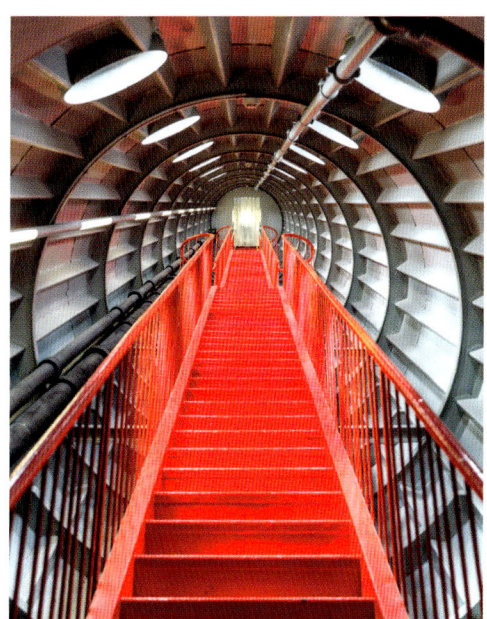

△ ÁTOMOS ACCESIBLES

Las seis esferas en uso están conectadas mediante escaleras, escaleras mecánicas y un ascensor que recorre el tubo vertical central.

Palacio Stoclet

Una mansión vienesa modernista, una «obra de arte total» ubicada en el centro de Bruselas.

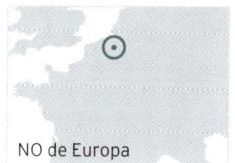

NO de Europa

Adolphe Stoclet (1871–1949) era un industrial belga y el director de la Société Générale de Belgique, una de las sociedades de inversión más importantes de Bélgica. En una estancia en Viena para supervisar la construcción de un ferrocarril conoció a uno de los líderes de la Secesión de Viena, el arquitecto Josef Hoffmann (1870–1956). Stoclet compartía los gustos vanguardistas de Hoffmann y le pidió que le diseñara una residencia en Bruselas.

Atención al detalle

El resultado fue una obra maestra de Hoffmann, una extraordinaria síntesis de las artes u «obra de arte total» (*Gesamtkunstwerk*) y una de las mansiones privadas más lujosas del siglo XX. De perfil asimétrico, el sobrio exterior rectangular oculta un interior refinado y casi teatral, con muebles geométricos y una rica decoración. Hoffmann diseñó hasta el último detalle, como los picaportes y las pinturas murales. Aunque el edificio es Patrimonio de la Humanidad de la Unesco, sigue siendo la residencia de la familia Stoclet y, por tanto, no está abierta al público.

△ SUAVIZAR LAS LÍNEAS

Las líneas rectas del exterior del palacio quedan suavizadas por las ventanas que sobresalen de los aleros y por la barandilla *Art Nouveau* que rodea el balcón.

Torre Einstein

Un observatorio expresionista, diseñado para poner a prueba las revolucionarias teorías de Einstein.

C de Europa

En 1915, Albert Einstein (1897–1955) publicó su teoría de la relatividad general. Uno de los efectos que predecía la teoría era un ligero aumento en la longitud de onda que escapa de un campo gravitatorio fuerte (fenómeno llamado corrimiento al rojo gravitacional). Un grupo de astrónomos alemanes liderados por Erwin Finlay-Freundlich (1855–1964) pusieron a prueba la teoría y encargaron un nuevo observatorio solar, al que dieron el nombre de Einstein, en Potsdam, cerca de Berlín.

Dedicado a la física

El arquitecto alemán Erich Mendelsohn (1887–1953) quería crear un edificio de estructura dinámica, acorde con las radicales teorías de Einstein, y decidió construir la torre con hormigón armado, ideal para su forma escultórica. Sin embargo, la complejidad del diseño complicaba la construcción, lo que, sumado a la escasez de material durante la Primera Guerra Mundial, supuso que el observatorio se construyera al cabo con ladrillo revestido de yeso. Pese a ello, el arquitecto consiguió hacer realidad su visión del edificio, y el propio Einstein elogió su forma «orgánica».

△ ASPECTO ESCULTÓRICO

El edificio es curvilíneo; las líneas sinuosas y las esquinas redondeadas le dan un aspecto fluido y escultural. Algunos han comparado el edificio con las ilustraciones del cuento infantil sobre la anciana que vivía en un zapato.

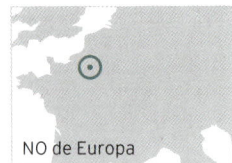

NO de Europa

Centro Georges Pompidou

Una estructura de alta tecnología con los elementos funcionales a la vista que dejó estupefactos a los parisinos.

La mayoría de los presidentes franceses han querido dejar su impronta arquitectónica en París, y Georges Pompidou, primer ministro entre 1962 y 1968 y presidente desde 1969 hasta 1974, lo hizo con creces. Resulta irónico que uno de los edificios más futuristas y radicales de la época lleve el nombre de este político conservador. El edificio, diseñado por Richard Rogers y Renzo Piano, estableció el estilo distintivo de Rogers, que dejaba los elementos funcionales, como las tuberías, a la vista. Cuando se inauguró, en 1977, el edificio fue denostado en muchos círculos arquitectónicos.

Centro artístico

El edificio, también conocido como el Beaubourg, por el área de París donde se encuentra, mide 45,5 m de altura. La estructura exterior está cubierta de tuberías, conductos y ascensores exteriores pintados de colores llamativos. El interior alberga la mayor colección de arte contemporáneo de Europa, un centro de música experimental y una biblioteca.

UNA SENCILLA CAJA

En contraste con el llamativo exterior, el interior del edificio es relativamente simple. Dos niveles subterráneos albergan las áreas de recepción y de venta de entradas; las seis plantas superiores contienen galerías, cines, restaurantes, una librería, una biblioteca y despachos. Todos los elementos de carga se hallan en la estructura exterior, por lo que las plantas son diáfanas y se pueden dividir y reorganizar a voluntad, con una flexibilidad total.

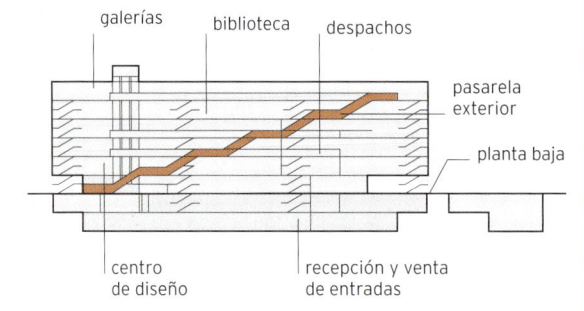

galerías · biblioteca · despachos · pasarela exterior · planta baja · centro de diseño · recepción y venta de entradas

Para construir la **estructura de metal** se usaron más de **15 000 toneladas** de acero.

◁ **CÓDIGO CROMÁTICO**

Los colores de las tuberías exteriores responden a un código: blanco para los conductos de ventilación; azul para los de aire acondicionado; verde para los de agua; y amarillo para los de electricidad. Las escaleras y los ascensores son rojos.

▷ **DEL REVÉS**

El laberinto externo de torres y apoyos estructurales, ascensores, escaleras y tuberías enmaraña el exterior del edificio, pero deja el interior despejado para exposiciones y otros usos.

Iglesia de Hallgrímur

La iglesia más grande de Islandia, el edificio más alto del país y un reflejo expresionista de orgullo nacional.

N de Europa

La iglesia de Hallgrímur, o Hallgrímskirkja, es una iglesia luterana de Reikiavik (Islandia). Lleva el nombre del poeta y clérigo islandés Hallgrímur Pétursson (1614–1674) y es una expresión de orgullo nacional. Fue diseñada en 1937 por el arquitecto estatal Guðjón Samúelsson, que recibió el encargo de crear un estilo arquitectónico característicamente islandés que reflejara el extraordinario paisaje del país. Las obras de construcción empezaron en 1945 y acabaron en 1986. El resultado fue un imponente conjunto expresionista de columnas de hormigón blancas que, juntas, evocan la forma cónica y simétrica de la montaña de Kirkjufell.

En el minimalista interior, los 5275 tubos del enorme órgano de la iglesia son un eco de las columnas de hormigón del exterior. El campanario, centrado, tiene una altura de 74,5 m.

Una planta original

Samúelsson descartó la planta cruciforme de las iglesias tradicionales y optó por situar las capillas laterales en las alas que se extienden a ambos lados del campanario. La nave rectangular está flanqueada por esbeltas columnas góticas que soportan una bóveda de crucería sin adornos. El espectacular órgano se encuentra sobre la puerta de entrada.

▷ **CATEDRAL LUTERANA**
La iglesia luterana de Hallgrímur domina la ciudad de Reikiavik y es visible a más de 20 km de distancia. El enorme campanario ofrece vistas sobre toda la ciudad y hasta las montañas.

◁ **GRAN ENTRADA**
La sencilla pero espectacular torre de la fachada principal es también la entrada de la iglesia. Todo el edificio es de hormigón, revestido de una capa de yeso rugoso y granito blanco que lo protegen de los elementos.

La iglesia **se consagró en 1986**, en el **bicentenario** de la fundación de **Reikiavik**.

Arco de La Défense

Un elegante símbolo de Francia y un hito arquitectónico moderno en el eje histórico de París.

NO de Europa

△ UN ESPEJO PARA LA CIUDAD
De noche, el revestimiento reflectante de las paredes exteriores del arco refleja las luces que iluminan La Défense. Las blancas superficies interiores ofrecen un contraste espectacular.

En 1982, el presidente François Mitterrand (1916–1996) lanzó sus *Grands projets culturels*, un programa arquitectónico concebido para revitalizar París y crear monumentos emblemáticos de Francia a fines del siglo xx. Uno de los ocho proyectos que transformaron el perfil de París durante los siguientes 20 años fue el Arco de La Défense, proyecto del arquitecto Johan Otto von Spreckelsen y del ingeniero Erik Reitzel, ambos daneses, que había competido con otros 424 para crear un monumento para La Défense, un barrio al oeste de París.

Un tributo al pasado

En origen llamado Arco de la Fraternidad, la forma cúbica se concibió como un monumento a la humanidad y a la amistad. Las obras se iniciaron en 1985 con la construcción de un marco de hormigón que luego se revistió de vidrio y mármol. El arco se inauguró el 14 de julio de 1989, en el 200.º aniversario de la Revolución francesa. El espacio para exposiciones, el restaurante y el mirador se cerraron en 2010, pero en 2017 se reabrieron, y una pasarela ofrece vistas desde La Défense hasta el Louvre, a lo largo del eje histórico de París (recuadro, dcha.).

AVENIDA TRIUNFAL

El Arco de La Défense se halla en el extremo oriental del eje histórico de París, o *Voie triomphale*, una línea recta imaginaria que pasa por importantes monumentos históricos y modernos, avenidas y edificios, y que empieza en el Museo del Louvre (p. 174). Construido sobre una estación de metro y una autovía, el arco se colocó en ángulo respecto al eje para dar espacio a sus cimientos.

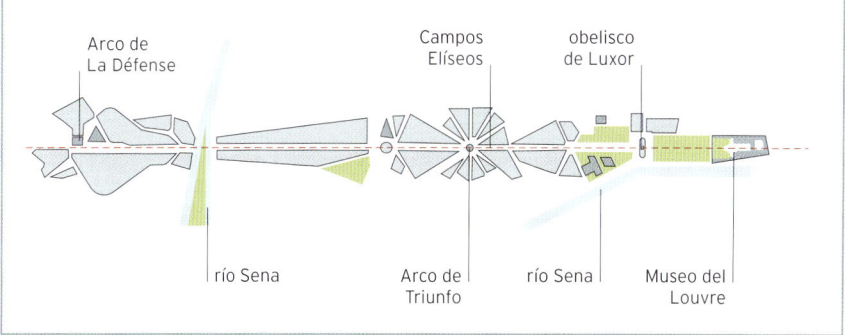

Arco de La Défense   Campos Elíseos   obelisco de Luxor

río Sena   Arco de Triunfo   río Sena   Museo del Louvre

S de Europa

Museo Guggenheim de Bilbao

Un museo de arte que es una escultura en sí mismo y que revitalizó a una ciudad en declive.

Celebrado como la obra arquitectónica más influyente de la segunda mitad del siglo XX, el innovador museo de arte contemporáneo de Frank Gehry fue encargado a principios de la década de 1990 para revitalizar culturalmente la ciudad portuaria de Bilbao. Abrió sus puertas en 1997.

Distintas perspectivas

El arquitecto aprovechó al máximo tanto el contexto urbano e industrial del solar como su ubicación junto al río: desde una perspectiva, con la ciudad como fondo, presenta ángulos rectos, ventanas y piedra; desde otra, con la ría del Nervión en primer plano, las formas más fluidas y onduladas armonizan con el agua que las rodea. La silueta de la estructura evoca la de un barco, con paneles curvos que sugieren velas y un revestimiento de titanio que cambia de color según la luz y las condiciones atmosféricas del momento. Una flor de metal adorna el punto más alto.

Con 19 galerías distribuidas en tres plantas, la enorme estructura combina titanio, vidrio y caliza en un audaz experimento de volúmenes y perspectivas. Todas las galerías convergen en un gran atrio central, que constituye el corazón organizativo del museo.

La obra maestra de Gehry ha redefinido Bilbao, y no solo en los aspectos visual y cultural, ya que la cantidad de visitantes que atrae cada año ha supuesto un crecimiento económico considerable para la ciudad.

Abundan elementos **pisciformes**, como las **escamas de vidrio** que ocultan escaleras y ascensores.

◁ **EL EXTERIOR**
El exterior del museo está definido por magníficas curvas y formas ondulantes de titanio, caliza y vidrio que crean un moderno espacio de enorme fuerza y originalidad.

△ **EL NÚCLEO DEL MUSEO**
El monumental atrio, con sus vertiginosas formas de acero, vidrio, caliza y yeso cruzadas por pasarelas horizontales, constituye el corazón del museo.

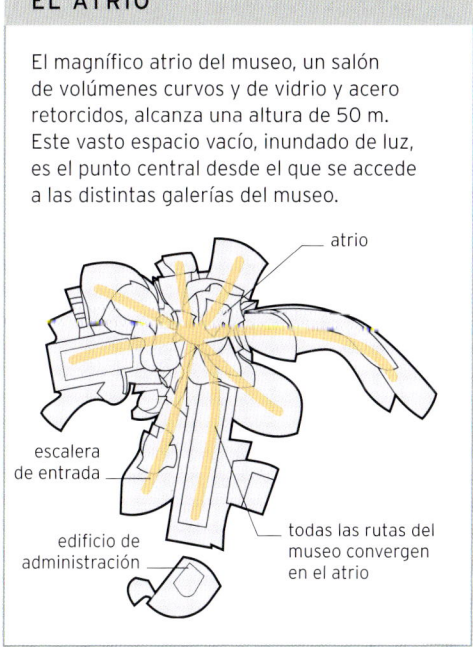

EL ATRIO

El magnífico atrio del museo, un salón de volúmenes curvos y de vidrio y acero retorcidos, alcanza una altura de 50 m. Este vasto espacio vacío, inundado de luz, es el punto central desde el que se accede a las distintas galerías del museo.

atrio

escalera de entrada

edificio de administración

todas las rutas del museo convergen en el atrio

Viaducto de Millau

Un magnífico puente atirantado construido en respuesta al moderno problema de la congestión del tráfico.

O de Europa

Hasta la apertura del viaducto de Millau en 2004, el tráfico vacacional desde París hacia el sur, en dirección a la Riviera o a España, provocaba atascos continuos en el estrecho valle del Tarn cerca de Millau, en el sur de Francia. En 1987 se empezó a hablar de construir un puente que evitara el paso por la ciudad, y se plantearon cuatro rutas posibles. Cada una presentaba sus propios problemas técnicos, geológicos o medioambientales, pero en 1991 se decidió construir un viaducto sobre el río Tarn al oeste de Millau.

Cooperación franco-británica

El puente resultante, diseñado por el arquitecto británico Norman Foster y el ingeniero francés Michel Virlogeux, tiene 2500 m de longitud y se eleva más de 200 m sobre el río. El tablero sobre el que circulan los vehículos es una ligera estructura prefabricada de acero que se ensambló *in situ*; tiene la forma de una caja trapezoidal invertida y peraltada por ambos lados. Con un coste total de 394 millones de euros, el viaducto se inauguró el 14 de diciembre de 2004 y se abrió al tráfico dos días después.

CONSTRUCCIÓN DEL TABLERO

La construcción empezó desde ambos lados del valle del Tarn, añadiendo tramos desde un pilón hasta el siguiente hasta que se juntaron en el centro. El tablero es soportado por pilones y por tirantes sujetos a torres de atirantamiento.

Hay siete pilones y torres, que dan lugar a dos tramos extremos de 204 m cada uno y otros seis tramos de 342 m cada uno. El tablero mide 28 m de ancho y está hecho con láminas de metal de 14 mm de espesor.

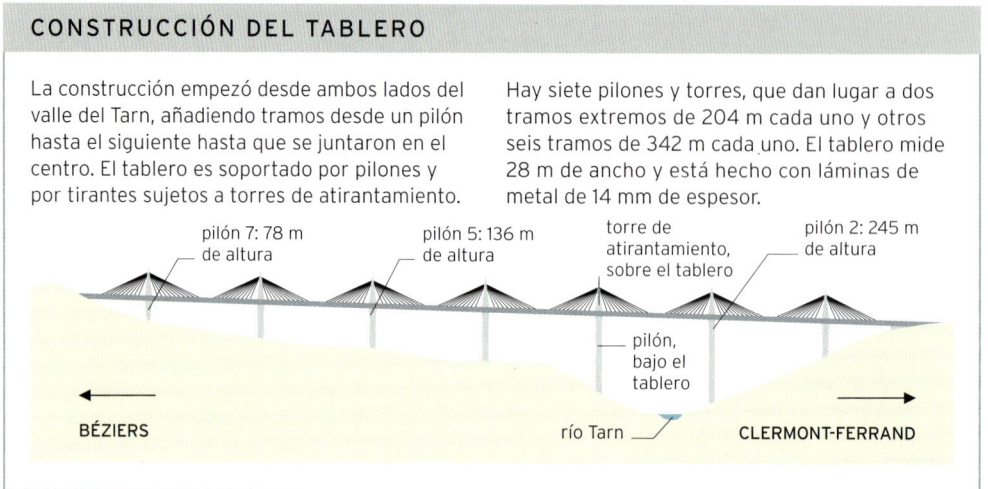

pilón 7: 78 m de altura

pilón 5: 136 m de altura

torre de atirantamiento, sobre el tablero

pilón 2: 245 m de altura

pilón, bajo el tablero

BÉZIERS

río Tarn

CLERMONT-FERRAND

El **pilón 2** del viaducto es **23 m** más alto que la **torre Eiffel**.

EL MÁS ALTO DEL MUNDO

El viaducto de Millau, que alcanza los 343 m de altura, es el puente más alto del mundo, y supera en 21 m al siguiente, el puente del Bósforo en Estambul (Turquía).

Setas de Sevilla

Una ligera y espaciosa pérgola de madera que se alza sobre ruinas antiguas y que alberga un bullicioso mercado.

S de Europa

△ **SETAS GIGANTES**
La peculiar silueta de la estructura dio lugar al apodo de «Las Setas», que desde 2013 es el nombre oficial de la obra.

En la plaza de la Encarnación de Sevilla hay un mercado de abastos desde mediados del siglo XIX. En 1973 se derribó el mercado original y los vendedores fueron trasladados a una esquina de la plaza. Su exilio duró casi cuatro décadas, hasta que se planeó un nuevo mercado con un aparcamiento subterráneo. Sin embargo, las obras se interrumpieron cuando se descubrieron en el solar restos arqueológicos romanos y de la época musulmana.

Setas e higueras

Entonces se convocó un concurso para la construcción de una estructura que cubriera los restos arqueológicos y que albergara un nuevo mercado. Lo ganó el alemán Jürgen Mayer con un diseño inspirado en las bóvedas de la catedral de Sevilla y en las higueras que crecen en la cercana plaza del Cristo de Burgos. La estructura, llamada en origen Metropol Parasol, consta de cuatro niveles. El nivel 0, subterráneo, alberga un museo donde se exponen los restos arqueológicos. El nivel 1 acoge el mercado, cuya cubierta es una plaza pública al aire libre y protegida por las pérgolas de madera. Los niveles 2 y 3 tienen terrazas panorámicas y restaurantes que ofrecen algunas de las mejores vistas sobre el casco antiguo de Sevilla.

△ **MODERNO CONTRASTE**
La cubierta del nuevo mercado de Sevilla, una de las estructuras de madera más grandes jamás construidas, contrasta enormemente con los edificios que la rodean

ESTRUCTURA DE ABEDUL

Las Setas de Sevilla se han descrito como el edificio de madera más grande del mundo. Se compone de seis pérgolas o parasoles unidos entre sí y con forma de setas gigantes. Cada pérgola consiste en una red de paneles de madera laminada y de vigas pegadas y esculpidas con formas curvas. La elegante estructura se abrió al comercio y al ocio en 2011.

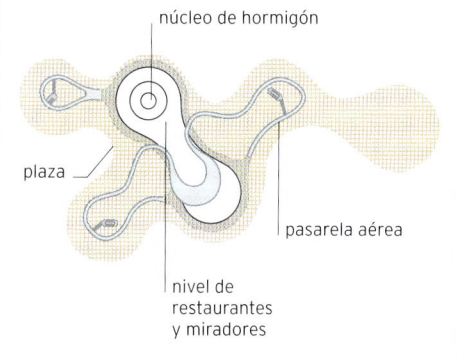

núcleo de hormigón

plaza

pasarela aérea

nivel de restaurantes y miradores

Maravilla de la Antigüedad y ciudad moderna
La Gran Pirámide de Giza (centro), la única superviviente
de las Siete Maravillas del mundo antiguo, se alza sobre
una pequeña meseta con la densamente poblada ciudad
moderna de El Cairo a sus pies.

África

MAESTROS DEL LADRILLO Y DE LA PIEDRA

África

Los constructores de las maravillas de la arquitectura africana tuvieron que derrochar ingenio para adaptarse a la gran variedad de climas del continente. Al norte del Sáhara, la caliza y la arenisca del valle del Nilo fueron los materiales de construcción de los templos y las pirámides antiguos. Los egipcios eran expertos en la talla de columnas de piedra, que colocaban muy juntas para que pudieran soportar cargas pesadas y que les permitieron levantar estructuras colosales. Algunas de las obras maestras arquitectónicas del continente se hallan en el norte, que disfrutaba de un fácil acceso a canteras y de intercambios comerciales y culturales frecuentes con otras partes del mundo. Al sur del Sáhara, los constructores etíopes tallaron edificios enteros en la roca viva, mientas que otros arquitectos africanos usaron la propia tierra, en ladrillos cocidos al sol.

LUGARES CLAVE

1. Esfinge de Giza
2. Pirámides de Giza
3. Complejo del templo de Karnak
4. Templos de Abu Simbel
5. Pirámides de Meroe
6. Timgad
7. Mausoleo Real de Mauritania
8. Obeliscos y tumbas reales de Aksum
9. Leptis Magna
10. Anfiteatro de El Yem
11. Gran Mezquita de Kairuán
12. Muralla de Kano
13. Iglesias de Lalibela
14. Mezquita Kutubiya
15. Gran Zimbabue
16. Palacios Reales de Abomey
17. Gran Mezquita de Yenné
18. Monumento a la lengua afrikáans
19. Basílica de Nuestra Señora de la Paz

MONUMENTOS EGIPCIOS
3100 A.C.–30 D.C.

Aunque la pirámide es el epítome de la construcción monumental egipcia, los antiguos egipcios también construían edificios con columnas y arquitrabes, que luego adoptaron los griegos. Trabajaban con enormes sillares de caliza y de granito, sin poleas, ruedas ni herramientas de hierro, y también nivelaban los cimientos con una precisión extraordinaria.

2 PIRÁMIDES DE GIZA

URBANISMO ROMANO
146 A.C.–698 D.C.

Allá donde llegaban, los romanos introducían su modelo de vida urbana para aplacar y atraer a sus nuevos súbditos, además de proporcionar un hogar a los soldados y los ciudadanos expatriados. Incluso ciudades coloniales remotas como Timgad cuentan con la característica trama de calles con aceras, columnatas e instalaciones públicas.

6 TIMGAD

IGLESIAS CRISTIANAS
SIGLO I–PRINCIPIOS DEL SIGLO XV

A medida que el cristianismo se extendía por el Cuerno de África, se erigieron edificios de culto y monasterios para consolidar la presencia cristiana y atraer conversos. Los canteros etíopes aplicaron la tradición autóctona con resultados magníficos en las iglesias monolíticas de Lalibela, como la de San Jorge (abajo), talladas en la roca viva.

13 IGLESIA DE LALIBELA

EXPANSIÓN DEL ISLAM
632–681 D.C.

La expansión del islam hacia el noreste y el noroeste de África impulsó una oleada de construcción de mezquitas durante el siglo VII, como en Eritrea, Etiopía, Egipto, Somalia, Túnez y Argelia. Estas primeras mezquitas se inspiraron en el estilo de la época, con innovaciones como alminares rectangulares o cuadrados, en lugar de circulares.

11 GRAN MEZQUITA DE KAIRUÁN

la Gran Mezquita de Kairuán, fundada en 670 d.C., es el edificio religioso musulmán más antiguo de África

las pirámides de Giza son las únicas maravillas del mundo antiguo que se conservan

Desierto Occidental

Cordillera del Atlas

Madeira

Islas Canarias

Grand Erg Oriental

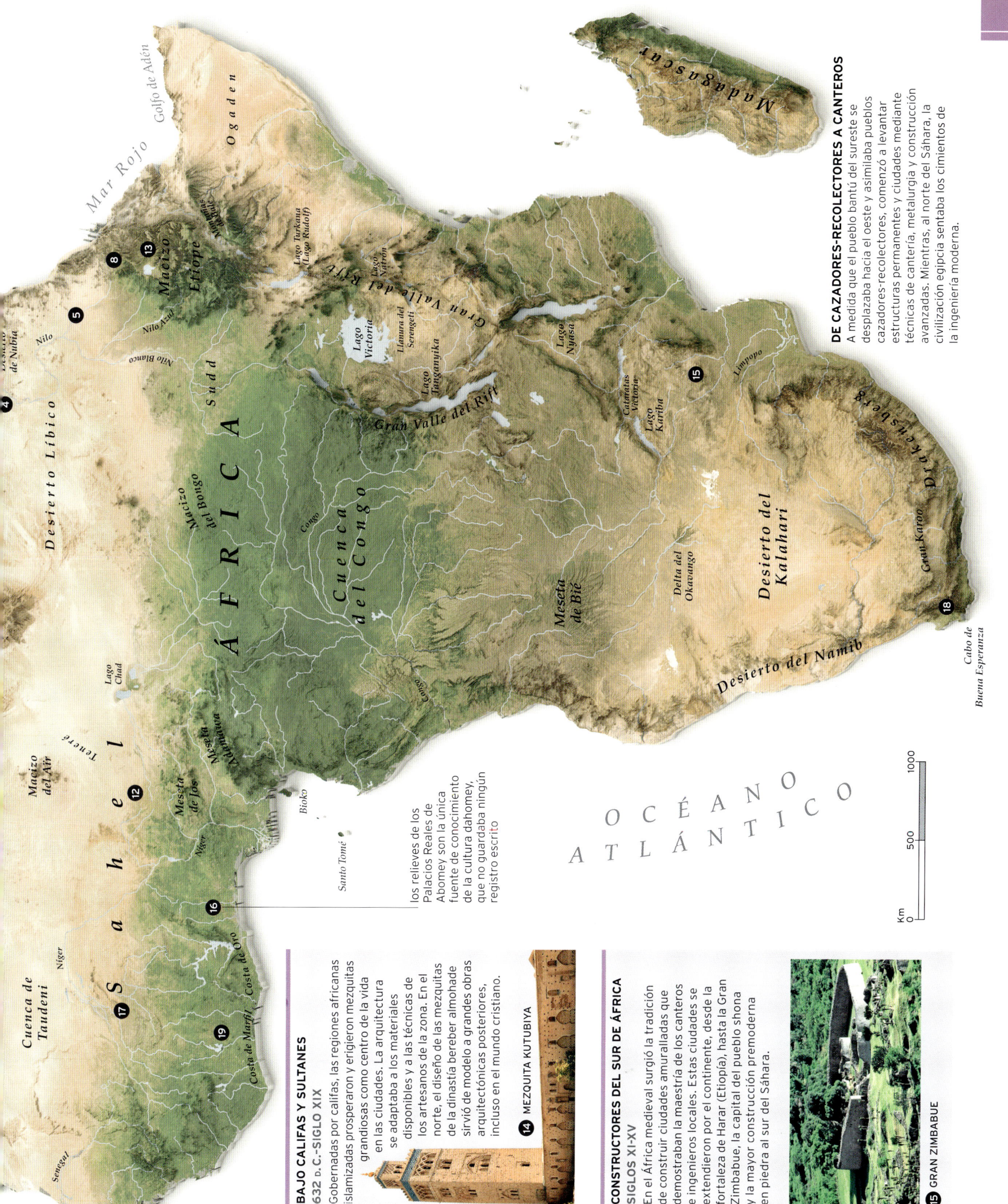

DE CAZADORES-RECOLECTORES A CANTEROS

A medida que el pueblo bantú del sureste se desplazaba hacia el oeste y asimilaba pueblos cazadores-recolectores, comenzó a levantar estructuras permanentes y ciudades mediante técnicas de cantería, metalurgia y construcción avanzadas. Mientras, al norte del Sáhara, la civilización egipcia sentaba los cimientos de la ingeniería moderna.

Mar Rojo

Golfo de Adén

Ogaden

Madagascar

Desierto de Nubia

Nilo

Macizo Etíope

Montañas Mitumba

Lago Turkana (Lago Rudolf)

Lago Natron

Gran Valle del Rift

Nilo Azul

Nilo Blanco

Sudd

Llanura del Serengeti

Lago Victoria

Lago Tanganyika

Desierto Líbico

Á F R I C A

Macizo del Bongo

Congo

Cuenca del Congo

Gran Valle del Rift

Lago Nyasa

Cataratas Victoria

Lago Kariba

Limpopo

Drakensberg

Gran Karoo

Meseta de Bié

Delta del Okavango

Desierto del Kalahari

Macizo del Aïr

Ténéré

Lago Chad

Meseta de Adamaua

Meseta de los

Congo

Cuenca de Taudeni

Níger

S a h e l

Níger

Senegal

Bioko

Santo Tomé

Desierto del Namib

Cabo de Buena Esperanza

O C É A N O

A T L Á N T I C O

Km 0   500   1000

Costa de Marfil

Costa de Oro

los relieves de los Palacios Reales de Abomey son la única fuente de conocimiento de la cultura dahomey, que no guardaba ningún registro escrito

BAJO CALIFAS Y SULTANES
632 d.C.–SIGLO XIX

Gobernadas por califas, las regiones africanas islamizadas prosperaron y erigieron mezquitas grandiosas como centro de la vida en las ciudades. La arquitectura se adaptaba a los materiales disponibles y a las técnicas de los artesanos de la zona. En el norte, el diseño de las mezquitas de la dinastía bereber almohade sirvió de modelo a grandes obras arquitectónicas posteriores, incluso en el mundo cristiano.

14 MEZQUITA KUTUBIYA

CONSTRUCTORES DEL SUR DE ÁFRICA
SIGLOS XI–XV

En el África medieval surgió la tradición de construir ciudades amuralladas que demostraban la maestría de los canteros e ingenieros locales. Estas ciudades se extendieron por el continente, desde la fortaleza de Harar (Etiopía), hasta la Gran Zimbabue, la capital del pueblo shona y la mayor construcción premoderna en piedra al sur del Sáhara.

15 GRAN ZIMBABUE

NE de África

Esfinge de Giza

Una de las esculturas más grandes del mundo, que custodia las tumbas sobre las arenas de Giza.

La colosal esfinge de Giza, que representa a un ser mítico con cuerpo de león y cabeza de faraón, reposa ante la pirámide de Kefrén, la Gran Pirámide, junto a su templo bajo. Tallada durante el reinado de este faraón (2520–2465 a. C.), tiene unos 73 m de longitud y 20 m de altura, y es la primera estatua monumental del Egipto dinástico.

Es posible que originalmente llevara el nemes, el característico tocado funerario con franjas azules y amarillas que caía por detrás de las orejas, con el que se solía representar a los faraones. Se cree que sus rasgos faciales son los de Kefrén, aunque algunos historiadores han sugerido que representa a su padre, Keops.

Símbolo de omnipotencia

Esta esfinge, mezcla de león (el rey de los animales, símbolo de la realeza y figura guardiana, también asociado al Sol) y del soberano divinizado, podría representar al faraón como rey omnisciente y omnipotente.

La esfinge está orientada a la salida del sol, y vista desde el este-sureste, su cabeza aparece flanqueada por las dos pirámides que se alzan detrás de ella. Según algunos estudiosos, esta configuración se asemeja al jeroglífico «horizonte» (el disco solar entre dos montañas) que se asocia al dios Sol Horemjet («Horus en el horizonte»), nombre que los egipcios del Imperio Nuevo (c. 1539–1075 a. C.) dieron a la esfinge.

Llegado el Imperio Nuevo, la esfinge estaba muy deteriorada. Una estela de granito rojo llamada Estela del Sueño y erigida por Tutmés IV (r. c. 1400–1390 a. C.) narra un sueño que este tuvo siendo aún príncipe en el que la esfinge se le aparecía y le prometía el trono si la reparaba. De hecho, Tutmés ordenó varias reparaciones antes de reinar: se retiró la arena que la cubría, se sustituyeron algunos sillares y se construyó un muro protector. La inscripción de la estela se considera una estratagema propagandística con la que justificó su derecho al trono.

◁ EJE SIMBÓLICO
La esfinge se talló en un solo bloque de caliza sobre un eje este-oeste, alineada con el templo de Kefrén.

△ LO ANTIGUO Y LO MODERNO
En esta vista de El Cairo actual desde el sur, las pirámides de Giza se alzan majestuosas sobre los altos edificios de la extensa metrópoli, yuxtaponiendo el Egipto antiguo al moderno.

UNA CÁMARA SECRETA

En 2017 se descubrió sobre la Gran Galería de la pirámide de Keops una cavidad de al menos 30 m de longitud que se cree que era una cámara secreta. El hallazgo fue posible gracias a la muografía, técnica consistente en detectar unas partículas subatómicas llamadas muones para generar imágenes tridimensionales de estructuras densas.

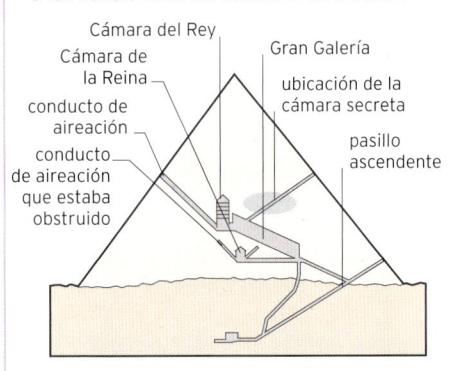

Cámara del Rey
Cámara de la Reina
Gran Galería
conducto de aireación
ubicación de la cámara secreta
conducto de aireación que estaba obstruido
pasillo ascendente

Pirámides de Giza

Obras cumbre de la ingeniería y la imaginación, testigos impasibles de una civilización antigua extraordinaria.

NE de Africa

Las pirámides de Giza, hoy en el área metropolitana de El Cairo, en la orilla occidental del Nilo, son unos de los monumentos más célebres del mundo. Una de ellas es la Gran Pirámide, un verdadero prodigio de ingeniería y maestría constructiva, que se cree fue erigida durante el reinado del faraón Keops (*c.* 2545–2525 a. C.) y fue una de las Siete Maravillas del mundo antiguo.

Estas pirámides eran gigantescos complejos con otra pirámide secundaria y un templo alto, o funerario, y un templo bajo, o del valle, conectados por calzadas, y albergaban lo que los faraones podían necesitar para garantizar su comodidad en la otra vida, en la creencia de que tras la muerte alcanzarían la inmortalidad y el estatus divino. Incluso se enterraban barcas funerarias de tamaño natural para que los faraones dispusieran de medio de transporte en el más allá.

Rampas hacia el cielo

La Gran Pirámide de Keops es la más antigua y la más grande de las tres pirámides principales de Giza. Se alzaba hasta 146 m de altura sobre una base de unos 230 m de lado y contenía unos 2,3 millones de m^3 de sillares dispuestos con una precisión asombrosa. Es de piedra caliza amarillenta y estaba revestida con sillares lisos de caliza blanca de Tura (luego retirados para construir mezquitas).

La segunda pirámide, más pequeña, tiene 144 m de altura y fue construida por Kefrén, hijo de Keops. La tercera pirámide, construida por orden de Micerino e incompleta cuando el faraón falleció, es la menor (unos 65 m de altura), pero tiene el templo bajo más elaborado.

Estas monumentales tumbas tenían una relevancia religiosa y mítica inmensa como símbolo del poder del faraón y de Ra, el dios del Sol. Su forma piramidal con las caras lisas derivaría al parecer de la creencia de que, tras la muerte del faraón, el Sol intensificaba sus rayos y creaba así una suerte de rampa por la cual el alma del difunto podía ascender hasta el cielo fácilmente.

△ **LA GRAN GALERÍA DE KEOPS**
La Gran Galería es un pasillo de paredes acarteladas que conduce a la cámara funeraria de Keops, que albergaba el cadáver momificado del faraón.

Complejo del templo de Karnak

Un complejo ceremonial de inmensa importancia cultural y una gran fuente de conocimiento sobre la civilización del antiguo Egipto.

NE de África

El templo de Karnak, situado en la orilla oriental del río Nilo, cerca de Luxor, es el lugar que recibe más visitas de Egipto después de las pirámides de Giza (pp. 208–209). Se trata de un gigantesco conjunto de estructuras, desde templos, santuarios o capillas, obeliscos y puertas colosales (pilonos) hasta esfinges, lagos sagrados y una sala hipóstila (pp. 212–213).

Lugares de culto

El complejo cuenta con tres recintos con sus respectivos templos: el de Montu, el dios de la guerra, al norte; el de Mut, la diosa de la tierra y esposa de Amón, al sur, y entre ellos, el gran templo de Amón, el dios supremo. Karnak debía su prestigio a este templo, sobre todo a partir del Imperio Nuevo (c. 1539–1075 a. C.), cuando adquirió relevancia religiosa como centro del culto de Amón.

Uno de los elementos más espectaculares de Karnak es la enorme sala hipóstila, de unos 5000 m², con 134 columnas colosales (la mayoría de 10 m de altura con arquitrabes de 70 000 kg), cubiertas de jeroglíficos profundamente incisos para impedir que gobernantes posteriores los borrasen.

El complejo de Karnak es único entre todos los monumentos egipcios porque su construcción se prolongó durante unos 2000 años. Los trabajos comenzaron durante el Imperio Medio (c. 1980–1630 a. C.) y acabaron en la época tolemaica (305–30 a. C.). En 1979 fue declarado Patrimonio de la Humanidad.

▷ **COLUMNAS ANTIGUAS**
Las columnas de Karnak son de proporciones colosales y están cubiertas de jeroglíficos incisos muy profundos, para asegurar el lugar del faraón en la historia. Originalmente estaban pintadas de colores vivos.

En la **construcción** de Karnak intervinieron unos **treinta faraones**.

DE KARNAK A LUXOR: LA AVENIDA SAGRADA

Los templos de Karnak y del cercano Luxor están unidos por una avenida de casi 3 km de longitud flanqueada por esfinges con cabeza humana. Originalmente esta era la ruta procesional inicial de la fiesta anual de Opet, durante la que se representaban las nupcias de los dioses Amón y Mut. Luego, la procesión volvía por el Nilo. Unos magníficos bajorrelieves de Karnak ilustran el trayecto en barca.

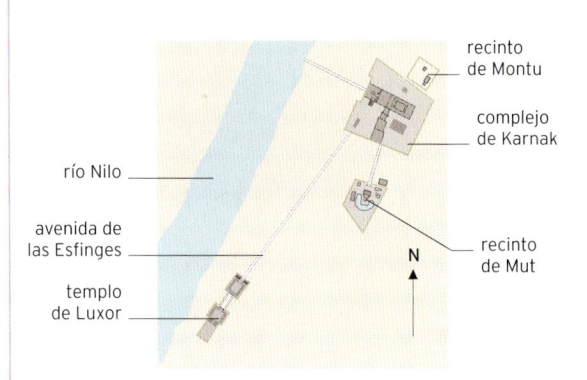

río Nilo
avenida de las Esfinges
templo de Luxor
recinto de Montu
complejo de Karnak
recinto de Mut
N

△ **LA GRAN SALA HIPÓSTILA**
La monumental sala hipóstila, uno de los elementos más impresionantes de Karnak, se utilizaba para ceremonias religiosas y solo podían acceder a ella sacerdotes y faraones.

◁ **ESTATUA DE AMÓN**
Los sacerdotes honraban a diario al dios Amón, representado aquí con forma humana, en su espectacular templo de Karnak.

Estilos arquitectónicos
ANTIGUO EGIPTO

Aunque la pirámide es el edificio más conocido del antiguo Egipto, también han llegado a nuestros días templos y palacios magníficos, por lo general gracias a su enorme tamaño y a la solidez de su construcción en piedra.

La civilización del antiguo Egipto surgió hacia 3000 a.C., empezó a declinar hacia 1000 a.C. y se hundió tras la muerte de Cleopatra, el año 30 d.C. Su existencia y su longevidad se debieron al Nilo, que propiciaba una economía agrícola capaz de generar la riqueza y la estabilidad necesarias para que prosperaran la sociedad y la cultura, y para llevar a cabo proyectos arquitectónicos colosales.

La arquitectura egipcia se basó en el ladrillo de adobe y la piedra, y generalmente, en un sistema arquitrabado. Los techos planos, construidos con enormes losas de piedra, requerían columnas muy próximas entre ellas para soportar la carga. Todas las superficies, incluidas las de las columnas y los pilonos, se decoraban con jeroglíficos y motivos religiosos. Mientras que el conocimiento de la arquitectura egipcia procede de los edificios, la mayoría religiosos y funerarios, que se han conservado, los jeroglíficos informan sobre la sociedad, la vida cotidiana y la historia del antiguo Egipto, así como de la gran importancia de la religión.

forma de flor de loto cerrada

forma de flor de papiro abierta

LOTIFORME

PAPIRIFORME

△ **CAPITELES LOTIFORME Y PAPIRIFORME**
El capitel es el elemento superior de la columna, que remata el fuste y sostiene la carga. Los egipcios crearon capiteles inspirados en la forma de plantas importantes para ellos, como el loto y el papiro.

◁ **COLOSO DE RAMSÉS II**
Un coloso es una estatua gigantesca de un faraón o una deidad. Esta estatua colosal, una de las muchas que hay en Karnak, conmemora a Ramsés II.

estatua colosal de granito de Ramsés II a la entrada de la sala hipóstila

estatuilla de Meritamón, hija y esposa favorita de Ramsés II

columnas de arenisca marrón-rojiza

techo de la sala hipóstila, sostenido por 134 columnas

pabellón de Taharka, usado para ceremonias públicas

una ranura vertical alojaría el asta de una bandera

▽ **ESFINGES**
Una esfinge es un ser mitológico, normalmente con cuerpo de león y cabeza humana, que custodiaba los templos. La más famosa es la de Giza (p. 208), de 73 m de longitud y 20 de altura.

el carnero estaba asociado a Amón

estatuilla de Ramsés II entre las patas delanteras

pilono de la entrada incompleto, con torres de altura desigual

el templo de Amón mide 366 × 110 m

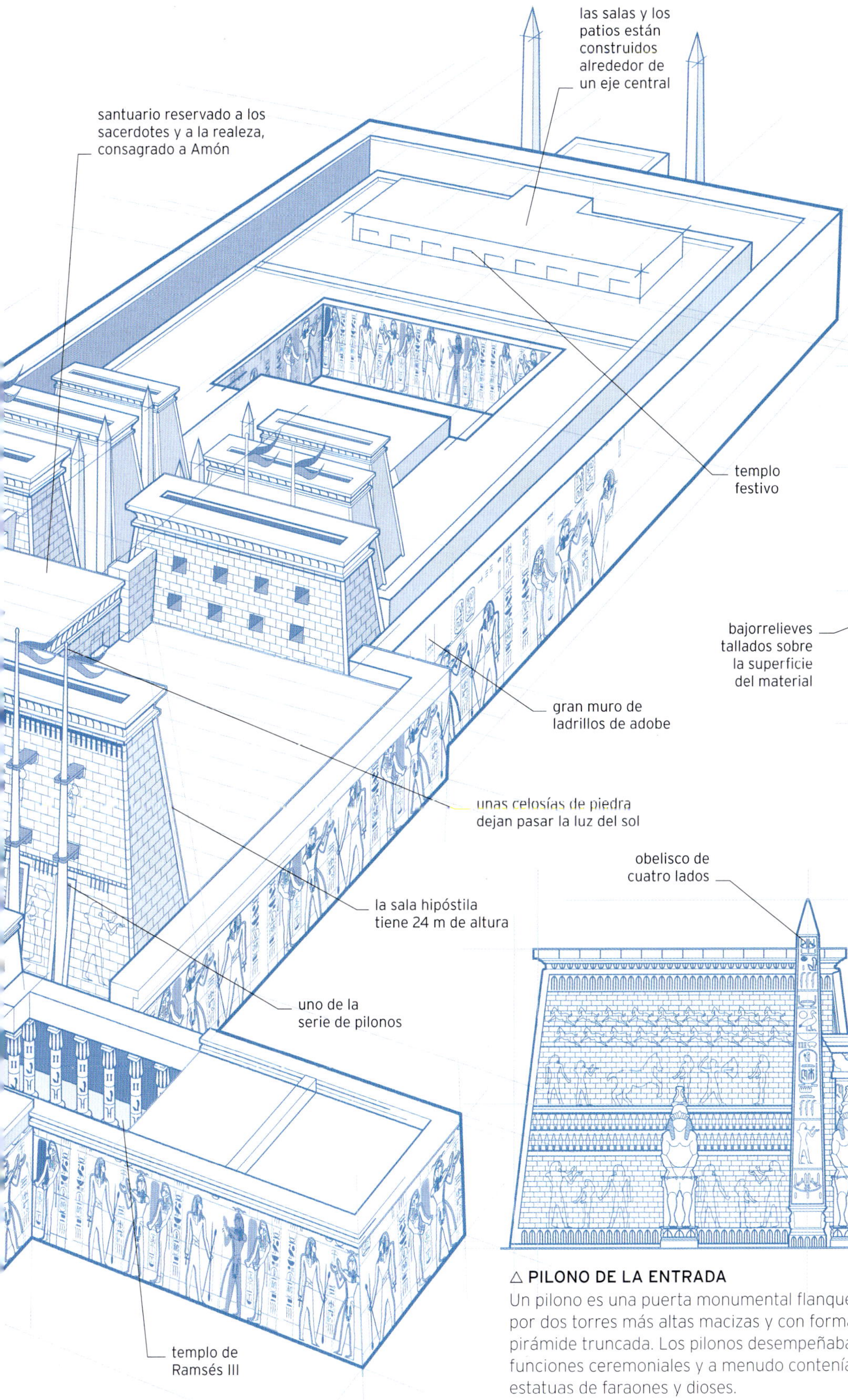

las salas y los patios están construidos alrededor de un eje central

santuario reservado a los sacerdotes y a la realeza, consagrado a Amón

templo festivo

gran muro de ladrillos de adobe

unas celosías de piedra dejan pasar la luz del sol

la sala hipóstila tiene 24 m de altura

uno de la serie de pilonos

templo de Ramsés III

◄ TEMPLO DE AMÓN (KARNAK)

Muchos de los complejos religiosos egipcios conservan estructuras monumentales como obeliscos, pilonos y estatuas colosales, con frecuencia alineados con cuerpos celestes. El complejo de Karnak (pp. 210-211), cerca de Luxor, es uno de los más impresionantes. El templo de Amón está alineado con el amanecer del solsticio de invierno.

las ofrendas rituales, las victorias militares y las ceremonias religiosas son temas habituales de los jeroglíficos

bajorrelieves tallados sobre la superficie del material

△ RELIEVE MURAL

Uno de los rasgos característicos de la arquitectura egipcia es la decoración con relieves (motivos o esculpidos sobre una superficie de fondo), con un lenguaje visual simbólico y figurativo, y a menudo pintados.

el símbolo *anj* («vida») aparece a menudo en los relieves

obelisco de cuatro lados

cada obelisco pesa más de 227 toneladas

los gruesos muros se estrechan hacia arriba

la superficie de las torres está decorada con jeroglíficos

unas estatuas colosales flanquean la entrada

△ PILONO DE LA ENTRADA

Un pilono es una puerta monumental flanqueada por dos torres más altas macizas y con forma de pirámide truncada. Los pilonos desempeñaban funciones ceremoniales y a menudo contenían estatuas de faraones y dioses.

PIRÁMIDE DE ZOSER: 62 M **PIRÁMIDE ACODADA DE SNEFRU: 104 M** **GRAN PIRÁMIDE DE GIZA: 139 M**

La **Gran Pirámide de Giza**, de 139 m de altura, fue el **edificio más alto del mundo** hasta el siglo XIV de nuestra era.

LAS PIRÁMIDES Y SUS FORMAS

Las pirámides eran los monumentos funerarios de los faraones. Las de Giza tienen los lados en pendiente continua. En otras, esta cambia de ángulo o adopta la forma de altos escalones.

◁ **RAMSÉS II**
Esta perspectiva de la estatua de
Ramsés II divinizado a la entrada
del templo principal muestra la
delicada talla de sus facciones
y su característico tocado.

▷ **GUARDIANES DEL TEMPLO**
Cuatro magníficas estatuas de
Ramsés II con distintos tocados
esculpidas en la roca guardan la
entrada de su templo en Abu Simbel.
Aunque son tridimensionales, se
diseñaron para ser contempladas.

△ **DENTRO DEL TEMPLO**
La sala hipóstila del templo de Ramsés II contiene
ocho pilares esculpidos con la imagen del faraón
divinizado como Osiris, dios del inframundo.

Templos de Abu Simbel

*Antiguos templos que rinden homenaje al poder
y a la autoridad del antiguo Egipto.*

NE de África

Los dos espectaculares templos excavados en la roca de Abu Simbel son unos de los monumentos más famosos de Egipto. Situados en la orilla occidental del Nilo en el sur del país, fueron construidos por mandato de Ramsés II, cuyo reinado (c. 1279–1213 a. C.) fue el más largo de la historia del Egipto faraónico.

El faraón, un hábil estadista, los hizo construir como símbolo de su poder y del de su reino. No se sabe con exactitud cuándo comenzaron las obras, pero se cree que duraron 20 años. Ramsés se dedicó a sí mismo el templo principal, el Templo Mayor, y el más pequeño, o Templo Menor, a su esposa principal, la reina Nefertari, como personificación de la diosa Hathor.

Símbolos de poder

El Templo Mayor es un gran edificio de 33 m de altura con una imponente entrada flanqueada por dos pares de estatuas colosales (de 20 m de altura) de Ramsés sentado en el trono. El interior tiene una disposición triangular con diversas cámaras y tres salas de tamaño decreciente que se adentran unos 56 m en la montaña. La más notable es la sala hipóstila, de 9 m de altura, cuyos poderosos pilares representan a Ramsés. Los relieves de las paredes narran acontecimientos del reinado del faraón.

El Templo Menor, inmediatamente al norte del Mayor y de 12 m de altura, tiene dos estatuas de Ramsés y una de Nefertari a cada lado de la entrada. En su interior también destaca la sala hipóstila, con seis columnas y paredes decoradas con imágenes de Hathor y del faraón y la reina llevando ofrendas a varias deidades.

Este yacimiento Patrimonio de la Humanidad de la Unesco acaparó la atención del mundo en la década de 1960, cuando amenazó con sumergirlo el lago de la presa de Asuán en construcción. Entonces, los templos se desmontaron y se volvieron a montar tierra adentro, en un alarde de habilidad e ingeniería que se tardó cuatro años en completar.

▷ **THOT, EL DIOS BABUINO**
Esta estatua del dios Thot bajo la forma de un babuino es una de las cuatro que decoraban la capilla solar, que formaba parte del Templo Mayor.

El **traslado** de Abu Simbel requirió «trocear» el complejo en unos **16 000** grandes bloques que luego hubo que **volver a montar**.

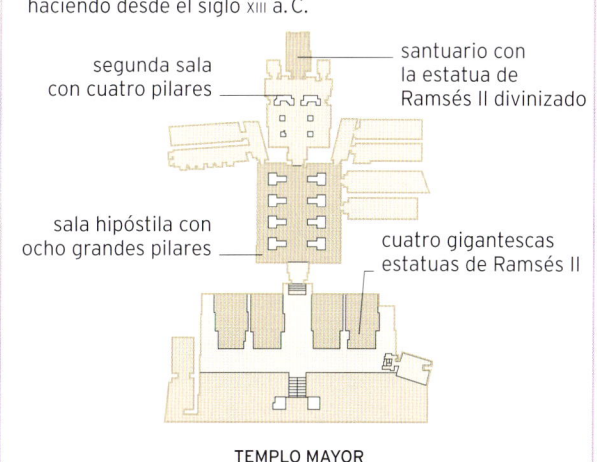

ALINEACIÓN SAGRADA

Los arquitectos y los ingenieros que participaron en el laborioso traslado de Abu Simbel se aseguraron de que la entrada al templo principal quedara alineada correctamente para que los rayos del sol pudieran seguir entrando en el profundo santuario para iluminar el rostro de la estatua de Ramsés II divinizado dos veces al año, como venían haciendo desde el siglo XIII a. C.

segunda sala con cuatro pilares

santuario con la estatua de Ramsés II divinizado

sala hipóstila con ocho grandes pilares

cuatro gigantescas estatuas de Ramsés II

TEMPLO MAYOR

NE de África

Pirámides de Meroe

Más de 200 pirámides construidas sobre las tumbas reales del reino de Kush.

Los reyes de Kush gobernaron en Nubia, el territorio que se extiende a lo largo del río Nilo al sur de Egipto, durante casi 900 años a partir del siglo VIII a.C. Meroe, en el actual Sudán, fue elegida capital del imperio en el siglo III a.C. y se consolidó como una ciudad próspera gracias al comercio (sobre todo de artículos de hierro y cerámica), además de como lugar de residencia de la familia real.

El reino de Kush desarrolló una civilización singular en paralelo a la del vecino Egipto, de cuya cultura adoptó algunos elementos, como la construcción de pirámides sobre las tumbas de sus gobernantes y ciudadanos ilustres que todavía pueden verse en las tres necrópolis excavadas en torno a la ciudad de Meroe, donde están enterrados muchos de sus gobernantes.

Perfil nubio

Las pirámides de Meroe son notablemente distintas de las más famosas egipcias de Giza (pp. 208–209), por su perfil empinado característicamente nubio y, con frecuencia, una imponente estructura de entrada. Aunque no son tan grandes como las egipcias, su gran número cerca de las necrópolis de Meroe hace que su imagen resulte igualmente impresionante.

Las cámaras funerarias de estas pirámides albergaban los restos y los ajuares funerarios de la realeza de Kush y estaban decoradas con pinturas, relieves y jeroglíficos de clara influencia egipcia. Por desgracia, las cámaras han sido saqueadas de manera repetida a lo largo de los siglos y apenas se conserva nada del tesoro que contenían.

△ **JOYERÍA NUBIA**
En los ajuares funerarios hallados en las tumbas abundan las joyas, como este brazalete de oro y esmalte decorado con una imagen de la diosa Hathor y motivos geométricos.

DESTRUCCIÓN Y RECONSTRUCCIÓN
El explorador italiano Giuseppe Ferlini desmanteló muchas de las más de 200 pirámides de Meroe en busca de sus tesoros. Algunas, como las que aparecen en primer plano en la imagen, se han reconstruido por completo.

DISEÑO DE LAS PIRÁMIDES

Las pirámides de Meroe son de estilo típicamente nubio, más pequeñas y empinadas que las egipcias. Se construyeron con sillares de arenisca que ascienden desde una base estrecha en un ángulo de entre 60° y 73° hasta entre 6 y 30 m de altura. A estas pirámides se entraba por un pasillo cubierto precedido por una puerta monumental, pero las cámaras funerarias se excavaban aparte bajo el suelo, al pie de una rampa de tierra.

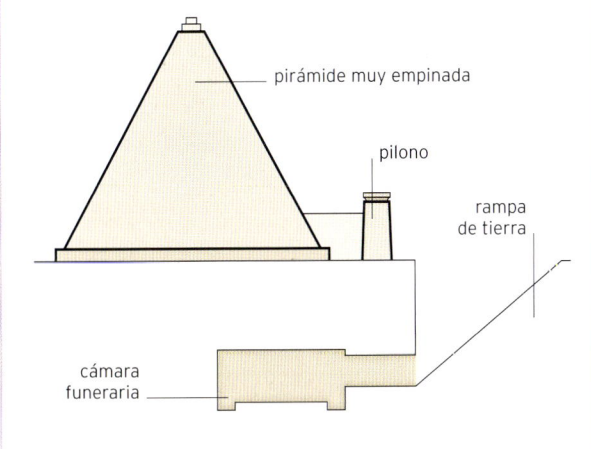

pirámide muy empinada

pilono

rampa de tierra

cámara funeraria

△ PASILLO DE ENTRADA
Un pasillo cubierto de diseño rectilíneo relativamente sencillo lleva al interior de cada pirámide desde la entrada.

◁ PILONO
Una de las características de las pirámides de Meroe es la puerta monumental inspirada en el pilono de los templos egipcios que lleva al pasillo de entrada.

URBANISMO ROMANO
El foro, el teatro y otros edificios públicos ocupan el centro de la ciudad, cerca de la intersección de las dos calles principales, bordeadas de columnas.

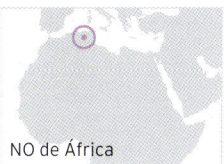

NO de África

Timgad

Una magnífica ciudad colonial que ejemplifica el trazado en cuadrícula característico del urbanismo romano.

Situada en los montes Aurés (Argelia) y preservada gracias a los siglos que pasó enterrada bajo las arenas del Sáhara, Timgad recibe a veces el nombre de «Pompeya del norte de África». Aunque esta ciudad amurallada romana fue saqueada en los siglos V y VIII, los cimientos y algunas estructuras originales que han sobrevivido dan fe de la sofisticación del urbanismo romano en su apogeo.

Una ciudad de piedra

Timgad fue fundada en torno al año 100 d. C. por el emperador Trajano, probablemente para los soldados que defendían la colonia romana de Numidia del ataque de los bereberes. Al no existir construcciones anteriores en el emplazamiento elegido, los urbanistas tuvieron plena libertad para diseñar una ciudad con un trazado en cuadrícula perfectamente regular. Las calles se pavimentaron con piedra caliza local, que también fue el principal material de construcción de los edificios, muchos de ellos decorados con lujosos mosaicos.

Timgad, aunque fue diseñada para albergar a unas 15 000 personas, creció rápidamente hasta sobrepasar sus murallas. Además de colonia militar, fue un centro comercial y, ya en el siglo III, un importante núcleo cristiano regional. Los romanos fueron expulsados en el siglo V, y al cabo de unos 300 años, la ciudad fue saqueada y finalmente abandonada.

PLANO ORTOGONAL ROMANO

Una muralla perimetral rectangular rodea la ciudad construida sobre un plano ortogonal. Las principales calles son el decumano, que va de este a oeste pasando por el centro, y el cardo, que discurre desde la entrada norte hasta cruzarse con el decumano en el foro, en el centro.

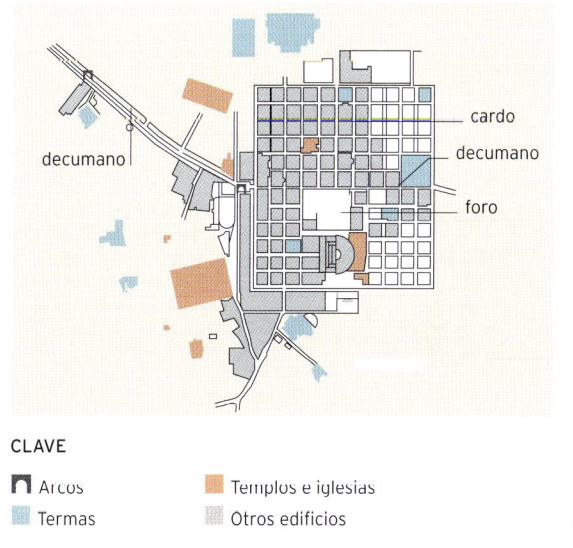

decumano — cardo — decumano — foro

CLAVE

🏛 Arcos   ▪ Templos e iglesias
▪ Termas   ▪ Otros edificios

△ **EL TEATRO DE TIMGAD**
El teatro romano, tallado en la ladera de una pequeña colina, puede acoger hasta 3500 espectadores. Fue reconstruido por arqueólogos franceses y se sigue usando para representaciones.

△ **MOSAICO DECORATIVO**
Las paredes y los suelos de piedra caliza estaban decorados con mosaicos, ya que el mármol, que los romanos preferían, no era fácil de obtener en la región.

E de África

Obeliscos y tumbas reales de Aksum

Estelas colosales entre las ruinas de la antigua capital del reino de Aksum.

La ciudad de Aksum, situada en la actual región etíope de Tigré, fue el centro de un poderoso reino que prosperó entre los siglos I y VIII. Aunque se conservan monumentos y edificios de todos los periodos de su historia, sin duda los más impresionantes son las gigantescas estelas de los siglos III y IV, conocidas como obeliscos, que se encuentran en el Parque de las Estelas del norte, cerca de las tumbas del rey Kaleb y de su hijo y sucesor Gebre Meskel, del siglo VI; y en el más pequeño Parque de las Estelas de Gudit.

Las ruinas de Aksum

Entre los centenares de estelas del parque del norte domina el llamado obelisco de Aksum, de 24,6 m de altura, que habría sido superado por los 33 m de la Gran Estela, cuyos fragmentos yacen en el lugar donde cayó, al parecer mientras estaba siendo erigida. Todas las estelas están decoradas con relieves que simulan puertas y ventanas, y muchas, con un coronamiento semicircular tallado. Las excavaciones también han sacado a la luz la tumba neolítica del rey Bazén, los palacios de Ta'akha Maryam y de Dungur, y un embalse conocido como «Baños de la reina de Saba». En el Museo de Aksum se expone también una estela de Ezana, del siglo IV, con inscripciones en griego, sabeo (una antigua lengua arábiga meridional) y ge'ez, la lengua clásica etíope.

La **Gran Estela caída** de Aksum pesa **520 toneladas**.

▷ **ESTELA DE EZANA**
Se cree que la estela más grande de las que permanecen en pie en Aksum, con los característicos relieves de falsas puertas y ventanas, marca la tumba del rey Ezana, del siglo IV.

△ **PUERTA FALSA**
La cruz inscrita en una falsa puerta fue el motivo de se que diera erróneamente a este monumento el nombre de *Tombeau de la chrétienne* («Tumba de la cristiana»).

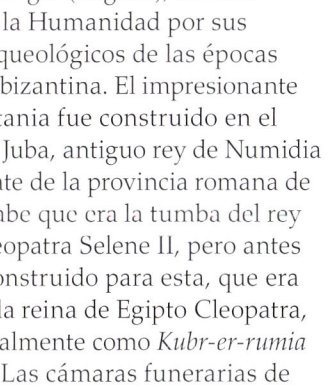

Mausoleo Real de Mauritania

Un imponente monumento funerario para los primeros soberanos de Mauritania.

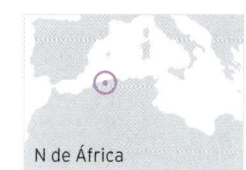

N de África

△ **MONUMENTO FUNERARIO CÓNICO**
El mausoleo circular está construido con sillares sobre una base cuadrada y rematado por una estructura cónica escalonada de unos 40 m de altura.

Tipasa, entre Cherchel y Argel (Argelia), ha sido declarada Patrimonio de la Humanidad por sus múltiples yacimientos arqueológicos de las épocas romana, paleocristiana y bizantina. El impresionante Mausoleo Real de Mauritania fue construido en el siglo III a. C. por orden de Juba, antiguo rey de Numidia y por aquel entonces cliente de la provincia romana de Mauritania. Hoy día se sabe que era la tumba del rey Juba II y de su esposa Cleopatra Selene II, pero antes se creía que había sido construido para esta, que era hija de Marco Antonio y la reina de Egipto Cleopatra, y por ello se le conoce localmente como *Kubr-er-rumia* («Tumba de la romana»). Las cámaras funerarias de la pareja se encuentran en el centro del monumento, detrás de unas pesadas puertas de piedra a las que se accede por una galería interior en espiral.

Patrimonio deteriorado

El mausoleo contaba con elementos arquitectónicos númidas, grecorromanos y egipcios, como correspondía al linaje de sus ocupantes. Las cámaras funerarias abovedadas, que recuerdan a las de los faraones, están en un edificio redondo sin ventanas cuyo exterior está decorado con 60 columnas jónicas. Generalmente los edificios númidas de este tipo estaban rematados por un cono o una pirámide macizos de piedra, pero su mal estado de conservación impide apreciarlo en este caso. Los capiteles de las columnas han desaparecido, así como los restos de la pareja real, que se cree que fueron objeto de pillaje. A pesar de que el monumento está protegido por la Unesco desde 1982, los saqueos, el vandalismo y el abandono le han causado daños de gravedad.

N de África

Leptis Magna

Un antiguo puerto fenicio que el emperador Septimio Severo transformó en una magnífica ciudad romana.

Situada en la actual Homs (Libia), en la desembocadura del uadi Lebda, Leptis Magna era un puerto natural que reunía las condiciones ideales para llegar a ser una potencia mediterránea. En el siglo II d.C. pasó a ser una colonia romana y durante el reinado de Septimio Severo (r. 193–211), natural de la ciudad, fue objeto de una profunda renovación que la convirtió en una de las ciudades más importantes y bellas del África romana.

Algunas de las medidas que impulsó el emperador fueron la ampliación del puerto y la mejora de los muelles y las instalaciones, así como el desarrollo sustancial de las infraestructuras de la ciudad, que se expandió en dirección sur y oeste.

Un pasado glorioso

Las ruinas de Leptis Magna revelan la visión urbanística de Septimio Severo: un plano en cuadrícula con una calle flanqueada por columnas que unía el centro urbano y el puerto; instalaciones públicas (a menudo construidas con mármol y granito), como el foro, las termas y un teatro; y monumentos grandiosos, como la basílica y el arco central.

Pese a que Leptis Magna fue invadida por los árabes en el siglo VII y abandonada después, las excavaciones realizadas en el siglo XX revelaron sus ruinas en buen estado de conservación.

◁ **UNA IMAGEN ATERRADORA**
Este medallón decorativo encontrado en el foro de Severo representa a Medusa, de la que se decía que procedía de Libia, con su cabellera de serpientes.

Severo construyó un **acueducto** de casi **20 km** de longitud para abastecer de agua a la **ciudad**.

◁ **UNA GRAN BASÍLICA**
La mayor de las estructuras bien conservadas de Leptis Magna es la basílica, un edificio con funciones administrativas, legales y públicas cuya construcción ordenó Severo.

△ **UNA CIUDAD NUEVA**
La magnitud del proyecto de Leptis Magna concebido por el emperador se hace evidente en el teatro y en el foro de Severo.

DISEÑO DE LA CIUDAD

Bajo Septimio Severo se renovó drásticamente la antigua ciudad portuaria y se añadió al suroeste una «ciudad nueva» con el trazado en cuadrícula típicamente romano. Las calles principales conducían al centro de la ciudad antigua y al puerto renovado.

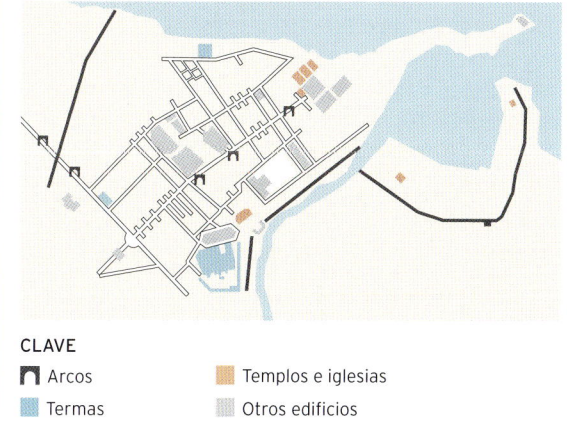

CLAVE
- ⌐ Arcos
- Termas
- Templos e iglesias
- Otros edificios

Anfiteatro de El Yem

El mayor anfiteatro romano fuera de Italia y uno de los mejor conservados del norte de África.

Thysdrus, hoy El Yem (Túnez), fue una de las ciudades romanas más importantes del norte de África. Las ruinas de la que fue un gran centro comercial y de su impresionante anfiteatro se conservaron enterradas bajo las arenas del desierto.

Imagen del poderío romano

Concebido para albergar espectáculos multitudinarios (con un aforo de 35 000 personas), el anfiteatro empezó a construirse en torno al año 238 d. C. Sin embargo, la inestabilidad política (solo en el año 238, seis gobernantes se disputaron el título de emperador) afectó a la marcha de las obras. Algunas evidencias arqueológicas sugieren que carecía de financiación suficiente y posiblemente no se llegó a terminar.

A diferencia de la de otros anfiteatros del norte de África, su estructura no está excavada en la ladera de una colina, lo que lo hace más imponente. Sus tres pisos de galerías con arquerías están construidos con sillares de arenisca sobre el lecho de roca, sin cimientos.

Los vándalos ocuparon Thysdrus en el siglo V, y en el siglo VII, los árabes la usaron como fortaleza. Aun así, el anfiteatro permaneció casi intacto hasta el siglo XVII, cuando se retiraron algunas piedras para usarlas como material de construcción.

▷ ARQUERÍAS

En las tres plantas que se conservan, las arquerías con columnas corintias evocan las del Coliseo de Roma (pp. 102-103).

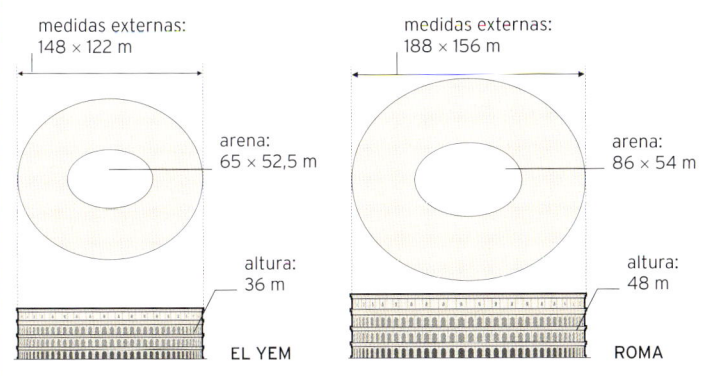

EL ANFITEATRO DE EL YEM Y EL COLISEO

Este anfiteatro sigue el modelo del Coliseo (el anfiteatro Flavio) de Roma, pero a una escala menor. Ambos tienen tres niveles de arcadas con columnas corintias o compuestas y una disposición similar de las gradas alrededor de la arena ovalada. Una diferencia notable, aunque menos evidente, es que el complejo de pasadizos subterráneos del anfiteatro de El Yem es menos sofisticado.

medidas externas:
148 × 122 m

medidas externas:
188 × 156 m

arena:
65 × 52,5 m

arena:
86 × 54 m

altura:
36 m

altura:
48 m

EL YEM

ROMA

Este anfiteatro es el **tercero** construido en **El Yem**, y aún se pueden ver los restos de una **estructura anterior**.

△ SÍMBOLO DE AUTORIDAD
El anfiteatro de El Yem, el tercero más grande del Imperio romano, quería ser un símbolo evidente del poder y la riqueza de Roma en el norte de África.

◁ PIEDRA CALIZA ROJA
Aunque la aridez del clima ha contribuido a conservar los sillares de caliza local con los que se construyó el anfiteatro, este ha sufrido daños causados por conflictos bélicos y actos de pillaje.

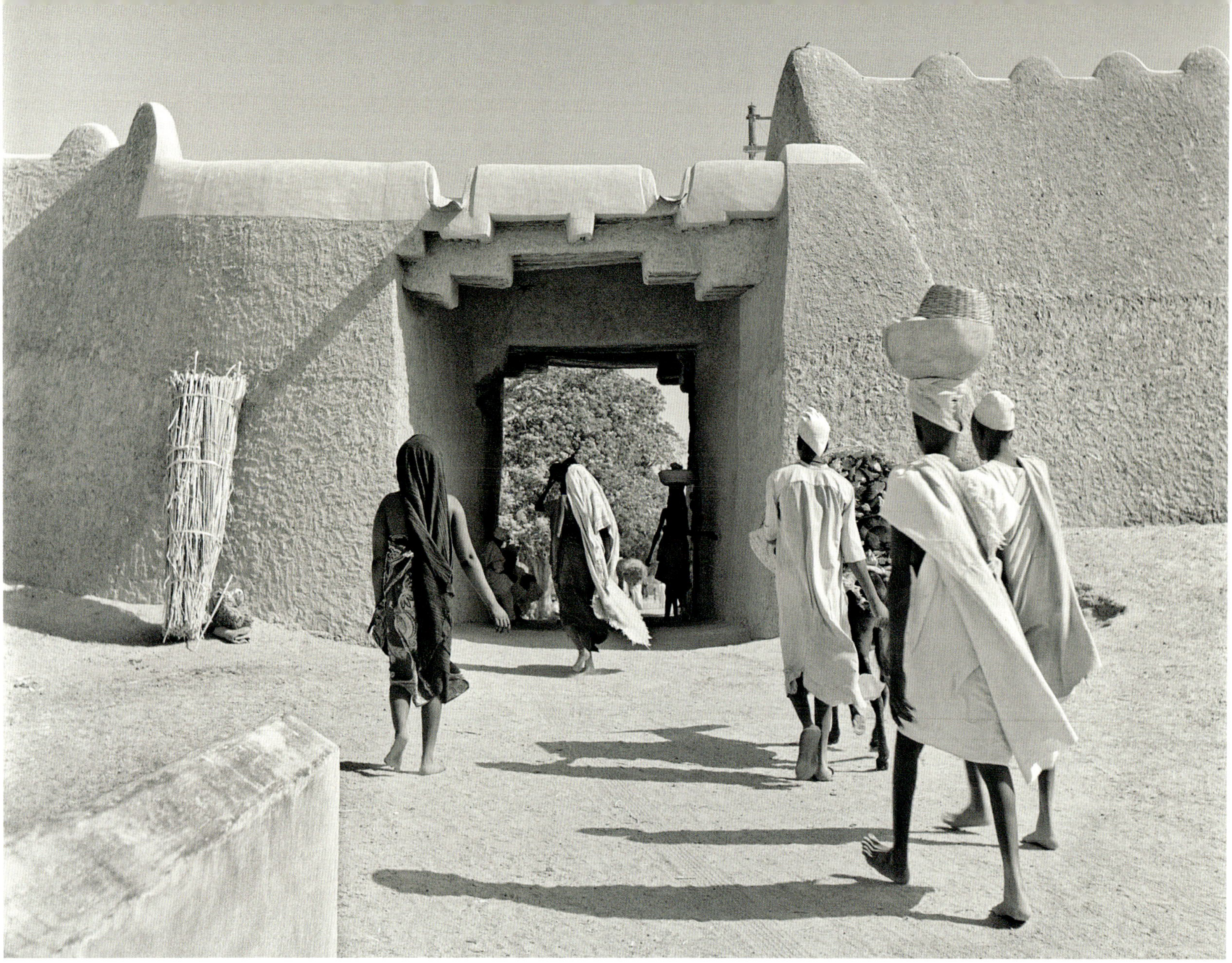

Muralla de Kano

Unas impresionantes fortificaciones de arcilla que han desafiado al tiempo en una ciudad del norte de Nigeria.

N de África

Las muralla de la antigua ciudad de Kano se erigió en 1095 por orden de Gijimasu, el gobernante de la ciudad, y se fue ampliando por etapas hasta el siglo XVI. Construida con arcilla roja secada al sol, se extendía a lo largo de unos 17 km en torno a la ciudad y contaba con quince entradas angostas con puertas de madera reforzadas con tiras de hierro martillado. Su sección transversal es más o menos triangular, y en algunos puntos alcanza más de 7 m de altura y 9 m de anchura en la base.

Una rápida expansión

La ciudad medieval que esta muralla protegía era un concurrido centro comercial. El mercado de Kurmi, que aún existe en torno a la muralla, estaba en el extremo sur de las rutas comerciales que cruzaban el Sáhara en dirección al Mediterráneo. Recientemente, Kano ha crecido mucho, y en el siglo XXI se ha convertido en la segunda ciudad más grande de Nigeria y en una de las áreas urbanas de expansión más rápida.

Con una población que se acerca a los 4 millones de habitantes en 2020, la ciudad moderna ha invadido la antigua muralla con nuevas construcciones. Algunas de sus puertas se han derribado para abrir paso a modernas carreteras, y otras partes se han derrumbado por falta de mantenimiento. Sin embargo, y pese a la falta de financiación crónica, se han hecho valientes esfuerzos para intentar contener esta oleada de destrucción. Las partes que se mantienen en pie dan fe de las glorias pasadas y alimentan la esperanza de su conservación en el futuro.

▷ MANTENIMIENTO DE LA MURALLA
Conservar y recuperar la antigua muralla requiere un gran esfuerzo. Cada año hay que revestir los ladrillos con arcilla para protegerlos de las intensas lluvias estacionales.

△ **SALA DE ORACIÓN**
La sala de oración, ricamente decorada y con una lujosa alfombra, está dividida en naves paralelas por arquerías, muchas de cuyas columnas proceden de edificios romanos y bizantinos.

◁ **CIUDAD SANTA**
La Gran Mezquita se alza en el corazón del casco antiguo amurallado de Kairuán, la cuarta ciudad santa del islam, solo superada por La Meca, Medina y Jerusalén.

Gran Mezquita de Kairuán

La mezquita más antigua de África y una muestra del esplendor decorativo y arquitectónico del mundo islámico medieval.

N de África

La primera mezquita de Kairuán (Túnez) fue fundada en el año 670 por Uqba ibn Nafi, uno de los guerreros omeyas que iniciaron la conquista islámica del norte de África. Aunque la mezquita actual recibe con frecuencia el nombre de mezquita de Uqba, sus edificios datan de mediados del siglo IX, cuando Kairuán floreció bajo la dinastía aglabí (800–909). Además de un lugar de culto, los agablíes hicieron de la Gran Mezquita un importante centro de enseñanza.

Una decoración intrincada

La mezquita es un edificio austero, dominado por un gran alminar de piedra de tres cuerpos. Sin embargo, en el interior de la amplia sala de oración, repleta de columnas de mármol, granito y pórfido, la austeridad da paso a una exuberante decoración. Su techo de madera está pintado con motivos elaborados, el almimbar (púlpito) está delicadamente labrado en teca india; y el mihrab, al que hay que dirigirse para orar, está revestido de mármol y azulejos. Kairuán empezó a declinar en el siglo XI, pero su mezquita sigue siendo uno de los lugares más sagrados del mundo islámico.

PLANTA DE LA MEZQUITA

La mezquita abarca una superficie de más de 10 800 m². Al alminar, de 32 m de altura, se asciende por una escalera de 129 escalones. Seis puertas laterales dan acceso al vasto patio interior, rodeado por arcos de herradura sobre columnas. El edificio contiene en total unas 500 columnas, la mayoría de ellas en la sala de oración.

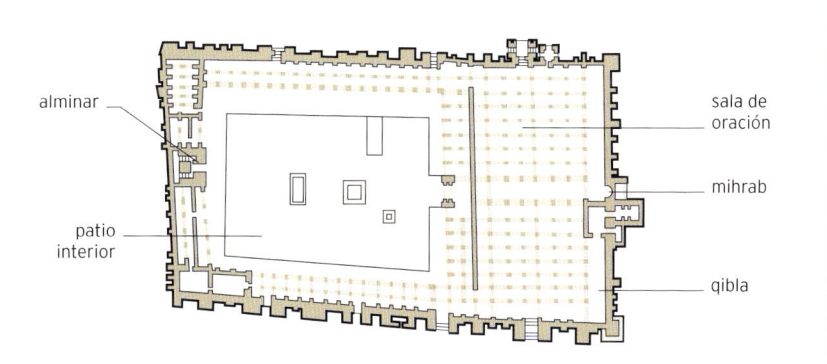

alminar

patio interior

sala de oración

mihrab

qibla

N de África

Mezquita Kutubiya

Una mezquita medieval cuyo esbelto alminar domina el paisaje urbano de la ciudad marroquí de Marrakech.

La mezquita Kutubiya de Marrakech se construyó en el siglo XII como expresión del fervor religioso de los miembros de unas tribus bereberes inspirados por una concepción radical del islam. Conocidos como almohades, estos feroces guerreros descendieron de los montes del Atlas y conquistaron todo el norte de África, desde Marruecos hasta Egipto, además del sur de la península Ibérica.

El líder almohade Abd al-Mumin ordenó construir la primera mezquita Kutubiya cuando tomó posesión de Marrakech, en 1147. Sin embargo, cuando se descubrió que el mihrab, que debía orientar a los fieles hacia La Meca, estaba ligeramente desviado, comenzó a construirse una segunda mezquita idéntica a la anterior, excepto por su orientación. La primera mezquita quedó inacabada, y es la segunda la que podemos ver hoy.

La mezquita y la medina

La mezquita actual, terminada durante el reinado del califa almohade Yaqub al-Mansur (*r.* 1184–1199), está cerca de las callejuelas de la medina, el casco antiguo de Marrakech, y de la célebre plaza Jemaa el-Fnaa, con sus encantadores de serpientes y acróbatas. El alminar, de 70 m de altura, es de arenisca rojiza decorada con franjas de azulejos multicolores y con elaborados motivos de *sebqa* en torno a las ventanas. La sala de oración contiene hermosos ejemplos de la artesanía marroquí, pero solo los musulmanes pueden acceder a ella.

La **mezquita** se llamó **Kutubiya**, que significa **«de los libreros»**, por los puestos de venta de libros cercanos.

△ **INTERIOR DE LA MEZQUITA**
Las paredes del interior de la mezquita, a la que no está permitido el acceso a los no musulmanes, están pintadas de blanco, en contraste con los vivos colores de las alfombras que cubren el suelo.

◁ **UN FARO EN LA NOCHE**
El característico alminar de la mezquita, que se alza entre los puestos de comida de la bulliciosa plaza Jemaa el-Fnaa, en el corazón de Marrakech, se ilumina por la noche y es visible a 29 km de distancia.

PLANTA DE LA MEZQUITA

Los muros de arenisca de la mezquita rodean un patio con una fuente central y una gran sala de oración. Esta sala tiene una superficie de unos 5400 m² y está dividida en naves paralelas por 112 columnas que sostienen arcos de herradura. El alminar se alza en la esquina noreste del edificio.

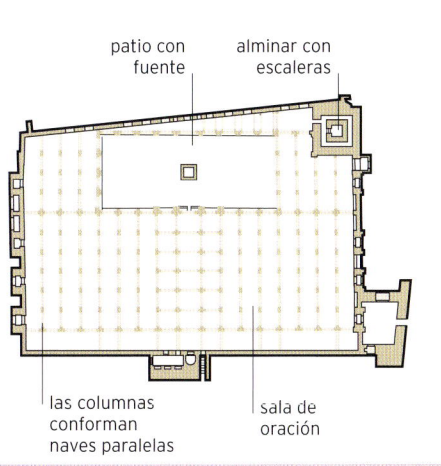

patio con fuente
alminar con escaleras
las columnas conforman naves paralelas
sala de oración

Iglesias de Lalibela

Iglesias cristianas ortodoxas excavadas en la roca maciza en las montañas de Etiopía.

E de África

Se dice que Gebre Meskel Lalibela, rey cristiano ortodoxo etíope de la dinastía Zagüe que gobernó la región hace unos 900 años y que da nombre a la ciudad, ordenó la construcción de las once iglesias monolíticas de Lalibela, en el estado de Amhara (norte de Etiopía), tras la toma de Jerusalén por un ejército musulmán en 1187, con el objetivo de recrear la Ciudad Santa.

Una técnica excepcional

Las iglesias se construyeron excavando la blanda roca volcánica rojiza para aislar bloques rectangulares que a continuación se tallaron por dentro hasta dejarlos huecos para formar una sala en su interior. La iglesia más grande, Biet Medhane Alem, está rodeada de columnas, a la manera de los templos griegos. La mejor conservada es la iglesia de San Jorge (Biet Ghiorgis), con forma de cruz. Declaradas Patrimonio de la Humanidad por la Unesco en 1978, estas iglesias siguen siendo un lugar de peregrinación.

LA NUEVA JERUSALÉN

La disposición de las iglesias de Lalibela simbolizaba la ciudad de Jerusalén, y el río que atraviesa el conjunto se llama Jordán, como el de Tierra Santa. Un sistema de túneles conecta los principales grupos de iglesias. Biet Ghiorgis está separada porque se dice que se añadió más tarde, cuando san Jorge se apareció en sueños al rey Lalibela.

Biet Medhane Alem   río Jordán

Biet Ghiorgis
túneles que conectan las iglesias

▽ **IGLESIA MONOLÍTICA**
Biet Ghiorgis, la iglesia copta etíope de San Jorge, tiene unos 12 m de altura. Las doce ventanas talladas en la planta superior representan a los doce apóstoles de Cristo.

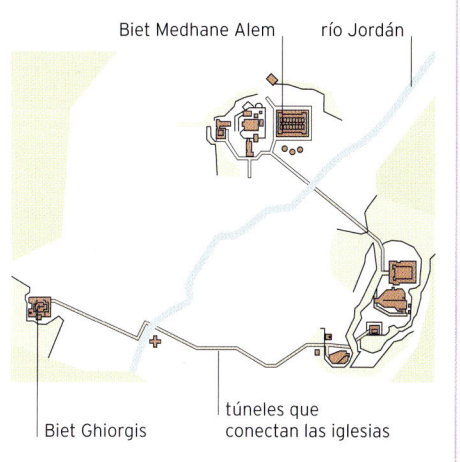

SE de África

Gran Zimbabue

La capital en ruinas del reino medieval de Zimbabue, antaño asociado al rey Salomón y a la reina de Saba.

El Gran Zimbabue, que se extiende sobre 8 km² cerca de la ciudad de Masvingo, en el este de Zimbabue, contiene unas de las construcciones más antiguas y grandes del África subsahariana. Se trata de una ciudad construida por los shona (un pueblo bantú) entre los siglos XIII y XV, cuyas ruinas comprenden tres grandes conjuntos: el complejo de la Colina, el Gran Recinto y el complejo del Valle. Los dos primeros se caracterizan por las grandes estructuras de piedra hechas con mampuestos de granito sin mortero y también contienen edificios de *daga* (ladrillos de adobe), que predominan en el complejo del Valle, donde vivieron miles de orfebres, alfareros, herreros tejedores y constructores.

Un próspero comercio

El hallazgo de restos de artefactos procedentes de Persia y China sugiere que el Gran Zimbabue fue un próspero centro comercial basado en la explotación de las abundantes minas de oro y de cobre de la región. Las estatuillas de pájaros de esteatita que se cree que representan a mensajeros de *Mwari* (Dios), sugieren que también tenía gran relevancia religiosa. El Gran Zimbabue fue abandonado en el siglo XV. Cuando los exploradores europeos lo descubrieron en el siglo XIX, creyeron haber hallado las legendarias minas del rey Salomón.

La palabra **«zimbabue»** significa **«casas de piedra»** en lengua shona.

◁ **BLOQUES DE GRANITO**
Los muros del Gran Zimbabue se construyeron con bloques de granito de las colinas cercanas que se rompían para facilitar su transporte antes de tallarlos y disponerlos en hiladas sin mortero.

MUROS SÓLIDOS
Esta vista aérea del Gran Recinto muestra los gruesos muros exteriores e interiores. La vegetación oculta la torre cónica de casi 10 m de altura.

EL GRAN RECINTO

El Gran Recinto es la mayor estructura del Gran Zimbabue. En la construcción del muro exterior, de 250 m y con 5 m de grosor, se emplearon 900 000 mampuestos de granito. Dentro, un pasillo angosto conduce a una torre cónica maciza de unos 5 m de diámetro en la base y más de 9 m de altura. También contiene otros recintos, así como cabañas de *daga*.

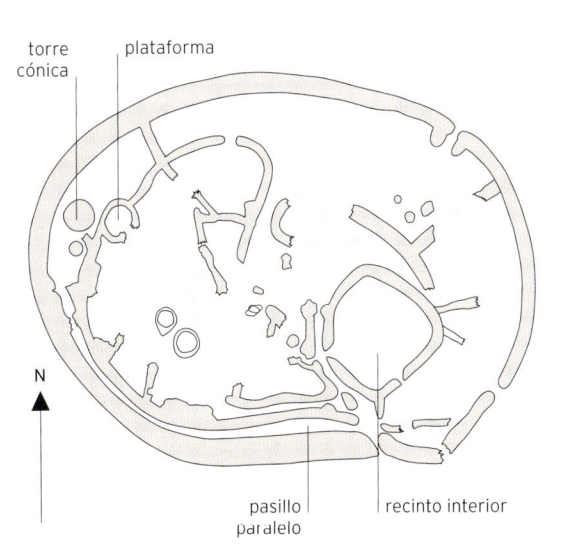

torre cónica

plataforma

N

pasillo paralelo

recinto interior

O de África

Palacios Reales de Abomey

Un complejo palaciego construido entre los siglos XVII y XIX por los poderosos reyes del desaparecido reino de Dahomey.

Entre 1625 y 1900, el reino de Dahomey, enriquecido gracias al comercio de esclavos con Europa, fue uno de los estados más poderosos de África occidental. Sus doce reyes sucesivos construyeron en su capital, Abomey (en el Benín actual), un vasto complejo de palacios que abarca una superficie de 470 000 m².

△ **RELIEVE SIMBÓLICO**
Este detalle de uno de los relieves pintados de los palacios de Abomey muestra un león, el símbolo del rey Glélé (r. 1858-1889).

Múltiples usos

Estos palacios, organizados en torno a una serie de patios, contenían mausoleos reales, edificios religiosos y salas para el consejo y reuniones públicas. Eran el centro administrativo y cultural del reino, y estaban decorados con relieves sobre paneles de arcilla que representaban batallas, mitos y costumbres. Tras el incendio en 1892 de los palacios por los soldados, siguiendo las órdenes del último rey independiente de Dahomey, únicamente sobrevivieron los de Ghezo y Glélé, construidos en el siglo XIX y restaurados posteriormente.

△ **CONSTRUCCIÓN TRADICIONAL**
El patio y los edificios del palacio del rey Ghezo se construyeron con ladrillos de barro, y las paredes del palacio se decoraron con paneles en relieve.

Gran Mezquita de Yenné

*Un edificio religioso de adobe que se alza sobre
una antigua ciudad comercial de África occidental.*

O de África

La primera Gran Mezquita de adobe de la ciudad
maliense de Yenné se construyó hace unos 700 años.
El edificio actual se levantó en el mismo lugar en 1906–
1907, cuando Malí estaba bajo la administración colonial
francesa. Las obras, supervisadas por el maestro albañil
local Ismaila Traoré, se llevaron a cabo con técnicas
tradicionales de construcción con adobe.

Una estructura cambiante

Los adobes se fabricaron con barro y arena mezclados
con cascarilla y paja, y se secaron al sol. El techo plano
de adobe se apoya sobre pilares que se alzan desde el
suelo de arena. Un revoque compuesto por limo fluvial
mezclado con otros materiales, como cascarilla de arroz
seca y estiércol de vaca, protege los muros. Ese revoque
se ha de renovar casi anualmente, una tarea que se ha
convertido en una ceremonia en la que participa toda la
comunidad. Las continuas reparaciones del edificio hacen
que los detalles de su aspecto cambien constantemente.

PLANTA DE LA MEZQUITA

La mezquita de Yenné es un magnífico exponente de la
arquitectura sudanesa-saheliana. Construida sobre una
plataforma que la protege de las inundaciones, consta de
un patio amurallado y una gran sala de oración cuyo techo
de barro y palmera está sostenido por diez hileras de nueve
pilares. Tres grandes torres sobresalen en la fachada anterior.

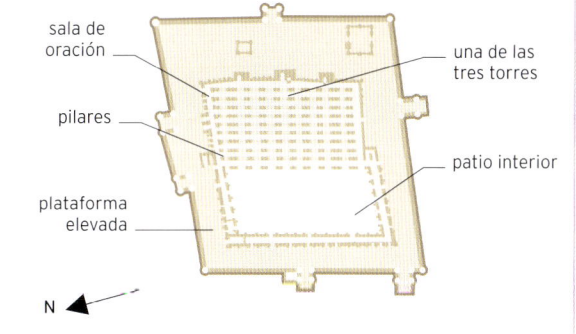

sala de
oración

una de las
tres torres

pilares

patio interior

plataforma
elevada

N

◁ **FACHADA DE BARRO**
Los altos muros y torres
de la mezquita están
decorados con vigas
de madera de palmera
salientes. El huevo de
avestruz que corona
cada torre simboliza
la fecundidad.

▷ **UN EDIFICIO
IMPONENTE**
Esta vista aérea
permite apreciar
las dimensiones de
la mezquita. Con una
sala de oración de
50 m de largo y torres
de unos 16 m de altura,
es el mayor edificio de
barro del mundo.

Basílica de Nuestra Señora de la Paz

Con su colosal cúpula y altas columnas, es la iglesia más grande del mundo, inspirada en la basílica de San Pedro del Vaticano.

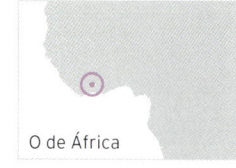

O de África

La basílica de Nuestra Señora de la Paz de Yamusukro, la capital administrativa de Costa de Marfil, se construyó entre 1986 y 1989, por encargo de Félix Houphouët-Boigny, el primer presidente de Costa de Marfil (de 1960 a 1993), del que se dice que financió de manera personal la construcción del suntuoso edificio, cuyo coste estimado fue de entre 200 y 300 millones de dólares estadounidenses. El celebrado arquitecto libanés de origen marfileño Pierre Fakhoury se inspiró en la basílica de San Pedro del Vaticano (pp. 158–159) para diseñarla.

La basílica tiene unos 158 m de altura y ocupa unos 30 000 m². Se alza sobre 128 columnas dóricas y su gran plaza de mármol y granito puede llegar a albergar hasta 300 000 fieles. Sus 36 vidrieras se hicieron artesanalmente en Francia.

Fakhoury, a petición del papa Juan Pablo II, redujo la altura de la cúpula para que fuera más baja que la de San Pedro. Sin embargo, la cruz de 9 m que la remata hace que supere a su equivalente italiana.

▷ UN TEMPLO MAJESTUOSO
La inmensa cúpula y su cruz dorada dominan el paisaje, pero al hallarse en una región musulmana, la iglesia siempre ha contado con escasos fieles.

Unos **1500 albañiles** trabajaron en la basílica, cuya **construcción** solo llevó **tres años**.

Monumento a la lengua afrikáans

Un símbolo sudafricano que celebra una de las lenguas más jóvenes del mundo.

S de África ⊙

Este monumento se erigió en 1975 para conmemorar el 50 aniversario del reconocimiento del afrikáans como lengua oficial de Sudáfrica. Está en la montaña de Paarl (Cabo Occidental) y fue diseñado por el arquitecto Jan van Wijk, que quiso reflejar la evolución de la lengua. La aguja más alta (57 m) representa el desarrollo del afrikáans, mientras que las estructuras adyacentes más pequeñas sugieren la esencial influencia africana y la decreciente influencia de las lenguas europeas sobre el afrikáans.

Construcción cultural

Este monumento, que también recibe el nombre de Taalmonument y simboliza la convergencia de la nación, la lengua y el paisaje, se construyó en dos años con granito de Paarl, arena blanca y hormigón martillado para evocar la textura de las rocas que la rodean.

Al principio desató una gran controversia, porque se construyó durante el apartheid (1948–1994) y se interpretó que privilegiaba al afrikáans como lengua principal de Sudáfrica frente al inglés y desdeñaba por completo las lenguas autóctonas, que no eran reconocidas en la que entonces era la Sudáfrica «blanca».

COMPOSICIÓN Y SIMBOLISMO

La columna principal representa al afrikáans como una lengua ascendente. Otra columna, más pequeña, simboliza a Sudáfrica. Los tres obeliscos de distinta altura sugieren la aportación de las lenguas europeas al afrikáans; las bóvedas de distinto tamaño indican la participación de África, y un muro junto a la escalinata plasma las influencias indonesias.

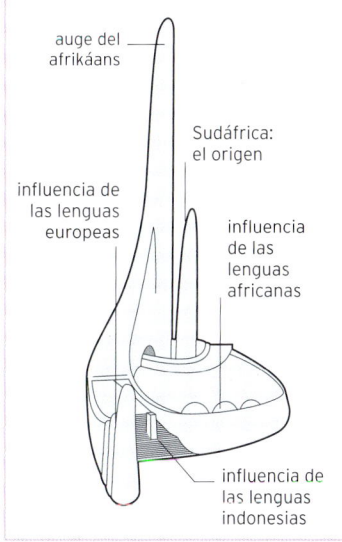

auge del afrikáans

Sudáfrica: el origen

influencia de las lenguas europeas

influencia de las lenguas africanas

influencia de las lenguas indonesias

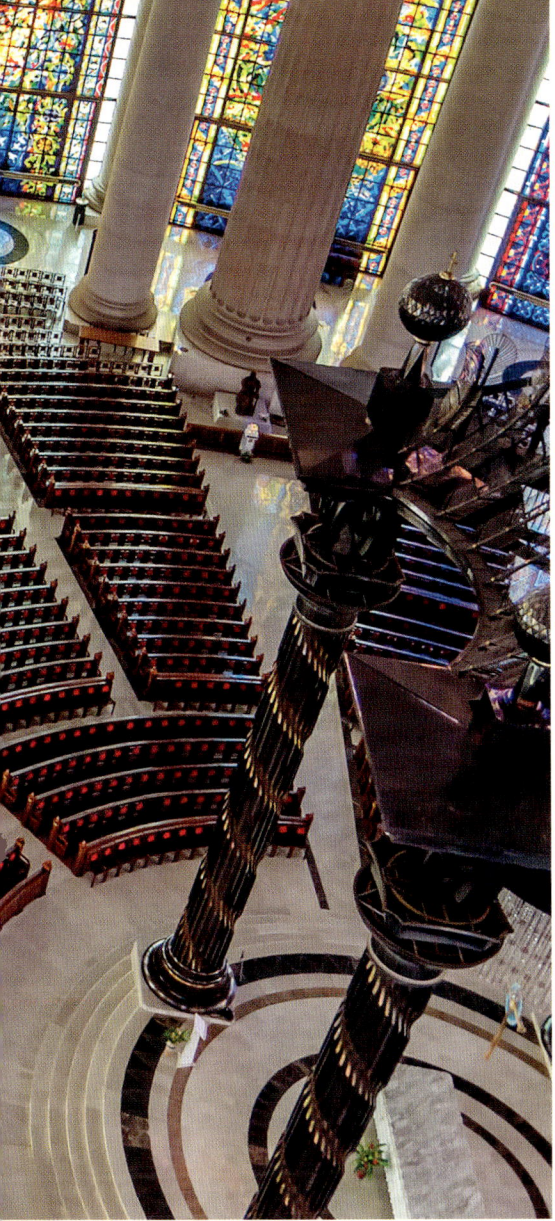

△ INTERIOR DE LA BASÍLICA
Unas espectaculares vidrieras e imponentes columnas definen el interior de la basílica. Los bancos, con capacidad para unos 7000 fieles, son de madera de iroko, un árbol de África occidental, que con el tiempo pasa del amarillo al color cobre intenso.

▽ INTEGRADO EN EL PAISAJE
El monumento se diseñó con la intención de sugerir un diálogo con la naturaleza. Sus líneas rectas y curvas evocan los picos y valles del paisaje, y los materiales utilizados facilitan su integración en el entorno rocoso.

△ LA LUZ DEL ESPÍRITU SANTO
Una paloma con las alas abiertas, de unos 7 m de envergadura, ocupa el centro de la vidriera que corona la cúpula.

Ingeniería verde
Además de servir de soporte a plantas y flores reales, los
18 superárboles de estructura de acero de los futuristas
jardines de la bahía de Singapur recogen el agua de lluvia
y cuentan con respiraderos, salidas de aire y paneles solares.

Asia y Australia

LUGARES CLAVE

1. Göbekli Tepe
2. Palmira
3. Éfeso
4. Mohenjo-Daro
5. Zigurat de Ur
6. Petra
7. Guerreros de Xian
8. Cuevas de Ajanta
9. Cuevas de Ellora
10. El templo colgado
11. Persépolis
12. Cúpula de la Roca
13. Gran Mezquita de Samarra
14. Gran Buda de Leshan
15. Borobudur
16. Vardzia
17. Cuevas de Dambulla
18. Ciudad sagrada de Kandy
19. Complejo de las montañas de Wudang
20. Prambanan
21. Chand Baori
22. Templos de Pagan
23. Fuerte de Bahla
24. Alminar de Yam
25. Angkor Wat
26. Monasterio de Geghard
27. Palacio de los Sirvansahs
28. Castillo de Himeji
29. Palacio Gyeongbokgung
30. Ciudad Prohibida
31. Gran Muralla china
32. Hampi
33. Fortaleza de Mehrangarh
34. Templos de Palitana
35. Gran Mezquita de La Meca
36. Registán de Samarcanda
37. Mezquita Real de Isfahán
38. Templo Dorado de Amritsar
39. Taj Mahal
40. Santuario Toshogu
41. Palacio del Potala
42. Taktshang
43. Gran Palacio de Bangkok
44. Mezquita Rosa
45. Palacio Real de Exposiciones
46. Puente del puerto de Sídney
47. Templo del Pabellón de Oro
48. Templo del Loto
49. Ópera de Sídney
50. Asamblea Nacional de Bangladés
51. Wat Rong Khun
52. Puente del estrecho de Akashi
53. Mezquita del Jeque Zayed
54. Burj Jalifa
55. Jardines de la bahía de Singapur
56. Biblioteca Binhai de Tianjin

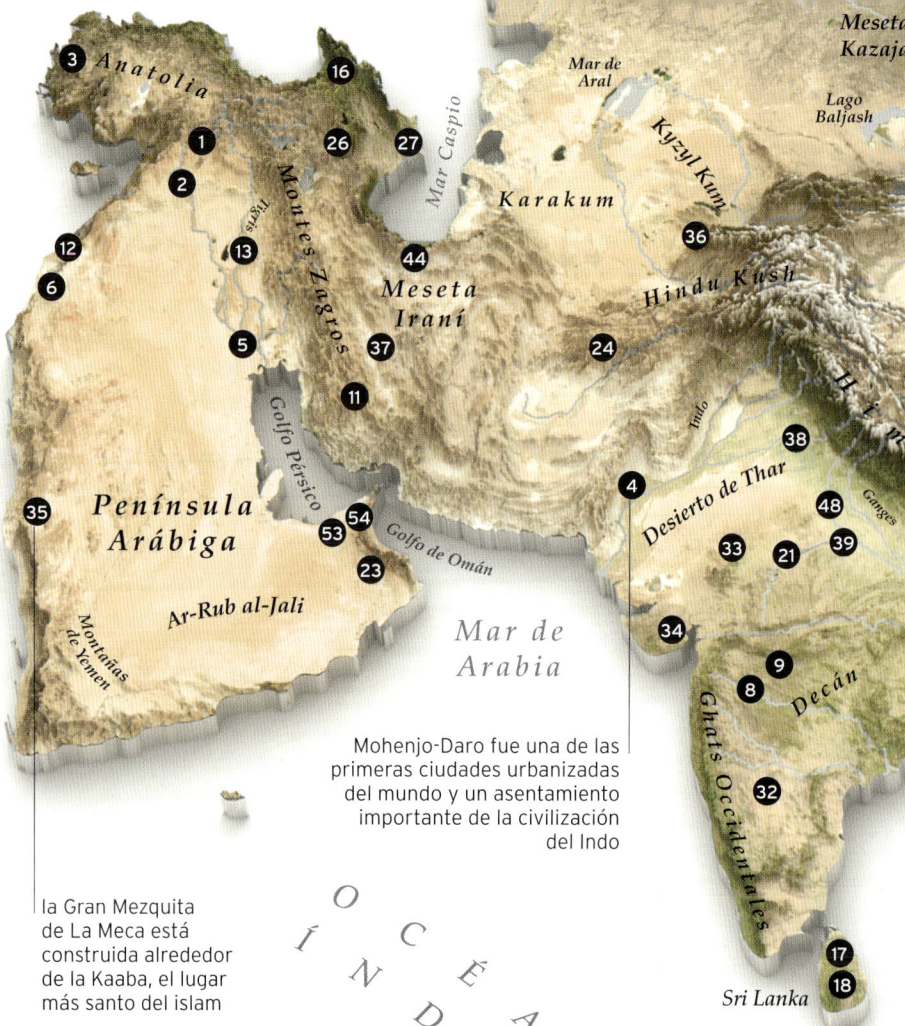

Mohenjo-Daro fue una de las primeras ciudades urbanizadas del mundo y un asentamiento importante de la civilización del Indo

la Gran Mezquita de La Meca está construida alrededor de la Kaaba, el lugar más santo del islam

IMPERIOS E INNOVADORES
Asia y Australia

A medida que oleadas de imperios políticos y religiosos avanzaban hacia el este y hacia el sur por el vasto continente asiático, difundían técnicas de ingeniería e influencias estilísticas y daban rienda suelta a su genio constructor. Los gustos y conocimientos persas migraron hacia el subcontinente indio en el siglo VI, seguidos por el arte y la arquitectura islámicos cuando la dinastía omeya se expandió hacia India.

Al mismo tiempo, las religiones de India (el hinduismo y el budismo), introdujeron nuevos ideales estéticos en China, Japón y el Sureste Asiático, donde inspiraron la arquitectura de templos, palacios y santuarios. En fechas recientes, el ideal de la sostenibilidad ha impulsado una nueva generación de edificios inteligentes y eficientes en Asia y Australia.

URBANISMO Y NUEVAS IDEAS

Las primeras formas de planificación urbana y de construcción con piedra avanzadas aparecieron en el Creciente Fértil y en el valle del Indo. En Asia oriental, también existen evidencias de planificación urbana temprana en China y el budismo inspiró una arquitectura cuyo objetivo era replicar el Cielo en la Tierra. El colonialismo dejó su impronta en el Sureste Asiático y Australia, donde hoy se abre paso la arquitectura ecológica.

EL HINDUISMO SE EXTIENDE POR EL SURESTE ASIÁTICO
SIGLOS VI-XIV D. C.

Cuando los mercaderes indios extendieron sus actividades hacia el Sureste Asiático llevaron con ellos la cultura hindú y, sobre todo, la arquitectura de sus templos. Sus estilos constructivos se combinaron con las tradiciones locales, evidentes en las pirámides escalonadas del Imperio jemer y del templo indonesio de Prambanan.

25 ANGKOR WAT

LA DINASTÍA MING PROPICIA EL CRECIMIENTO CULTURAL
1368-1644

En China, la estabilidad política durante la dinastía Ming permitió hazañas constructivas como la Ciudad Prohibida, la Gran Muralla o la mansión Chang, cerca de Myanmar. Estas construcciones expresaban la reafirmación del poder imperial tras el gobierno mongol mediante la monumentalidad y la estricta jerarquía visual de la arquitectura china clásica.

30 TECHUMBRE DE LA CIUDAD PROHIBIDA

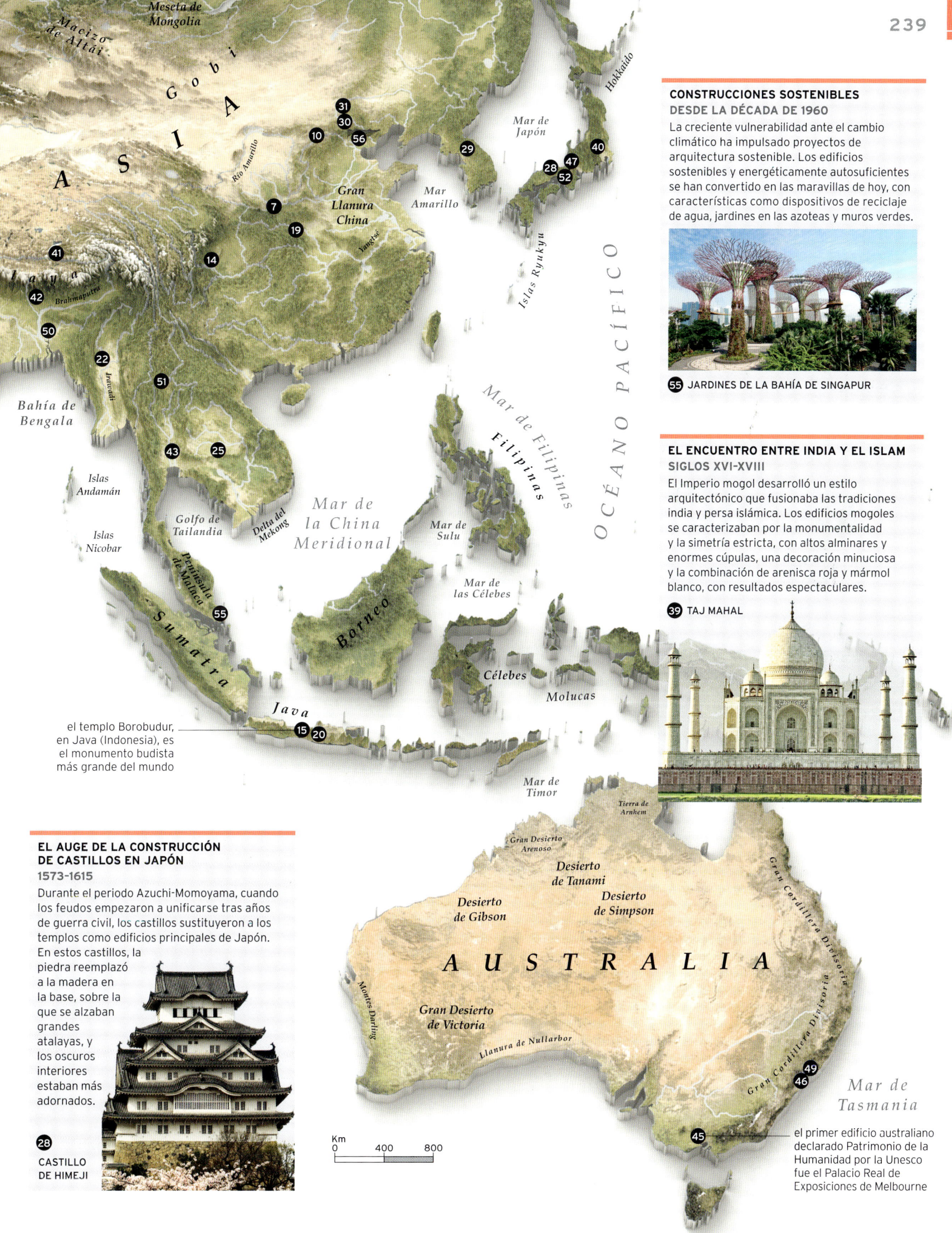

Meseta de Mongolia

Macizo de Altái

Gobi

ASIA

Río Amarillo

Gran Llanura China

Yangtsé

Mar de Japón

Hokkaido

Mar Amarillo

Islas Ryukyu

Himalaya

Brahmaputra

Irawadi

Bahía de Bengala

Islas Andamán

Islas Nicobar

Golfo de Tailandia

Delta del Mekong

Península de Moluca

Sumatra

Mar de la China Meridional

Mar de Sulu

Borneo

Mar de las Célebes

Célebes

Molucas

Filipinas

Mar de Filipinas

OCÉANO PACÍFICO

Java

Mar de Timor

el templo Borobudur, en Java (Indonesia), es el monumento budista más grande del mundo

CONSTRUCCIONES SOSTENIBLES
DESDE LA DÉCADA DE 1960

La creciente vulnerabilidad ante el cambio climático ha impulsado proyectos de arquitectura sostenible. Los edificios sostenibles y energéticamente autosuficientes se han convertido en las maravillas de hoy, con características como dispositivos de reciclaje de agua, jardines en las azoteas y muros verdes.

55 JARDINES DE LA BAHÍA DE SINGAPUR

EL ENCUENTRO ENTRE INDIA Y EL ISLAM
SIGLOS XVI-XVIII

El Imperio mogol desarrolló un estilo arquitectónico que fusionaba las tradiciones india y persa islámica. Los edificios mogoles se caracterizaban por la monumentalidad y la simetría estricta, con altos alminares y enormes cúpulas, una decoración minuciosa y la combinación de arenisca roja y mármol blanco, con resultados espectaculares.

39 TAJ MAHAL

EL AUGE DE LA CONSTRUCCIÓN DE CASTILLOS EN JAPÓN
1573-1615

Durante el periodo Azuchi-Momoyama, cuando los feudos empezaron a unificarse tras años de guerra civil, los castillos sustituyeron a los templos como edificios principales de Japón. En estos castillos, la piedra reemplazó a la madera en la base, sobre la que se alzaban grandes atalayas, y los oscuros interiores estaban más adornados.

28 CASTILLO DE HIMEJI

Tierra de Arnhem

Gran Desierto Arenoso

Desierto de Tanami

Desierto de Simpson

Desierto de Gibson

Gran Cordillera Divisoria

AUSTRALIA

Gran Desierto de Victoria

Montes Darling

Llanura de Nullarbor

Mar de Tasmania

Km
0 400 800

el primer edificio australiano declarado Patrimonio de la Humanidad por la Unesco fue el Palacio Real de Exposiciones de Melbourne

O de Asia

Göbekli Tepe

El lugar de culto más antiguo del mundo, un complejo de templos con magníficos relieves e inscripciones.

Los secretos de Göbekli Tepe (que significa «colina panzuda»), en el sureste de Turquía, permanecieron ocultos hasta 1994, cuando el arqueólogo alemán Klaus Schmidt descubrió el primero de los pilares con forma de T que caracterizan a los templos del yacimiento. Las excavaciones posteriores descubrieron varios círculos de estas piedras, algunos datados en 10 000 a. C., de los que se presume que tenían una función ritual o religiosa. Los pilares miden entre 3 y 6 m de altura y están encajados en hendiduras excavadas en el lecho de roca pulimentada alrededor de dos pilares centrales más grandes que se cree sostenían un dintel o una cubierta.

Escultura decorativa

Tanto o más extraordinarias que las estructuras megalíticas son los sofisticados relieves que adornan los pilares. Los relieves tallados en la superficie plana de muchos de ellos representan una gran variedad de aves y de animales, que incluyen la fauna salvaje que cazaban los pueblos cazadores-recolectores de la época, además de motivos abstractos y alguna figura humana estilizada.

△ **ESTATUA DE BALIKLIGÖL**
Esta estatua de caliza de tamaño natural de *c.* 9500 a. C. (hoy en el Museo de Sanliurfa), se encontró en un yacimiento próximo a Balikligöl. Se trata de la estatua asiática más antigua conocida del mundo.

△ **PILARES**
Uno de los templos circulares excavados en el yacimiento de Göbekli Tepe, con su característico pilar central. En primer plano se aprecia un pilar decorado con relieves.

FUSIÓN DE ESTILOS

La síntesis de la arquitectura local y la clásica es evidente sobre todo en los templos, como el dedicado al dios semita Bel. Por fuera parecía un templo clásico, pese a ser inusualmente asimétrico y estar coronado por atípicas terrazas. Sin embargo, los detalles eran propios de Palmira: la decoración escultórica de columnas y vigas representaba dioses y rituales locales. El interior, con altares dedicados a dioses autóctonos, también estaba decorado en un estilo típicamente local.

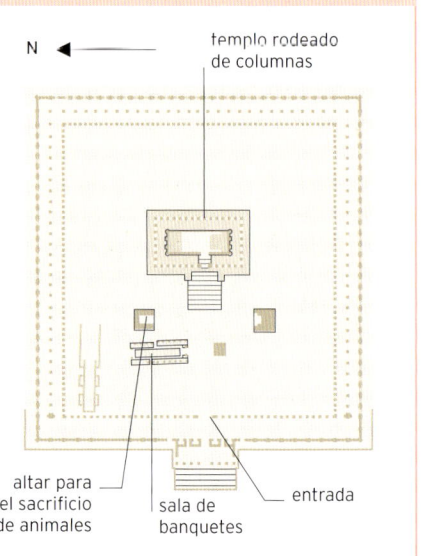

N ◄

templo rodeado de columnas

altar para el sacrificio de animales

sala de banquetes

entrada

Palmira

Un antiguo oasis para caravanas convertido en un hito esencial de la ruta comercial desde China, India y Persia hacia el Imperio romano.

O de Asia

△ **TEATRO ROMANO**

Este teatro del siglo II que se alza en una plaza semicircular junto a la calle principal columnada ha sido el punto focal de la ciudad desde su restauración a mediados del siglo xx.

Palmira fue construida sobre un remoto oasis del desierto sirio en el que se detenían las caravanas a reposar desde hacía milenios. La ciudad llegó a su apogeo cuando pasó a formar parte de la provincia romana de Siria, en los siglos I y II d. C., y se convirtió en un importante centro comercial.

Crisol de culturas

La población semita local contaba con una tradición consolidada y gozó de un alto grado de autonomía bajo el Imperio romano, lo que dio lugar a una síntesis cultural, evidente en la arquitectura. Una amplia vía con columnas de estilo clásico flanqueada por calles residenciales recorría el centro de la ciudad. En el interior de las murallas se alzaban los edificios característicos de las ciudades romanas, además de los templos dedicados a los dioses locales. Las necrópolis se hallaban al oeste.

Pese a los destructivos ataques sufridos a lo largo de los siglos, gran parte de los edificios más bellos sobrevivió hasta el siglo XXI, pero algunos quedaron dañados durante la guerra civil siria, y en 2015, militantes del Estado Islámico destruyeron muchos de los monumentos que quedaban.

O de Asia

Éfeso

*Un próspero puerto griego y romano, luego
sede de una importante comunidad cristiana.*

Situada en la costa jónica de la Turquía actual, Éfeso empezó siendo
un asentamiento colonial griego hacia 1200 a.C. y llegó a ser una de
las ciudades más prósperas de la antigua Grecia. Tras un periodo
de ocupación persa a partir del siglo VI a.C., uno de los generales
de Alejandro Magno la recuperó en 334 a.C. y la refundó en otro
lugar, más al oeste, para acercarla a la línea de costa en retroceso.

La Éfeso regenerada contaba con muchos edificios bellísimos,
como el templo de Artemisa, pero, por desgracia, las excavaciones
solo han revelado fragmentos de la ciudad helenística. Sin embargo,
fue transformada de nuevo después de pasar a manos del Imperio
romano. Gran parte de la ciudad romana ha llegado a nuestros días.
El esplendor de su arquitectura simbolizaba la riqueza y la supremacía
colonial romanas. Dotada de una sofisticada infraestructura de calles
y acueductos, la Éfeso romana contaba con muchos edificios públicos
como el odeón, la biblioteca de Celso y el templo de Adriano.

▷ **LA ÉFESO ROMANA**
Los edificios mejor conservados de Éfeso datan del periodo romano, a partir
del siglo II d.C. La magnífica fachada de la biblioteca de Celso es un ejemplo
del esplendor de su arquitectura.

EL TEMPLO DE ARTEMISA

La construcción del que fue el tercer templo erigido en el mismo lugar
empezó en 323 a.C. Celebrado como una de las Siete Maravillas del mundo
antiguo, fue el templo de su tipo más grande jamás construido (más incluso
que el Partenón ateniense). Medía unos 115 m de longitud y 55 m de ancho,
con una doble hilera de columnas de 18 m de altura y 1,2 m de diámetro.

altar elevado   gran salón   doble
hilera de
columnas
en cada
lado

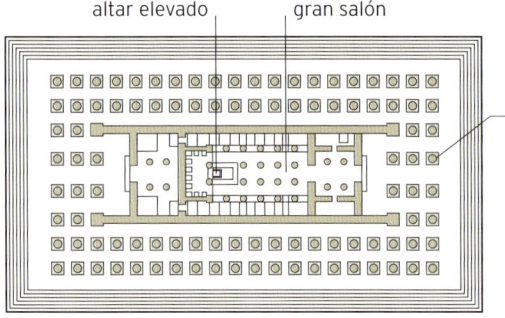

El **apóstol Pablo visitó Éfeso** y permaneció en la ciudad dos años.

Mohenjo-Daro

Uno de los asentamientos urbanos más antiguos del mundo y una gran ciudad de la civilización del Indo.

S de Asia

Situada en el centro de la llanura inundable del valle del Indo, en el Sind (Pakistán actual), Mohenjo-Daro se remonta al III milenio a. C. y prosperó casi al mismo tiempo que el antiguo Egipto, Mesopotamia, la Creta minoica y la cultura de Caral (Perú). Las ruinas de la ciudad muestran una clara planificación urbana con edificios de adobe dispuestos en una estricta cuadrícula y una ciudadela sobre un promontorio que domina el área residencial baja.

Las construcciones más importantes se encuentran en la ciudadela y comprenden una vasta estructura residencial, salas de consejo y un mercado central. Son particularmente interesantes los pozos y los baños, que contaban con agua corriente y un sofisticado sistema de desagüe. Las zonas centrales estaban muy fortificadas, pero la ciudad también estaba protegida por murallas defensivas y torres vigía al sur y al oeste.

◁ **ARTESANÍA SOFISTICADA**
Esta vasija de arcilla es uno de los muchos objetos hallados en Mohenjo-Daro que demuestran la existencia de una civilización desarrollada con una cultura floreciente.

Zigurat de Ur

Una estructura piramidal que domina las ruinas de la antigua ciudad de Ur.

O de Asia

El zigurat es un tipo de templo piramidal característico de las antiguas civilizaciones que se desarrollaron en los actuales Irán e Irak. A diferencia de las pirámides egipcias, los zigurats son estructuras con diferentes niveles unidos por escaleras. Uno de los más grandes y mejor conservados está en Ur, una ciudad neosumeria cercana a Nasiriya (Irak), y data del siglo XXI a. C.

Estructuras de culto
El zigurat de Ur fue un templo consagrado a Nanna, el dios lunar. Se estima que su altura original era de entre 21 y 31 m, de modo que el santuario de la cúspide sería visible a distancia.

En el siglo VI a. C., gran parte de la estructura de adobe del zigurat se había derrumbado, por lo que el rey neobabilónico Nabonides ordenó restaurarlo con una capa protectora exterior de ladrillos cocidos con betún como mortero. En el siglo XX se reanudó la restauración y se reconstruyeron la fachada y la escalinata principal, que sufrió daños durante la guerra del Golfo de 1991.

▽ **UN TEMPLO MONUMENTAL**
Esta imagen muestra la fachada restaurada del zigurat, cuya escalinata principal asciende hasta el nivel donde se encontraba el santuario de Nanna.

EL TESORO DE PETRA

Primorosamente esculpida en la pared de roca rosada, la colosal fachada del Tesoro (al-Jazneh) es una visión sobrecogedora cuando se llega a Petra por el angosto desfiladero llamado el Siq.

PLANO DE LA CIUDAD

Los visitantes que llegan a Petra por el Siq, su acceso principal, pasan frente a varias tumbas excavadas en las paredes verticales antes de llegar al célebre Tesoro, al final de la garganta. Los principales monumentos están a ambos lados del valle, atravesado por la calle columnada que lleva al Monasterio.

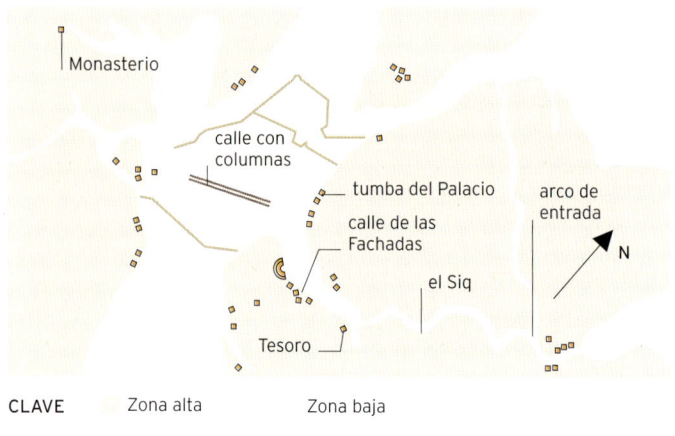

Monasterio

calle con columnas

tumba del Palacio

calle de las Fachadas

arco de entrada

el Siq

N

Tesoro

CLAVE　　Zona alta　　　　Zona baja

△ **LA TUMBA DEL PALACIO**

Se cree que la fachada de la mayor de las cuatro Tumbas Reales, la tumba del Palacio, tallada a imitación del estilo romano de la época, estaba inspirada en la Domus Aurea de Nerón en Roma.

O de Asia

Petra

La ciudad rosada, capital del reino nabateo, célebre por las tumbas y los templos excavados en desfiladeros de arenisca.

Hace más de 10 000 años, el pueblo nabateo, hasta entonces nómada, se asentó en las montañas del desierto del sur de la actual Jordania y fundó la ciudad de Raqmu, que se convirtió en el centro comercial de la región. Gracias a la prosperidad del comercio con griegos y romanos, la ciudad creció y adoptó el nombre de Petra, «piedra» en griego.

Excavada en la roca

La situación de Petra entre gargantas de paredes verticales llevó a los nabateos a desarrollar una arquitectura muy peculiar, excavando tumbas y templos con fachadas esculpidas a imitación de los estilos griego y romano, pero con elementos marcadamente propios. Los ejemplos más bellos son la célebre tumba conocida como el Tesoro (al-Jazneh), a la entrada de la ciudad, y el Monasterio (al-Deir), que en realidad es un templo, sobre una colina. También son destacables las cuatro Tumbas Reales (la tumba de la Urna, la de la Seda, la Corintia y la del Palacio), cada una de un estilo distinto.

La ciudad también tiene un gran teatro excavado en la roca y algunos edificios pequeños construidos, no excavados, como el llamado Qasr-al-Bint, el templo principal. Varias de las fachadas han sufrido los efectos de la erosión en la blanda arenisca, que ha desdibujado los detalles incluso de las mejor conservadas.

En su momento álgido, en el **siglo** ı **d. C.**, Petra contaba con unos **20 000 habitantes**.

◁ **TUMBAS EXCAVADAS EN LA ROCA**
Las tumbas excavadas en las paredes del desfiladero que lleva a Petra son relativamente sencillas, pero la arenisca estriada multicolor genera unos interiores espectaculares, en su día decorados con frescos.

E de Asia

Guerreros de Xian

El hallazgo arqueológico más espectacular de los últimos tiempos, que abre una ventana única al pasado de China.

Descubiertas en 1974 por unos agricultores cerca del monte Li en la provincia china de Shaanxi, las estatuas de terracota que representan soldados a tamaño real conocidas como los guerreros de Xian, tienen más de 2000 años y formaban parte de la tumba de Shi Huangdi (259–210 a. C.), el autoproclamado primer emperador de China. Obsesionado por la muerte desde pequeño, Shi Huangdi empezó a construir el complejo funerario en 246 a. C., cuando solo tenía 13 años de edad y gobernaba Qin, uno de los siete grandes estados en los que China estaba dividida. A partir de 221 a. C., una vez unificada China bajo su férrea autoridad, movilizó recursos colosales para su proyecto.

Un ejército enterrado

Los guerreros de terracota (al menos 7000 soldados, 130 carros y 150 caballos de caballería) custodiaban un flanco del vasto mausoleo imperial. Casi todas las figuras representan soldados rasos en filas ordenadas. Los arqueros están rodilla en tierra, y los jinetes, a lomos de sus monturas. De acuerdo con su rango, los oficiales son más altos y llevan armaduras más elaboradas. Las armas de hierro o bronce que portaban en las manos eran reales, y o bien fueron robadas, o bien se desintegraron con el tiempo.

PRODUCCIÓN EN SERIE

Las figuras se crearon mediante técnicas de producción en serie. Las distintas partes se elaboraban en moldes individuales, se cocían por separado y luego se montaban. Había diez moldes básicos para las cabezas, a las que luego se añadían manualmente los rasgos para que fueran distintas.

las figuras sostenían armas reales de hierro o bronce

la superficie lacada y pintada se ha perdido con el tiempo

Unos **700 000 obreros participaron** en la construcción del **mausoleo del emperador**.

◁ **FORMACIÓN DE COMBATE**
Se hallaron tres criptas con todas las figuras orientadas al este, hacia los enemigos de Shi Huangdi. Dos estaban en los flancos y la tercera, el puesto de mando, detrás.

▷ **UNA GUARDIA ETERNA**
Las figuras de los soldados miden 1,80 m de promedio. Los tocados indicaban su estatus social y su rango.

Cuevas de Ajanta

Un tesoro pictórico y escultórico, y uno de los más bellos ejemplos de arte budista.

S de Asia

Aunque eran hinduistas, los reyes guptas de India toleraron otras religiones, y su periodo de gobierno (*c.* 320–550 d. C.) se caracterizó por un florecimiento extraordinario de la filosofía, la ciencia, el arte y la arquitectura. En esa época se erigieron importantes esculturas y centros budistas, de los cuales las magníficas cuevas de Ajanta, en India occidental, sean tal vez el ejemplo más famoso.

Arte budista

Los 29 templos y monasterios de las cuevas de Ajanta se excavaron entre los siglos ii a. C. y vii d. C. en una montaña de basalto de manera discontinua y contienen muestras sofisticadas del arte budista, como magníficas representaciones de Buda, así como pinturas murales que narran su vida, a menudo con una rica paleta de colores intensos. La cueva 10, considerada la más antigua del complejo, contiene un *chaitya*, una sala de oración con una estupa (altar con forma de cúpula) al fondo. Sin embargo, la mayoría de las cuevas de Ajanta estaba destinada a la residencia monacal, a menudo con una fachada elaborada, un patio central y celdas adyacentes.

Las cuevas estuvieron abandonadas durante siglos, hasta que en 1819, unos cazadores británicos las encontraron por casualidad. Desde entonces, han sido objeto de un interés creciente.

FASES DE EXCAVACIÓN

Las cuevas de Ajanta están dispuestas en un arco inmenso que sigue el curso del río Wagora. Las evidencias arqueológicas sugieren que se excavaron en dos fases: una hacia los siglos ii y i a. C., y otra posterior, a la que corresponde la mayoría, durante la edad de oro de India bajo el Imperio gupta, en el siglo v d. C.

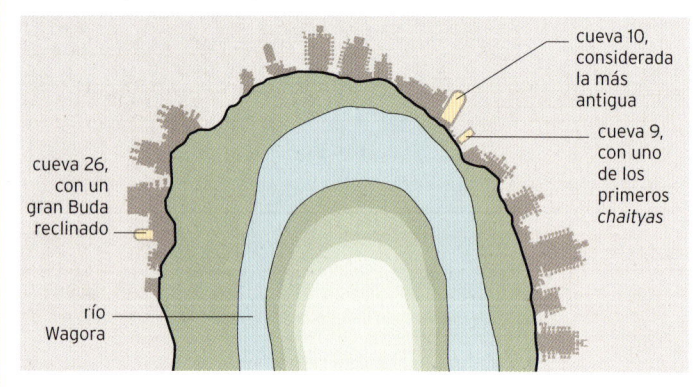

cueva 10, considerada la más antigua

cueva 9, con uno de los primeros *chaityas*

cueva 26, con un gran Buda reclinado

río Wagora

△ **UN ANTIGUO MURAL**
Este detalle de un mural del siglo v de la cueva 1 de Ajanta ilustra un episodio de los *jataka*, esto es, los relatos sobre las vidas anteriores de Buda.

▷ **ARQUITECTURA RUPESTRE**
En la cueva 26, dos robustos pilares muy ornamentados tallados en la roca dan fe de la maestría de los artistas y artesanos de la India antigua.

S de Asia

Cuevas de Ellora

Un complejo donde coexisten tres religiones orientales, famoso por sus esculturas y por el gran templo monolítico de Kailasa.

India es la cuna de tres grandes religiones del mundo: el budismo, el hinduismo y el jainismo, que se dan la mano en el vasto complejo de las cuevas de Ellora, en Maharashtra (India occidental). El complejo consta de 34 templos tallados en cuevas entre los siglos VII y XI d. C. a lo largo de 2 km, famosos por las colosales esculturas de divinidades.

El templo más espectacular del complejo es el de Kailasa, del siglo VIII, dedicado al dios hindú Shiva, repleto de esculturas y frisos en relieve que narran episodios de los textos sagrados hindúes del *Ramayana* y el *Mahabharata*.

▽ TALLA DELICADA
El inmenso templo de Kailasa, uno de los templos esculpidos en la roca más grandes y elaborados de India, se talló de arriba abajo hasta crear una magnífica estructura exenta.

Se cree que el **templo de Kailasa** fue tallado en **un solo bloque de roca**.

NE de Asia

El templo colgado

Asomado a un precipicio, representa a las tres grandes religiones y escuelas de pensamiento de China.

Este legendario templo o monasterio, que parece desafiar la gravedad, se alza precariamente en una pared del monte Heng, la más septentrional de las cinco montañas sagradas taoístas chinas.

Se encuentra a unos 75 m del suelo, con sus 40 edificios asegurados mediante postes encajados en la superficie del precipicio. Las pagodas que componen el templo están unidas entre ellas y a los distintos pabellones mediante un laberinto de rampas, escaleras, pasillos desvencijados y pasarelas. Se cree que el complejo fue construido durante la

dinastía Wei del Norte (386 d. C.–534/535 d. C.), aunque durante las dinastías Ming (1368–1644) y Qing (1644–1912) se llevaron a cabo remodelaciones y ampliaciones importantes.

Además de por su situación, el complejo de edificios de madera es conocido porque representa a las tres principales religiones o escuelas de pensamiento chinas: budismo, taoísmo y confucianismo, cuyos fundadores (Siddharta Gautama, Laozi y Confucio, respectivamente) conviven armoniosamente en estatua en el pabellón Sanjiao.

△ EQUILIBRISTAS
Suspendidos en una ladera del monte Heng sobre el cañón Jinlong, los edificios del templo se sostienen sobre delgados postes de madera fijados a la pared casi vertical de la montaña.

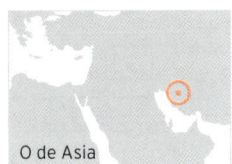

O de Asia

Persépolis

La capital ceremonial del primer Imperio persa, hoy un conjunto palaciego en ruinas.

Las ruinas de Persépolis, en el Irán actual, evocan la gloria de la gran dinastía aqueménida que gobernó el primer Imperio persa entre *c.*550 y 330 a.C.

Persépolis, fundada *c.*518 a.C. por el rey Darío I el Grande, al parecer solo se usaba en festividades concretas. Sus elementos principales, como una entrada colosal, la apadana (la sala de audiencias palaciega), y el Palacio de las Cien Columnas (el salón del trono) estaban hechos para impresionar. Los relieves de dignatarios extranjeros portando regalos al rey y la presencia de un importante tesoro han llevado a sugerir que el lugar se usaba para el pago de tributos. Los muros y techos de ladrillos de barro han desaparecido, pero muchas de las columnas de piedra, con elaborados capiteles con motivos animales, siguen en pie.

▽ **LA PUERTA DE TODAS LAS NACIONES**
Esta figura de toro alado con cabeza de hombre es un *lamassu*, una deidad guardiana que protegía la Puerta de todas las Naciones, por la que se accedía a los palacios reales.

▷ **FACHADA CON AZULEJOS**
Los azulejos azules y blancos de İznik (Anatolia occidental) son uno de los elementos más notables del exterior del edificio. Se añadieron en el siglo xvi y sobrevivieron hasta la década de 1960, cuando casi todos fueron sustituidos por réplicas.

▽ **CÚPULA DORADA**
La cúpula original, de 20 m de diámetro, era de oro, que luego se sustituyó por cobre y después por aluminio. El rey Husein de Jordania (r.1952-1999) la volvió a revestir de oro.

Cúpula de la Roca

Un importante lugar de culto islámico cuyo suntuoso interior está decorado con mosaicos y azulejos.

O de Asia

La Cúpula de la Roca, situada en el lado oriental de la ciudad vieja de Jerusalén y terminada en 691–692 d. C., fue construida por orden del califa omeya Abd al-Malik con el fin de proteger y honrar a la gran roca, conocida como «Piedra Fundacional», que alberga en su interior. El edificio posee un importante significado religioso para los musulmanes porque se alza en el lugar desde donde Mahoma ascendió a los cielos en 621, y también para los judíos, que identifican su emplazamiento con el del templo de Salomón original.

Esplendor decorativo

La planta octogonal del edificio, habitual en el Mediterráneo oriental (pp. 252–253), revela la influencia bizantina. En el interior, dos arquerías crean dos deambulatorios, uno circular y otro octogonal en torno a la gran roca que evocan el circuito ritual alrededor de la Kaaba, en La Meca. Gran parte de los bellos mosaicos originales que cubrían las paredes sobre los arcos han sobrevivido hasta hoy. Los motivos ornamentales, inspirados en modelos bizantinos y sasánidas, son sobre todo formas vegetales entrelazadas en jarras y joyas elaboradas, junto con inscripciones en caligrafía cúfica de citas coránicas.

Los elementos decorativos del edificio se han visto alterados en múltiples ocasiones a lo largo de los siglos. Los añadidos más espectaculares datan del periodo otomano, durante el reinado de Solimán el Magnífico (r. 1520–1566), que encargó los soberbios azulejos de Íznik (unos 45 000) que revisten gran parte del exterior. Los arquitectos de Solimán también diseñaron las 52 ventanas que inundan de luz el interior.

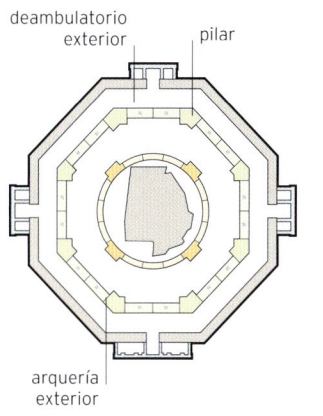

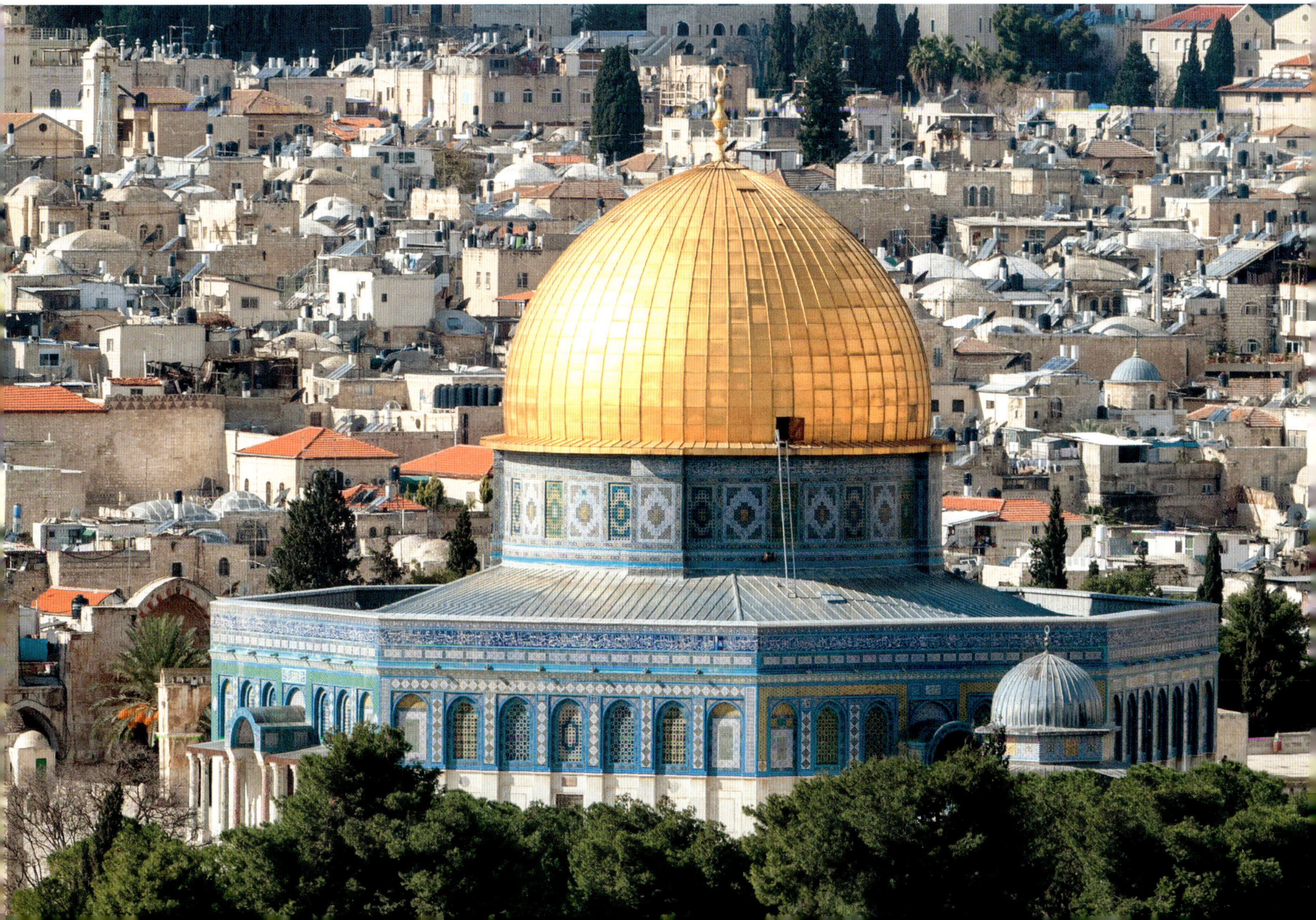

Estilos arquitectónicos

ISLÁMICO INICIAL

Las tradiciones arquitectónicas preexistentes (sobre todo la clásica y la bizantina) inspiraron en gran medida la primera arquitectura islámica, que pronto desarrolló características propias para crear algunos de los monumentos más extraordinarios y perdurables del mundo.

La mezquita es el edificio que define la arquitectura islámica. Aunque es un lugar de culto, también es un centro social y cultural, y en muchos casos, de educación para todas las edades. La sala de oración, el corazón de la mezquita, suele ser un espacio muy amplio, a menudo soportado por hileras de columnas y a veces coronado por una cúpula. En el exterior, las mezquitas suelen tener un gran patio con columnas a los lados y, en ocasiones, una fuente y un alminar (una torre visible desde el área circundante y desde la que se llama a la oración a los fieles).

Puesto que la fe islámica prohíbe la representación de figuras humanas y animales en las artes, la cultura islámica desarrolló lenguajes decorativos con motivos geométricos muy sofisticados, a veces combinados con inscripciones de citas del Corán. Además de la decoración superficial, muchos edificios islámicos están adornados con mocárabes (subdivisiones de la parte interna de una cúpula, o bóveda, que recuerdan estalactitas arracimadas), de los que existen magníficos ejemplos en la Alhambra de Granada.

motivos vegetales alrededor de los dibujos geométricos

los mosaicos también representan coronas y joyas

△ **MOTIVOS GEOMÉTRICOS**
Los elaborados motivos geométricos se suelen formar entrelazando círculos y cuadrados que se superponen en múltiples capas.

la caligrafía es con frecuencia el elemento decorativo dominante

la caligrafía árabe posee un alto valor estético

△ **CALIGRAFÍA**
La caligrafía es esencial en la cultura islámica. Aunque está vinculada al Corán, no se limita a los textos religiosos, sino que también se usa en otras manifestaciones culturales, como la poesía.

es posible que la forma octogonal se inspirara en las iglesias poligonales bizantinas

dominan los azulejos azules, verdes y turquesas

las cuatro puertas están orientadas a los puntos cardinales

▲ **CÚPULA DE LA ROCA**
La Cúpula de la Roca, erigida en el monte del Templo de Jerusalén, es una de las muestras de arquitectura islámica más antiguas. La influencia bizantina es obvia en la cúpula revestida de oro, pero la decoración geométrica es inconfundiblemente islámica.

ALMINARES

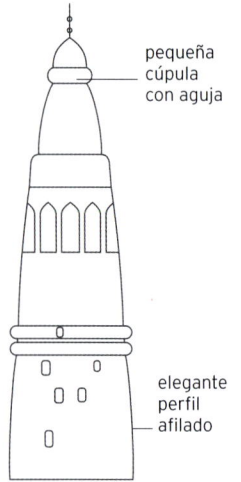

pequeña cúpula con aguja

elegante perfil afilado

△ **ALMINAR YEMENÍ**
En esta variante, los distintos niveles del alminar se integran en una silueta afilada coronada por una pequeña cúpula.

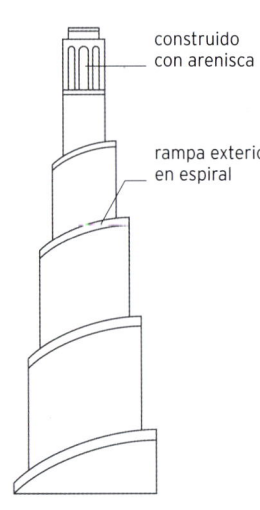

construido con arenisca

rampa exterior en espiral

△ **GRAN MEZQUITA DE SAMARRA**
Su inusual forma quizá refleje la importancia de la mezquita, en su día una de las mayores del mundo.

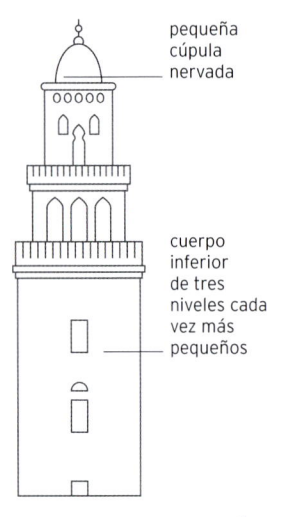

pequeña cúpula nervada

cuerpo inferior de tres niveles cada vez más pequeños

△ **MEZQUITA DE KAIRUÁN**
La robusta sencillez de este alminar de base cuadrada ejerció una gran influencia en el diseño de las mezquitas.

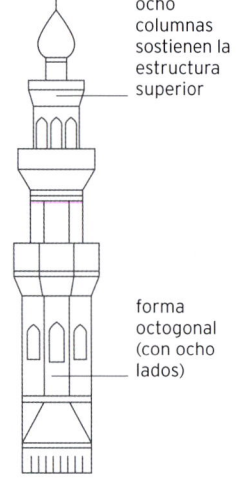

ocho columnas sostienen la estructura superior

forma octogonal (con ocho lados)

△ **MEZQUITA DEL SULTÁN HASÁN**
Los tres alminares octogonales de esta mezquita de El Cairo están integrados en su estructura y diseño.

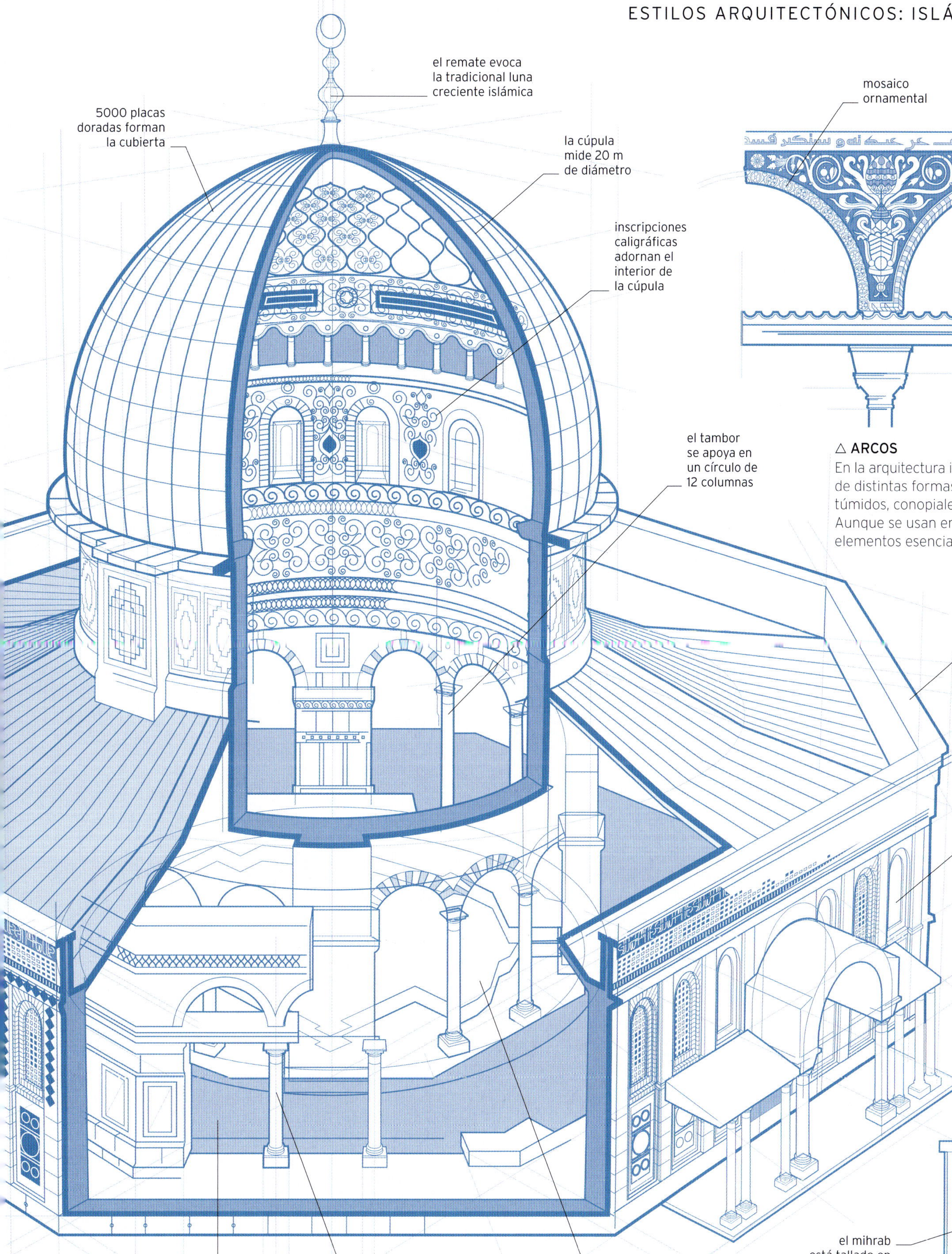

el remate evoca
la tradicional luna
creciente islámica

5000 placas
doradas forman
la cubierta

la cúpula
mide 20 m
de diámetro

inscripciones
caligráficas
adornan el
interior de
la cúpula

el tambor
se apoya en
un círculo de
12 columnas

los deambulatorios
permiten el paso de
procesiones rituales

las columnas romanas
emulan la cercana iglesia
del Santo Sepulcro

Piedra Fundacional

mosaico
ornamental

ligero
apuntamiento
central

△ ARCOS

En la arquitectura islámica son frecuentes los arcos
de distintas formas: de medio punto, apuntados,
túmidos, conopiales y de herradura, entre otros.
Aunque se usan en las arquerías, también son
elementos esenciales en bóvedas y cúpulas.

el octógono es un
motivo habitual en
los diseños islámicos

las ventanas retranqueadas
también son características
de la arquitectura mogola

▽ MIHRAB

El mihrab es una hornacina
abierta en una pared de
la mezquita que indica la
dirección de la Kaaba, en La
Meca (Arabia Saudí), el lugar
más santo del islam, hacia
donde miran los musulmanes
durante la oración.

el mihrab
está tallado en
mármol blanco

disco negro
con gran
rosetón

decoración
de palmetas
y follaje

Los **80 kg de oro** que revisten la Cúpula de
la Roca le costaron **8,2 millones de dólares**
al rey Husein de Jordania en 1998.

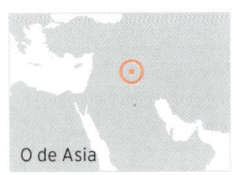

O de Asia

Gran Mezquita de Samarra

Una de las mezquitas más grandes y un espléndido ejemplo del ingenio de la arquitectura islámica inicial.

Samarra, en la orilla oriental del río Tigris, al norte de Bagdad (Irak actual), fue la capital del poderoso califato (estado político y religioso musulmán) abasí en el siglo IX. La ciudad es conocida sobre todo por su Gran Mezquita con un espectacular alminar en espiral, construida por el califa Al-Mutawakkil entre *c.*848 y 852 d. C., la edad de oro del islam, y considerada un exponente de la arquitectura islámica temprana.

La concha de caracol

Originalmente, la mezquita cubría una superficie de unas 17 hectáreas, pero sufrió graves daños cuando los ejércitos mongoles invadieron Irak en 1278. Hoy en día solo quedan las paredes exteriores y su alminar, la magnífica torre Malwiya («concha de caracol»), sin duda el elemento más espectacular de la estructura.

En esta torre se combinan ciencia y arte con gran maestría. Notable por su característica forma cónica espiralada, era un potente recordatorio del poder del califato y de la presencia del islam. En 2005 atrajo la atención mundial cuando los insurgentes descubrieron que los soldados estadounidenses la usaban como torre vigía y la bombardearon.

PLANTA Y CARACTERÍSTICAS

La mezquita es rectangular y está rodeada por un alto muro de ladrillo de 10 m de altura con 44 torreones semicirculares. Tenía 16 puertas de entrada, paredes revestidas de mosaicos de vidrio azul oscuro; 17 pasillos y un patio rodeado por una arcada. El alminar se alza junto a la mezquita, a la que estaba conectado por un puente.

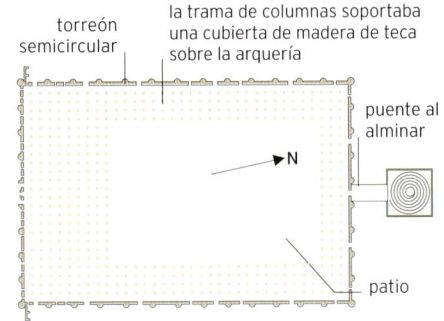

torreón semicircular

la trama de columnas soportaba una cubierta de madera de teca sobre la arquería

puente al alminar

▶N

patio

◁ **LA TORRE MALWIYA**
Cuando se construyó, este alminar de piedra arenisca, de unos 52 m de altura y con una rampa en espiral, fue el edificio más alto de la región.

Gran Buda de Leshan

Una obra maestra de ingeniería y la mayor estatua de Buda esculpida en piedra del mundo.

E de Asia

El Gran Buda tallado en un acantilado del monte Lingyun, en Leshan (provincia china de Sichuán) preside la confluencia de tres ríos: Min, Qingyi y Dadu. Según la leyenda, la escultura se ubicó allí no solo para promover el budismo, sino para apaciguar a los dioses fluviales y calmar las turbulentas aguas que ponían en peligro la vida humana y el paso seguro de las embarcaciones. Nada más adecuado para este fin que la representación del *bodhisattva* («ser iluminado») Maitreya, un «futuro buda» que se creía rescataba a aquellos que se encontraban en peligro.

Una estatua colosal

La construcción del monumento fue promovida por el monje chino Hai Tong en 713 a. C. y se terminó

unos 90 años después, cuando él ya había fallecido. Con sus 71 m de altura, es una asombrosa hazaña de ingeniería y un magnífico ejemplo de arte budista. Maitreya aparece sentado, con semblante sereno y las manos sobre las rodillas; su cabeza mide unos 14 m de altura y 10 de ancho, y su cabello forma 1021 rizos primorosamente tallados. Se dice que el enorme volumen de roca que se extrajo del acantilado y se depositó en el río durante la construcción de la gigantesca estatua desvió para siempre las corrientes, y las aguas se volvieron más tranquilas y mucho más seguras.

El Gran Buda alberga en su interior un ingenioso sistema de drenaje que impide que el agua de lluvia lo erosione. La estatua fue declarada Patrimonio de la Humanidad en 1996.

△ PIES DE GIGANTE
Los pies del Buda, como la mayor parte de la estatua, están tallados en piedra. Solo las orejas son de otro material: madera revestida de arcilla.

▽ VISTAS A LA MONTAÑA
La mirada del espectacular Gran Buda tallado en el acantilado de Leshan se dirige hacia el monte Emei, una de las cuatro montañas sagradas budistas de China.

Si estuviera **en pie**, el Buda tendría la **altura aproximada** de la **estatua de la Libertad**.

SE de Asia

Borobudur

Un gran templo con forma de mandala y exquisitos relieves que ilustran las enseñanzas y la vida de Buda.

El templo Borobudur, construido sobre una colina en el centro de Java (Indonesia) durante la dinastía Sailendra (750 d. C.–850 d. C.), está dedicado a Buda. Se trata del templo budista más grande y elaborado del mundo, pero quedó sepultado bajo ceniza volcánica en torno a 1000 d. C. y no se descubrió hasta 1814. Tras una importante restauración durante el siglo xx, fue declarado Patrimonio de la Humanidad en 1991.

Este templo monumental es la expresión arquitectónica de un mandala, una forma sagrada que simboliza el universo y que se usa para la meditación. Construido sobre una base cuadrada que representa la Tierra, el templo cuenta con diez terrazas ascendentes coronadas por una cúpula (que representa el Cielo). En la cima de la estructura se alza una gran estupa central dedicada a Vairocana, el Buda «Gran Sol».

El templo contiene 504 estatuas de Buda y está decorado con 2612 paneles con relieves exquisitamente tallados que representan aspectos de las escrituras budistas y de la vida y las enseñanzas de Buda.

◁ **ESTUPAS PERFORADAS**
Los tres niveles circulares (los superiores) del templo tienen 72 estupas perforadas, cada una con una estatua de Buda meditando.

El templo de Borobudur se construyó con 57 000 m³ de bloques de roca volcánica.

UN MANDALA TRIDIMENSIONAL

El Borobudur se construyó con forma de mandala, con sus cuatro lados orientados a los cuatro puntos cardinales. Su diseño guía a los fieles a ascender en sentido horario por caminos que rodean el eje cósmico central hasta la cima. El ascenso simboliza un viaje espiritual, desde el reino de los deseos terrenales hacia la iluminación.

estupa central

marco de la base

CLAVE

Terraza abierta con estupas

Terraza cuadrada

Terraza amplia

△ **RELIEVE**
Una de las características más espectaculares del templo de Borobudur son los relieves, que inspiran a los peregrinos durante el ascenso a la cúspide. La imagen principal de este panel es la del Buda sentado.

Vardzia

Un complejo de cuevas excavadas en una montaña que albergan un monasterio y la iglesia de la Dormición.

O de Asia

En el siglo XII, cuando Georgia vivía bajo la amenaza de los invasores mongoles, el rey Jorge III (1156–1184) empezó a excavar un monasterio fortificado en la montaña Erusheti, en Vardzia, en el sur del país. Su hija, Tamara la Grande, terminó el proyecto, un conjunto de cuevas y túneles interconectados que se adentraban en la ladera de la montaña a lo largo de más de 500 m, con un sofisticado sistema de abastecimiento de agua.

Una fortaleza invisible

Una vez terminada, esta ciudadela rupestre tenía trece niveles y unos 6000 habitáculos, un salón del trono y una gran iglesia en el centro: la iglesia de la Dormición, construida por orden de la reina Tamara cuando ascendió al trono tras la muerte de su padre. Integrada en la roca, esta iglesia es más impresionante por sus pinturas murales que por su arquitectura. Los murales que decoran sus paredes son unos de los más hermosos de la edad de oro georgiana (1089–1221) y muestran escenas de la vida de Cristo y de los santos, así como los retratos de Tamara y de su padre.

El principal elemento defensivo del monasterio de Vardzia era su invisibilidad: la única entrada estaba escondida, y el sistema de cuevas estaba íntegramente en el interior de la montaña.

PINTURA MURAL AL FRESCO SECO

Los murales de la iglesia están pintados con la técnica del fresco seco, que se diferencia del fresco en que los colores se aplican sobre una superficie acabada seca, en vez de húmeda. Por lo tanto, los pigmentos forman una capa superficial y no impregnan el enlucido, como sucede en el fresco habitual.

FRESCO — pared de piedra / revoque grueso (repellado) / revoque fino (enlucido) / el pigmento impregna el enlucido y forma una capa profunda / capa superficial

FRESCO SECO — pared de piedra / revoque grueso (repellado) / revoque fino (enlucido) / pigmento

▷ **A PLENA VISTA**
Antaño oculto en el interior de la montaña, el monasterio quedó al descubierto tras un desprendimiento de rocas a consecuencia de un terremoto en 1283. Hoy, la entrada a la iglesia y el entramado de cuevas y túneles se ven con claridad en la ladera de la montaña.

Cuevas de Dambulla

El mayor complejo de templos en cuevas de Sri Lanka, con múltiples estatuas de Buda y bellas pinturas budistas.

S de Asia

Al pie de un saliente rocoso cerca de Dambulla, en las montañas del centro de Sri Lanka, hay cinco cuevas que se transformaron en templos budistas a lo largo de un periodo que va desde el siglo III a. C. hasta mediados del siglo XIII d. C. Este lugar, una de las principales atracciones turísticas del país, es célebre por sus maravillosas pinturas murales y más de 150 estatuas de Buda.

Cuevas colosales

La mayor de las cuevas, la Maharaja Lena (cueva de los Grandes Reyes) contiene 56 estatuas de Buda, además de las de los dioses Saman y Visnú, y de los reyes Vattagamani Abhaya y Nissanka Malla. Un manantial con supuestas virtudes curativas gotea desde el techo, que está pintado con escenas de la vida de Buda. Aunque es bastante más pequeña, la vecina Devaraja Lena (cueva del Rey Divino) alberga una impresionante estatua tallada en la roca de un Buda reclinado. Al otro lado de la cueva Maharaja se halla el Maha Alut Vihara (Gran Monasterio Nuevo), que debe su nombre a las pinturas de las paredes y el techo, relativamente recientes en comparación con el resto del complejo, ya que datan del siglo XVIII, el renacimiento budista.

ENTRADA A LOS TEMPLOS

Aunque a veces se considera un solo templo, en realidad el complejo de Dambulla consta de cinco templos en sendas cuevas. A todos ellos se accede por un patio, y a los tres primeros (Devaraja, Maharaja y Maha Alut) por puertas y un porche añadido en la década de 1930. Los dos templos menores tienen entradas separadas en el extremo del patio.

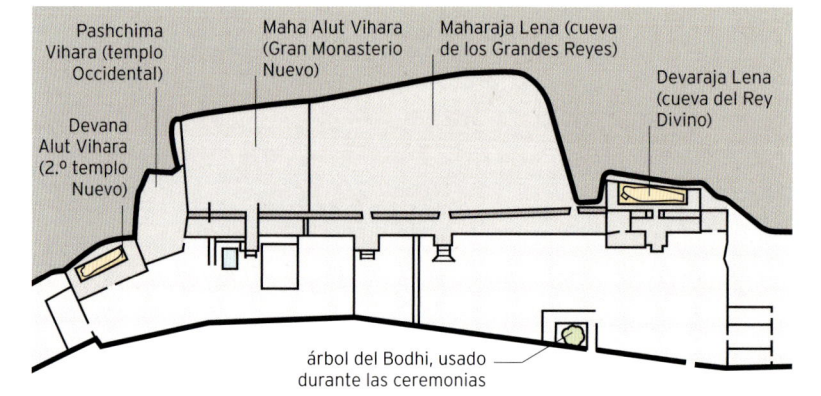

Pashchima Vihara (templo Occidental) — Maha Alut Vihara (Gran Monasterio Nuevo) — Maharaja Lena (cueva de los Grandes Reyes) — Devaraja Lena (cueva del Rey Divino) — Devana Alut Vihara (2.º templo Nuevo) — árbol del Bodhi, usado durante las ceremonias

▽ CUEVA DEL REY DIVINO

El primer templo, el Devaraja, está ocupado por una enorme estatua policromada de Buda reclinado tallada en la roca a lo largo de toda la cueva.

▷ BUDAS SENTADOS

Una serie de 40 estatuas de Buda sentado, junto a 16 Budas en pie, flanquean las paredes de la Maharaja Lena, la mayor de las cuevas.

Las **pinturas murales** de los templos de las cuevas de Dambulla **cubren** una superficie de **2100 m²**.

Ciudad sagrada de Kandy

La antigua capital del último reino independiente de Sri Lanka y un centro de peregrinación budista.

S de Asia

La ciudad sagrada de Kandy adquirió relevancia hacia fines del siglo XV como capital de Sri Lanka. Construida en una meseta rodeada de colinas en la provincia Central del país, fue la última capital de los reyes cingaleses hasta que los británicos la ocuparon en 1815.

Capital cultural

La antigua ciudad de Kandy es notable por sus edificios históricos, su magnífica arquitectura y sus numerosos santuarios, templos y manuscritos budistas. Sin embargo, es famosa sobre todo por el templo del Diente de Buda, o Sri Dalada Maligawa, que originalmente formaba parte del complejo del palacio real y que alberga una de las reliquias más veneradas del budismo: el canino superior izquierdo de Buda, conservado en una cámara dentro de un relicario formado por varios recipientes de oro. Según la leyenda, el diente llegó a la isla en el siglo IV d. C. La construcción del templo actual, cuya función era custodiar la reliquia, y de los edificios asociados se llevó a cabo por etapas a partir de inicios del siglo XVIII. La ciudad de Kandy, también conocida como Senkadagalapura, fue declarada Patrimonio de la Humanidad en 1988. Fue, y continúa siendo hoy, un importante lugar de peregrinación para budistas de todo el mundo.

△ **EL TEMPLO DEL DIENTE**
Redoble de tambores en el Hewisi Mandapaya, el patio frente al altar principal donde se celebran los rituales para venerar la reliquia.

▽ **EL COMPLEJO DEL TEMPLO**
El último rey de Kandy construyó Pattirippuwa, un pabellón octogonal, a principios del siglo XIX. El muro bajo blanco que rodea el complejo está perforado con pequeños orificios tallados.

△ **PALACIO DE LA NUBE PÚRPURA**
El palacio de la Nube Púrpura, en un escenario espectacular, es el mejor conservado de Wudang y un ejemplo extraordinario de la arquitectura Ming.

△ **EL PUEBLO DEL MONASTERIO**
Wudang aún es un importante centro taoísta que atrae a muchos peregrinos y practicantes de taichí. El pueblo del monasterio, en la imagen, ofrece alojamiento a los visitantes.

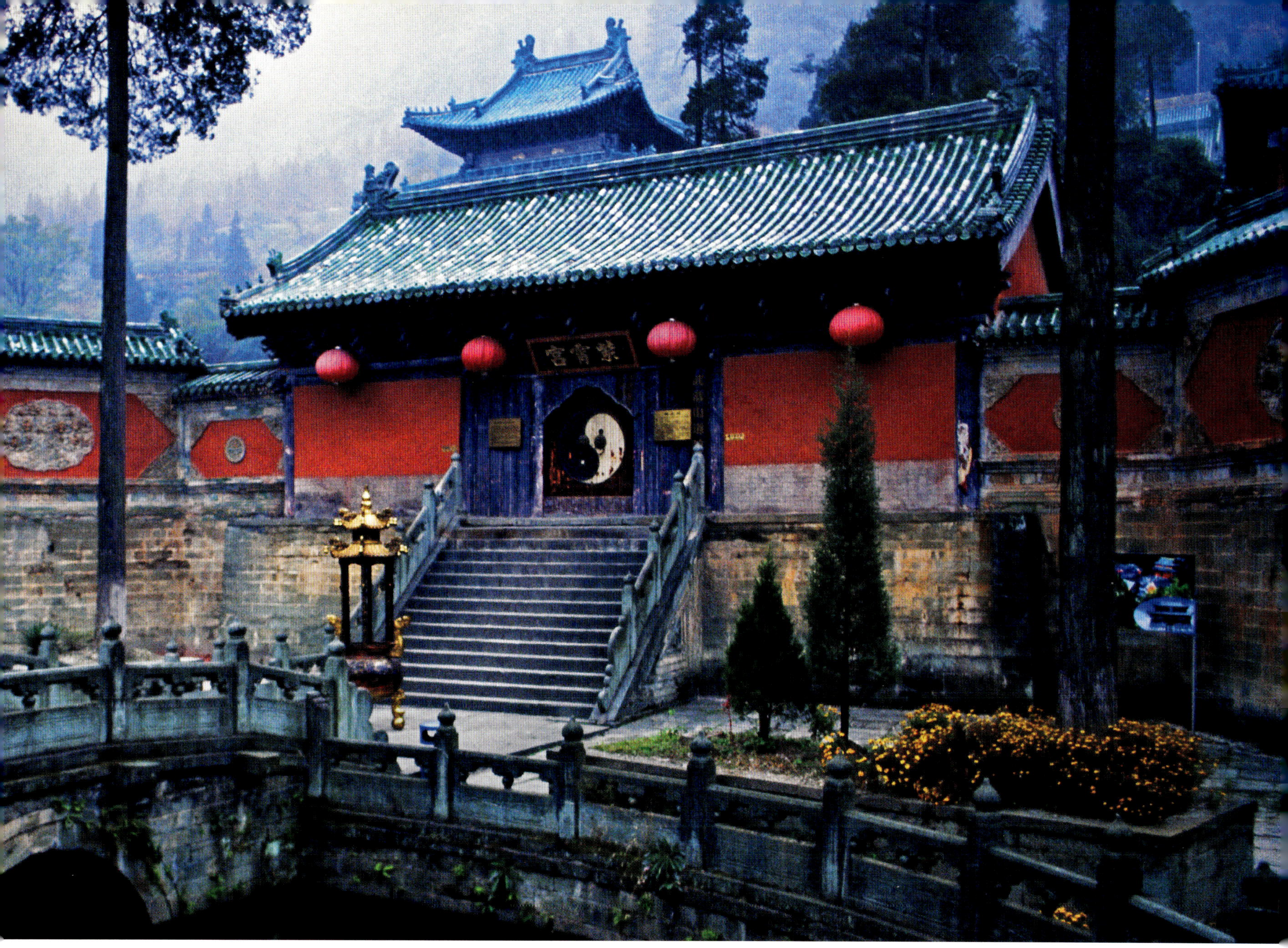

Complejo de las montañas de Wudang

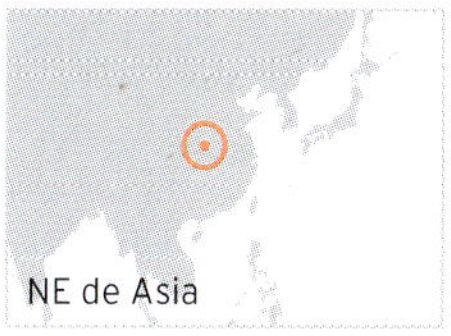

Un antiguo y vasto complejo arquitectónico en un paisaje de ensueño y uno de los centros taoístas más importantes.

NE de Asia

El complejo de los edificios antiguos de las montañas de Wudang, en el centro de China, es una parte muy importante del patrimonio religioso y cultural del país. Aunque algunos de los edificios se remontan al reinado del emperador Taizong (r. 629–649 d. C.), de la dinastía Tang, la mayoría se construyó durante la dinastía Ming (siglos XIV–XVII) y se amplió a finales del siglo XVII y principios del XIX.

Fundidos con el paisaje

El enorme complejo de Wudang contiene numerosos palacios, monasterios y templos, magníficos ejemplos del arte y la arquitectura chinos. Todos ellos están en armonía con el extraordinario entorno natural, con 72 picos y numerosos valles, arroyos, cuevas y lagos. Uno de los edificios más imponentes de Wudang es el palacio de la Nube Púrpura, o palacio Zixiao, construido durante el siglo XII, reconstruido durante el XV y ampliado en el XIX. Otros edificios notables son el Santuario Dorado y el Antiguo Santuario de Bronce, ambos de bronce y construidos a principios del siglo XIV; el palacio Nanyang (siglos XII–XIII); y el templo Fuzhen (siglos XV y XVII).

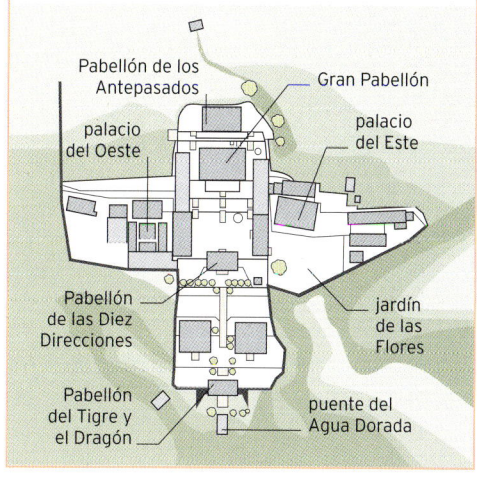

Prambanan

*Un complejo religioso que refleja la maestría artística
y arquitectónica de la antigua cultura hindú.*

SE de Asia

△ **LOS TEMPLOS DE LOS DIOSES HINDÚES**
El templo de Shiva (primer plano, centro) está
flanqueado por los de Visnú y Brahma, más pequeños.
Detrás se hallan los santuarios menores dedicados
a Garuda, Nandi y Hamsa, los vajanas (vehículos o
portadores animales) de las tres deidades principales.

Prambanan, en Yogyakarta
(Java, Indonesia), es el mayor y más
impresionante complejo de templos
hindúes del país. Está dedicado a
la Trimurti (Trinidad) más relevante
del panteón hindú: Brahma (el
Creador), Visnú (el Preservador)
y Shiva (el Destructor).

Su construcción comenzó
hacia mediados del siglo IX a. C.,
durante el reinado de las dinastías
Sailendra y Sanjaya. Al igual que
la del cercano templo budista
Borobudur (pp. 256–257),
la planta de Prambanan es
un mandala, o diagrama
cósmico, en el que las
altas agujas características
de la arquitectura hindú
representan al mítico
monte Meru, la morada
de los dioses.

El complejo de templos

Prambanan tiene dos áreas principales, separadas
por un muro. La interior contiene los tres templos
principales y los santuarios asociados, y
la exterior alberga 224 templos menores
(muchos muy deteriorados). El complejo
gira alrededor del templo de Shiva, que
con 47 m de altura es el templo más
grande de todos y está flanqueado
por los templos de Brahma y Visnú,
más pequeños. Los muros de estos
tres templos están adornados con
magníficas esculturas en piedra
que ilustran escenas de la
epopeya hindú *Ramayana*.

◁ **ESTATUA GUARDIANA**
Un temible *dvarapala*, o
protector del templo, del
siglo IX, con ojos saltones y un
gran bigote, custodia la entrada
al complejo de Prambanan.

EL TEMPLO DE SHIVA

El templo de Shiva tiene cinco salas principales.
Como la mayor parte de la arquitectura hindú,
se concibió como un símbolo del cosmos: la
base (*bhurloka*) representa el reino humano;
la sección central (*bhuvarloka*), el reino de los
sabios y de quienes buscan la verdad, y la parte
superior y más sagrada (*svarloka*), el reino de
los dioses.

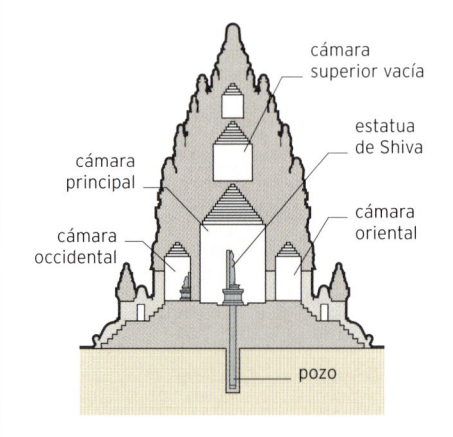

cámara
superior vacía

estatua
de Shiva

cámara
principal

cámara
oriental

cámara
occidental

pozo

Chand Baori

Una obra maestra de la arquitectura india y uno de los aljibes escalonados
más grandes del mundo.

S de Asia

El Chand Baori es un aljibe escalonado (un pozo o estanque donde se accede al agua por una escalera) construido en Abhaneri, en Rajastán, entre los siglos VIII y IX d.C., no solo para recoger el agua del profundo acuífero que tiene debajo, sino también, y por su proximidad al templo Harshat Mata de los siglos VII–VIII, como un lugar donde la población local (incluyendo a la familia real) pudiera refugiarse del calor.

Diseño y precisión

Considerado una obra maestra artística y arquitectónica, es uno de los aljibes escalonados más grandes del mundo: tiene 13 pisos y 3500 escalones laberínticos, cada vez más estrechos a medida que descienden por debajo del nivel del suelo. También es notable por su extraordinaria precisión geométrica e impresionante simetría, y por las magníficas esculturas y frisos que adornan varias salas.

El Chand Baori aparece en la película *El caballero oscuro: la leyenda renace*.

◁ **VISTA DEL INTERIOR**
El Chand Baori, una obra maestra del arte y la arquitectura rajastaníes, tiene cientos de escalones en tres de sus lados. En el cuarto se alza un pabellón con arcos, galerías y pilares, algunos de ellos decorados con intrincados relieves.

▽ **LAS ESCALERAS**
Un ingenioso sistema de escalones que se entrecruzan a distintos niveles en las paredes del Chand Baori permite acceder a lo que antaño fue un manantial de agua subterráneo.

Templos de Pagan

Más de 2200 templos budistas y pagodas diseminadas sobre las llanuras del antiguo reino de Pagan.

SE de Asia

El reino de Pagan, o Bagan, en las llanuras del río Irawadi, en el actual Mandalay (Myanmar, antes Birmania), fue la principal potencia de la región entre los siglos IX y XIII. En este periodo se consolidó una cultura birmana centrada en la práctica del budismo theravada y se erigieron más de diez mil templos budistas sobre las llanuras de Pagan. Aunque han sobrevivido menos de la cuarta parte, el panorama de las pagodas que salpican el paisaje sigue siendo un espectáculo extraordinario.

La evolución de un estilo

Los edificios de Pagan son un valioso testimonio de la evolución de los templos en Birmania. Algunos son estupas sencillas, o pagodas (santuarios hemisféricos macizos que contienen reliquias), construidos en un estilo básicamente índico. Los edificios posteriores, que comprenden templos coronados por pagodas, muestran la transición al que hoy se reconoce como un estilo típicamente birmano. Las estupas evolucionaron en general de la forma abovedada a otra más de campana, más esbelta, mientras que los templos que tenían debajo se iban convirtiendo en lugares de culto cada vez más complejos, con interiores espaciosos y decorados en armonía con la sofisticación del exterior. Estos edificios tenían una o cuatro entradas, pero también apareció un estilo de templo pentagonal exclusivo de Pagan.

Supervivencia

Desde la caída del reino de Pagan en el siglo XIII se han construido pocos templos nuevos, y los terremotos y el abandono destruyeron muchos de los que había. Por desgracia, recientemente varios de los supervivientes se han restaurado de manera inadecuada, pero la mayoría se ha conservado bien.

◁ **PAGODAS DE PAGAN**

Las elegantes pagodas cónicas o con forma de campana de innumerables templos budistas grandes y pequeños emergen entre la vegetación de la llanura de Pagan.

△ **INTERIOR DE UN TEMPLO**

Bajo la pagoda, casi todos los templos birmanos tienen un amplio espacio decorado y estatuas de Buda.

EL HTI

Casi todos los templos birmanos acaban en un *hti*, un remate decorativo de las agujas de las pagodas. Normalmente, estas agujas están hechas con anillos concéntricos y cada vez más pequeños, con un *hti* en la punta. Los *hti*, que pueden ser de muchas formas, suelen estar adornados con campanas y adornos pinjantes, y muchos están coronados con piedras preciosas. Los *hti* de los templos de Pagan, a diferencia de los metálicos de otras regiones de Myanmar, son de piedra chapada en oro.

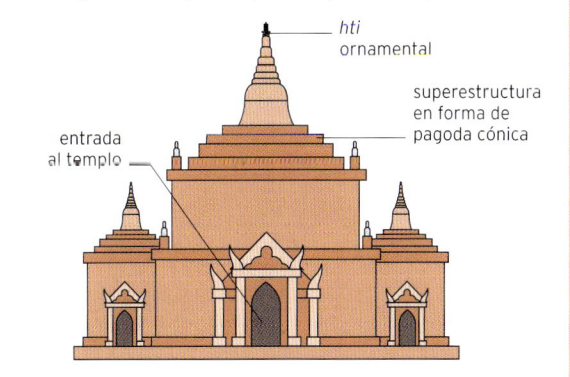

hti ornamental

superestructura en forma de pagoda cónica

entrada al templo

O de Asia

Fuerte de Bahla

Un bello ejemplo de asentamiento islámico medieval fortificado en un oasis.

El fuerte de Bahla es una de cuatro fortalezas que se alzan al pie del Yébel Akhdar, en Omán. Aunque las evidencias arqueológicas sugieren que el oasis estuvo poblado y fortificado desde el I milenio a. C., el fuerte actual fue construido por la dinastía nabhaní, que dominó la mayor parte de Omán entre los siglos XII y XV d. C. La fortaleza demuestra la riqueza acumulada por los nabhaníes gracias al comercio de incienso con Oriente Medio.

Un bastión del desierto

El fuerte está construido con ladrillos de adobe sobre un basamento de arenisca a 50 m de altura sobre el oasis que lo rodea. Dentro de la *Qasbah* («ciudadela» o «alcazaba») hay un laberinto de celdas y cámaras, con paredes salpicadas de aspilleras por las que se lanzaba agua o jugo de dátil hirviendo sobre los atacantes. La muralla exterior, de 13 km de longitud, rodea el asentamiento, incluida la mezquita del Viernes, complejos familiares, salas de audiencias, baños y los restos de un mercado. El fuerte se abrió al público en 2012 tras ser restaurado.

▷ **TÍPICAMENTE OMANÍ**
Las torres redondas y los muros lisos salpicados de ventanucos del fuerte de Bahla son típicos de los más de quinientos fuertes, castillos y torres vigía que hay en Omán. Unas veinte de estas construcciones han sido meticulosamente restauradas.

▷ **UNA CIUDADELA EN EL OASIS**
El fuerte se eleva sobre el asentamiento de adobe y el palmeral del oasis, irrigado mediante un sistema de pozos y canales subterráneos que traen agua de manantiales lejanos.

Bahla fue el **centro** de la **escuela de pensamiento islámico ibadí**, fundada veinte años después de la muerte de Mahoma.

Alminar de Yam

El segundo alminar de ladrillo más alto del mundo, célebre por su intrincado aparejo y sus inscripciones.

O de Asia

Hace más de 800 años que el alminar de Yam se eleva en un remoto valle al borde del antiguo reino de Gur, en el oeste de Afganistán. Fue erigido en 1173 por el sultán gurí Giyat al-Din, probablemente para conmemorar una victoria militar importante. Se cree que formaba parte de Firuzkuh, la capital de verano del Imperio gurí, que los mongoles, liderados por Gengis Kan, destruyeron a principios del siglo XIII.

Un aparejo elaborado

El alminar, de 65 m de altura, se construyó íntegramente con ladrillo rojo y está decorado en altorrelieve con ladrillos esmaltados dispuestos en cenefas geométricas de pentágonos, hexágonos y rombos, y franjas de inscripciones en caligrafía cúfica y nasj. Estas miden entre 1,5 y 3 m de altura y contienen versículos del Corán y datos históricos, como versiones cada vez más elaboradas del nombre y los títulos de Giyat al-Din y el nombre del arquitecto del alminar, Alí ibn Ibrahim de Nisapur.

La decoración representa el punto álgido de la técnica típica de la arquitectura afgana, vista por primera vez a finales del siglo X. Las frecuentes inundaciones han dañado la base del alminar, que hoy está inclinado y corre peligro de derrumbe, y ha perdido más de la quinta parte de su aparejo decorativo.

DOS CUERPOS

En el cuerpo inferior, dos escaleras en espiral (de doble hélice, que en Europa no se vieron hasta el Renacimiento) ascienden por seis cámaras abovedadas hasta un balcón. En el superior, las escaleras giran en torno a un hueco central cubierto por seis bóvedas que descansan sobre cuatro contrafuertes internos.

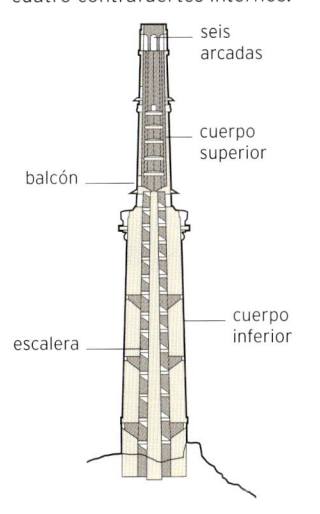

seis arcadas

cuerpo superior

balcón

cuerpo inferior

escalera

El alminar cayó en el **olvido** a partir del siglo XIII y se **redescubrió** en **1886**.

△ **INSCRIPCIONES ELABORADAS**
Las cinco franjas de inscripciones que rodean el alminar están hechas de ladrillos esmaltados en azul turquesa, el primer ejemplo conocido de este elemento en la arquitectura gurí.

▷ **EN PELIGRO**
En 2014, las inundaciones y las excavaciones ilegales provocaron una inclinación de 3,47° en el alminar, en la actualidad en peligro de derrumbarse.

△ **CONSTRUCCIÓN TRADICIONAL**
Las paredes de ladrillo de adobe alojan estanterías para una biblioteca bajo un techo construido con troncos de palmera y hojas de palmera trenzadas.

SE de Asia

Angkor Wat

Una obra maestra del arte y de la arquitectura,
y la estructura religiosa más grande del mundo.

El complejo de Angkor Wat, que significa «templo-ciudad», en Siem Riep (noroeste de Camboya), con una superficie de casi 200 hectáreas, es el yacimiento arqueológico más grande del mundo y unos de los más impresionantes. El templo se encontraba en el centro de una extensísima ciudad, cuyas partes estaban unidas por una red de carreteras y canales. Su construcción empezó durante el reinado de Suryavarman II (1113–c. 1150), soberano del poderoso Imperio jemer, que por entonces gobernaba casi todo el Sureste Asiático continental. Aunque se gastaron ingentes sumas de dinero en glorificar a los gobernantes del país mediante proyectos de construcción colosales, ninguno fue tan imponente y ambicioso como Angkor Wat.

El templo, magnífico exponente del arte y la artesanía jemeres, se concibió como un lugar de culto y de protección, además de como afirmación de la autoridad del rey y de su derecho a gobernar. Está dedicado al gran dios hindú Visnú, el Preservador, que protege y sostiene el mundo, con quien Suryavarman II se identificaba especialmente.

Representación de mitos

El templo contiene 1200 km² de exquisitos bajorrelieves que comprenden la narración visual de ocho importantes leyendas de la mitología hindú. Generalmente se suele considerar que el más bello es el que representa el batido del océano de leche, en la galería oriental, con dioses y demonios batiendo el océano para extraer el *soma*, o elixir de la inmortalidad.

El complejo de Angkor Wat empezó a declinar en el siglo XIV y fue saqueado por un ejército tailandés en 1431. Fue incluido en la lista del Patrimonio de la Humanidad en 1992.

Se cree que en la **construcción del templo** participaron unos **300 000 obreros**.

△ BATIENDO EL OCÉANO DE LECHE
Esta imagen muestra un detalle de uno de los bajorrelieves más espectaculares de Angkor Wat, que plasma el mito de la creación hindú, el batido del océano de leche.

◁ EL COMPLEJO DEL TEMPLO
La torre central alcanza los 65 m de altura y está flanqueada por cuatro torres más pequeñas y varios muros, cuyas esquinas forman un ángulo de exactamente 90°.

UN MICROCOSMOS SAGRADO

Angkor Wat representa el concepto hindú del microcosmos sagrado. Sus grandiosas cinco torres simbolizan los picos del mítico monte Meru, la morada de los dioses tanto para hindúes como para budistas, y su enorme foso (actualmente seco) de más de 180 m de anchura, representa el océano cósmico que se creía que antaño rodeaba el monte Meru.

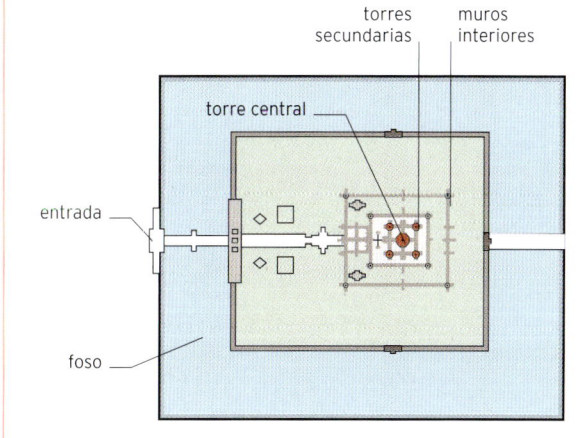

torres secundarias
muros interiores
torre central
entrada
foso

Monasterio de Geghard

Un monasterio medieval con capillas y tumbas excavado en las paredes de una garganta espectacular.

O de Asia

△ INTERIOR
DE UNA CÁMARA
La luz del sol que entra por un ornamentado óculo ilumina los relieves de las paredes del *zhamatoun*.

El Geghardavank, o «Monasterio de la Lanza», debe este nombre a una de las reliquias que albergó antaño: la lanza con la que fue atravesado el costado de Cristo en la cruz. Construido en lo alto de un acantilado de la garganta del río Azat en Kotayk (Armenia), fue durante siglos un sencillo templo rupestre, pero en el siglo XIII fue transformado en un complejo de iglesias y tumbas.

Tallado en la roca

Tras una alta muralla defensiva se alza una iglesia imponente, la capilla Katoghike, en cuya cara oriental se apoya un gran *gavit*, una especie de nártex o atrio cuadrado parcialmente tallado en la roca, desde el que se accede a una cámara que conduce al interior de la montaña y a la serie de cámaras excavadas en la roca por las que es célebre el monasterio. El complejo cuenta con cámaras con tumbas y sacristías notables por las columnas talladas en la roca. Las paredes de las capillas y las tumbas están decoradas con relieves geométricos y florales, y cruces armenias llamadas *jachkar*. El conjunto marca el momento álgido del arte y la arquitectura armenios medievales.

▷ LA CAPILLA KATOGHIKE
La iglesia principal es de estilo típicamente armenio, con planta de cruz griega sobre base cuadrada y cúpula cónica sobre un tambor cilíndrico.

O de Asia

Palacio de los Sirvansahs

La lujosa residencia construida para los sahs de Sirván sobre una colina en la antigua ciudad amurallada de Bakú.

En el siglo XV, el sah de Sirván Jalilullah I trasladó su capital al puerto de Bakú, a orillas del mar Caspio (Azerbaiyán actual), donde ordenó construir un complejo palaciego. Intramuros, el complejo tiene tres niveles. El palacio principal está en la cima de una colina, en un patio que forma el nivel superior, donde se encuentran también el mausoleo del erudito de la corte Seyid Yahya Bakuvi y, junto al jardín de palacio, el divanjana, un edificio octogonal rodeado por arcadas. En el segundo nivel, la mezquita del Sah y las criptas reales ocupan otro patio. El nivel inferior consiste en una terraza que contiene los baños.

El palacio de los Sirvansahs se construyó durante la primera mitad del siglo XV, y en 1585 se añadió un gran portal, conocido como puerta de Murad. El complejo es la joya de Icheri Sheher, la Ciudad Vieja de Bakú. Fue declarado Patrimonio de la Humanidad por ser «una de las perlas de la arquitectura de Azerbaiyán».

△ **INSCRIPCIONES TALLADAS**
Los frisos de piedra con relieves de inscripciones históricas y religiosas adornan muchos de los edificios del complejo.

EL COMPLEJO MONÁSTICO

El *gavit* da acceso a las principales iglesias, a excepción de la capilla de San Gregorio el Iluminador, que se encuentra fuera del complejo. La Katoghike se apoya en el acantilado por uno de sus lados. El *gavit* penetra en la montaña y lleva al Avazan («cuenca»), a los dos *zhamatoun* que contienen tumbas y a una segunda iglesia tallada en la roca.

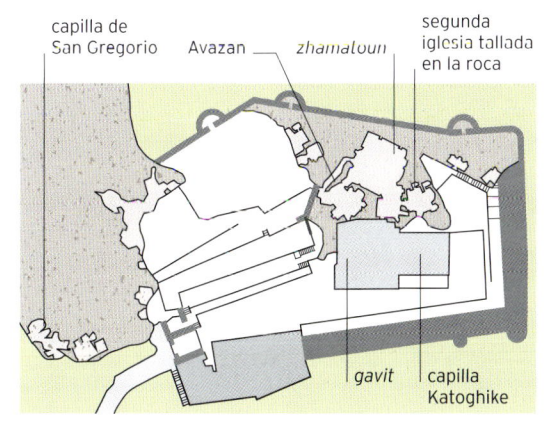

capilla de San Gregorio   Avazan   *zhamatoun*   segunda iglesia tallada en la roca

gavit   capilla Katoghike

△ **EL PALACIO AL ATARDECER**
El techo abovedado del palacio es visible detrás de la cúpula hexagonal del mausoleo real y el alminar y las cúpulas de la mezquita de palacio. Todos los edificios están construidos con la misma piedra de color miel.

Castillo de Himeji

Una obra maestra de madera y piedra, y uno de los pocos castillos feudales japoneses de los siglos XVI y XVII que se conservan.

E de Asia

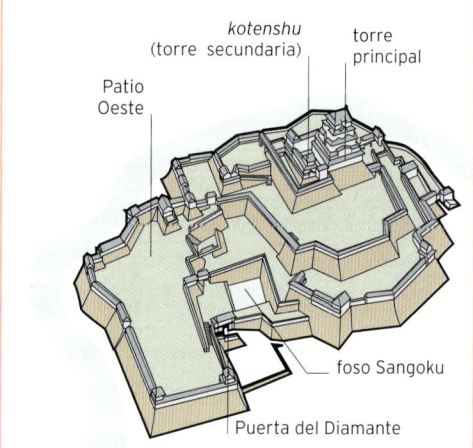
El castillo de Himeji, conocido también como castillo de la Garza Blanca tal vez porque semeja un ave a punto de alzar el vuelo, fue construido en 1601–1609 por Ikeda Terumasa, a quien el sogún Tokugawa Ieyasu (cuya dinastía gobernó Japón hasta finales del siglo XIX) nombró gobernador de las provincias occidentales. El castillo formaba parte del plan pacificador del sogún de construir un castillo en cada provincia.

Diseñado para resistir

Ikeda Terumasa sustituyó la torre existente, de tres pisos, por otra de cinco que en realidad oculta seis pisos y un sótano (pp. 294–295) y añadió tres torres menores unidas por pasillos techados de dos plantas en una formación conocida como *renritsu tenshu* («torres conectadas»). Las torres tenían un solo punto de acceso, y los muros exteriores estaban protegidos por agujeros de distintas formas para disparar flechas o armas de fuego y por matacanes (estructuras de madera con una abertura en el fondo para lanzar piedras). El castillo estaba rodeado por un foso en espiral que daba a múltiples puertas fortificadas y a un laberinto de patios y pasillos en pendiente diseñado para desorientar a los atacantes. Era una fortaleza casi inexpugnable, pero sus tejados a distintas alturas y sus tejas decorativas son también una magnífica expresión del estilo tradicional japonés. Designado Tesoro Nacional de Japón en 1931, en la Segunda Guerra Mundial sobrevivió a los bombardeos aliados y en 1993 fue uno de los dos primeros monumentos del país reconocidos como Patrimonio de la Humanidad por la Unesco.

Las **complejas defensas** del castillo **jamás** se pusieron **a prueba**, porque **nunca fue atacado**.

▽ UNA BELLEZA INEXPUGNABLE

Los gráciles aleros, los tejados a distintas alturas y los muros de un blanco impoluto de la torre principal hacen de este castillo un prototipo de la arquitectura japonesa del siglo XVII. En la planta inferior pueden verse los matacanes para lanzar piedras.

Palacio Gyeongbokgung

Destruido y reconstruido en varias ocasiones, es un potente símbolo del orgullo y la fortaleza de Corea.

E de Asia

△ **RESURGIR DE LAS CENIZAS**
El complejo de la puerta Heungnyemun, actualmente reconstruido, conduce al Geunjeongjeon (salón del trono), uno de los pocos edificios que se libraron de a la destrucción del siglo XX.

El Gyeongbokgung, también llamado Palacio del Norte, es el mayor de los cinco palacios de Seúl que albergaron a los reyes de la dinastía Joseon (1392–1910). Construido en 1395, fue el principal palacio real hasta su destrucción durante la invasión japonesa en la década de 1590.

Supervivientes

En el siglo XIX, el regente Heungseon Daewongun reconstruyó el palacio y creó un vasto complejo de más de 330 edificios sobre un área de 60 hectáreas. Este complejo quedó casi destruido durante la ocupación japonesa de Corea (1910–1945), pero varios edificios del siglo XIX que lograron sobrevivir son bellos testimonios de la arquitectura en piedra y madera, y la decoración tradicionales coreanas. Entre ellos destacan el ornamentado Geunjeongjeon (el salón del trono imperial), el Gyeonghoeru (el salón de banquetes real) y el pabellón Jagyeongjeon (residencia de la madre del rey).

▷ **COLORES SIMBÓLICOS**
La pintura, en el estilo de la decoración arquitectónica tradicional coreana (*dancheong*), protege la madera de la intemperie. Los colores simbolizan los puntos cardinales, las estaciones y seres míticos y reales.

Estilos arquitectónicos
CHINO

Durante la mayor parte de su historia, la arquitectura de China ha estado íntimamente ligada al conjunto de creencias, sistema de escritura y sensibilidad estética de su cultura, que dominó durante milenios gran parte de Asia oriental.

La arquitectura china ha ejercido una gran influencia en toda Asia oriental, sobre todo en Corea y Japón. Aunque también se usan la piedra y el ladrillo, predominan las estructuras adinteladas en madera.

La simetría es un elemento esencial. Muchos edificios y complejos palaciegos se diseñaron de modo que fueran simétricos respecto a dos ejes. Los edificios son sobre todo pabellones, con las dependencias imperiales alineadas con un eje y las de menor importancia en un lateral o en un patio. Como resultado, y pese a la importancia evidente de los tejados en pendiente acusada, la impresión general es más horizontal que vertical.

La apertura al mundo de la economía y la sociedad chinas en la década de 1980 propició la entrada de estilos y técnicas de construcción occidentales. Sin embargo, hoy muchos arquitectos vuelven la mirada a la arquitectura tradicional.

▶ **PABELLÓN DE LA SUPREMA ARMONÍA DE LA CIUDAD PROHIBIDA**
El complejo de la Ciudad Prohibida (pp. 276-277), construido a principios del siglo XV durante la dinastía Ming, contiene la residencia imperial además de múltiples espacios ceremoniales, como el Pabellón de la Suprema Armonía. A lo largo de la historia, los edificios chinos siguen normas y métodos de construcción codificados en 1103 y presentan una planta simétrica con un eje central, tejados en pendiente, motivos mitológicos y un código cromático que refleja el rango.

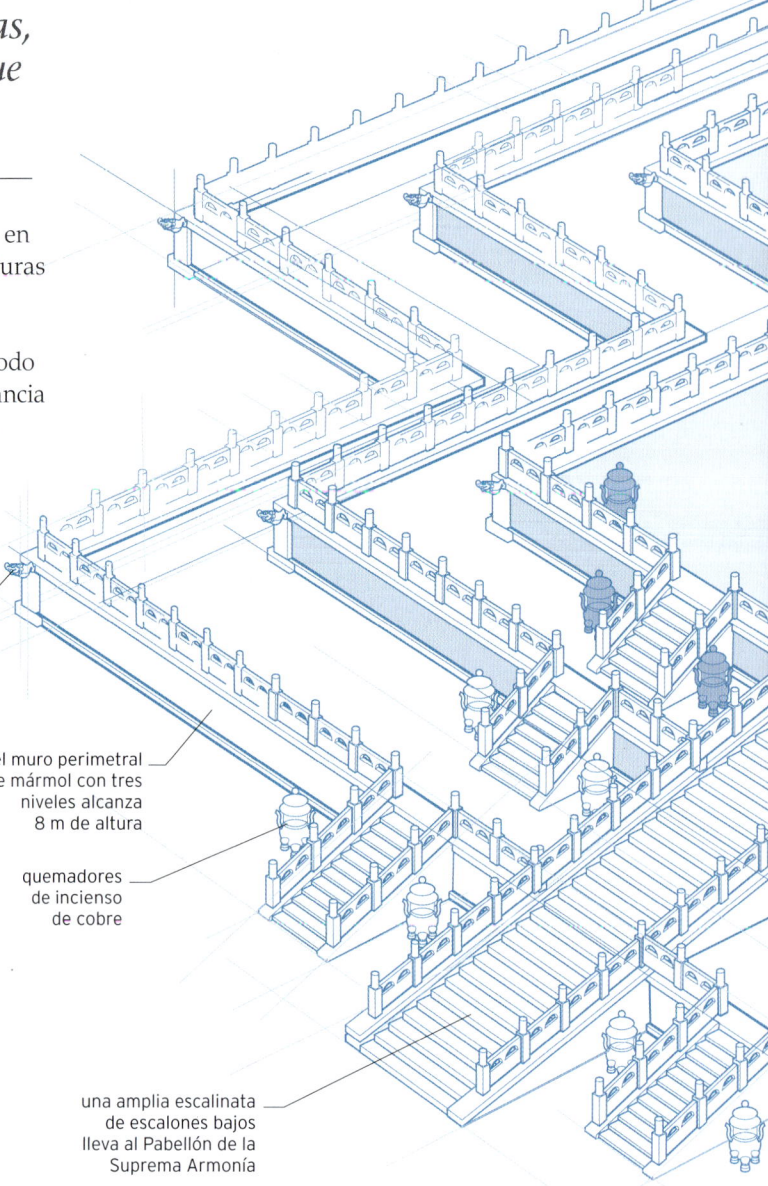

unos canalones con cabeza de dragón drenan el agua de lluvia de la terraza

el muro perimetral de mármol con tres niveles alcanza 8 m de altura

quemadores de incienso de cobre

una amplia escalinata de escalones bajos lleva al Pabellón de la Suprema Armonía

los remaches de las puertas refuerzan su función defensiva

los guardianes del tejado aportan una protección simbólica

◁ **PUERTA CEREMONIAL**
La Ciudad Prohibida está dividida en dos recintos a los que se accede por puertas ceremoniales que establecen límites sociales y físicos, desde la Puerta Meridiana, que consiste en cinco portales coronados por edificios con tejado de doble alero, hasta las puertas más pequeñas que conectan dos patios.

los dragones simbolizan el poder imperial

el número de estatuillas refleja la categoría del edificio

◁ **GUARDIANES EN EL TEJADO**
En la arquitectura china es frecuente la cubierta de copete (a cuatro aguas), cuyos faldones llegan hasta los muros. En la arquitectura imperial, las cumbreras suelen estar adornadas con figuras míticas, como el dragón imperial.

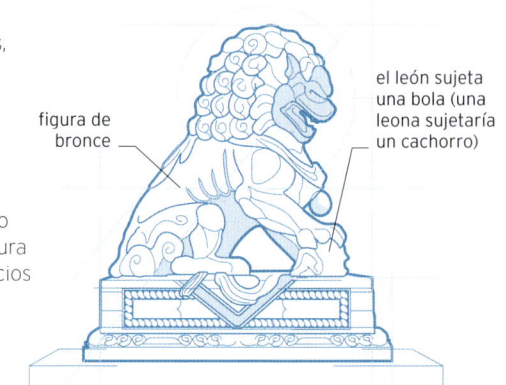

el león sujeta una bola (una leona sujetaría un cachorro)

figura de bronce

▷ **ESTATUA DE LEÓN**
El león es un ornamento habitual en la arquitectura china. Frente a los edificios notables se colocaban estatuas de leones de piedra en señal de prestigio o riqueza.

Pekín fue la ciudad más poblada del mundo desde 1450 hasta principios del siglo XIX.

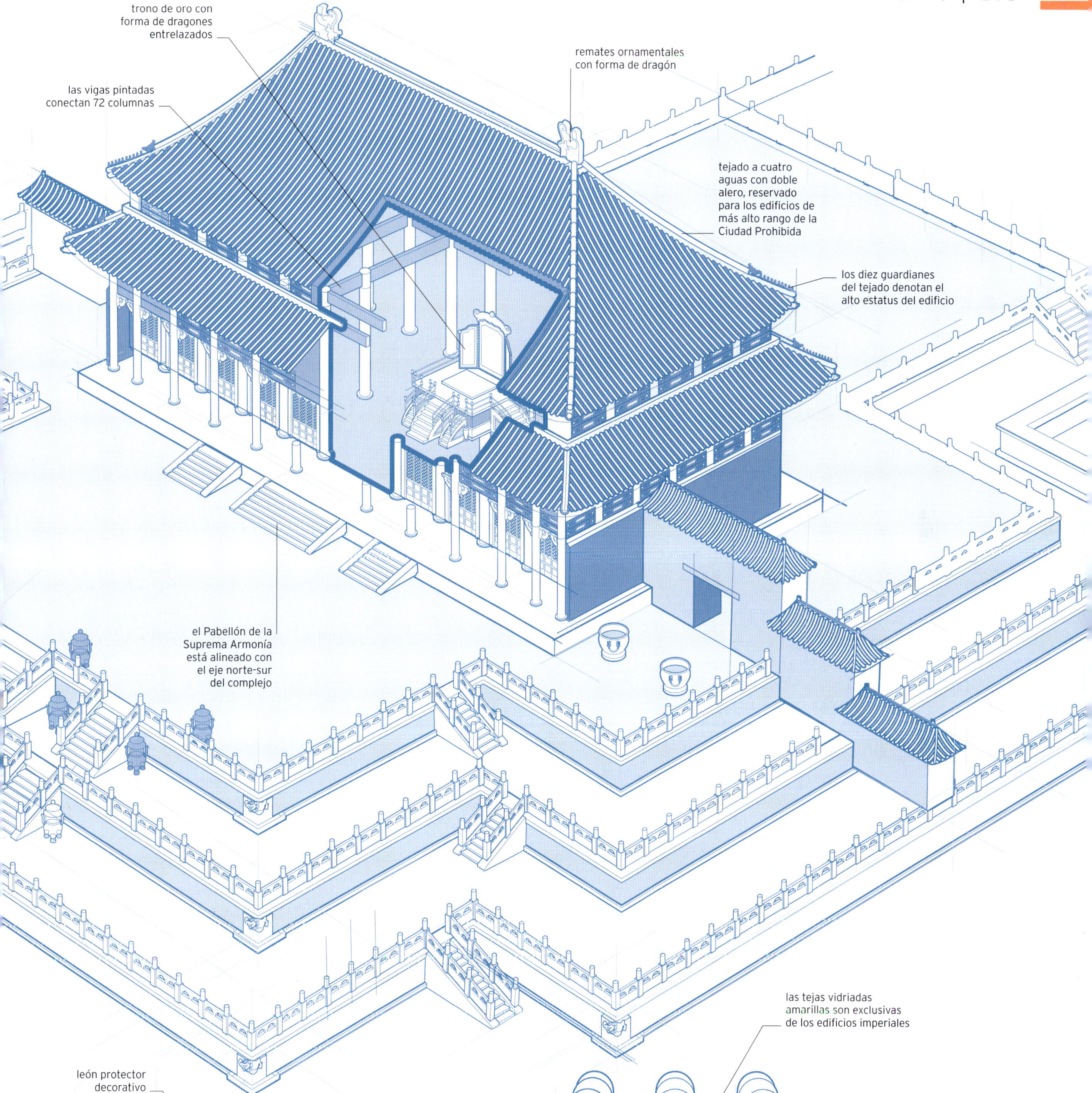

trono de oro con
forma de dragones
entrelazados

remates ornamentales
con forma de dragón

las vigas pintadas
conectan 72 columnas

tejado a cuatro
aguas con doble
alero, reservado
para los edificios de
más alto rango de la
Ciudad Prohibida

los diez guardianes
del tejado denotan el
alto estatus del edificio

el Pabellón de la
Suprema Armonía
está alineado con
el eje norte-sur
del complejo

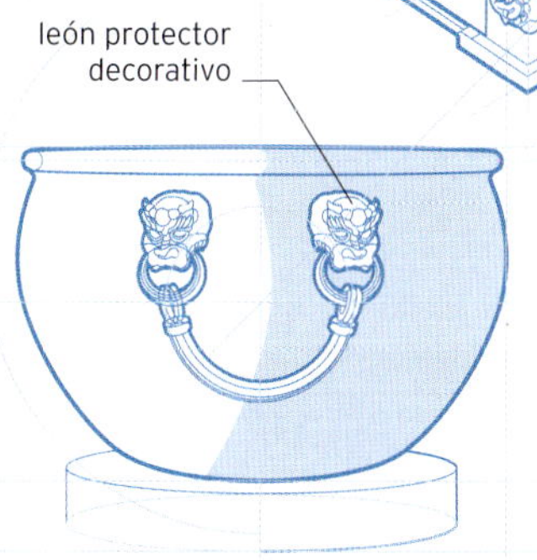

las tejas vidriadas
amarillas son exclusivas
de los edificios imperiales

león protector
decorativo

◁ CALDERO

El recinto de la Ciudad
Prohibida contiene
20 calderos de gran tamaño.
Se cree que, además de ser
ornamentales, contenían agua
que los bomberos de palacio
usarían para apagar fuegos.

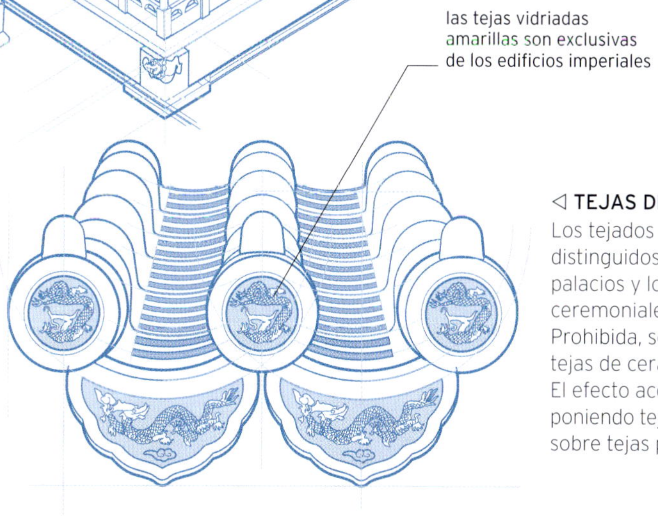

◁ TEJAS DE CERÁMICA

Los tejados de edificios
distinguidos, como los
palacios y los pabellones
ceremoniales de la Ciudad
Prohibida, se cubrían con
tejas de cerámica vidriada.
El efecto acostillado se logra
poniendo tejas semicirculares
sobre tejas planas.

CENTRO PALACIEGO DE LA CIUDAD
Rodeada de una muralla colosal, la Ciudad Prohibida es un vasto complejo imperial con un trazado simétrico. Contiene magníficos jardines paisajísticos, patios enormes y múltiples palacios, además de edificios religiosos y de gobierno.

NE de Asia

Ciudad Prohibida

Un icono de China y el conjunto de edificios de madera más grande, mejor conservado y más espectacular del mundo.

La Ciudad Prohibida de Pekín fue la residencia de los emperadores de China de las dos últimas dinastías (Ming y Qing, 1368–1912). Construida como una demostración de poder imperial, ahora es uno de los centros culturales más importantes del mundo. Construida *c.* 1406–1420 y reconstruida a lo largo de los siglos, abarca un área de 72 hectáreas y contiene unos 800 edificios (pp. 274–275). La mayoría de las estructuras son de madera, con pilares tallados de troncos enormes. El recinto está rodeado por una gran muralla de 10 m de altura.

Diseño y feng shui

La ubicación, el trazado y la arquitectura del complejo siguen los principios del feng shui. Una de las características más relevantes es la orientación norte-sur, y muchos de los edificios principales miran al sur, en homenaje al sol. La estructura del complejo es simétrica y se divide en dos zonas: el patio interior –el espacio doméstico de la familia imperial– y el patio exterior, para asuntos de estado. Estas áreas incluyen palacios, salones, torres y pabellones, muchos de ellos con distintivas paredes rojas y tejas amarillas. La decoración de paredes, barandas, pilares y tejados, con sus característicos aleros, es magnífica. El Palacio de la Pureza Celestial y el Salón de la Suprema Armonía son solo dos de los muchos edificios notables del complejo; este último, de 64 × 37 m, es uno de los más grandes.

◁ **LEÓN GUARDIÁN**
Un león de bronce con una ornamentada esfera bajo una de sus garras monta guardia como representante del poder y la dignidad imperiales en la Ciudad Prohibida.

La Ciudad Prohibida ha **sobrevivido** a más de **doscientos terremotos**.

△ **TEJADOS ELABORADOS**
Los coloridos tejados de la Ciudad Prohibida, con sus característicos aleros curvos, se sostienen sobre unas peculiares ménsulas de madera llamadas *dougong* (recuadro, dcha.), que se asientan sobre columnas.

LOS TEJADOS DE LA CIUDAD

Los elaborados tejados de la Ciudad Prohibida se sostienen sobre un ingenioso sistema de ménsulas de madera que se pueden ensamblar sin clavos ni cola y que proporcionan una estructura fuerte y flexible que permite a los edificios soportar los frecuentes terremotos. Unos bloques de madera llamados *dou* se colocan sobre las columnas del edificio, y unas ménsulas (*gong*) se encajan sobre ellos. El peso del techo comprime las múltiples unidades de *dougong*, formando una estructura sólida.

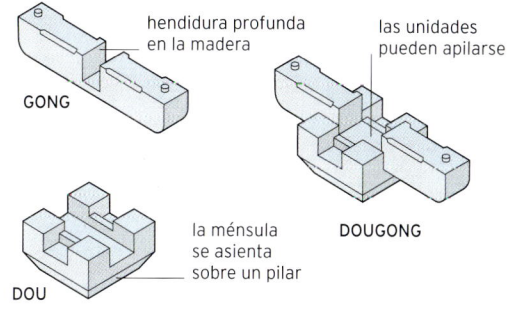

hendidura profunda en la madera

las unidades pueden apilarse

GONG

DOUGONG

la ménsula se asienta sobre un pilar

DOU

NE de Asia

Gran Muralla china

La estructura construida por el hombre más grande de la historia, iniciada por el primer emperador de China y ampliada a lo largo de miles de años.

Erigida para defender al Imperio chino de varias tribus, como los mongoles nómadas del norte, la Gran Muralla china es, en realidad, una serie de murallas construidas entre el siglo III a. C. y el siglo XVII d. C. Juntas, estas murallas se extienden a lo largo de 21 196 km a través de terrenos costeros, desiertos y montañas escarpadas. La sección más extensa tiene 5650 km de longitud y fue construida por la dinastía Ming entre 1368 y 1644. Cerca de una cuarta parte de la muralla Ming consiste en defensas naturales, como cordilleras montañosas y ríos, y el resto está construido con materiales disponibles en la proximidad, desde piedra labrada y ladrillos cocidos en horno hasta tierra apisonada y ladrillos cocidos al sol, unidos a veces con engrudo de harina de arroz.

Un millón de muertos

La Gran Muralla tiene una anchura media de 6,5 m y una altura media de 7 a 8 m. Alrededor de un millón de convictos, campesinos, esclavos, guardias y ciudadanos empleados para construirla murieron en el proceso, y los huesos hallados bajo algunas partes de la muralla sugieren que muchos fueron enterrados allí mismo. La muralla protegió de las invasiones durante muchos

A LO LARGO DE LOS SIGLOS

La serie de murallas que comprenden la Gran Muralla china incluyen los tramos preimperiales que unió el primer emperador Qin, Shi Huangdi (r. 220-210 a. C.). Las dinastías Han (202 a. C.-9 d. C.) y Jin (1115-1234 d. C.) ampliaron la muralla, y la dinastía Ming (1368-1644) levantó la muralla de ladrillo y piedra.

CLAVE
- Murallas pre-Qin
- Gran Muralla de la dinastía Han occidental
- Gran Muralla de la dinastía Ming
- Gran Muralla de la dinastía Qin
- Gran Muralla de la dinastía Jin

Tianjin

Pekín

siglos, pero en 1644 los manchúes la cruzaron, se instalaron en Pekín y pusieron fin al gobierno de la dinastía Ming. La Gran Muralla china fue reconocida como Patrimonio de la Humanidad por la Unesco en 1987. Con todo, en la sección norte continúan desapareciendo tramos debido a la desertificación y los cambios en el uso de la tierra.

La **muralla** funcionaba
en parte como **frontera**,
y permitía a China cobrar
aranceles por los **bienes**
que se transportaban a lo
largo de la **Ruta de la Seda**.

▷ UNA FORTIFICACIÓN FRÁGIL
Bajo la acción de los elementos,
algunos tramos y torres vigía de la
muralla se están derrumbando en la
sección de Jiankou cerca de Pekín,
que se construyó durante la dinastía
Ming (1368-1644) y no ha sido
restaurada.

Hampi

Un tesoro de arquitectura sagrada y secular, celebrado como el museo al aire libre más grande del mundo.

S de Asia

△ **LA CALLE DEL MERCADO**
Esta calle es la entrada principal al exquisito templo de Achyutaraya. Flanqueada por pilares con intrincados relieves, esta avenida era uno de los mercados más activos del Imperio de Vijayanagar.

Hampi, en Karnataka (India), adquirió importancia como capital del Imperio hindú de Vijayanagar (1336–1646) y a principios del siglo XV era una de las ciudades más grandes y prósperas del mundo. Este Patrimonio de la Humanidad, construido a lo largo de varios siglos sobre unas 4100 hectáreas, contiene unas 1600 ruinas, desde espectaculares templos, santuarios y palacios hasta carreteras y sistemas de irrigación. Los materiales de construcción principales fueron el granito local, el ladrillo y el mortero de cal.

Riqueza arquitectónica

Uno de los tesoros arquitectónicos de Hampi es el templo de Virupaksha (Shiva), del siglo VII y anterior a Vijayanagar, cuya torre mide 49 m de altura. No obstante, la parte más espectacular del periodo Vijayanagar es el complejo del templo de Vittala, del siglo XV, con esculturas magníficas, enormes pilares y un patio. Los arquitectos de Vijayanagar eran célebres no solo por las elaboradas tallas y los pilares monolíticos; también por las *gopurams* (torres) que señalan la entrada de algunos templos.

△ **TALLAS EN PIEDRA**
Hampi es famoso por las extraordinarias tallas y relieves en piedra que adornan sus edificios, generalmente con escenas de caza, guerreros y animales.

CORTE DE LA ROCA

Muchos de los edificios de Hampi son de granito local. Al parecer, para obtener los bloques destinados a la construcción, los canteros practicaban varios agujeros en la superficie de la roca; luego insertaban estacas de madera y las saturaban de agua; las estacas se dilataban y acababan agrietando la roca.

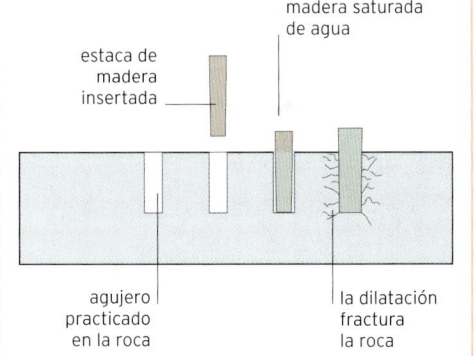

madera saturada de agua

estaca de madera insertada

agujero practicado en la roca

la dilatación fractura la roca

Fortaleza de Mehrangarh

Una formidable fortaleza del siglo XV que se alza esplendorosa
sobre la ciudad de Jodhpur.

S de Asia

Mehrangarh («ciudadela del sol», en sánscrito), en Jodhpur (Rajastán), es una de las fortalezas indias más grandes y espectaculares, además de mejor conservadas. La construyó Rao Jodha (1416–1489), el fundador de la ciudad, que decidió trasladar la capital desde la cercana Mandore a un lugar más seguro. Su construcción comenzó en 1459, y las generaciones sucesivas la ampliaron y modificaron significativamente. Está situada en un acantilado de arenisca roja sobre la extensa ciudad, cuyo perfil domina con su majestuosa silueta.

Defensas gigantescas

Rodeada por formidables murallas de 37 m de altura y 21 m de grosor, la fortaleza abarca un área de unas 8 hectáreas. Tiene siete entradas y contiene varios y opulentos palacios y salones de audiencia, que gobernantes de distintos periodos fueron construyendo y decorando. Entre otras cosas, son notables por el elaborado labrado de la piedra, los balcones tallados, los elegantes patios y arcadas y las bellas celosías (jali) de arenisca rosa o amarilla. Los *mahal*, o palacios, suelen constar de una sola estancia muy ornamentada, como el Moti Mahal («palacio de la perla») o el Phool Mahal («palacio de la flor»). Las torres vigía, las colosales murallas y varios cañones estratégicamente colocados a lo largo de las almenas son también elementos característicos del complejo.

En el extremo sur de la fortaleza hay un templo del siglo XV dedicado a la diosa hindú Chamunda Devi, a la que Rao Jodha adoraba. Alberga un ídolo de la diosa, que el gobernante ordenó trasladar en 1460 desde su antigua capital en Mandore.

△ **MOTI MAHAL**
El salón del trono del Moti Mahal, del siglo XVI, es notable por las vibrantes vidrieras, las hornacinas, el trono octogonal y el opulento techo dorado y adornado con pedazos de espejos y conchas.

▽ **LA CIUDADELA DEL SOL**
Sobre un acantilado de arenisca roja, la formidable fortaleza de Mehrangarh domina el paisaje, alzándose sobre Jodhpur y sus distintivas casas azules.

Una de las **entradas** de la fortaleza presenta **marcas** de **balas de cañón**.

S de Asia

Templos de Palitana

*Cientos de templos y santuarios jainistas
sobre un cerro del oeste de India.*

La colina de Shatrunjaya, a las afueras de Palitana (Gujarat),
es sagrada para el jainismo, una religión con millones de fieles
en India. El lugar se asocia especialmente a Rishabhá, el primer
tirthankar (líder espiritual) jainista, y se ha convertido en una
«ciudad de templos» erizada de cúpulas, torres y agujas. Sobre
la colina se alzan unos 860 templos, dispuestos en nueve grupos.
Los primeros se construyeron en el siglo XI, pero la mayoría datan
del siglo XVII.

Los templos de la colina sagrada

Los templos y santuarios son de mármol, con pilares exquisitamente
tallados y con forma clásica: una planta cuadrada con cuatro puertas
que se abren a los cuatro puntos cardinales. Albergan estatuas de
dioses, muchas de ellas decoradas con oro y piedras preciosas. El
templo de Adishwar, el más grande del complejo, está dedicado a
Rishabhá; considerado uno de los edificios religiosos más bellos de
India, su interior está decorado con imágenes de leones y dragones.

Actualmente, los fieles que acuden a celebrar actos religiosos
se mezclan con los turistas que visitan los templos. Todos deben
partir al atardecer, porque nadie, ni siquiera los sacerdotes o
monjes jainistas, puede pasar la noche en el cerro. Los visitantes
han de estar razonablemente en forma, pues para llegar al templo
de Adishwar deben subir por empinados senderos con más de
3500 escalones.

△ **RELIEVE**
Las tallas en
piedra son uno de los
principales elementos
decorativos de los
templos de Palitana,
e ilustran escenas de
la mitología jainista.

△ **PEREGRINOS EN LA MECA**
Esta vista aérea muestra la Gran Mezquita
inundada de peregrinos musulmanes
durante el *hajj* anual. El patio central rodea
la Kaaba, el lugar más sagrado del mundo
islámico.

△ **LADERA ABIGARRADA**
Centenares de ornados templos y santuarios jainistas abarrotan la colina
de Shatrunjaya, cerca de Palitana. El impresionante recinto sagrado está
rodeado por una muralla.

LA KAABA

La Kaaba es un edificio cúbico situado en el
patio de la mezquita. Se desconoce el origen de
la Piedra Negra incrustada en el vértice oriental
del edificio y que es especialmente venerada. La
kiswa de seda negra bordada en oro que cubre
las paredes exteriores se cambia cada año. Los
peregrinos tienen que rodear la Kaaba varias
veces durante el *hajj*.

hatim,
murete de
mármol

vértice oriental,
que alberga la
Piedra Negra

puertas
de oro

Estación de
Abraham

Gran Mezquita de La Meca

La mezquita más grande del mundo y el destino del hajj, la peregrinación anual que emprenden musulmanes de todo el mundo.

O de Asia

El terreno donde se alza la Gran Mezquita (o Masyid al-Haram) de La Meca (Arabia Saudí) ya era sagrado mucho antes de la fundación del islam. La tradición coránica atribuye la creación de la Kaaba (la estructura cúbica de granito alrededor de la cual se construyó la mezquita) a la figura de Abraham, y fue un punto focal de cultos politeístas de tribus árabes hasta que, en 630, el profeta Mahoma la adoptó para uso exclusivo de su fe monoteísta. La Kaaba se convirtió en el lugar más sagrado del islam, y es el lugar al que los musulmanes se dirigen cuando oran, además del destino del hajj, la peregrinación que los musulmanes deben emprender al menos una vez en la vida. Además de la Kaaba, el patio de la mezquita alberga la Estación de Abraham (una piedra que conserva una huella de Abraham) y el pozo sagrado de Zamzam.

Ampliación y modernización

La primera mezquita en torno a la Kaaba se construyó en el siglo VIII, pero no se conserva nada del edificio original. Las partes más antiguas de la estructura datan de 1571, cuando fue reconstruida por Sinan, arquitecto otomano. La mayor parte del edificio actual es mucho más reciente, de los siglos XX y XXI. La necesidad de acoger a un número creciente de peregrinos ha llevado a realizar una gran ampliación y modernización de la mezquita desde la década de 1950. Hoy en día abarca un área de unas 40 hectáreas y puede acoger a más de 800 000 peregrinos; cuenta con escaleras mecánicas, túneles peatonales y aire acondicionado. La admisión a la ciudad de La Meca y a su mezquita está estrictamente restringida a los musulmanes.

△ **PUERTAS DE ORO**
Las puertas de oro de la Kaaba datan de 1982. Se abren dos veces al año, para la ceremonial «limpieza de la Kaaba».

Casi **tres millones de musulmanes** peregrinan a La Meca **cada año**.

Estilos arquitectónicos
ISLÁMICO TARDÍO

Aunque ha asimilado otros estilos y tradiciones, la arquitectura islámica sigue vinculada a un vocabulario formal y decorativo característico, inspirado en las tradiciones y los principios del islam.

A medida que el islam se extendía por el mundo desde Oriente Medio fueron apareciendo nuevas variantes de arquitectura islámica, influidas por las tradiciones locales. Una de las más importantes fue la del Imperio mogol, que en su apogeo (siglos XVII y XVIII) dominaba la mayor parte del subcontinente indio. La arquitectura de la India mogola se inspiraba en las tradiciones persa, india e islámica, y se caracteriza por las grandes cúpulas bulbiformes, portadas imponentes, torres esbeltas y delicada decoración. El estilo mogol alcanzó su cénit con Sah Yahan, que construyó la Yami Masyid (o mezquita del Viernes) de Delhi, los jardines de Shalimar en Lahore y el edificio más célebre de la arquitectura mogol: el Taj Mahal.

En la actualidad, la arquitectura islámica continúa incorporando nuevas formas y tecnologías sin renunciar a las ricas tradiciones y al patrimonio estilístico fundamentado en la fe musulmana.

la caligrafía sustituye a los motivos figurativos

inscripciones coránicas

△ **PORTADAS SUNTUOSAS**
Las portadas, grandes puertas con arcos y muy ornamentadas, son un elemento común en la arquitectura mogol. Como en esta del Taj Mahal, la decoración suele incluir una gran variedad de motivos de yesería, taracea de piedra y pintados.

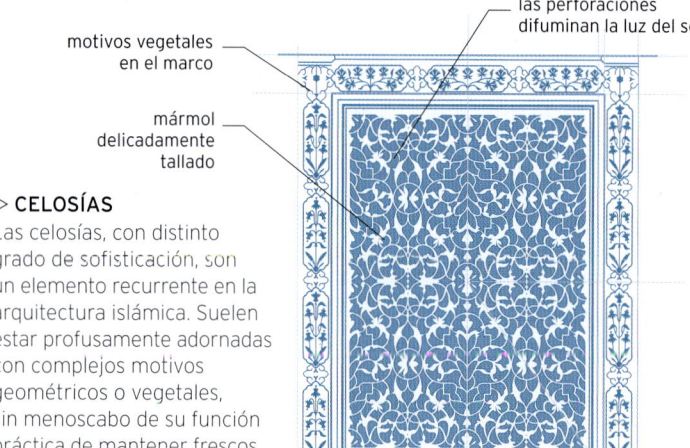

las perforaciones difuminan la luz del sol

motivos vegetales en el marco

mármol delicadamente tallado

▷ **CELOSÍAS**
Las celosías, con distinto grado de sofisticación, son un elemento recurrente en la arquitectura islámica. Suelen estar profusamente adornadas con complejos motivos geométricos o vegetales, sin menoscabo de su función práctica de mantener frescos los interiores.

motivo de pétalos de loto

esbelto fuste octogonal de mármol

motivo de chevrón

▷ **PINÁCULOS**
Varios pináculos que se alzan desde los muros perimetrales soportan visualmente la cúpula del Taj Mahal. El fuste octogonal decorado con chevrones está coronado por una flor de loto y un yamur (remate) dorado.

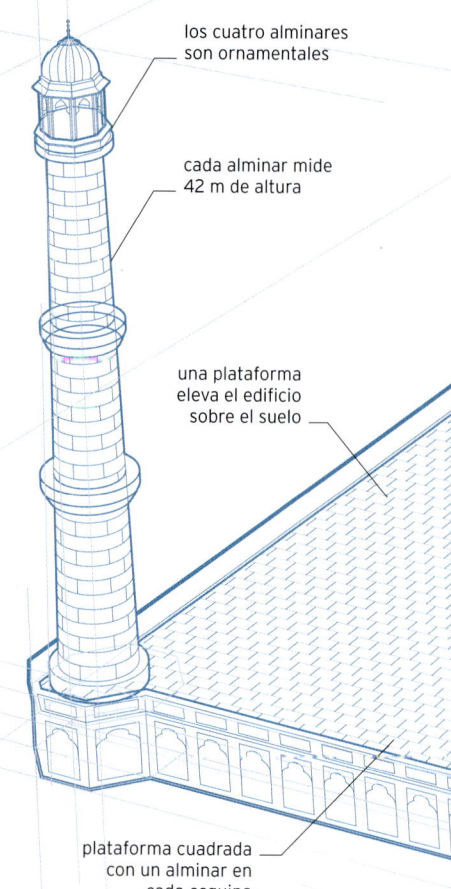

los cuatro alminares son ornamentales

cada alminar mide 42 m de altura

una plataforma eleva el edificio sobre el suelo

plataforma cuadrada con un alminar en cada esquina

ADORNOS ARQUITECTÓNICOS

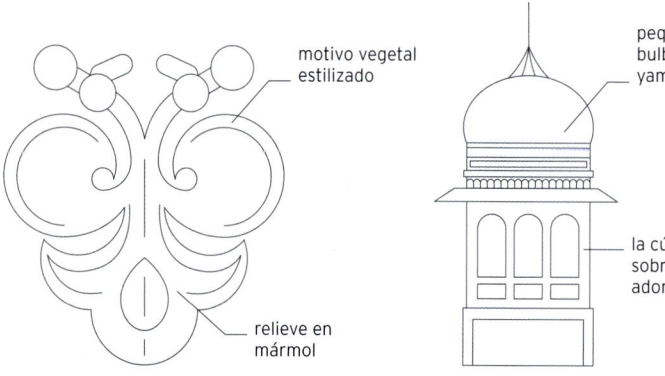

motivo vegetal estilizado

relieve en mármol

pequeña cúpula bulbiforme con yamur

la cúpula descansa sobre columnas adornadas

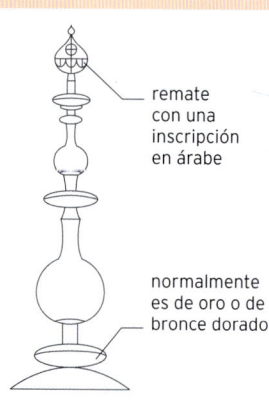

remate con una inscripción en árabe

normalmente es de oro o de bronce dorado

△ **RELIEVES VEGETALES**
El follaje es una fuente de inspiración habitual para los artesanos islámicos y aparece en adornos de distinto grado de complejidad en la arquitectura islámica de todas las épocas.

△ **CHATRIS**
El chatri, que consiste en una pequeña cúpula sobre cuatro o más columnas, se usa como estructura independiente o para adornar las esquinas de las cubiertas.

△ **YAMURES**
Este elemento islámico corona muchos alminares y cúpulas. Suele estar compuesto por muchos elementos decorativos, como la media luna, bolas o formas de tulipán.

▲ **TAJ MAHAL**
Sah Yahan construyó el Taj Mahal (pp. 290-291) a mediados del siglo XVII como mausoleo para su esposa favorita, Mumtaz Mahal. El edificio, de mármol blanco y ricamente ornamentado, se encuentra en el centro de un complejo que contiene una mezquita y un largo estanque en el que se refleja.

Se estima que **más de 20 000 artesanos y obreros** participaron en la **construcción** del Taj Mahal.

motivos islámicos
e hindúes en el
yamur (remate)

cúpula de ladrillo y cascajo
revestida de mármol

espacio vacío entre
la cúpula exterior
y la interior

el falso techo preserva
las proporciones de la
cámara interior

cámara central
octogonal

un chatri
descansa
sobre cada
esquina de la
cubierta

la cúpula del
chatri descansa
sobre arcos
polilobulados

los alminares
contienen
escaleras de
caracol

los pináculos
superan la línea
de la cubierta y
rodean la cúpula

la anchura del
edificio iguala la
altura de la cúpula

chatris idénticos,
que evocan los de
la cubierta, coronan
los alminares

plataforma
de ladrillo
pavimentada
en mármol
blanco

entrada con
un profundo
retranquco

todas las
fachadas son
simétricas

ventana
retranqueada

los motivos entrelazados
exigen un gran dominio
de la geometría

△ **MOTIVOS GEOMÉTRICOS**

Como el islam prohíbe las representaciones figurativas, las artes islámicas crearon un sofisticado lenguaje geométrico. La variedad y la complejidad de los motivos, así como los materiales utilizados, se multiplicaron con el tiempo. Estos motivos siguen siendo un elemento esencial de la arquitectura islámica.

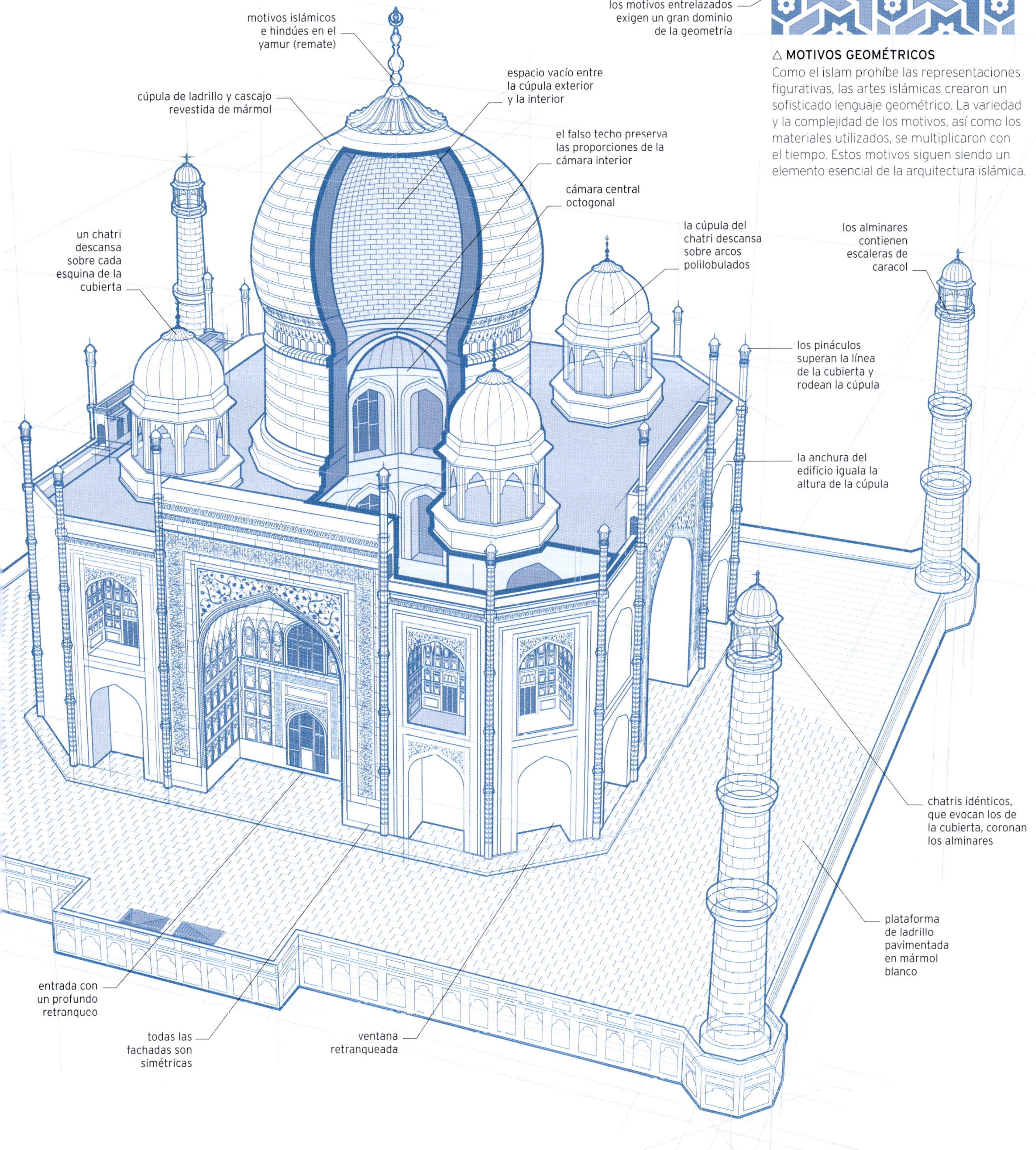

Registán de Samarcanda

Una monumental plaza pública en la ciudad de Samarcanda, en la histórica Ruta de la Seda.

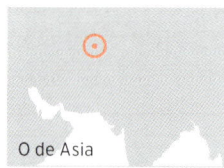

O de Asia

Hace cinco siglos, el Registán era el centro de la vida comercial de Samarcanda (hoy en Uzbekistán), una de las más prósperas del mundo gracias a su ubicación, en la Ruta de la Seda entre China y Occidente. En el siglo XIV se había convertido en la capital del imperio creado por Tamerlán. Entre 1417 y 1420, el nieto de Tamerlán, Ulug Beg, construyó la primera de las tres madrasas (escuelas musulmanas) que ahora dominan la plaza. La madrasa de Ulug Beg se convirtió en uno de los centros de aprendizaje más importantes del mundo islámico. Las otras dos se construyeron en el siglo XVII, completando un conjunto arquitectónico magnífico.

Una plaza de madrasas

La madrasa de Ulug Beg y la de Sherdor, construida como un reflejo de la primera en el lado opuesto de la plaza, tienen grandes portales flanqueados por alminares. La madrasa de Tilya Kori tiene una fachada más baja, con los alminares integrados. Tras los portales había salas de lectura, dormitorios para estudiantes y una mezquita. Samarcanda es ahora una de las principales atracciones turísticas de Uzbekistán.

△ **MADRASA DE TILYA KORI**
Los alminares de la madrasa de Tilya Kori están coronados por cúpulas de cerámica vidriada de color turquesa, a juego con la cúpula principal. Terminada en 1660, esta fue la última de las tres madrasas construidas en el Registán.

△ **TECHO FLORAL**
El interior de la Mezquita Real está revestido de azulejos de siete colores pintados a mano. La técnica de colorear los azulejos con distintos colores se perfeccionó en el Irán safaví.

△ **ESPLENDOR VIDRIADO**
La fachada de la madrasa de Sherdor, del siglo XVII, está magníficamente decorada con azulejos y ladrillos vidriados. Los mosaicos de tigres persiguiendo a gacelas contravienen la ley musulmana que prohíbe la representación de seres vivos.

△ **DECORACIÓN ELABORADA**
Los mocárabes, parecidos a estalactitas, son característicos de la arquitectura islámica iraní. Este bello ejemplo decora la entrada principal de la Mezquita Real.

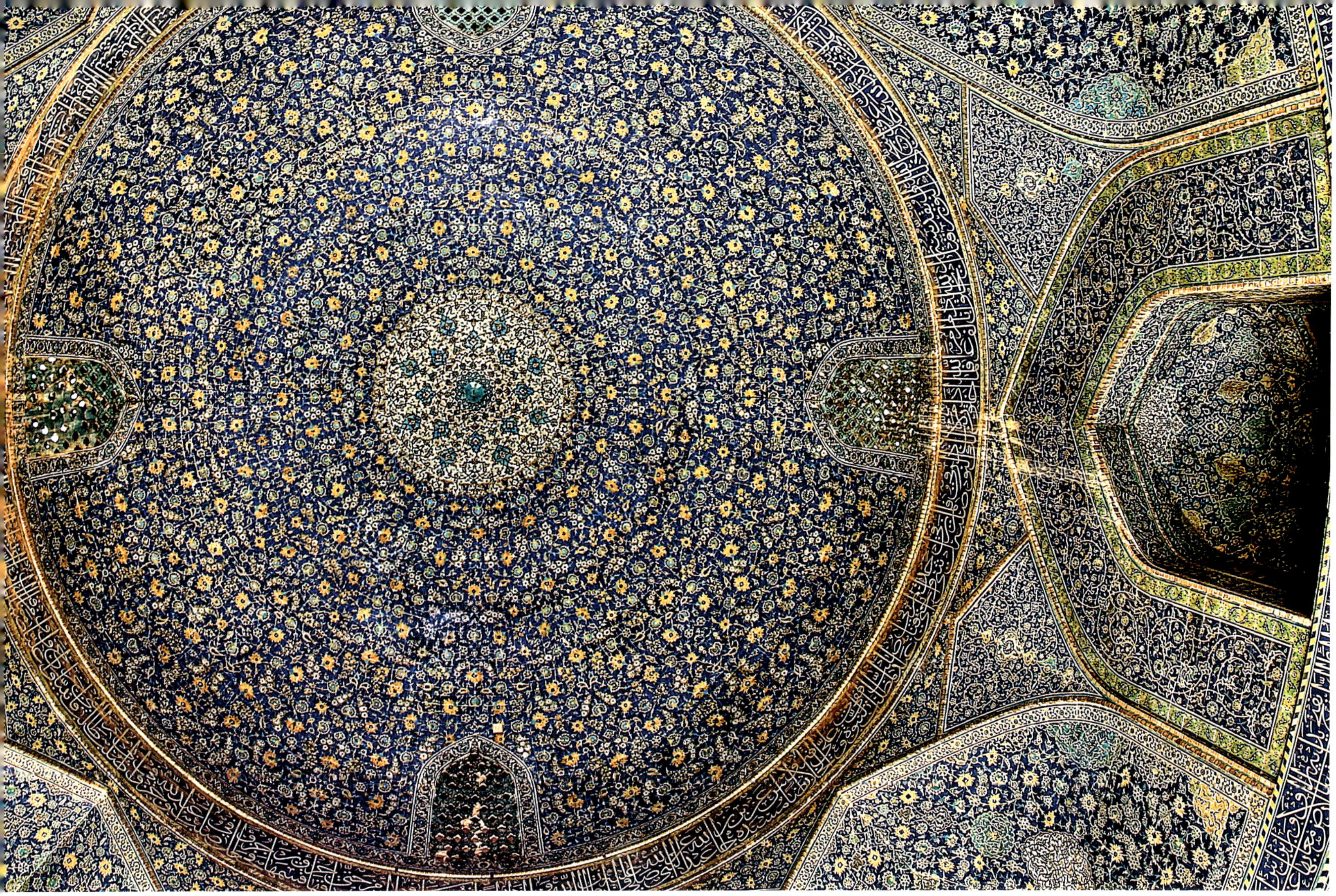

Mezquita Real de Isfahán

Una obra maestra de la arquitectura islámica
que refleja el esplendor del Irán safaví.

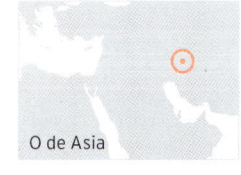

O de Asia

En 1598, el sah Abás I el Grande, el más eminente gobernante de la dinastía safaví de Irán (1501–1722), decidió hacer de Isfahán su nueva capital y reconstruyó la ciudad para que reflejara el poder secular y espiritual de su imperio en expansión. El resultado principal fue la creación de la magnífica plaza de Naqsh-e Yahán, bordeada por el palacio real de Ali Qapu, la mezquita del jeque Luftullah y la inmensa Mezquita Real (ahora conocida en Irán como Mezquita del Imán).

Color y proporción

Las obras de construcción de la Mezquita Real se iniciaron en 1611 y acabaron unos 20 años después. Se atribuye al arquitecto Ali Akbar Isfahani y es una vasta estructura que incluye dos madrasas y una mezquita de invierno independiente. Todo el edificio está suntuosamente decorado con azulejos policromados, con el azul oscuro y el turquesa como colores predominantes. En el centro de la mezquita hay un patio construido en torno a un estanque y dominado por cuatro iwanes, espacios abovedados abiertos por un lado. Los muros de los iwanes están decorados con azulejos con motivos florales y son bellos ejemplos de decoración con mocárabes. La mezquita está coronada por una cúpula de doble capa: la exterior alcanza los 53 m de altura y la interior se alza 38 m sobre el suelo de la mezquita. La superficie exterior de la cúpula, revestida de azulejos de color turquesa, refleja la luz del sol y produce un efecto impresionante.

Pese a que la Mezquita Real es un centro de culto para los musulmanes iraníes, también son bien recibidos los visitantes no musulmanes. La plaza de Naqsh-e Yahán es una gran atracción turística, y en 1979 la Unesco la reconoció como Patrimonio de la Humanidad.

Para **construir** la **Mezquita Real** se usaron unos **18 millones de ladrillos** y **475 000 azulejos**.

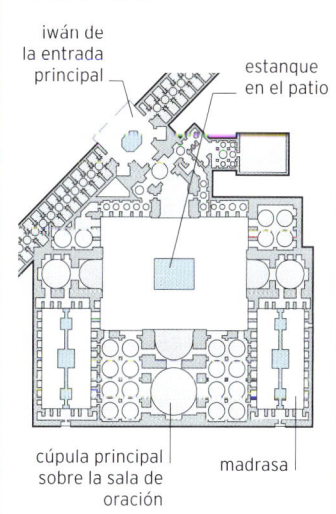

S de Asia

Templo Dorado de Amritsar

El principal lugar de culto sij, lujosamente decorado con oro y rodeado por un centelleante lago de «néctar sagrado».

El Templo Dorado (o Harmandir Sahib, que significa «templo de dios») de Amritsar –en Punyab, la región del norte de India donde se originó la religión sij– se construyó a instancias de Gurú Arjan, el quinto gurú sij, y se terminó en 1604.

Extravagancia y servicio

No queda nada de las primeras versiones del templo, que sufrió repetidos ataques por parte de ejércitos musulmanes hostiles. La mayor parte del edificio actual data del siglo XVIII, cuando se reconstruyó, si bien la decoración más suntuosa se añadió en el siglo siguiente, cuando el marajá Ranjit Singh

(r. 1792–1804) cubrió todo el tejado de pan de oro, lo que motivó el apodo del templo. El elemento más llamativo del interior es el ornado dosel de la sala principal, bajo el que se halla expuesto el *Guru Granth Sahib*, el libro sagrado del sijismo.

De acuerdo con los valores morales propugnados por la religión sij, como el servicio desinteresado, el templo asiste, según sus autoridades, el mayor *langar* (comedor social) del mundo, que alimenta a diario a unas 100 000 personas de todas las confesiones.

◁ **CUBIERTO DE ORO**
Esta es una de las centelleantes torrecillas que adornan la fachada del templo. Está hecha de oro puro, y su elegante diseño evoca la forma de la cúpula del templo.

El **techo** del templo se **revistió** con **750 kg de oro**.

△ EN RECUERDO DEL FUNDADOR

Esta pintura del interior del templo muestra a Gurú Nanak (en el centro a la dcha.), el fundador de la religión sij, cuyas enseñanzas se recogen en el *Guru Granth Sahib*.

▽ ABIERTO A TODOS

Multitud de peregrinos y turistas avanzan lentamente por la avenida de mármol que conduce a la entrada del templo, que recibe a miles de visitantes cada día.

EL COMPLEJO DEL TEMPLO

El complejo acoge varias estructuras, además del templo. Este está rodeado por el Amrit Sarovar («estanque de néctar sagrado»), a cuya agua se atribuyen poderes curativos. Otros edificios son la torre del reloj, que es una de las entradas principales; el *langar* (comedor social); el Akal Takht, sede principal de la autoridad religiosa sij en India; una biblioteca, y varios santuarios menores.

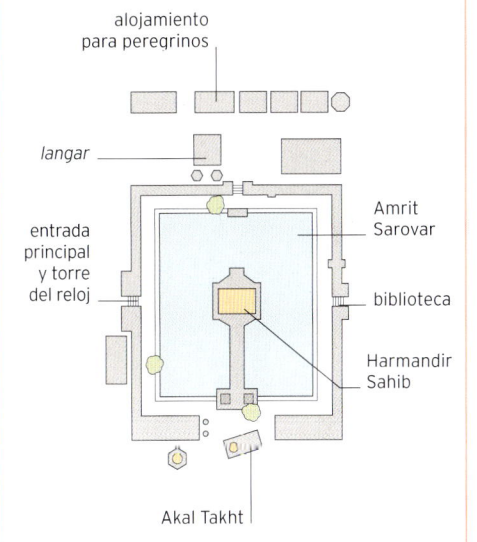

alojamiento para peregrinos

langar

entrada principal y torre del reloj

Amrit Sarovar

biblioteca

Harmandir Sahib

Akal Takht

S de Asia

Taj Mahal

Un icono de India, un símbolo del amor y un monumento a la riqueza y el poder del Imperio mogol.

El Taj Mahal se construyó en Agra en el siglo XVII por orden del emperador mogol Sah Yahan (1592–1666). El edificio de mármol blanco iba a ser el mausoleo de su esposa favorita, Mumtaz Mahal, que murió durante un parto en 1631. El afligido emperador ordenó que las obras empezaran ese año, pero la construcción se prolongó durante 22 años. Más de 20000 personas participaron en ella, incluyendo canteros y artesanos de Persia, del Imperio otomano y de Europa, y más de mil elefantes.

Decoración fastuosa

El complejo se halla dentro de un rectángulo amurallado. En el extremo sur están las puertas de entrada, el patio delantero y un antiguo bazar; en la parte central están los jardines; y en el extremo norte está el mausoleo, que descansa sobre una plataforma de 6,5 m de altura y que tiene un alminar de 42 m de altura en cada esquina. Este está flanqueado por una mezquita al este y por una *mehmankhana* (casa de invitados) al oeste, ambos construidos con arenisca roja. El mausoleo se construyó con mármol blanco de Makrana (Rajastán), y parece cambiar de blanco a rosa y dorado según la hora del día. Está exquisitamente tallado y decorado con 28 tipos diferentes de gemas, como turquesas del Tíbet y jade de China.

△ **REMATE DEL ALMINAR**
Los cuatro alminares están ligeramente inclinados hacia fuera, para que no dañen el mausoleo si se derrumban.

El célebre poeta indio **Rabindranath Tagore** describió el **Taj Mahal** como «una **lágrima de mármol** sobre la mejilla del tiempo».

DISEÑO SIMÉTRICO

El Taj Mahal es perfectamente simétrico, a excepción de las tumbas de Mumtaz Mahal y de Sah Yahan. El mausoleo tiene 57 m de altura desde la plataforma hasta el ápice de la cúpula, y la misma anchura. Su plano se basa en el modelo de *hasht-bihisht* («ocho paraísos»), muy común en la arquitectura mogola. Los cuatro iwanes (salones ceremoniales) conducen por salas decoradas hasta una cámara abovedada central y cuatro cámaras octogonales.

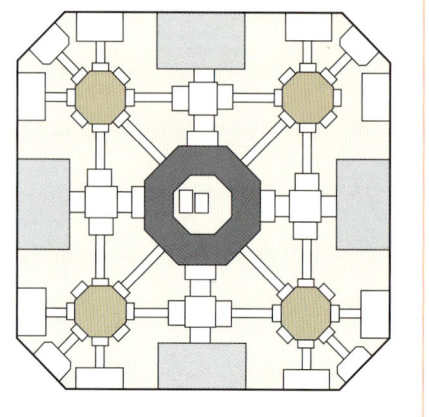

CLAVE

- ☐ Iwán
- ☐ Cámara octogonal
- ■ Cámara central

△ INTRINCADAS INCRUSTACIONES
El Taj Mahal está decorado con incrustaciones de gemas que dibujan las formas vegetales, arabescos y motivos geométricos típicos del arte islámico.

△ EL MAUSOLEO
Construido a orillas del río Yamuna y sobre una plataforma, el mausoleo del Taj Mahal es asombrosamente regular y simétrico en sus proporciones y en la disposición de sus arcos y cúpulas.

◁ LAS TUMBAS DE LOS ENAMORADOS
La cámara central del mausoleo contiene los cenotafios de Sah Yahan y Mumtaz. Sus cuerpos descansan en un nivel inferior.

Santuario Toshogu

Un bello santuario sintoísta del siglo XVII dedicado al primer sogún del periodo Edo de Japón.

E de Asia

El santuario Toshogu es uno de los más de 150 000 santuarios sintoístas de Japón. Está dedicado a Tokugawa Ieyasu, el fundador del sogunado Tokugawa, que gobernó Japón entre 1600 y 1868, una era de paz sin precedentes conocida como periodo Edo. Construido en 1617, se amplió hasta su tamaño actual en 1636, cuando más de 400 000 carpinteros alzaron 55 edificios tallados exquisitamente en tan solo un año y cinco meses. La ampliación costó unos 40 000 millones de yenes actuales (unos 340 millones de euros). Varios senderos y escaleras serpentean entre el bosque y los edificios del santuario hasta llegar a la urna de bronce que contiene los restos de Ieyasu.

Un diseño tradicional

Los edificios y estatuas del santuario, intrincadamente tallados y ricamente pintados y lacados, son una suerte de diccionario visual de la filosofía y la espiritualidad japonesas, donde figuran, entre otras cosas, los tres monos sabios, leones, pavos reales, grullas y los cinco elementos (tierra, agua, fuego, viento y éter).

El santuario se ha mantenido bien y se ha restaurado con regularidad desde el principio. La mayoría de los edificios que contiene se incluyeron entre los santuarios y templos de Nikko como Patrimonio de la Humanidad de la Unesco en 1999, y cinco de ellos han sido declarados tesoros nacionales de Japón.

LA PUERTA ISHIDORII

Un *torii* («morada del ave») es una puerta tradicional japonesa que suele encontrarse en la entrada de los santuarios sintoístas y que señala la transición de lo profano a lo sagrado. La puerta Ishidorii, el primer *torii* del santuario Toshogu, es un *torii* de piedra de tipo Myojin, caracterizado por los dinteles curvos.

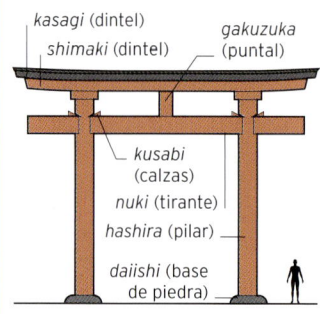

kasagi (dintel)
shimaki (dintel)
gakuzuka (puntal)
kusabi (calzas)
nuki (tirante)
hashira (pilar)
daiishi (base de piedra)

▽ ENTRADA INTRINCADA
La puerta Karamon es uno de los varios portales del santuario. La fachada contiene tallas de Kyoyu y Soho, legendarios sabios chinos.

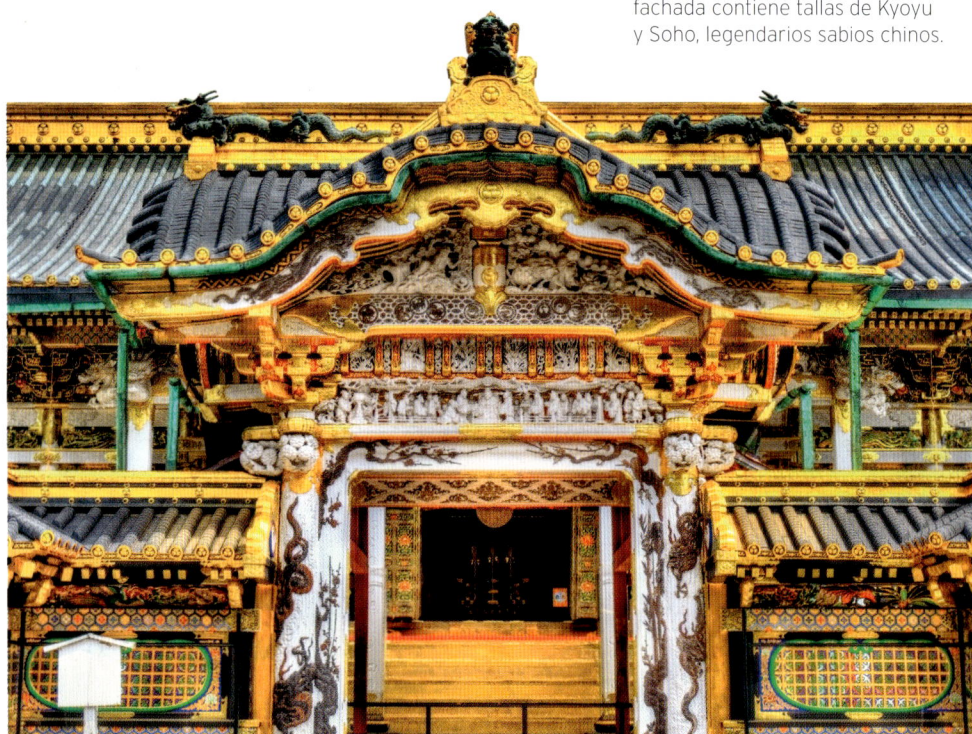

A PRUEBA DE TERREMOTOS

El palacio está construido para soportar terremotos, frecuentes en el Himalaya. Las paredes exteriores de piedra se estrechan desde un promedio de 5 m en la base a 3 m en la parte superior; esto desciende el centro de gravedad de la pared y hace la estructura más estable. Las paredes y el armazón interior de madera crean una estructura rígida pero flexible, capaz de soportar las vibraciones.

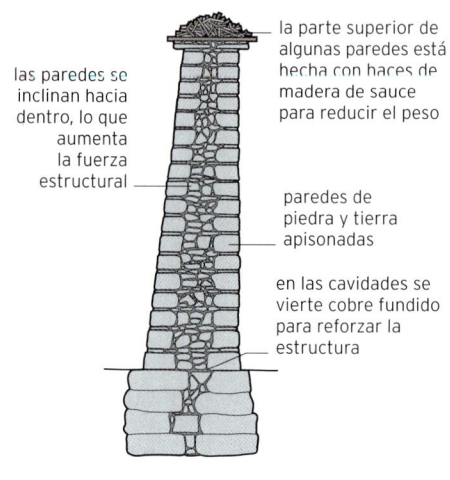

las paredes se inclinan hacia dentro, lo que aumenta la fuerza estructural

la parte superior de algunas paredes está hecha con haces de madera de sauce para reducir el peso

paredes de piedra y tierra apisonadas

en las cavidades se vierte cobre fundido para reforzar la estructura

Palacio del Potala

El palacio situado a más altura del mundo, hogar de los dalái lamas desde hace más de 300 años y símbolo de la unidad tibetana.

E de Asia

△ **UN PALACIO FORMIDABLE**
El palacio del Potala combina la arquitectura tradicional tibetana con la estética india y china. Tiene un área de 360 000 m² y se alza 200 m contra la ladera de la montaña.

El palacio del Potala es un complejo de edificios compuesto por los palacios Blanco y Rojo y las estructuras que los rodean. Se alza a 3700 m sobre el nivel del mar en la Montaña Roja de Lhasa, y lo fundó el quinto dalái lama, que construyó el Palacio Blanco entre los años 1645 y 1648 como su lugar de residencia, alojamiento para más de cien monjes y centro ceremonial, político y administrativo del Tíbet. El Palacio Rojo, añadido en 1690–1693, se reservaba para las prácticas religiosas, la meditación y la oración. También contenía la tumba chapada en oro del quinto dalái lama. Las terrazas superiores acogían los templos del palacio, con techos dorados.

El palacio creció hasta incluir más de mil estancias dispuestas en trece plantas, 10 000 santuarios y 200 000 estatuas. Cerca hay otros dos lugares notables: Norbulingka, el antiguo palacio de verano del dalái lama; y el monasterio de Jokhang, del siglo VII.

El palacio ha sido la **residencia** de diez **dalái lamas** durante 371 años.

▽ **TUMBAS SAGRADAS**
Estupas doradas, que contienen reliquias budistas, flanquean la ruta al palacio del Potala, cuyos techos dorados apenas se ven sobre la monumental fachada.

Estilos arquitectónicos
JAPONÉS

La arquitectura japonesa se caracteriza por la uniformidad de los exteriores (de madera, con grandes cubiertas a dos aguas y hastiales curvos) y la flexibilidad de los interiores, separados por mamparas correderas que permiten transformar los espacios a voluntad.

Entre 1633 y 1853, la política de *sakoku* impidió que los japoneses salieran del país y que los extranjeros entraran en él. Esto hizo que la arquitectura japonesa, así como la cultura y la sociedad en general, permanecieran aisladas y se desarrollaran de acuerdo con sus propias ideas y principios. Los santuarios sintoístas y los templos budistas devinieron sus edificios más característicos.

El resultado de esos siglos de aislamiento fue la extraordinaria uniformidad de la arquitectura japonesa, tanto en lo que respecta al diseño como a los materiales. La piedra apenas se usa (solo aparece de forma relevante en la base de algunos templos y castillos), y la madera es la base de un sistema de construcción adintelado. Las paredes interiores no soportan carga y suelen ser muy finas, a veces incluso de papel. Son característicos los grandes tejados a dos aguas curvos y la ornamentación procedente a menudo de elementos estructurales.

Cuando Japón se abrió al comercio internacional a finales del siglo XIX, la tradición local comenzó a complementarse con estilos occidentales. En el siglo XX, y sobre todo después de la Segunda Guerra Mundial, Japón adoptó la arquitectura moderna y desarrolló la corriente metabolista, de repercusión internacional, que fusionaba la alta tecnología con los principios arquitectónicos japoneses.

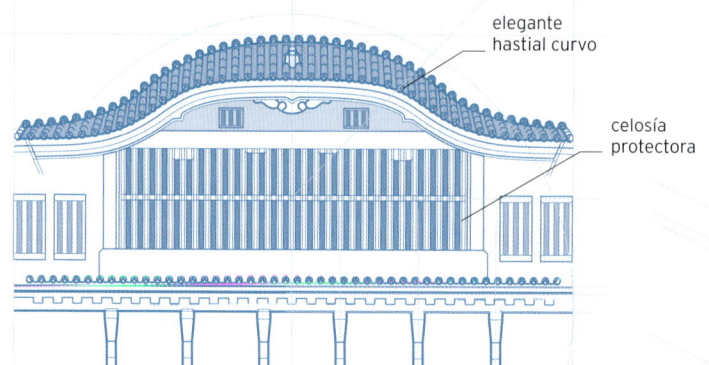

el material solía ser cerámica

se creía que de la boca manaría agua para apagar los incendios

▷ **SHACHIHOKO**
Un *shachihoko* es un ser mítico con cabeza de tigre y cola de pez. Los *shachihokos* ornamentales son comunes en los tejados, pues se decía que protegían de los incendios.

elegante hastial curvo

celosía protectora

△ **CELOSÍAS**
Las celosías aparecen en toda la arquitectura japonesa, generalmente en mamparas *shoji* interiores. Las del castillo de Himeji son muy cerradas, como requería su situación expuesta y la función defensiva del edificio.

▶ **CASTILLO DE HIMEJI**
El castillo de Himeji (p. 272) es uno de los castillos japoneses más bellos que se conservan. Comprende una base de piedra (uno de los raros ejemplos del uso de este material en la arquitectura japonesa) y una superestructura de tejados de madera escalonados.

matacanes para lanzar piedras y aceite hirviendo a los atacantes

varios patios rodean la torre principal

plataforma de tierra apisonada revestida de sillarejo

ESTRUCTURAS DE MADERA Y PAPEL

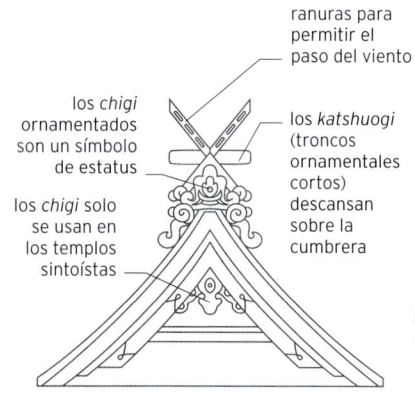

ranuras para permitir el paso del viento

los *chigi* ornamentados son un símbolo de estatus

los *katshuogi* (troncos ornamentales cortos) descansan sobre la cumbrera

los *chigi* solo se usan en los templos sintoístas

△ **REMATES CHIGI**
Los *chigi* son dos planchas de madera entrecruzadas que sobresalen de la cúspide del hastial en los templos sintoístas. Pueden formar parte de la estructura o añadirse como un adorno.

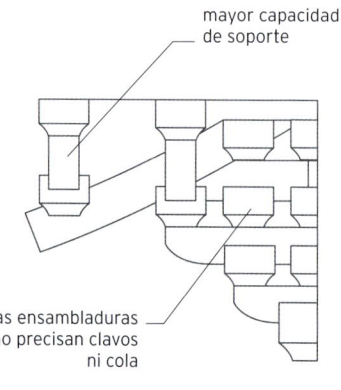

mayor capacidad de soporte

las ensambladuras no precisan clavos ni cola

△ **ENSAMBLADURAS**
Los japoneses desarrollaron unas características ensambladuras de madera con varios estilos de carpintería tradicional, destinadas a templos, arquitectura doméstica e interiores.

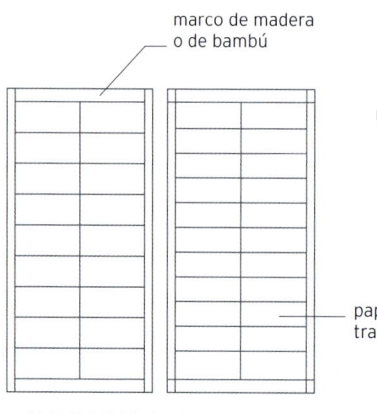

marco de madera o de bambú

papel *washi* tradicional

△ **MAMPARAS SHOJI**
Un rasgo clave de la arquitectura japonesa es la división de los espacios interiores mediante mamparas correderas, por lo general de papel con marco de madera, que funcionan como tabiques y puertas.

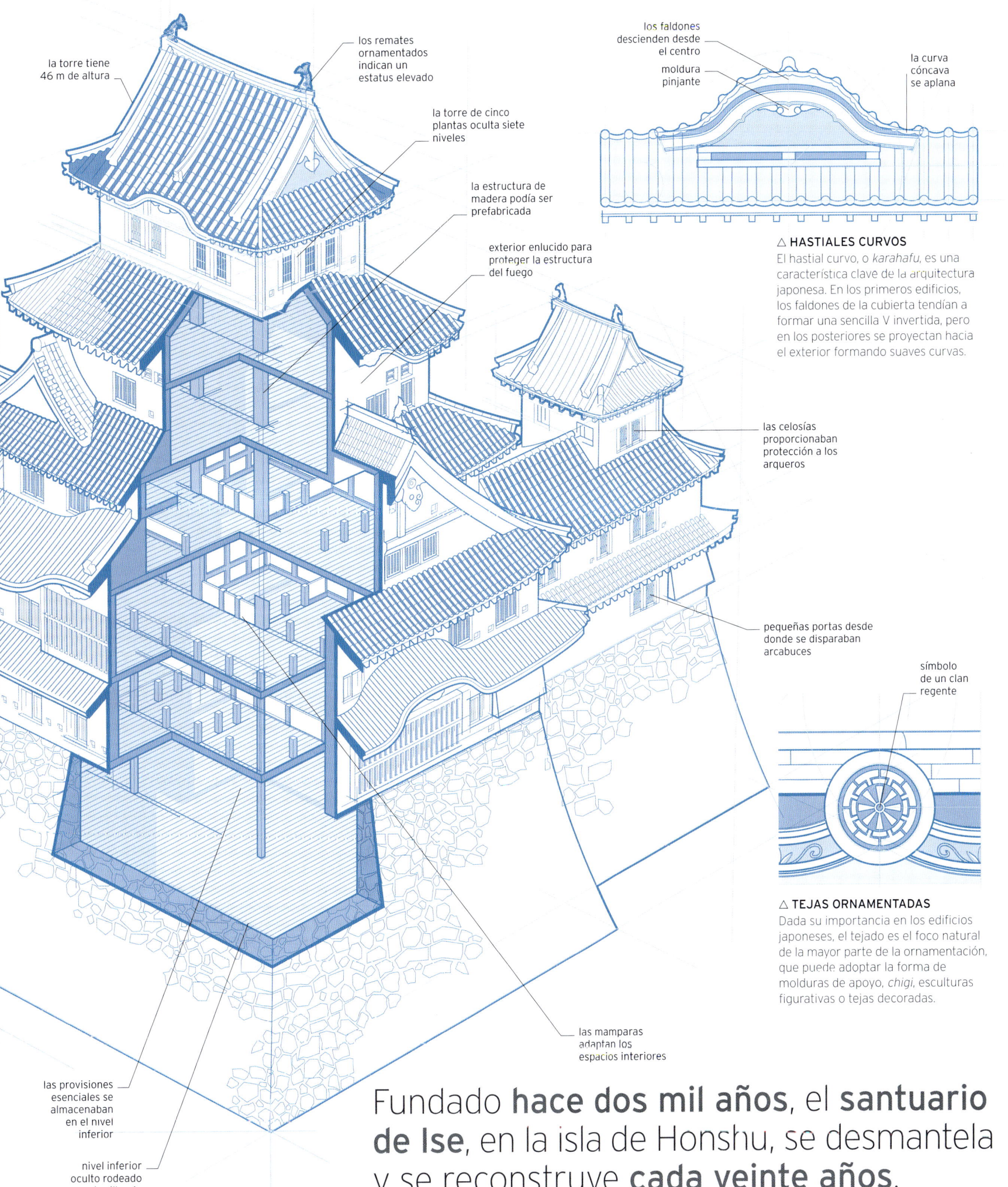

la torre tiene 46 m de altura

los remates ornamentados indican un estatus elevado

la torre de cinco plantas oculta siete niveles

la estructura de madera podía ser prefabricada

exterior enlucido para proteger la estructura del fuego

los faldones descienden desde el centro

moldura pinjante

la curva cóncava se aplana

△ HASTIALES CURVOS

El hastial curvo, o *karahafu*, es una característica clave de la arquitectura japonesa. En los primeros edificios, los faldones de la cubierta tendían a formar una sencilla V invertida, pero en los posteriores se proyectan hacia el exterior formando suaves curvas.

las celosías proporcionaban protección a los arqueros

pequeñas portas desde donde se disparaban arcabuces

símbolo de un clan regente

△ TEJAS ORNAMENTADAS

Dada su importancia en los edificios japoneses, el tejado es el foco natural de la mayor parte de la ornamentación, que puede adoptar la forma de molduras de apoyo, *chigi*, esculturas figurativas o tejas decoradas.

las mamparas adaptan los espacios interiores

las provisiones esenciales se almacenaban en el nivel inferior

nivel inferior oculto rodeado de sillarejo

Fundado **hace dos mil años**, el **santuario de Ise**, en la isla de Honshu, se desmantela y se reconstruye **cada veinte años**.

S de Asia

Taktshang

Templos budistas construidos en un acantilado del Himalaya.

Ubicado en el reino de Bután, en el Himalaya oriental, el monasterio budista de Taktshang, conocido popularmente como el Nido del Tigre, cuelga sobre un precipicio de 900 m sobre el valle de Paro. Se asocia a Gurú Rinpoche, o Padmasambhava, el venerado maestro al que se atribuye la introducción del budismo tántrico en la región en el siglo VIII. La leyenda cuenta que un tigre llevó a Rinpoche sobre el lomo desde el Tíbet hasta Taktshang, de ahí el nombre de Nido del Tigre. Rinpoche se entregó a la meditación en una cueva en la ladera de la montaña y, durante los siglos siguientes, muchos otros santones budistas imitaron su ejemplo.

Un hogar para lo sagrado

El monasterio lo mandó construir el rey de Bután Tenzin Rabgye en 1692. Hay cuatro templos y ocho cuevas sagradas, unidos por empinados senderos y vertiginosos puentes de madera. Los templos son del estilo tradicional budista, con paredes blancas y tejados dorados. Algunas cuevas albergan estatuas religiosas y escrituras sagradas. El monasterio continúa ocupado por monjes budistas, aunque hoy es también un destino turístico. Taktshang acoge cada año el festival del tsechu, en el que bailarines con máscaras celebran a Gurú Rinpoche.

△ **UN EMPLAZAMIENTO PRECARIO**
La precaria ubicación de Taktshang impide el acceso para prestar auxilio en caso de emergencia. En 1998 sufrió un incendio devastador, y en 2005 se restauró tal y como se ve en la imagen.

△ **AGUJAS DORADAS**
El templo del Buda de Esmeralda y los edificios que lo rodean ofrecen una imagen espectacular, con las coloridas tejas de sus ostentosos tejados y las centelleantes torres doradas.

WAT PHRA KAEW

Las murallas del Gran Palacio rodean un área de 218 400 m², dentro de la cual el templo del Buda de Esmeralda (Wat Phra Kaew) se alza en su propio complejo amurallado. La estatua del Buda de Esmeralda, tallada en un bloque de jade (no de esmeralda) y ataviado con ropajes de oro, se halla en la sala de ordenación, que es el edificio principal del complejo.

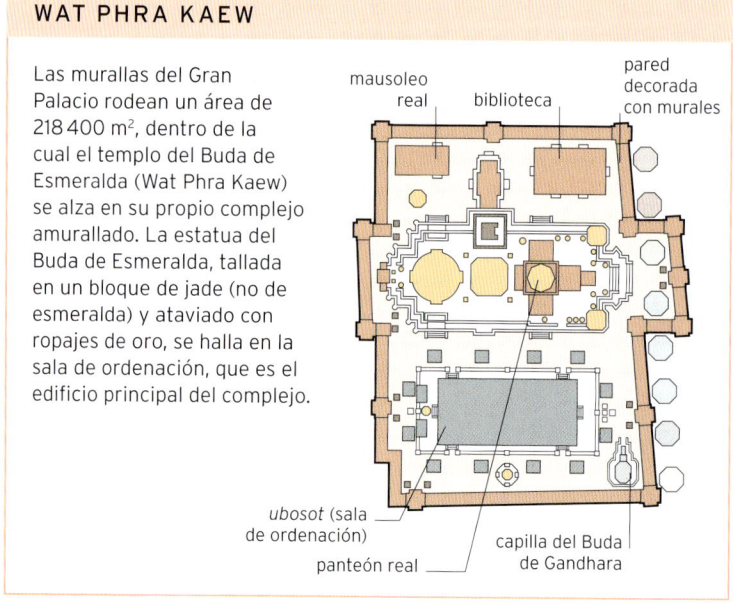

mausoleo real
biblioteca
pared decorada con murales
ubosot (sala de ordenación)
panteón real
capilla del Buda de Gandhara

Gran Palacio de Bangkok

Un histórico palacio real tailandés que alberga el venerado Buda de Esmeralda.

SE de Asia

El complejo del Gran Palacio de Bangkok contiene más de cien edificios. Se fundó en 1782, cuando Rama I, el primer rey de la dinastía Chakri actual, instaló su capital a orillas del río Chao Phraya. Residencia real, centro administrativo y ceremonial, el nuevo palacio se convirtió en una ciudad dentro de una ciudad, con miles de funcionarios, soldados, sirvientes y concubinas. Su construcción se prolongó durante 200 años, y los edificios oficiales, salones y templos constituyen un conjunto ecléctico que combina la arquitectura tailandesa con estilos posteriores de influencia extranjera.

El templo del Buda de Esmeralda

Wat Phra Kaew, el templo del Buda de Esmeralda, es el más famoso de los coloridos y ricamente adornados edificios palaciegos. Es el templo más sagrado del país y lleva el nombre de la estatuilla verde que alberga, a la que se venera como protectora de la seguridad y la prosperidad de Tailandia.

El Gran Palacio estuvo ocupado hasta 1932, cuando la familia real y las oficinas de gobierno se trasladaron a otras ubicaciones. Ahora es principalmente una atracción turística.

Solo el **rey de Tailandia** puede **tocar** el **Buda de Esmeralda** del **templo del palacio**.

△ GUARDIANES DE PALACIO
Estatuas de yakshas, gigantes guerreros mitológicos, guardan los muros y las puertas del templo del Buda de Esmeralda y otros edificios del Gran Palacio.

Mezquita Rosa

Una mezquita del siglo XIX que, con su luz y su color, es uno de los ejemplos de arte islámico más extraordinarios del mundo.

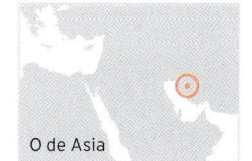

O de Asia

La mezquita Nasir al-Mulk, también conocida como Mezquita Rosa, Mezquita de Colores o Mezquita del Arcoíris, se construyó en Shiraz (Irán) por orden de Mirza Hasan Ali Nasir al-Mulk, miembro de la dinastía qayarí que gobernó Persia (Irán) entre 1779 y 1925. La construcción empezó en 1876 y acabó en 1888. Sigue el diseño tradicional de la arquitectura islámica, y más específicamente persa: dos salas de oración separadas por un patio y unidas por un iwán coronado por dos alminares bajos. El patio tiene un estanque rectangular, que refresca el ambiente y simboliza la purificación ritual.

Belleza interior

La decoración exterior de la mezquita, con azulejos rosas, amarillos y azules dispuestos en motivos intrincados, da solo una idea de la belleza del interior.

Decididos a crear un lugar para la oración que reflejara la relación entre el Cielo y la Tierra, los arquitectos de la mezquita –Mohammad Hasan-e-Memar y Mohammad Reza Kashi Paz-e-Shirazi– convirtieron el interior en un espacio lleno de luz y color. Cuando la luz del amanecer irrumpe por la vidriera de la fachada de la sala de oración de invierno, un caleidoscopio de colores se derrama sobre las paredes interiores, cubiertas de motivos estucados y pintados desde el suelo hasta el techo. Los elaboradísimos mocárabes (recuadro, abajo) que adornan las bóvedas del techo producen luces y sombras que multiplican la vibrante belleza de la mezquita. El animado uso del color se ve equilibrado por la sencillez del edificio y por el uso experto de la simetría, las repeticiones y la geometría que caracterizan la arquitectura islámica, de modo que la mezquita no resulta abrumadora, sino un espacio alegre y sereno.

La **mezquita** debe **su nombre** a la gran cantidad de **cerámica rosa vidriada** que luce.

△ **SIMETRÍA ISLÁMICA**
El estanque ritual en el patio de la Mezquita Rosa conduce visualmente al iwán, adornado con vistosos mocárabes. El iwán une las salas de oración a derecha e izquierda.

◁ **INTERIOR CALEIDOSCÓPICO**
La luz irrumpe por las vidrieras de la mezquita y dibuja imágenes multicolores sobre las alfombras, la cerámica y el estuco de la sala de oración.

MOCÁRABES

La Mezquita Rosa presenta abundantes mocárabes *(muqarnas)*, elementos decorativos hechos usualmente de yeso o madera que forman prismas yuxtapuestos y colgantes. Los mocárabes se usan para decorar bóvedas, cornisas y otras partes de los edificios en todo el mundo islámico. Desde abajo, los juegos de luz sobre la superficie lisa y geométrica producen un efecto espectacular.

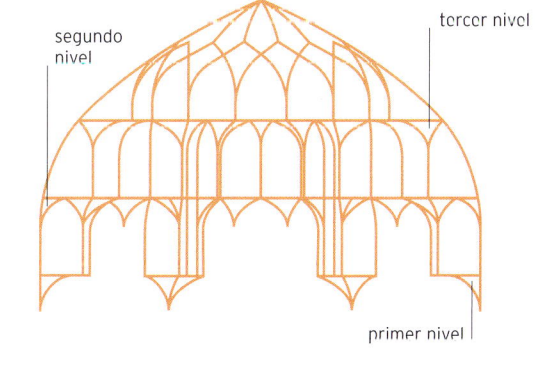

segundo nivel

tercer nivel

primer nivel

Palacio Real de Exposiciones

Un palacio de cultura que marcó la emergencia de Melbourne como una dinámica metrópolis.

S de Australia

A medida que los estados australianos de Victoria y Nueva Gales del Sur se hacían ricos gracias a la fiebre del oro de la década de 1850, se intensificaba la rivalidad entre Melbourne y Sídney, sus respectivas capitales. Ambas ciudades deseaban organizar exposiciones como las que se celebraban en Europa, una moda que inauguró la Gran Exposición de Londres de 1851. Sídney ganó la carrera e inauguró su exposición en octubre de 1879, centrada fundamentalmente en el sector agrícola. Cuando acabó la de Sídney, Melbourne decidió lanzar su propia exposición, más internacional, e inauguró el edificio el 29 de mayo de 1880.

Un edificio multiusos

La exposición se celebró en un gran edificio cruciforme diseñado por el arquitecto Joseph Reed. El exterior, muy ecléctico, incluía una bóveda inspirada en la de la catedral de Florencia (pp. 140–141) y rasgos bizantinos, románicos y renacentistas. Cuando la exposición se clausuró el 30 de abril de 1881, el edificio albergó temporalmente el primer Parlamento australiano en mayo de 1901 y, luego, fue la sede de los torneos de baloncesto y otros deportes durante los Juegos Olímpicos de 1956. Fue el primer edificio de Australia reconocido como Patrimonio de la Humanidad, y hoy se usa como centro de exposiciones.

△ LA GRAN CÚPULA
La cúpula central del edificio se construyó con hierro forjado y piedra enlucida. Tiene 68 m de altura y 18 m de diámetro.

▽ SALÓN PRINCIPAL
Los cuatro brazos del salón principal se cruzan bajo la cúpula. Los altos ventanales iluminan el opulento interior, cubierto de murales que representan las virtudes de una nueva Australia.

1300 millones de personas visitaron el edificio durante la **exposición de 1880-1881**.

CONSTRUCCIÓN DEL PUENTE

Una vez construidas las torres sobre los estribos, se emplearon grúas para construir el arco principal. Cuando los dos lados se encontraron en el centro, se instalaron tirantes verticales y vigas transversales para tender la carretera desde el centro hacia los lados.

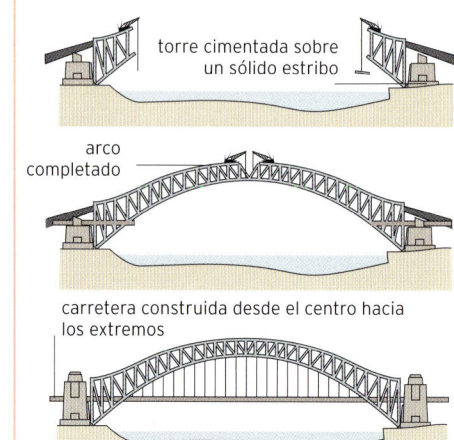

torre cimentada sobre un sólido estribo

arco completado

carretera construida desde el centro hacia los extremos

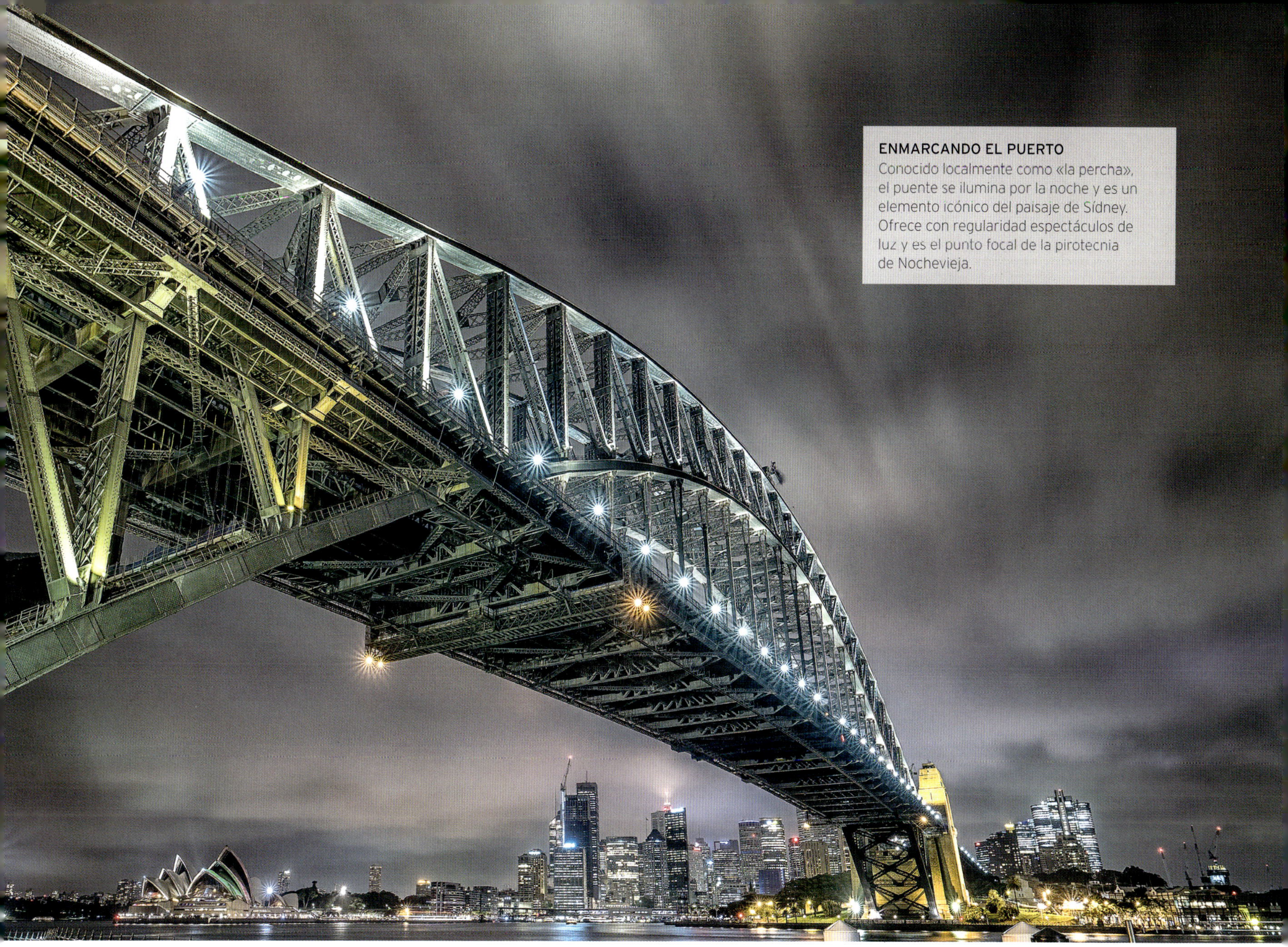

ENMARCANDO EL PUERTO
Conocido localmente como «la percha», el puente se ilumina por la noche y es un elemento icónico del paisaje de Sídney. Ofrece con regularidad espectáculos de luz y es el punto focal de la pirotecnia de Nochevieja.

Puente del puerto de Sídney

Un gigantesco arco de acero que domina uno de los puertos más espectaculares del mundo.

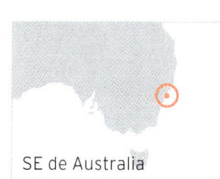

SE de Australia

La idea de construir un puente a través del puerto para conectar Sídney y la costa norte se empezó a debatir en 1815, pero no se tomó en serio hasta principios del siglo XX. En 1914, John Bradfield fue nombrado ingeniero jefe de la construcción del puente del puerto de Sídney y del ferrocarril metropolitano. Su trabajo en el proyecto y su determinación para ver el puente terminado le valieron el apodo de «padre del puente». Bajo su dirección, el gobierno aprobó el proyecto en 1922 y se aceptaron propuestas de diseño de todo el mundo. En 1924 ganó el concurso el despacho de ingeniería británico Dorman Long & Co. Ltd., de Middlesbrough.

El proyecto ganador

Conocida por haber construido el puente sobre el río Tyne en Newcastle, la firma ganadora propuso un puente en arco similar para Sídney. El arco era más barato que los diseños de puentes en ménsula o colgantes que también se habían propuesto y, además, proporcionaba más rigidez para soportar las pesadas cargas que se preveían. La construcción comenzó el 23 de julio de 1923 y terminó el 19 de enero de 1932. El puente tiene 134 m de altura, 1149 m de longitud y 49 m de anchura, la cual admite seis carriles para automóviles, dos vías para tranvías, una acera para peatones, un carril para bicicletas y dos vías de tren.

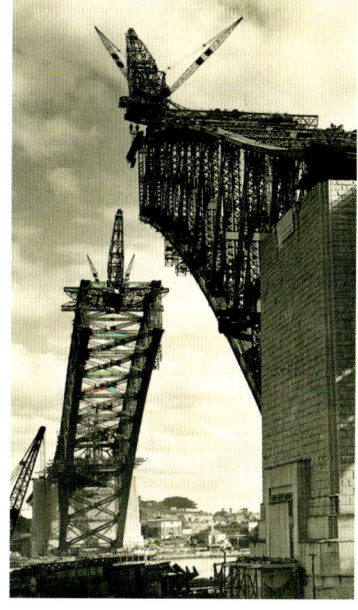

△ **CERRANDO EL HUECO**
Esta fotografía de agosto de 1930 muestra cómo los dos brazos del arco se aproximan al centro.

Templo del Pabellón de Oro

Un exquisito templo budista zen cubierto de oro en la antigua capital imperial japonesa.

E de Asia

El Pabellón de Oro (Kinkaku-ji), que se refleja en las aguas del Espejo de Agua (Kyoko-chi), es una de las atracciones turísticas más visitadas de Kioto. Se construyó como la residencia privada del sogún Ashikaga Yoshimitsu (1358–1408), el hombre más poderoso de Japón, que se retiró al pabellón en 1398, después de anunciar que dejaba todos sus cargos oficiales. Cuando murió, y siguiendo las instrucciones de su testamento, el edificio se convirtió en un templo para monjes budistas zen.

Un tesoro reconstruido

No queda nada del edificio original. En 1950, un monje de 21 años de edad lo redujo a cenizas, suceso que dio lugar a la célebre novela de Yukio Mishima *El Pabellón de Oro* (1956). Posteriormente se erigió un nuevo edificio, tan idéntico al original como fue posible. Las islas del estanque y los jardines circundantes son un elemento esencial del complejo del pabellón y se conservan escrupulosamente.

▽ UN TEMPLO CENTELLEANTE
El Pabellón de Oro debe su nombre a la decoración de pan de oro que reviste las dos plantas superiores. Se diseñó para que armonizara con los exquisitos jardines que lo rodean.

ESTILOS DIFERENTES

Cada una de las tres plantas del pabellón es de un estilo arquitectónico distinto. La planta baja, la Cámara de las Aguas, evoca la sencillez clásica del periodo Heian japonés. La segunda planta, la Torre de las Ondas de Viento, sigue el estilo de un palacio samurái. Solo la tercera planta, la Cúpula de lo Último, es de un estilo marcadamente zen.

Cúpula de lo Último

fénix de bronce

Cámara de las Aguas

Torre de las Ondas de Viento

ESTRUCTURA IMAGINATIVA

Los 27 pétalos del templo están dispuestos en tres anillos concéntricos. Los nueve pétalos exteriores se arquean hacia fuera sobre cada una de las nueve entradas; el segundo anillo rodea el vestíbulo, y los nueve pétalos interiores configuran la sala de oración. El techo de vidrio y acero del interior abovedado inunda la sala de luz natural. El templo tiene unos 34 m de altura en el punto más alto. Los pétalos, revestidos de mármol, se apoyan sobre enormes nervios de hormigón, visibles desde el interior pero no desde el exterior.

techo de cristal

pétalo interior sobre la sala

pétalo del segundo anillo

los pétalos inferiores se arquean hacia fuera

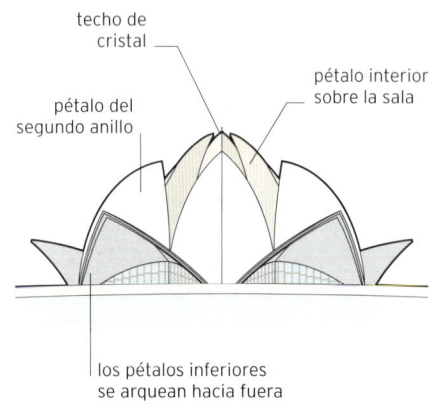

△ REVESTIMIENTO DE MÁRMOL GRIEGO
Dos trabajadores limpian la blanca superficie de uno de los pétalos de mármol del templo. Este mármol, traído de Grecia, es el mismo que se usó para construir célebres templos de la Grecia antigua, como el Partenón (pp. 98-99).

▷ SIMETRÍA PERFECTA
Esta vista aérea del Templo del Loto muestra su rigurosa simetría, que los nueve estanques circundantes completan. Las puntas de los pétalos del anillo interior no se tocan, permitiendo así la entrada de luz natural en el interior.

Templo del Loto

Una espectacular casa de adoración bahaí en Delhi, cuyo diseño imita la forma de los pétalos de una flor sagrada.

S de Asia

La unidad de todas las religiones es un principio básico de la fe bahaí. El Templo del Loto, una *mashriqu'l-adhkár* («casa de adoración» en árabe) construida en 1986, es una expresión visual de tal principio, ya que tiene la forma de un loto, flor acuática que el hinduismo, el budismo, el jainismo y el islam reconocen como símbolo de pureza e inmortalidad.

Una flor a punto de abrirse

El Templo del Loto es obra del arquitecto iraní Fariborz Sahba, que concibió un edificio rodeado de 27 pétalos revestidos de mármol procedente del monte Pentélico (Grecia). En una plasmación de la creencia bahaí en las propiedades sagradas del número nueve, los pétalos están dispuestos de modo que crean un edificio con nueve lados y nueve entradas. El templo está rodeado por nueve estanques, de manera que parece que la flor de loto semiabierta flota sobre el agua. El espacio interior puede acoger hasta 2500 personas. El templo está abierto a personas de todas las confesiones religiosas y, en el siglo XXI, ha llegado a rivalizar con el Taj Mahal (pp. 290–291) como la atracción turística más popular de India.

△ **ENTORNO AJARDINADO**
El Templo del Loto se alza sobre una plataforma en medio de una vasta área ajardinada de 11 hectáreas.

▽ UN ICONO AUSTRALIANO
La inconfundible silueta de la Ópera de Sídney, con sus arcos semejantes a velas, se ha convertido en un símbolo de la cultura australiana moderna.

La **cubierta** está hecha de **2194 paneles de hormigón** prefabricados, unidos por **350 km** de cable de acero.

Ópera de Sídney

Una obra maestra del diseño y la ingeniería, cuyas cubiertas se despliegan como velas sobre el puerto de Sídney.

SE de Australia

La Ópera de Sídney ocupa la península de Bennelong Point y, con su distintiva cubierta con forma de velas, da la impresión de flotar sobre las aguas del puerto de Sídney. Más que una ópera, se trata de un complejo de salas de conciertos y exposiciones –entre ellas el Concert Hall, con capacidad para 2679 espectadores, el Joan Sutherland Opera Theatre y el Drama Theatre–, así como estudios de grabación y un patio delantero para representaciones en el exterior.

Cáscaras de hormigón

Lo más llamativo del edificio es su innovador diseño expresionista, concebido por el arquitecto danés Jørn Utzon (1918–2008). Su original idea de una cubierta formada por un conjunto de cáscaras parabólicas de hormigón ganó el concurso para el diseño de las instalaciones en 1957. Las obras empezaron dos años después y se terminaron en 1973. El edificio tiene una estructura binaria: dos grupos de arcos parabólicos entrelazados forman los techos de las dos salas principales, que se abren desde un vestíbulo de entrada. Los arcos son de hormigón revestido de azulejos de cerámica blanca vidriada, y se disponen en un patrón de V invertida formando las distintivas cáscaras. Los dos edificios principales se alzan entre varias avenidas peatonales, a las que se accede por la escalinata del patio delantero.

△ **PRESTIGIOSA Y MAJESTUOSA**
El Concert Hall, el teatro más grande de la ópera, es tan impresionante como el exterior del edificio. Sobre el escenario se alza el que es el órgano de tubos mecánico más grande del mundo.

◁ **ESPACIOS LUMINOSOS**
Orientados hacia la bahía de Sídney, los vestíbulos de los dos edificios principales quedan inundados de la luz natural que entra por las altas fachadas de vidrio y metal.

LA «SOLUCIÓN ESFÉRICA»

El diseño original de Utzon no especificaba la curvatura exacta de las cáscaras de la cubierta ni cómo se iban a construir. Se plantearon varios métodos con paneles de hormigón prefabricados, pero, en 1962, Utzon y sus ingenieros cayeron en la cuenta de que podían formar todas las cáscaras con secciones de una esfera con un radio de 75 m.

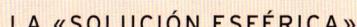
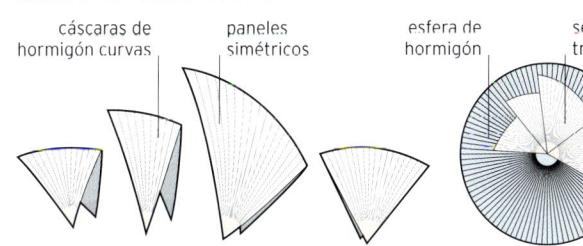

cáscaras de hormigón curvas | paneles simétricos | esfera de hormigón | secciones triangulares

Asamblea Nacional de Bangladés

Un impresionante edificio moderno y una excepcional afirmación de poder y autoridad de una nueva nación.

S de Asia

En 1962 se decidió que Dacca, en Pakistán Oriental, sería la segunda capital del país, junto con Islamabad, en Pakistán Occidental, y surgió la necesidad de un espacio que alojara a la Asamblea Nacional (o Jatiya Sangsad). El gobierno recurrió a Muzharul Islam (1923–2012), arquitecto y urbanista bengalí representante del movimiento moderno. E Islam solicitó la colaboración de Louis Kahn, su antiguo tutor en la Universidad de Yale.

Kahn se inspiró en la arquitectura monumental de la región, que pasó por el prisma del racionalismo. El resultado fue un edificio con una audaz regularidad geométrica. En el centro del complejo se hallan la cámara de la Asamblea, un anfiteatro abovedado, y la biblioteca. El complejo también incluye jardines, un lago y alojamientos para los parlamentarios. Las vastas paredes exteriores del edificio principal (*Bhaban*) están muy retranqueadas, y los portales de hormigón están incrustados con franjas de mármol blanco. La construcción comenzó en 1961, pero se interrumpió durante la guerra de Liberación de Bangladés (1971) y no se terminó hasta 1982, cuando Dacca ya era la capital de un Bangladés independiente.

EL BHABAN

El *Bhaban* es un cuadrado manipulado de modo que forma un octágono. Se compone de nueve bloques independientes: los ocho periféricos albergan salas de reuniones y despachos que llegan a los 34 m de altura, y el bloque octogonal central, de 47 m de altura, acoge a la Asamblea Nacional.

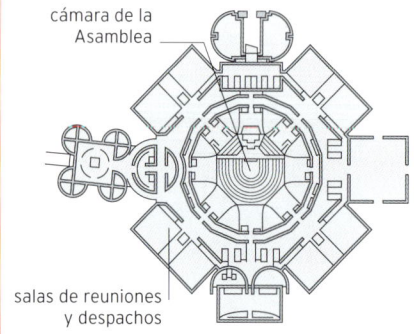

cámara de la Asamblea

salas de reuniones y despachos

△ **PODER, PRESENCIA Y LUZ**
El edificio principal queda inundado con la luz que se filtra entre las macizas columnas y las paredes transparentes.

▷ **UN PARLAMENTO EN UNA ISLA**
El *Bhaban* descansa sobre un lago artificial que captura la belleza ribereña de Bangladés, país situado en el delta del Ganges, el delta fluvial más grande del planeta.

△ **VISTA NÍVEA**
La mayoría de los edificios del templo están revestidos de yeso blanco, que simboliza la pureza de Buda. Los fragmentos de espejo del exterior representan la difusión de su sabiduría.

▽ **MANOS ANHELANTES**
Frente al puente del «ciclo de renacimiento», centenares de manos extendidas representan el sufrimiento de las almas en el infierno. Desde aquí, solo se puede avanzar hacia el *ubosot* principal.

Wat Rong Khun

Un templo privado, museo y centro de aprendizaje y meditación budista.

S de Asia

A finales del siglo xx, el templo budista de Wat Rong Khun, en la provincia de Chiang Rai en Tailandia, estaba muy deteriorado. Un artista local, Chalermchai Kositpipat (n. en 1955), decidió reconstruir el templo por completo con su propio dinero. Hasta la fecha, ha invertido 1080 millones de bahts tailandeses (casi 30 millones de euros) en el proyecto, que continúa y que no se espera que termine hasta, al menos, 2070. El templo se abrió al público en 1997. La entrada es gratuita para los tailandeses, y únicamente se aceptan pequeños donativos, ya que Chalermchai no quiere verse condicionado por grandes donantes.

Blanco y oro

Cuando esté terminado, el conocido como Templo Blanco consistirá en nueve edificios: el *ubosot*, o sala de oración, donde se celebran las ordenaciones; una sala de meditación; una sala de reliquias; una galería de arte; y viviendas para los monjes. La arquitectura es elaborada y muy ornamentada y, en su mayoría, presenta elementos de los edificios tailandeses clásicos. El *ubosot*, de un blanco níveo con fragmentos de espejo incrustados en el exterior, representa la mente. En cambio, el edificio que alberga los aseos es dorado y simboliza la atención de la gente a los deseos mundanos.

El diseño del templo se basa en la arquitectura tailandesa clásica, pero también incluye representaciones de iconos occidentales como Michael Jackson, Freddy Krueger y Neo, de *Matrix*, así como controvertidas imágenes de guerras nucleares, del 11-S y de pozos petrolíferos, algo inusual en un templo budista.

▷ **GUARDIANES DEL TEMPLO**
Feroces estatuas incrustadas de pequeños fragmentos de espejo custodian la entrada al Templo Blanco.

Puente del estrecho de Akashi

Una proeza de la ingeniería japonesa y el puente colgante más largo del mundo.

E de Asia

Inaugurado el 5 de abril de 1998, el puente del estrecho de Akashi soporta una autopista de seis carriles desde la ciudad de Kobe, en la isla de Honshu, hasta Iwaya, en la isla de Awaji. El puente forma parte de un sistema más amplio (el sistema de puentes de Honshu-Shikoku) que une las islas de Honshu y de Shikoku a través del mar interior de Seto. Además de ser el puente colgante más largo del mundo, con una longitud de 3911 m, también es uno de los más altos, con dos torres que se alzan 297 m.

Superar la adversidad

Superar el estrecho de Akashi –una ruta mercante muy transitada fue un gran reto para los ingenieros, entre otras cosas porque la región sufre algunos de los peores tifones del mundo y es sísmicamente inestable. De hecho, durante la construcción del puente, un terremoto separó un metro las dos torres. Los diseñadores utilizaron un innovador sistema de vigas de acero y unos dispositivos llamados amortiguadores de masa que compensan las fuerzas del viento y de los terremotos: las vigas trianguladas dan rigidez al puente pero permiten el paso del viento, mientras que los amortiguadores de masa oscilan en la dirección opuesta al viento, por lo que ejercen de contrapeso y anulan la inclinación. El puente tiene un margen de expansión y contracción de varios metros y puede soportar vientos de 290 km/h y terremotos de magnitud 8,5.

△ **VISTA DESDE ABAJO**
Un túnel de acero y vidrio bajo una sección del puente ofrece a los visitantes una vista inusual de la escala de la estructura.

▽ **EL PUENTE COLGANTE MÁS LARGO**
Las vigas de acero trianguladas proporcionan al puente la estabilidad necesaria para cubrir la gran distancia sobre el traicionero estrecho entre las islas de Honshu y Awaji.

△ **BELLEZA REFLEJADA**
Estanques de agua rodean el patio de la mezquita y reflejan las columnas doradas y pintadas, así como los elegantes techos de las arcadas. La mezquita se ilumina por la noche según las fases de la luna.

MEZQUITA HIPÓSTILA

La mezquita del Jeque Zayed es una mezquita hipóstila, cuya sala de oración está compuesta por hileras de columnas. Tiene una sala principal con 96 columnas, dos salas de oración abiertas y un patio porticado. Cuatro alminares de 106 m de altura se alzan en sendas esquinas del patio.

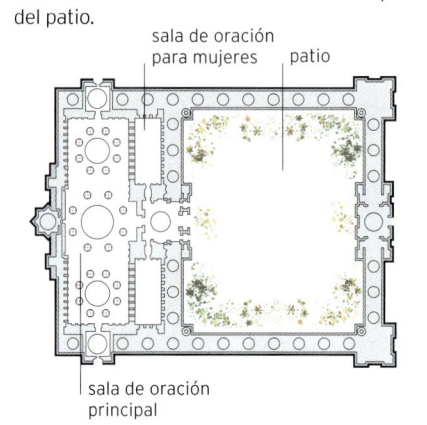

sala de oración para mujeres   patio

sala de oración principal

Mezquita del Jeque Zayed

*La mezquita más grande de Emiratos Árabes Unidos
y la tercera más grande del mundo.*

O de Asia

En 1996 empezaron en Abu Dabi las obras de construcción de la mezquita del Jeque Zayed, una idea del primer presidente de EAU, el jeque Zayed bin Sultán Al Nahayan. La construcción duró once años y se realizó en dos fases: primero se levantó una estructura de hormigón armado y luego se revistió de mármol blanco y se decoró. El complejo resultante tiene 40 000 m² y puede acoger hasta 55 000 fieles.

Fusión cultural

El diseño de la mezquita es una fusión de las tradiciones árabe y mogola y refleja el ciclo lunar que determina el calendario islámico: su mármol blanco cambia de un blanco frío a azul a medida que la luna mengua. En la construcción se utilizaron más de 30 tipos de mármol traído de Italia, Macedonia, India y China, además de miles de piedras semipreciosas como lapislázuli, amatista, ónice, nácar y aventurina. Abunda la decoración floral, sobre todo en el mosaico del suelo del patio (que ocupa una superficie de más de 17 400 m²) y en las casi 12 000 columnas del conjunto de la mezquita. Esta ostenta varios récords, como el de la alfombra tejida a mano más grande, la lámpara de araña más grande y la cúpula marroquí más grande.

△ UN COLOSO DE MÁRMOL
La enorme mezquita empequeñece los edificios que la rodean. Su extravagancia es evidente en los altos alminares, la abundancia de cúpulas y columnas y el inmenso patio de mármol.

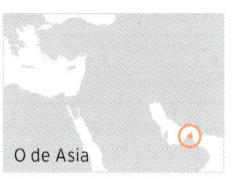

Burj Jalifa

Una proeza de la ingeniería que es el edificio más alto del mundo, entre otros récords mundiales.

O de Asia

△ TOCANDO EL CIELO
El Burj Jalifa empequeñece el resto de los edificios del centro de Dubái, y ostenta el récord mundial de edificio con más plantas (163), de planta ocupada más alta, de mirador más alto y de ascensor de servicio más alto, entre otros.

El Burj Jalifa de Dubái, cuya construcción comenzó en 2004 y finalizó en 2009, tiene 828 m de altura: es la estructura hecha por el hombre más alta del mundo.

Cimientos profundos

La torre se alza sobre una plataforma de hormigón de 3,7 m de grosor soportada por pilotes de 1,5 m de ancho y 43 m de profundidad. El núcleo central, que es hexagonal, está rodeado por una planta con tres alas que forman una Y, un diseño resistente que soporta la tensión de torsión y de corte a que se ve sometida la estructura. El tamaño de las alas del edificio se reduce en los niveles superiores, lo que reduce el efecto de la corriente del viento, que podría hacer que el edificio se balanceara. La torre está revestida de casi 26 000 paneles de vidrio reflectante cortado a mano, diseñados para soportar las temperaturas de Dubái, y está rematada por una aguja de acero telescópico que una bomba hidráulica alzó en toda su longitud, de más de 213 m.

El Burj Jalifa alberga un hotel, un restaurante, piscinas, oficinas y 900 apartamentos residenciales, entre ellos, por supuesto, el más alto del mundo.

△ DESDE ARRIBA
Las extraordinarias vistas desde lo alto de la torre muestran el lago Burj. Este contiene la Fuente de Dubái, un sistema de surtidores que, con 274 m de longitud, es la fuente danzante más grande del mundo.

UNA TORRE DE RÉCORD

Cuando se inauguró en 2010, el Burj Jalifa se convirtió en el edificio más alto del mundo, superando al Taipei 101 de Taiwán, que ostentaba el título hasta ese momento. También superó en unos 200 m a la torre de telecomunicaciones KVLY (EE UU) como la estructura hecha por el hombre más alta, y a la Torre CN (p. 53) de Toronto como la estructura exenta más alta.

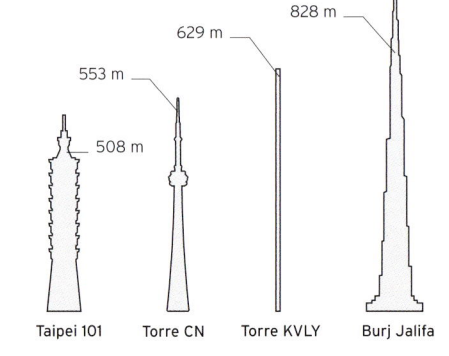

508 m — Taipei 101
553 m
629 m — Torre CN
Torre KVLY
828 m — Burj Jalifa

Jardines de la bahía de Singapur

Un asombroso parque hortícola que combina la belleza natural con una tecnología y una arquitectura ecológicas.

SE de Asia

Extendidos sobre 100 hectáreas de tierra ganada al mar en el área central de Singapur, los jardines de la bahía son un galardonado parque hortícola. Se crearon tras ganar un concurso internacional de diseño celebrado en 2006 como parte del plan de Singapur de transformar su «ciudad jardín» en una «ciudad en un jardín» y construir una imagen reconocible mundialmente.

Apuesta verde

El parque está dividido en tres grandes jardines: Bahía Sur, Bahía Este y Bahía Central. Inaugurado en 2012, Bahía Sur es el más grande y el más desarrollado; tiene una superficie de 54 hectáreas y su configuración se inspira en la flor nacional de Singapur, la orquídea Miss Joaquim. El jardín, aunque cuenta con varias áreas diferenciadas, está definido por sus 18 «superárboles» y por vastos biomas de clima controlado. Los superárboles alcanzan entre 25 y 50 m de altura, y varios de ellos están unidos por una pasarela de 128 m de longitud. Además de ser el hogar de 162 900 plantas y de más de 200 especies, los superárboles son también una parte importante del sistema de gestión de la energía sostenible del complejo. Algunos cuentan con paneles solares y otros recogen el agua de lluvia, con la que generan energía mediante una turbina o se refrigeran o irrigan los invernaderos. Otros sirven como torres de entrada y extracción de aire de los sistemas de climatización. Y, por supuesto, dan sombra a los visitantes.

Invernaderos refrigerados

Los dos biomas de clima controlado de Bahía Sur abarcan un área total de 2,3 hectáreas. La Cúpula de la Flor es el invernadero de cristal sin columnas más grande del mundo, mientras que el Bosque Nuboso tiene su propia montaña de 42 m de altura, cubierta de plantas tropicales, rodeada por una pasarela y con la cascada interior más grande del mundo. Los jardines de la bahía aún están en construcción, pero son ya una de las atracciones turísticas más populares de Singapur.

Cuatro «jardines patrimoniales» temáticos reflejan los diversos **grupos culturales de Singapur**: indio, chino, malayo y colonial.

△ **ARBORETO LUMINOSO**
Iluminados por luces de neón, los superárboles exhiben su propia belleza, además de la de los helechos, plantas trepadoras, orquídeas y bromelias que los cubren.

◁ **ÁRBOLES TRABAJADORES**
Las elegantes ramas de los superárboles combinan forma y función y contribuyen a ocultar los respiraderos y los sistemas de recogida de agua de lluvia ocultos en las copas.

NE de Asia

Biblioteca Binhai de Tianjin

Un espectacular espacio futurista que se ha convertido en un icono arquitectónico de China.

La Biblioteca Binhai de Tianjin, cerca de Pekín, es un tributo a la arquitectura moderna. Este heterodoxo espacio es un diseño del estudio neerlandés MVRDV y del Instituto de Planificación y Diseño Urbano de Tianjin. Se construyó en tres años y se abrió al público en 2017.

La biblioteca, de cinco plantas, tiene una superficie de 33 700 m² y forma parte de un grupo de edificios culturales construidos en la misma época. La entrada principal conduce a un magnífico atrio central, que no es solo un lugar de paso sino también un espacio para sentarse y leer. La primera y la segunda planta tienen estanterías para libros, salas de lectura y áreas de descanso; en las plantas superiores hay salas de reuniones, despachos y salas audiovisuales, y hay dos patios en la azotea.

Núcleo esférico

En el centro del atrio, que evoca la era espacial, hay una esfera gigantesca, u orbe. En el interior del orbe hay un auditorio con aforo para cien espectadores; sobre el orbe, un sistema de iluminación circular maximiza la luz del interior. Alrededor del atrio, unas vertiginosas estanterías de libros se alzan del suelo al techo. Algunas de las estanterías también sirven de asiento y de escalera, y muchos de los «libros» de las estanterías son en realidad imitaciones de aluminio repujado.

EL OJO DE BINHAI

Arquitectónicamente, lo más destacable de la biblioteca es el atrio esférico, un amplio espacio abierto con un orbe luminoso en el centro y rodeado por estanterías. Un tragaluz circular sobre el orbe, combinado con lamas y ventanas de vidrio en la planta baja, permite que la luz natural inunde el interior. El orbe se conoce como el Ojo; y es que las estanterías se curvan alrededor del orbe trazando un contorno que evoca la silueta de un ojo. Una forma oval abierta en la pared exterior hace que también se vea una suerte de ojo cuando el edificio se mira desde fuera.

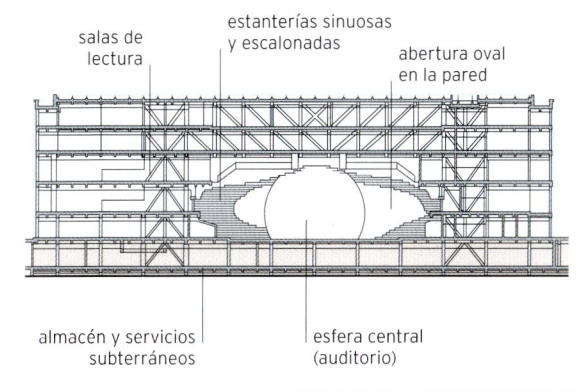

salas de lectura — estanterías sinuosas y escalonadas — abertura oval en la pared

almacén y servicios subterráneos — esfera central (auditorio)

La biblioteca tiene **capacidad** para albergar **más de un millón de libros**.

◁ **ESTANTERÍAS ONDULANTES**
Las estanterías del suelo al techo del atrio fluyen alrededor de la esfera central y crean un efecto escultórico espectacular que difumina la distinción entre paredes, suelo y techo.

▷ **ATISBANDO EL INTERIOR**
El interior y el exterior de la biblioteca se diseñaron de modo que representan un ojo gigantesco, con un brillante iris blanco en el centro.

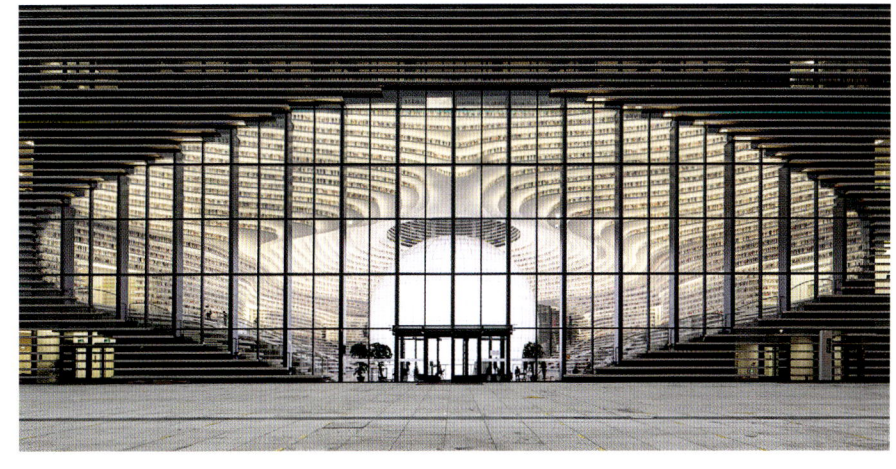

GLOSARIO

A

ÁBACO Pieza cuadrada que descansa sobre el capitel de una columna y soporta el peso de la estructura que se apoya en ella, normalmente un arquitrabe o un arco. Véase también *arco, arquitrabe, capitel, columna*.

ÁBSIDE Elemento generalmente semicircular abovedado que sobresale de la cabecera de un templo. Las grandes iglesias y catedrales suelen tener más de un ábside. Los ábsides secundarios o menores se llaman absidiolos.

ACANALADURAS Surcos o estrías que recorren verticalmente una columna o pilastra y a veces otras superficies. Las columnas acanaladas, o estriadas, son características de la arquitectura de la antigua Grecia: la columna dórica tienen 20 acanaladuras, mientras que la jónica y la corintia tienen 24. Véase también *orden corintio, orden dórico, orden jónico*.

ACANTO Planta con flores nativa de regiones cálidas, sobre todo del Mediterráneo. En la arquitectura de la antigua Grecia, las hojas de acanto aparecen como elemento decorativo en los capiteles corintios. Véase también *orden corintio*.

ACRÍLICO Tipo de plástico que se suele usar en arquitectura como sustituto del vidrio en elementos que deben resistir una alta presión o un fuerte impacto, como los tragaluces o bajo el agua.

ACRÓPOLIS Parte fortificada de las ciudades de la antigua Grecia, normalmente construida sobre una colina. La más famosa es la Acrópolis de Atenas, donde se halla el Partenón.

ACROTERA O ACRÓTERA Estatua o elemento decorativo que remata y decora el vértice o los extremos de un frontón. Originalmente, las acroteras eran adornos con forma de pétalos, pero luego también adoptaron la forma de estatuas o de grupos de estatuas.

ACUEDUCTO Puente que transporta agua, generalmente salvando valles o barrancos. Los romanos construyeron muchos acueductos notables.

ÁDITON Cámara situada al fondo de la *naos* en un templo griego, o de la *cella* en un templo romano, que solía albergar la imagen del dios al que se rendía culto y a la que solo los sacerdotes tenían permitida la entrada.

ADOBE Ladrillo de barro secado al sol que se usa en construcción. A menudo contiene briznas de paja para reforzar la mezcla de tierra y arcilla.

AGUJA Estructura cónica o multifacética afilada que remata la torre de una iglesia o catedral. Se originó en el siglo XII como un sencillo remate piramidal, pero con el tiempo se fue convirtiendo en una estructura cada vez más alta, fina y ornamentada. Véase también *flecha, gótico, iglesia, pináculo*.

AIRE ACONDICIONADO Sistema de refrigeración del aire en un entorno cerrado o cualquier sistema que modifique el aire enfriándolo, calentándolo, deshumidificándolo o purificándolo.

AJEDREZADO Motivo tallado formando cuadrados resaltados y rehundidos alternos que recuerda un tablero de ajedrez o de damas.

AJIMEZ Ventana con dos vanos iguales creados por un parteluz o mainel que soporta dos arcos, también llamada ventana geminada. Véase también *parteluz*.

ALABASTRO Piedra caliza blanda y translúcida de color claro. A lo largo de la historia se ha usado para tallar esculturas y también pequeños objetos decorativos, porque es fácil de trabajar.

ALCOBA En la arquitectura islámica, pequeño espacio abovedado abierto en la pared de una estancia o en un muro exterior, por ejemplo, de un iwán. Véase también *iwán*.

ALERO Borde de una cubierta o tejado que sobrepasa los muros del edificio.

ALMENAJE Coronamiento de una muralla o de los muros perimetrales de castillos y torres defensivas con salientes, llamados almenas o merlones, y huecos alternos que permiten a los defensores resguardarse y disparar respectivamente.

ALMINAR En las sociedades islámicas, torre desde la que el almuédano llama a la oración cinco veces al día, también llamada minarete. Aunque actualmente se llama a la oración mediante altavoces, la tradición del alminar se mantiene. Véase también *mezquita*.

ALMOHADILLADO Se dice del sillar en el que únicamente se labran los bordes de la cara con aristas o redondeados para que resalte la superficie sin labrar, y también del muro hecho con sillares de este tipo.

ALTAR Piedra plana o mesa sobre la que se celebra un ritual religioso.

ALTAR FUNERARIO Tumba, o monumento funerario erigido sobre una tumba, que se asemeja a un altar.

ALTILLO O ENTREPLANTA Planta intermedia de un edificio que no cubre todo el espacio de la planta inferior y, por lo tanto, da a esta.

ALZADO En dibujo arquitectónico, representación plana de un edificio, normalmente una fachada.

ANASTILOSIS Reconstrucción de un monumento histórico utilizando exclusivamente los materiales originales. Los distintos elementos se han de colocar en su posición inicial y solamente se permite añadir materiales nuevos si son imprescindibles para la estabilidad de la estructura.

ANFITEATRO En la antigua Roma, edificio de planta ovalada con asientos en gradas alrededor de la arena, destinado a espectáculos públicos.

ANG En la arquitectura china, soporte largo que actúa como una solera en armaduras o techumbres.

ANTEIGLESIA Atrio o pórtico cubierto que precede a la puerta principal de una iglesia. Véase también *atrio, iglesia, nártex, pórtico*.

ARABESCO Motivo decorativo de líneas sinuosas que con frecuencia incluye diseños vegetales. Los arabescos suelen estar inspirados en el arte islámico, de ahí su nombre.

ARCADA Corredor cubierto con arcos en un lado o en ambos lados.

ARCO Elemento arquitectónico curvo que dirige la carga alrededor de un vano y la transfiere a columnas, pilares, contrafuertes o estribos a cada lado. Los arcos se construyen con piedras con forma de cuña llamadas dovelas. Véase también *clave, luz*.

ARCO CONOPIAL Arco con una escotadura en la clave, de modo que esta tiene un vértice hacia arriba. Véase también *clave*.

ARCO DE CHAITYA Arco ornamental usado en la arquitectura india para decorar una fachada, normalmente alrededor de un portal o sobre él. Su diseño se basa en la sección transversal de un *chaitya* y recuerda el casco de un barco boca abajo, con timón y costillas. Véase también *chaitya*.

ARCO DE DESCARGA Arco ciego construido sobre un dintel para redistribuir el peso del muro alejándolo de él. Véase también *dintel*.

ARCO ESCARZANO Arco cuya curvatura es inferior a 180°.

ARCO POLILOBULADO Arco con múltiples lóbulos semicirculares en el intradós (la parte inferior de la zona curvada). Es característico de la arquitectura hispanomusulmana.

ARMADURA Armazón o conjunto de las piezas que forman el soporte de la cubierta de un edificio. Véase también *cuchillo*.

ARMAZÓN Estructura de soporte o esqueleto de un edificio.

ARQUERÍA Conjunto de arcos sobre columnas o pilares que pueden ser ciegos (integrados en el muro) o dar forma a un vano o una serie de vanos. Véase también *arcada, arco, vano*.

ARQUITECTURA CONTEMPORÁNEA Arquitectura de finales del siglo XX y principios del XXI. Aunque no predomina ningún estilo concreto, muchas estructuras tienen en común el uso de tecnologías avanzadas para llevar al límite el concepto de edificio. Los edificios son cada vez más altos y adoptan formas no convencionales, curvadas y asimétricas.

ARQUITECTURA INDUSTRIAL Diseño y construcción de edificios destinados a actividades relacionadas con la industria, como fábricas, centrales eléctricas, acerías o almacenes.

ARQUITECTURA MODERNA Conjunto de las tendencias arquitectónicas surgidas en la década de 1930 y desarrolladas a lo largo del siglo XX, asociadas a la funcionalidad, el uso de materiales modernos (sobre todo hormigón, acero y vidrio laminado), la innovación estructural y la eliminación de ornamentos. Vinculada en sus orígenes con la escuela Bauhaus, uno de los primeros y más célebres exponentes fue el arquitecto francés de origen suizo Le Corbusier.

ARQUITECTURA VERNÁCULA Arquitectura original de una región.

ARQUITRABE Parte del entablamento que descansa sobre los capiteles de las columnas a modo de dintel. En la construcción moderna es la moldura de madera del dintel y las jambas de puertas y ventanas. Véase también *capitel, columna, entablamento*.

ARRANQUE DEL ARCO Parte del arco donde comienza la curvatura del arco desde los apoyos verticales. Véase también *arco*.

ART DÉCO Estilo decorativo de las décadas de 1920 y 1930 que se caracteriza por las líneas y formas geométricas atrevidas, una simetría muy acentuada y un aspecto moderno y estilizado. Debe su nombre a la Exposición Internacional de las Artes Decorativas e Industriales Modernas celebrada en París en 1925.

ART NOUVEAU Estilo decorativo que se impuso desde alrededor de 1890 hasta la Primera Guerra Mundial, llamado modernismo en España. De naturaleza caprichosa, se caracteriza por las líneas y formas sinuosas y asimétricas, que normalmente evocan flores, plantas, insectos y otros elementos naturales.

ATRIO Galería porticada o pórtico techado que precede a la entrada de una iglesia. También, espacio abierto en un edificio, con una altura de varias plantas y a menudo techo de vidrio, frecuente en grandes hoteles y centros comerciales.

AUDITORIO Lugar donde el público se reúne para asistir a una representación. En términos arquitectónicos es la parte de un teatro o una sala de conciertos donde se sienta el público, o un edificio usado para eventos como conciertos.

AZULEJO Ladrillo vidriado de colores o baldosa que se usa para revestir y decorar interiores o exteriores de iglesias, palacios y edificios públicos.

B

BAJORRELIEVE Talla de un material como madera o piedra para crear un motivo tridimensional de poca altura. Los bajorrelieves eran un elemento decorativo habitual en las culturas del antiguo Egipto y Mesopotamia. Véase también *relieve*.

BALAUSTRADA Hilera de pequeñas columnas (balaustres) rematadas por un barandal que se usa en escaleras, balcones o terrazas para impedir las caídas.

BALCÓN Repisa o plataforma que sobresale desde el muro de un edificio, con un antepecho (una barandilla o un murete) como elemento de seguridad. Véase también *balaustrada*.

BALLOON FRAMING («ARMAZÓN DE GLOBO») Sistema de construcción en madera concebido para facilitar a los pioneros de EE UU la construcción de sus casas, que consiste en usar numerosos listones finos para soportar la estructura desde los cimientos hasta las vigas de la cubierta. Se contrapone al «armazón de plataforma», construido planta a planta, con pilares de madera que van del suelo al techo, que a su vez se convierte en la plataforma desde la que se levanta la planta siguiente.

BALUARTE Estructura, también llamada bastión, que sobresale de la muralla de un castillo o de una fortificación. Generalmente, los baluartes tienen forma triangular o angulosa y están en las esquinas, para permitir a los defensores mayor amplitud de tiro.

BAPTISTERIO Parte de una iglesia que rodea la pila bautismal. Puede estar integrado en la estructura principal o ser un edificio exento.

BARANDA BUDISTA Murete de piedra que recuerda una valla de madera, con travesaños o vigas horizontales sobre postes verticales.

BARBACANA Puerta fortificada que protege la entrada de una ciudad o un castillo. Véase también *castillo*.

BARROCO Estilo arquitectónico originado en la Italia del siglo XVII, e impulsado por la Iglesia católica, que aspiraba a sumar dinamismo y dramatismo a las normas de la arquitectura clásica renacentista. Las plantas de los edificios ganaron complejidad incorporando óvalos y curvas; en las fachadas monumentales se primaba los elementos decorativos, y en los interiores se buscaba la espectacularidad mediante contrastes de luces y sombras, doraduras y trampantojos. Véase también *clásico, renacentista, trampantojo*.

BASA Parte inferior de la columna sobre la que descansa el fuste.

BASAMENTO Cuerpo inferior de una columna que comprende la basa y el plinto o el pedestal. Véase también *pedestal, plinto*.

BASCULANTE Se dice del puente móvil cuyo tablero se eleva perpendicularmente al plano en una o dos secciones mediante un contrapeso o un sistema mecánico. A veces se le llama puente levadizo, aunque este tenía carácter defensivo.

BASÍLICA Originalmente, edificio público de la antigua Roma de planta rectangular con un ábside al final que albergaba una plataforma elevada donde se sentaban los funcionarios. Con la llegada del cristianismo, el diseño se adaptó a los edificios de culto, que tenían una nave (y a veces dos naves laterales más bajas), con la puerta en un extremo y un altar en el otro. Véase también *ábside, altar, nave mayor*.

BASTIÓN Véase *baluarte*.

BAUHAUS Escuela de arte y diseño alemana muy influyente entre 1919 y 1933. Fue la pionera de un enfoque moderno y minimalista basado en el principio de que «la forma sigue a la función». La utilidad era esencial, se evitaban los ornamentos y se insistía en la unión del arte y la tecnología mediante el uso de materiales modernos y la producción en serie.

BAZAR Mercado de Oriente Medio, normalmente con multitud de pequeñas tiendas y puestos agrupados por oficios o por tipos de producto en calles a veces cubiertas. En el pasado tenía puertas para que pudiera permanecer cerrado por la noche.

BEAUX ARTS Estilo arquitectónico vinculado a la École des Beaux-Arts de París que prevaleció en Francia a finales del siglo XIX y fue adoptado en EE UU en las primeras décadas del siglo XX. Los edificios suelen grandiosos y elaborados, con fachadas simétricas y elementos de la arquitectura clásica griega y romana. Los interiores son igualmente ostentosos y, con frecuencia, tienen altos techos abovedados, una cúpula central y enormes escalinatas. Véase también *clásico*.

BELVEDERE Estructura construida específicamente para admirar las vistas. Puede ser la parte superior de un edificio o un elemento independiente. El término procede del italiano, de *bel* («bello, bonito») y *vedere* («ver»).

BERMA Espacio angosto sobre una pendiente junto al parapeto o muro exterior de un castillo, entre este y el foso.

BIZANTINO, NA Relativo al Imperio de Bizancio (395–1453 d. C.). La arquitectura bizantina suele combinar elementos de la antigua Roma y de países mediterráneos orientales.

BOTAREL Machón o pilar exento del que arranca una estructura en arco llamada arbotante que sostiene el muro del edificio. Las fuerzas de la estructura principal descienden por el arbotante hasta el botarel y el suelo. Se diferencia del contrafuerte en que este se encuentra adosado al muro. Véase también *gótico*.

BÓVEDA Arco prolongado longitudinalmente para techar un espacio. La más sencilla es la bóveda de cañón. La intersección en ángulo recto de dos bóvedas de cañón dio lugar a la bóveda de arista, de la que deriva la bóveda de crucería, con múltiples nervios que se cruzan en la clave y que fue ganando complejidad.

BÓVEDA CÁSCARA Bóveda fina, normalmente de hormigón armado, que se mantiene en equilibrio por sí misma. Véase también *bóveda, hormigón armado*.

BÓVEDA DE ABANICO Bóveda muy decorativa, también llamada palmeada, cuyos nervios irradian de un pilar o una columna central. Es frecuente en el gótico y, sobre todo, en la arquitectura religiosa de Inglaterra. Véase también *gótico*.

BÓVEDA DE ARISTA Bóveda que resulta de la intersección de dos bóvedas de cañón que se cruzan perpendicularmente. Véase también *bóveda de crucería*.

BÓVEDA DE CAÑÓN Estructura que actúa como una serie de arcos colocados uno tras otro para formar un techo semicilíndrico. También llamada bóveda de medio cañón o de medio punto, es típica de la arquitectura románica, aunque ya era conocida en la Antigüedad y en la antigua Roma.

BÓVEDA DE CRUCERÍA Tipo de bóveda que, como la de arista, está formada por la intersección de dos bóvedas de cañón. Las aristas están reforzadas por nervios o ligaduras que dividen la superficie en segmentos rectangulares denominados plementos o paños. Es característica de la arquitectura gótica. Véase también *bóveda de arista, gótico*.

BÓVEDA ESTRELLADA Bóveda de crucería en la que los nervios secundarios se conectan a los principales y crean la forma de una estrella. Véase también *bóveda de crucería*.

BÓVEDA SEXPARTITA Bóveda de crucería dividida en seis paños. Véase también *bóveda de crucería*.

BOVEDILLA Pieza de cerámica u hormigón que se utiliza entre viga y viga para forjar (construir) un techo.

BROCH En Escocia, estructura circular de piedra de la Edad del Hierro. Aunque se desconoce su función, muchos historiadores creen que tenía carácter defensivo.

BRUTALISMO Estilo arquitectónico de las décadas de 1950 y 1960 caracterizado por el uso de bloques monolíticos de hormigón desnudo. Véase también *arquitectura moderna*.

BUHARDILLA Ventana vertical con su propia cubierta que sobresale de un tejado, destinada a proporcionar luz natural a un desván o una vivienda situada inmediatamente debajo del tejado, también llamada buhardilla.

BULEVAR Avenida urbana amplia y con edificios y jardines atractivos, normalmente en los barrios más céntricos o acomodados.

C

CAJÓN DE CIMENTACIÓN Estructura semejante a una caja que se usa para trabajar en seco cuando se construye en zonas sumergidas. Se suele emplear durante la construcción de los pilares de los puentes.

CAL Mineral utilizado desde la Antigüedad para la fabricación de mortero, cemento y hormigón.

CAMPANARIO Parte superior de la torre de una iglesia que alberga las campanas. Por extensión, el término se aplica a la torre en su totalidad, que puede formar parte de la iglesia o ser un edificio exento.

CAMPANILE Campanario, en italiano.

CAMPOSANTO Cementerio católico, sobre todo en países de habla hispana y en Italia.

CAMPUS Terreno ocupado por varios edificios de una universidad.

CAN Parte de una viga que sobresale del muro y sostiene un alero, un balcón o una estatua. Suele estar decorado con tallas o molduras. Véase también *canecillo, ménsula*.

CANCEL O CANCELA Estructura de piedra o madera labradas, o reja de hierro forjado que separa el presbiterio de la nave mayor en algunas iglesias. Normalmente está rematada por una cruz. Véase también *iglesia, nave mayor, presbiterio*.

CANDI Santuario hindú o budista de Indonesia.

CANECILLO Elemento que sobresale en voladizo de un muro aparentemente para soportar otro elemento arquitectónico. Los canecillos son meramente ornamentales y a menudo están decorados con figuras fantásticas y grotescas, sobre todo en la arquitectura románica. Véase también *voladizo*.

CANÉFORA Estatua femenina que porta un cesto con ofrendas sobre la cabeza. A veces se utiliza como soporte, como una cariátide. Véase también *cariátide*.

CAÑÓN DE CHIMENEA Tubo de chimenea alto con una única salida que lleva directamente al tejado.

CAPILLA Lugar destinado a orar, pero donde se puede celebrar misa. Puede ser un edificio exento, pero generalmente forma parte de estructuras religiosas o civiles, como una catedral o una iglesia grande, un castillo, una universidad, un palacio o un hospital. Véase también *catedral, iglesia*.

CAPILLA FUNERARIA Capilla en la que se celebraba misa en honor del donante, enterrado en ella.

CAPITEL Parte superior de la columna que descansa entre el fuste y el ábaco. Suele estar decorado, y en la arquitectura clásica era uno de los elementos que definen los tres órdenes principales: dórico, jónico y corintio. Véase también *ábaco, clásico, orden dórico, orden jónico, orden corintio*.

CAPRICHO Edificio, por lo general carente de función, erigido para embellecer un paisaje.

CARAVASAR Posada para mercaderes y caravanas organizada alrededor de un patio central con establos en la planta baja y habitaciones en el primer piso. Fue un tipo de construcción tradicional en Asia central, Oriente Medio y el norte de África. En algunos lugares recibe el nombre de *fonduk, wakala* o *wikala*.

CARIÁTIDE Escultura femenina que ejerce de columna y soporta una estructura sobre la cabeza.

CASA COLMENA Vivienda primitiva circular cuyo muro se inclina hacia dentro a medida que asciende hasta terminar en un pico redondeado, similar a un cono. Aún existen casas colmena en algunas partes del mundo, por ejemplo, en Siria.

CASA COMUNITARIA Vivienda larga y estrecha, normalmente con estructura de madera, habitual en varias culturas antiguas y algunas culturas indígenas contemporáneas, sobre todo en Borneo.

CASAMATA Pequeño espacio abovedado en la muralla de una fortaleza con aberturas desde las que se pueden disparar los cañones.

CASETÓN Cada uno de los compartimentos cuadrados, rectangulares, octogonales o de otras formas poligonales, rehundidos y con molduras, en los que se dividen techos y bóvedas con fines decorativos. El ejemplo más famoso es el interior de la cúpula del Panteón de Roma, donde se usaron casetones para aligerar el peso.

CASTILLO Fortaleza medieval, por lo general la residencia de un rey o un noble. Las fortificaciones del castillo protegían a sus moradores y aseguraban al señor una base desde la que gobernar el territorio circundante. El tipo elemental era una torre central sobre un montículo (mota) rodeado por un foso. Los castillos más complejos tenían una muralla con cubos o torreones defensivos e incluso una serie de murallas concéntricas. Véase también *almenaje, barbacana, cubo, liza, mota*.

CATACUMBAS Conjunto de galerías subterráneas utilizadas como cementerio.

CATEDRAL Iglesia principal de una diócesis, donde tiene su sede (cátedra) un obispo. Véase también *iglesia*.

CELLA Cámara interior de un templo romano. Normalmente contenía la estatua del dios a la que el templo estaba consagrado. Véase también *áditon, clásico, naos*.

CELOSÍA VENECIANA Elemento con lamas horizontales inclinadas que cubre una ventana y permite la entrada de la luz y el aire, pero protege de la lluvia y de la luz solar directa.

CEMENTO Agente conglomerante con el que se fabrica el hormigón y que se usa desde la Antigüedad. El cemento moderno se prepara calentando a altas temperaturas caliza con otros materiales, como arcilla, y moliendo el material resultante.

CENOTAFIO Monumento erigido en honor o en memoria de una persona o personas cuyos restos descansan en otro lugar.

CHAITYA Santuario o sala de oración budista con una estupa en un extremo. Este suele ser redondeado para que los fieles puedan circunvalar la estupa. Generalmente es una sala alta, larga y estrecha, con el techo abovedado y con nervios marcados. Véase también *estupa*.

CHALET Casa de madera típica de Suiza, Baviera y las regiones alpinas, con tejado a dos aguas de escasa pendiente y largos aleros. Tradicionalmente era una vivienda de pastores. Véase también *alero, tejado a dos aguas*.

CHATRI Pequeño pabellón abovedado soportado en las esquinas por columnas que adorna las esquinas de los tejados o las entradas principales de los edificios de la India mogol. Su función es meramente decorativa. Véase también *mogol*.

CHEVRÓN Motivo con forma de V invertida. En la arquitectura normanda se usa para formar cenefas en zigzag en arcos y columnas.

CHIGI Remate bifurcado típico de la arquitectura japonesa. Véase también *remate*.

CHINESCO Estilo decorativo que se puso de moda en Europa en el siglo XVII, inspirado en el arte y el diseño de China, Japón y otros países asiáticos.

CHULLPA Antigua torre funeraria de los aimara, un pueblo indígena sudamericano del altiplano andino.

CHURRIGUERESCO Estilo barroco caracterizado por una profusa ornamentación escultórica, sobre todo en las fachadas de los edificios, que se dio en los siglos XVII y XVIII sobre todo en España y México. Su nombre procede del arquitecto y escultor español José Benito Churriguera (1665–1725).

CIMBRA Estructura provisional, generalmente de madera, que soporta un arco o una bóveda durante su construcción.

CLARISTORIO Parte superior de una iglesia donde las paredes sobrepasan los techos de las naves laterales y contienen ventanas para iluminar el interior. Véase también *iglesia, nave lateral*.

CLASICISMO Recuperación de las formas y las técnicas asociadas a la arquitectura clásica. Véase *clásico, neoclásico*.

CLÁSICO Estilo arquitectónico de las antiguas Grecia y Roma, caracterizado por las estructuras con columnas y frontones, las proporciones fijas, la simetría y los órdenes decorativos (fundamentalmente dórico, jónico y corintio). Véase también *orden*.

CLAUSTRO Corredor cubierto o galería que rodea el patio de una iglesia, un monasterio o una universidad y comunica entre sí distintas dependencias.

CLAVE Dovela central y más alta con la que se cierra un arco o una bóveda. Mantiene a las restantes dovelas en su lugar, lo que permite que el arco o la bóveda se sostengan. La clave principal sustentante y las secundarias que cubren las intersecciones de los nervios de las bóvedas de crucería suelen estar talladas y policromadas, a veces con figuras de animales, aves, bestias mitológicas o rostros humanos, o decoradas con florones y adornos pinjantes. Véase también *bóveda de crucería, dovela*.

COLA DE MILANO Tipo de ensambladura de carpintería en la que los extremos de las piezas están cortados formando entalladuras y espigas trapezoidales que encajan firmemente sin necesidad de clavos u otros elementos de unión.

COLUMNA Elemento de soporte vertical generalmente compuesto de basa, fuste y capitel. Las columnas suelen soportar edificios, pero también pueden ser decorativas o monumentos por sí mismas, como la columna de Trajano, en Roma. Véase también *basa, capitel, fuste, orden*.

COLUMNA COMPUESTA Columna construida agrupando varias columnas más delgadas. Las columnas compuestas se usan con fines decorativos, y en muchas se emplean piedras de distintos tipos.

COLUMNA ENTREGADA Columna parcialmente incrustada en una pared. Es un elemento portante y actúa como un contrafuerte. No debe confundirse con la pilastra, que es meramente decorativa. Véase también *pilastra*.

COLUMNATA Hilera de columnas que con frecuencia soportan un entablamento. Véase también *entablamento*.

CONFESSIO Nicho donde se guardan reliquias situado cerca del altar en una iglesia. Véase también *altar, iglesia*.

CONGLOMERADO Mezcla de fragmentos o partículas de materiales ligeramente compactados. El conglomerado de arena, grava y piedra triturada es un componente esencial del hormigón. Véase también *hormigón*.

CONSTRUCCIÓN EN CAJÓN Método de construcción en la que los muros de hormigón internos y externos soportan el peso de las plantas y las paredes superiores. Solo es adecuado para edificios de hasta cinco plantas y con las habitaciones configuradas de un modo similar en todas ellas.

CONTRAFUERTE Estructura que soporta un muro. Véase también *botarel*.

CORNISA Parte superior del entablamento de los templos clásicos compuesta por molduras. También, moldura horizontal que sobresale a lo largo de la fachada de un edificio donde esta se une a la cubierta. Véase también *entablamento*.

CORO Parte de una iglesia o una catedral que contiene los asientos (sillería) de los clérigos o religiosos que cantan los oficios divinos. Solía estar en el presbiterio (coro bajo), y después a los pies del templo (coro alto), en un espacio superior abierto a la nave mayor. Véase también *iglesia, presbiterio*.

CORREA Listón de madera que se usa como elemento estructural secundario en una construcción y sobre la que se fija una superficie. Por ejemplo, en las armaduras de tejados, las correas se disponen transversalmente sobre las vigas estructurales principales para poder colocar las tejas sobre ellas.

CORTINA Parte de la muralla que se extiende entre dos torres o baluartes, también llamada lienzo.

CRUCERO Parte donde se cruzan el transepto y la nave mayor en las iglesias de cruz latina, o las dos naves en las de cruz griega. En las catedrales es frecuente que la torre se alce sobre el crucero. Véase también *cruciforme, cruz latina, cruz griega, iglesia*.

CRUCIFORME Que tiene forma de cruz. Las iglesias occidentales suelen tener una planta cruciforme en la que la nave principal está atravesada cerca de la cabecera por un transepto que forma los brazos cortos de la cruz, pero algunas tienen otro transepto a los pies. Véase también *cruz griega, cruz latina, iglesia, nave, transepto*.

CRUZ GRIEGA Cruz con los cuatro brazos de la misma longitud. Véase también *cruz latina*.

CRUZ LATINA Cruz en la que los brazos horizontales y el superior son más cortos que el inferior. Recuerda a la cruz en la que, según la tradición cristiana, fue crucificado Jesucristo. Véase también *cruz griega*.

CUBO Torre semicircular integrada en una muralla defensiva.

CUCHILLO Estructura plana vertical compuesta por vigas que forma la armadura de un tejado. El cuchillo más sencillo es el triangular, pero la mayoría se compone de una combinación de triángulos. Esta forma proporciona mucha solidez, porque el triángulo no se deforma por la tensión.

CUCHILLO TRAPECIAL DE TIRANTE Y DOS PÉNDOLAS Estructura similar al cuchillo triangular de tirante y pendolón, pero con dos péndolas unidas por un puente o nudillo en lugar de pendolón, y que permite cubrir espacios más amplios. Véase también *cuchillo, péndola, pendolón*.

CUCHILLO TRIANGULAR DE TIRANTE Y PENDOLÓN Estructura triangular sencilla en un solo plano que se usa para la construcción de armaduras de tejados a dos aguas. Se compone de dos vigas en diagonal, llamadas pares o alfardas, y una viga transversal, o tirante, que forman un triángulo equilátero. El tirante y los pares están sostenidos por un pendolón. Entre el pendolón y los pares puede haber más vigas de apoyo, llamadas tornapuntas o jabalcones. Véase también *cuchillo, jabalcón, pendolón*.

CÚPULA Estructura semiesférica que evolucionó a partir del arco y que forma un tejado o cubierta. Suele descansar sobre muros de apoyo y puede cerrar grandes espacios sin necesidad de columnas o vigas. Véase también *arco, tambor*.

CÚPULA BULBIFORME Cúpula cuyo diámetro máximo es mayor que el del tambor sobre el que descansa y que se curva hacia dentro en la base. Es más alta que ancha y, a medida que asciende, se afina hasta culminar en un vértice. *Véase también tambor*.

CUPULILLA Pequeña cúpula con la que se rematan torrecillas, tejados o una cúpula más grande.

D

DAIBUTSU Buda gigante o Gran Buda en japonés.

DEAMBULATORIO Pasillo, también llamado girola, que rodea por detrás el altar mayor de una catedral o una iglesia grande. También, cualquier espacio concebido para deambular o pasar por él, como el pasillo cubierto de un claustro. Véase también *altar, claustro, iglesia*.

DECONSTRUCTIVISMO Movimiento de la arquitectura contemporánea que busca romper las normas tradicionales. Cuestiona los conceptos de armonía, coherencia y simetría en edificios que parecen fragmentados, impredecibles y caóticos. Un buen ejemplo es el Museo Guggenheim de Bilbao, obra de Frank Gehry.

DINTEL Elemento horizontal que salva un espacio entre dos apoyos verticales o cierra por arriba un vano. En los marcos de puertas y ventanas es la parte superior que descansa sobre las jambas.

DÍPTERO Se dice del edificio rodeado por dos columnatas por todos sus lados. Véase también *columnata*.

DISEÑO ASISTIDO POR ORDENADOR (CAD) Sistema de diseño mediante programas informáticos que permiten a los arquitectos representar gráficamente edificios y otras estructuras. Se empezó a usar en la década de 1960 y se generalizó a partir de la de 1990.

DOSEL Cubierta protectora sobre un altar o una estatua. En la Edad Media simbolizaba la presencia divina o real. Si está sostenido por columnas se llama baldaquino.

DOVELA Cada una de las piedras con forma de cuña con las que se construye un arco o una bóveda. Véase también *arco, bóveda, clave*.

E

ECLECTICISMO Estilo arquitectónico que combina elementos de estilos históricos para crear algo nuevo y original, en lugar de limitarse a recuperar un estilo antiguo. Prosperó durante los siglos XIX y XX.

ECODISEÑO Método de planificación urbanística y diseño de edificios que tiene en cuenta los factores medioambientales.

EDIFICIO INTELIGENTE Edificio que dispone de tecnología avanzada, como sistemas de gestión inteligente que controlan el consumo de energía y recopilan datos para mejorar el rendimiento y la eficiencia continuamente.

EDIFICIO VERDE Edificio sostenible, construido según criterios de responsabilidad medioambiental y eficiencia energética. Véase también *ecodiseño*.

EJE Línea recta real o imaginaria con la que se relacionan, normalmente mediante la simetría, los elementos de un plano.

ENFILADA Serie de habitaciones abiertas alineadas a lo largo de un eje para proporcionar una vista a través del conjunto.

ENJUTA Espacio comprendido entre una figura curva y el rectángulo que la contiene; por ejemplo, cada una de las superficies aproximadamente triangulares delimitadas por el extradós de un arco y el alfiz que lo enmarca. En el arte islámico se denomina albanega. Actualmente también se llama enjuta al área entre la parte superior de una ventana y el alféizar de la ventana de encima.

ENTABLAMENTO Conjunto de los elementos horizontales que descansan sobre las columnas en una estructura clásica. Suele comprender un arquitrabe y, sobre este, un friso liso o esculpido con relieves, rematado por una cornisa. Véase también *arquitrabe, clásico, cornisa, friso*.

ENTABLILLADO Método de construcción con listones de madera largos y delgados dispuestos horizontalmente y solapados para revestir las paredes exteriores.

ÉNTASIS Ligera curvatura convexa que se da a una estructura por motivos estéticos. Por ejemplo, las columnas del Partenón presentan un ligero ensanchamiento hacia la mitad para contrarrestar el efecto óptico que hace que las columnas de perfil recto parezcan afinarse, como si tuvieran «cintura».

ENTRAMADO Método de construcción en el que se usan palitos o listoncillos finos de madera entretejidos formando una red. Tradicionalmente se usaba para construir vallas y también muros de edificios en los que la trama consistía en palos y vigas de madera sustentantes que dejaban huecos que se rellenaban con piedras, adobe o tapial. Véase también *tapial*.

ESCALERA DE CARACOL Escalera helicoidal o en espiral.

ESCALERA DE HUSILLO Escalera en espiral adosada a una columna central.

ESCARAGUAITA Garita o torrecilla con aspilleras que sobresale en voladizo de una muralla fortificada, generalmente en las esquinas.

ESCOCIA INVERTIDA Moldura cóncava sencilla que se usa para ocultar la unión entre la pared y el techo.

ESPADAÑA Estructura mural que prolonga o remata una torre o la fachada de una iglesia, con uno o más vanos para albergar campanas.

ESQUELETO Armazón o estructura de carga de un edificio.

ESTELA Losa de piedra o de madera más alta que ancha, generalmente con inscripciones u ornamentos tallados o pintados, que se utiliza como monumento, hito geográfico o soporte de un anuncio oficial.

ESTETICISMO Movimiento artístico de la Europa del siglo XIX que valoraba la belleza por encima de cualquier otra cualidad.

ESTILO Aspecto de un edificio y, en concreto, el conjunto de las características que lo sitúan en un periodo histórico o una corriente artística y constructiva específicos.

ESTILÓBATO Nivel superior del basamento de los templos griegos clásicos. Véase también *basamento*.

ESTRIBO Subestructura sobre la que descansa una superestructura. Los estribos son habituales en los extremos de los puentes a ambos lados de los arcos, desde donde transfieren las cargas verticales y horizontales a los cimientos.

ESTUCO Tipo de yeso que se aplica húmedo y se talla, a menudo con motivos muy elaborados, y a veces se pinta y se dora. Es frecuente en la arquitectura islámica del norte de África y de la península Ibérica, y se usó con profusión en la arquitectura barroca y rococó para decorar interiores.

ESTUPA Santuario budista donde se venera a los santos y al propio Buda. Su diseño procede del túmulo funerario y a veces adopta la forma de una cúpula semiesférica rematada por una pequeña estructura cuadrada. Cuando el budismo llegó al Tíbet, Nepal y Sri Lanka, tanto la estructura como el simbolismo de la estupa evolucionaron, y su forma pasó a ser un cono alargado con anillos horizontales que representan las etapas de la iluminación. No se entra en las estupas: se ora caminando a su alrededor.

F

FACHADA Cada una de las caras de un edificio, y especialmente la principal. Véase también *frontispicio*.

FESTÓN Ornamentación tallada en piedra que representa una cinta o una guirnalda colgando de dos puntos.

FLAMÍGERO Estilo gótico tardío difundido en Francia y España en el siglo XV que ponía énfasis en la ornamentación. Su principal característica es el uso en las tracerías de una curva con forma de S que recuerda una llama. Véase también *gótico, tracería*.

FLECHA Pequeña aguja que remata un campanario o la torre de una iglesia o catedral. También, distancia de la clave del arco al centro de la línea que une los arranques. Véase también *arco, clave, remate*.

FLORÓN Ornamento tallado y con forma de flor muy grande. A veces, los florones adornan la clave y las intersecciones de los nervios de una bóveda y de las vigas de una techumbre de madera. Véase también *clave*.

FOLIO Motivo decorativo formado por círculos superpuestos que crean lóbulos similares a hojas. Existen tres tipos básicos de ornamentos foliados: trifolio (o trébol), cuadrifolio y pentafolio (de tres, cuatro y cinco lóbulos, respectivamente), que suelen verse en forma de pequeñas ventanas y, sobre todo, en la tracería de ventanas más grandes en la arquitectura gótica. Véase también *gótico, tracería*.

FOLLAJE Motivo decorativo que representa hojas, capullos y flores.

FORO Plaza pública o mercado de la antigua Roma y otras ciudades romanas.

FRESCO Pintura mural realizada sobre un enlucido de yeso recién aplicado o húmedo.

FRISO En la arquitectura clásica, parte central del entablamento, entre el arquitrabe (abajo) y la cornisa (arriba), que suele estar decorada; el ejemplo más famoso es el friso del Partenón de Atenas. En interiores, el friso es una franja pintada o esculpida en la pared directamente bajo la cornisa o la moldura del techo, o una moldura que se fijaba alrededor de una estancia para proteger las paredes de los golpes de los muebles, pero que actualmente se usa sobre todo con fines decorativos. Véase también *arquitrabe, clásico, cornisa, entablamento*.

FRONDAS En arquitectura, pequeños adornos tallados con forma de capullos, hojas o flores estilizados que aparecen a intervalos en las agujas y los gabletes de las iglesias y catedrales góticas. Véase también *aguja, gablete, gótico*.

FRONTISPICIO Fachada principal o delantera de un edificio.

FRONTÓN En la arquitectura clásica griega y romana, elemento triangular que descansa sobre el entablamento, y en la arquitectura posterior, remate similar, triangular o curvo, de una fachada, una puerta o una ventana. Véase también *entablamento*.

FUNCIONALISMO Principio según el cual el diseño de los edificios debe basarse solo en su propósito y su función. Este concepto arraigó después de la Primera Guerra Mundial y dio nombre a la corriente más amplia de la arquitectura moderna. Véase también *arquitectura moderna*.

FUSTE Cilindro vertical, largo y estrecho que forma el cuerpo de una columna.

G

GABLETE En la arquitectura gótica, remate decorativo que simula un hastial sobre una puerta, una ventana u otros

elementos como arcos o sitiales de una sillería de coro. Véase también *hastial*.

GALERÍA Balcón estrecho que recorre longitudinalmente una pared y da a un interior amplio.

GALLONES Motivo decorativo consistente en una serie de curvas convexas, en ocasiones afiladas en la parte superior o dispuestas en diagonal. Aparece en sarcófagos de la antigua Roma y en objetos de cerámica y metal.

GARBHA GRIHA El santuario más íntimo de los templos hindúes, donde se guarda la imagen de la deidad principal del templo.

GÁRGOLA Escultura que representa un ser imaginario, con frecuencia monstruoso o grotesco, que sobresale del borde de un tejado, con un canalón en la boca que permite desaguar el agua de lluvia alejándola del muro del edificio. Véase también *gótico, grotesco*.

GEOMANCIA Antiguo método de adivinación consistente en leer el paisaje para identificar energías beneficiosas. Es similar a la tradición oriental del feng shui.

GINECEO En la antigua Grecia, aposentos de las mujeres.

GLORIETA Pequeño pabellón construido en un jardín para poder admirar las vistas, también llamado cenador.

GOPURA Torre monumental que ejerce de entrada a un templo hindú. Suele estar profusamente decorada y cubierta de relieves y esculturas pintados.

GÓTICO Estilo arquitectónico surgido en Francia en el siglo XII que se difundió por toda Europa durante la segunda mitad de la Edad Media. Se caracteriza por la verticalidad, los muros reducidos al mínimo entre grandes vanos cerrados con vidrieras y sostenidos por botareles y arbotantes, los arcos apuntados (ojivales) y las bóvedas de crucería. La decoración exterior comprende numerosas estatuas y relieves, pináculos y agujas. Véase también *aguja, botarel, bóveda de crucería, neogótico, pináculo*.

GROTESCO Estilo que define las tallas en piedra de seres míticos o monstruosos que decoran sobre todo el exterior de edificios religiosos medievales.

GUARDAMALLETA Tablero saledizo de un tejado a dos aguas que solía estar decorado con motivos tallados o calados colgantes y ocultaba parte del hastial. Véase también *hastial*.

H

HACIENDA Gran finca, sobre todo en América Latina, y también la mansión construida en ella.

HAMMAM Baños árabes o turcos.

HASTIAL Superficie triangular del muro, generalmente de la fachada principal, delimitada por los faldones de un tejado a dos aguas.

HÉJAL Nicho cerrado o armario empotrado de una sinagoga que representa el arca de la alianza y contiene los rollos de la Torá. Véase también *sinagoga*.

HENGE Construcción neolítica que suele ser un círculo de piedras alrededor de una zanja.

HERMA Originalmente, piedra sagrada asociada al culto del dios griego Hermes. Con el tiempo, el término acabó por designar un pilar, habitualmente cuadrado y más estrecho en la base, que sugería una figura masculina. Sobre las hermas se solía colocar un busto.

HIGH-TECH Estilo arquitectónico desarrollado durante la década de 1970 con referencias visuales a la tecnología y la industria en el diseño de los exteriores. Sus principales exponentes son el Centro Pompidou de París, donde quedan a la vista los elementos mecánicos y las tuberías del edificio, y las oficinas centrales del banco HSBC de Hong Kong, con su estructura de columnas y apoyos laterales en la fachada.

HIPÓDROMO En la Grecia y la Roma antiguas, estadio en el que se celebraban las carreras de carros.

HIPÓSTILO, LA Se dice del espacio interior cuyo techo descansa sobre columnas o pilares.

HISTORICISMO Tendencia a recrear o inspirarse en estilos arquitectónicos del pasado.

HORMIGÓN Material compuesto por cemento, agua y un agregado, como arena o grava. Es relativamente barato, fuerte, duradero y resistente al fuego, al agua y a la erosión, y se puede moldear para darle casi cualquier forma.

HORMIGÓN ARMADO Hormigón reforzado con barras de acero incrustadas antes de que fragüe. El acero aporta resistencia a la tracción y aumenta la capacidad compresiva natural del hormigón.

HORMIGÓN DE CENIZA Hormigón hecho con cemento y cenizas.

HORNACINA Nicho decorativo, por lo general semicircular y semiabovedado, que se suele usar para exhibir una estatua, un jarrón u objetos similares.

I

ICONOSTASIO Estructura que separa la nave del santuario en las iglesias cristianas orientales.

IGLESIA Edificio de culto cristiano. A las primeras iglesias se entraba por el oeste, por una nave que llevaba al presbiterio, en cuyo centro estaba el altar mayor. Sin embargo, no existen normas fijas que determinen cómo ha de ser una iglesia. Véase también *ábside, altar mayor, catedral, coro, cruciforme, deambulatorio, nártex, nave mayor, nave lateral, presbiterio, transepto*.

IWÁN Salón abovedado abierto por uno de sus cuatro lados, generalmente frente al patio central de una mezquita o una madrasa.

J

JABALCÓN Viga que va de un elemento vertical a otro horizontal o inclinado al que sirve de refuerzo. Véase también *viga jabalconada*.

JÁCENA Elemento estructural de carga que se tiende entre dos muros paralelos para proporcionar apoyo al techo o al forjado del suelo de encima. Es un tipo de viga, corta y generalmente de madera, que tiende a usarse en la arquitectura doméstica.

JALDETA Viga que se tiende perpendicularmente sobre las jácenas para formar un techo, o sobre los pares de una armadura para formar una cubierta. En este caso también se llama contrapar o correa. Véase también *correa*.

JALI Celosía ornamental, con frecuencia de piedra, habitual en los templos hindúes.

K

KASUGA-ZUKURI Templo japonés sintoísta con cubiertas de estilo chino y un *chigi* curvo. Los edificios del santuario están decorados en rojo, oro y bermellón. La entrada del *kasuga-zukuri* está en el extremo del hastial bajo un faldón del tejado prolongado, cubierta por una galería. Véase también *chigi, hastial*.

KATSUOGI Troncos cortos dispuestos horizontalmente a lo largo de la cumbrera de los santuarios japoneses sintoístas. Carecen de función estructural: son meramente decorativos y suelen aparecer junto con los *chigi*. Véase también *chigi*.

KONDO Sala principal de un templo budista japonés

L

LACERÍA Decoración formada por bandas que se cruzan y entrelazan para crear motivos geométricos que sobresalen ligeramente de la superficie plana, habitualmente dentro de un marco. Los materiales empleados suelen ser madera, yeso o metal.

LADRILLO VIDRIADO Ladrillo con revestimiento cerámico, generalmente de colores, utilizado con fines decorativos. Véase también *azulejo*.

LECHADA Mezcla de cemento, arena y agua utilizada para sellar espacios entre baldosas o sillares, o para reparar grietas.

LINTERNA Elemento de una cubierta o de la parte superior de una cúpula o una torre que permite la entrada de luz natural al interior.

LIZA Patio de un castillo medieval del tipo llamado mota castral. Los castillos más grandes tienen una liza exterior o baja, entre la primera muralla o falsabraga y la muralla principal, y una liza interior o alta entre la muralla principal y el edificio del castillo. Véase también *castillo*.

LOGIA Corredor techado o galería del exterior de un edificio, abiertos por un lado y generalmente soportados por columnas o arcos.

LOSA TAPA Losa horizontal que se coloca para rematar un parapeto o pretil. Véase también *parapeto*.

LUNETO Sección con forma de media luna creada en una pared por una hendidura en el arranque de una bóveda, generalmente de medio cañón. Puede contener un mural, relieves o una ventana.

LUZ Dimensión horizontal de un arco, un vano o una habitación. En un arco es la distancia de lado a lado a la altura de los arranques. Véase también *arranque del arco, vano*.

M

MACHÓN Pilar de fábrica (hecho con ladrillos o sillares).

MADRASA Escuela de teología islámica. Aunque las madrasas no tienen una forma arquitectónica específica, algunas incluían una pequeña mezquita y solían estar ricamente decoradas.

MAMPARA Tabique ligero que se puede mover para dividir una estancia.

MAMPUESTO Piedra tallada, pero sin labrar, que se puede colocar a mano en hiladas para construir un muro.

MANIERISMO Estilo arquitectónico surgido en Italia en el siglo XVI como reacción a las formas y la armonía del Alto Renacimiento. Se caracteriza por la distorsión de las proporciones y la disposición arbitraria de los elementos decorativos. El orden gigante se originó en el manierismo. Véase también *renacentista*.

MANSARDA Tipo de tejado que se caracteriza por tener dos pendientes en cada vertiente. La pendiente inferior es muy empinada y suele estar salpicada de buhardillas, también llamadas masnardas, mientras que la superior es más suave. Su nombre procede del arquitecto francés del siglo XVII François Mansart, que generalizó su uso. También se conoce como tejado francés. Véase también *buhardilla*.

MARQUETERÍA Técnica decorativa consistente en encajar piezas de madera de distintos colores talladas para formar dibujos a menudo muy complejos.

MASTABA Tumba monumental egipcia antigua de base rectangular, plana y baja, con los lados inclinados.

MEGALITO Piedra grande erigida como monumento o que forma parte de un monumento construido con piedras similares, sobre todo durante el Neolítico. Véase también *monolito*.

MÉNSULA Elemento estructural en voladizo que soporta un arco, una viga o un balcón. Las ménsulas suelen estar profundamente ancladas en la pared del edificio, para aumentar su resistencia, y se usan más en muros exteriores, en contraposición a los canes, que muchas veces son interiores. Véase también *can*.

MEZQUITA Edificio de culto islámico. Todas las mezquitas tienen un mihrab, que indica la dirección de la Kaaba, en La Meca. Tradicionalmente, las mezquitas también tienen un *mimbar* para pronunciar los sermones, una fuente para las abluciones y un alminar para llamar a la oración. Véase también *alminar, mihrab, quibla*.

MIHRAB Pequeño nicho u hornacina abierto en la pared de una mezquita que indica la dirección en que se ha de orar. Véase también *mezquita*.

MINARETE Véase *alminar*.

MIRADOR Ventana acristalada y con una cubierta o tejadillo, que sobresale del muro de un edificio; también, terraza, corredor o cualquier espacio similar desde el que se pueden admirar las vistas.

MOCÁRABE Elemento decorativo de la arquitectura islámica formado por pequeños cuerpos cilíndricos y prismáticos cóncavos yuxtapuestos que cuelgan en racimos cuyo aspecto recuerda panales o estalactitas. Los mocárabes suelen decorar la parte superior de los arcos y las esquinas donde las paredes se convierten en bóvedas.

MODULOR Sistema de medidas concebido por Le Corbusier con el objetivo de crear un estándar armónico para los elementos del diseño. Se basa en la altura de un hombre de estatura media con un brazo levantado. Véase también *arquitectura moderna*.

MOGOL Relativo al Imperio mogol de India (1526–1540 y 1555–1857). En su apogeo, los mogoles gobernaban la mayor parte del subcontinente indio y construyeron monumentos como el Taj Mahal, en Agra, y el Fuerte Rojo de Delhi.

MOLDURA Parte saliente que adorna o refuerza obras arquitectónicas, o banda de yeso, piedra, madera u otro material que se añade en la parte superior o inferior de una pared o alrededor de una puerta o una ventana con fines decorativos.

MONOLITO Piedra de gran tamaño erigida como monumento o como parte de un monumento. Véase también *megalito*.

MONTANTE Véase *parteluz*.

MOSAICO Dibujo creado con pequeños fragmentos planos de piedra, vidrio u otro material de distintos colores llamados teselas.

MOTA Montículo de tierra aplanado en la cima para construir una torre defensiva. Las motas solían estar rodeadas por un patio o liza, en una configuración conocida como mota castral. Véase también *castillo, liza*.

MURAL Pintura, mosaico u otra obra de arte, generalmente a gran escala, realizada sobre la pared.

MURO CORTINA Muro no portante unido a la estructura de un edificio. Se usa en muchos edificios modernos de más de cinco o seis plantas y puede estar hecho con finas placas de piedra o metal, aunque la mayoría se construye con vidrio en marcos de aluminio.

MURO DE CONTENCIÓN Muro que retiene una masa de tierra, como en las terrazas de jardines a distintos niveles.

N

NAGARE-ZUKURI Templo sintoísta japonés caracterizado por un tejado a dos aguas muy asimétrico, uno de cuyos faldones se prolonga y se aplana para formar un pórtico.

NAOS Cámara interior de un templo griego que solía albergar una estatua del dios o la diosa al que estaba dedicado.

NÁRTEX En las primeras iglesias, espacio porticado a situado a los pies de la nave central a modo de vestíbulo, precedido por un atrio de estilo romano. En la Baja Edad Media se convirtió en el pórtico o anteiglesia. Véase también *anteiglesia, iglesia, nave mayor, pórtico*.

NAVE LATERAL Pasillo o ala longitudinal que discurre en paralelo a la nave central o mayor de una iglesia. El techo de las naves laterales suele ser más bajo que el de la central. Véase también *iglesia, nave mayor*.

NAVE MAYOR Parte longitudinal central de una iglesia, donde se sientan los fieles. Véase también *iglesia, nave lateral*.

NEOCLÁSICO Estilo vigente durante el siglo XVIII y principios del XIX caracterizado por la recuperación de la sencillez de las formas de la arquitectura clásica y la preferencia por las paredes desnudas, como reacción a los excesos del barroco y el rococó. Véase también *barroco, clásico, rococó*.

NEOCOLONIAL BRITÁNICO Estilo arquitectónico de EE UU y Canadá que se popularizó en la década de 1890, inspirado en la arquitectura georgiana inglesa. Los edificios suelen tener dos plantas y ser marcadamente simétricos, con detalles procedentes de la arquitectura clásica. La entrada principal suele estar enmarcada por un pórtico. Véase también *clásico, pórtico*.

NEOEGIPCIO Estilo arquitectónico que incorpora formas, motivos e imaginería del antiguo Egipto. Se popularizó tras la campaña de Egipto de Napoleón en 1798 y brevemente de nuevo tras el descubrimiento de la tumba de Tutankamón en 1922.

NEOGÓTICO Movimiento de finales del siglo XVIII y del siglo XIX que recuperó las formas góticas de la Edad Media.

O

OBELISCO Monumento alto y estrecho con cuatro caras y rematado por una pequeña pirámide, originario del antiguo Egipto.

ÓCULO Vano generalmente circular u ovalado en el ápice de una cúpula o una bóveda, o en un muro.

ORDEN Conjunto de reglas desarrolladas en la Grecia y la Roma antiguas que determinan las proporciones y los detalles estéticos de la arquitectura clásica, evidentes sobre todo en las columnas. Los tres órdenes griegos principales son el dórico, el jónico y el corintio. Los romanos añadieron el orden más austero, el toscano, y el más decorativo, el compuesto.

ORDEN COMPUESTO Orden de la arquitectura clásica de origen romano caracterizado por el capitel, que combina las volutas del orden jónico con las hojas de acanto del orden corintio. Véase también *acanto, capitel, orden, voluta*.

ORDEN CORINTIO El tercero de los tres órdenes arquitectónicos clásicos griegos. Se caracteriza por el capitel decorado con hojas de acanto. Véase también *acanto, capitel, orden*.

ORDEN DÓRICO El primero de los tres órdenes arquitectónicos clásicos griegos. Se caracteriza por las columnas robustas de fuste acanalado con aristas vivas y capitel sencillo y sin adornos. Véase también *acanaladuras, capitel, fuste, orden*.

ORDEN GIGANTE Orden de la arquitectura clásica en el que las columnas alcanzan la altura de dos o más plantas del edificio. A veces también se llama orden colosal.

ORDEN JÓNICO El segundo de los tres órdenes clásicos griegos. Se caracteriza por las columnas más esbeltas que las dóricas, con el fuste acanalado, pero con aristas matadas, y el capitel decorado con volutas. Véase también *acanaladuras, capitel, fuste, orden, voluta.*

ORDEN TOSCANO Orden de la arquitectura clásica, de origen etrusco, más sencillo que el resto, caracterizado por la columna de fuste liso, con basa y capitel también sin ornamentos. Véase también *basa, capitel, fuste, orden.*

OSARIO Cripta o edificio donde se guardan restos humanos.

P

PAGODA Torre con varios niveles y aleros en voladizo, habitual en la arquitectura de Asia oriental.

PALLADIANISMO Estilo arquitectónico basado en los diseños y las ideas del arquitecto italiano del siglo XVI Andrea Palladio, muy influenciado por la arquitectura de la antigua Roma. Sus edificios, con planta cruciforme, se basan en las proporciones clásicas, con exteriores sencillos y simétricos, a menudo con pórticos. Su tratado *Los cuatro libros de la arquitectura,* publicado en 1570, fue muy influyente. Véase también *clásico, cruciforme, pórtico.*

PANÓPTICO Prisión diseñada con las celdas en círculo, de modo que todas puedan ser vigiladas desde un punto central.

PARAPETO Muro bajo que bordea un puente, un tejado, una terraza o un balcón. En las fortificaciones, muro de protección que suele contener aspilleras u otros elementos defensivos.

PARASOL Estructura exterior diseñada para proporcionar protección del sol. Puede adoptar la forma de listones o celosías en el exterior de las ventanas, o a lo largo de toda la fachada del edificio.

PARTELUZ Elemento vertical de piedra, madera u otro material que divide un vano en dos o más partes.

PARTERRE Jardín con macizos dispuestos formando un diseño ornamental.

PECHINA Cada uno de los cuatro elementos estructurales que facilitan colocar una cúpula circular sobre un espacio cuadrado, consistentes en segmentos de esfera triangulares que siguen la curva de la base de la bóveda y se afinan hasta un vértice que coincide con la esquina donde se encuentran dos paredes. Véase también *trompa.*

PEDESTAL Cuerpo o bloque de altura y forma variables que sirve de base a otro elemento, como una columna o una estatua.

PÉNDOLA Cada uno de los dos maderos que actúan juntos para sostener una armadura de cuchillo trapecial. Véase también *cuchillo trapecial de tirante y dos péndolas.*

PENDOLÓN Madero vertical que va del tirante a la hilera y proporciona apoyo a los pares, o alfardas, en una armadura de cuchillo triangular. Véase también *cuchillo triangular de tirante y pendolón.*

PERALTE Curvatura convexa que se da a las vigas para compensar la combadura o alabeo que se prevé que experimenten cuando soporten la carga.

PERFIL DOBLE T Viga de acero cuya sección transversal tiene forma de dos T unidas por el trazo vertical. También recibe el nombre de perfil I o H.

PERISTILO En la arquitectura clásica, galería columnada que rodea un patio, similar a un claustro medieval. Véase también *columnata.*

PIE DERECHO Columna, poste o madero vertical que sostiene algo.

PILAR Elemento estructural vertical aislado, de cualquier sección transversal y normalmente con función de carga. También, elemento de apoyo vertical de una estructura, por ejemplo, un puente o un arco. Véase también *machón.*

PILASTRA Columna falsa de forma rectangular que sobresale ligeramente de la pared en la que está construida. Es meramente decorativa.

PILONO Estructura monumental compuesta por una puerta con una torre maciza con forma de pirámide truncada a cada lado, por la que se entraba a los templos del antiguo Egipto.

PILOTE Poste de gran tamaño de madera, acero u hormigón encofrado, hundido a gran profundidad en el suelo para soportar una estructura. También se llaman pilotes los soportes, como columnas, pilares o zancos, que elevan sobre el suelo edificios o estructuras construidos sobre el agua o con un área abierta bajo la planta inferior.

PINÁCULO Pequeña aguja, habitual en la arquitectura gótica, con la que se rematan y decoran las esquinas de las torres o los contrafuertes y botareles. Véase también *aguja, botarel, contrafuerte.*

PLANO AXIAL Plano cuyos elementos se configuran a lo largo de un eje central longitudinal.

PLANO ORTOGONAL O HIPODÁMICO Plano urbano en el que las calles se cruzan en ángulo recto, también llamado plano en damero. La planificación urbanística de

Manhattan es el ejemplo actual más famoso de este tipo de plano.

PLANTA NOBLE Piso principal de una casa grande, con techos más altos y estancias más espaciosas que los otros pisos. El término se empezó a usar en Italia durante el Renacimiento, cuando la «planta noble» era normalmente la primera y se expresaba en la fachada con ventanas más grandes.

PLINTO Parte inferior, más ancha que alta, de la basa de una columna.

PODIO Plataforma que eleva un edificio respecto al suelo.

PORTADA Conjunto de elementos que enmarcan y decoran la entrada principal de un edificio.

PÓRTICO Espacio techado, normalmente soportado por columnas, que forma la entrada a un edificio. Suele ser el elemento central de la fachada.

PRESBITERIO Parte de una iglesia donde se halla el altar mayor, al final de la nave central, donde los sacerdotes celebran la misa. Véase también *altar, iglesia, nave mayor.*

PROPILEO Entrada monumental en la arquitectura de la antigua Grecia.

PROPORCIÓN ARMÓNICA Disposición o correspondencia de las partes o de una parte de un edificio según una fórmula matemática estrechamente relacionada con el concepto de proporción áurea de la antigua Grecia y con la serie de Fibonacci. Las proporciones resultantes son más agradables a la vista y evocan las de elementos de la naturaleza.

PROSCENIO En el teatro griego, plataforma estrecha y elevada sobre la que actuaban los actores. En la época romana, este término se aplicaba específicamente al frente vertical del escenario hasta el suelo de la orquesta.

PUNTAL Viga de madera o tubo que estabiliza o mantiene erecto otro elemento. Véase también *pie derecho.*

Q,R

QUIBLA Dirección de La Meca, hacia donde deben mirar los musulmanes cuando oran. En la mezquita, esta dirección está señalada por el mihrab, y la pared en que este se halla también se conoce como quibla. Véase también *mezquita.*

RACIONALISMO ITALIANO Estilo arquitectónico que prosperó en Italia desde la década de 1920 hasta la de 1940, impulsado por el régimen fascista de Benito Mussolini. Combinaba el neoclasicismo con la arquitectura moderna y se caracterizaba por las plantas simétricas, las columnatas rítmicas

(columnas que se repiten a intervalos regulares), la austeridad decorativa y el revestimiento con losas de mármol. Véase también *arquitectura moderna, neoclasicismo.*

RASCACIELOS Edificio de 40 o 50 pisos como mínimo. El Council on Tall Buildings and Urban Habitat de EE UU lo define como un edificio que alcanza o supera los 150 m de altura.

RASTRILLO Puerta vertical de las fortalezas medievales que solía ser enrejada o una celosía de madera reforzada con metal.

RELIEVE Técnica escultórica consistente en tallar diseños sobre madera, piedra u otro material, de modo que resalten sobre el fondo plano. Si el diseño resalta ligeramente y no sobrepasa más de la mitad de su grosor, se llama bajorrelieve; si resalta más de la mitad de su grosor e incluso hay partes completamente separadas del plano, como una escultura exenta, se denomina altorrelieve. Véase también *bajorrelieve.*

REMATE Coronamiento esencialmente decorativo de un pináculo, una aguja, un alminar, o un hastial. Puede ser una cruz, una punta de lanza o un pomo, o estar compuesto por varios elementos.

RENACENTISTA Estilo arquitectónico desarrollado primero en Florencia y que se extendió por toda Europa a partir del siglo XIV. Rompió drásticamente con la arquitectura gótica precedente y recuperó elementos de la arquitectura griega y romana como las columnas y columnatas, los órdenes clásicos y la cúpula. Véase también *orden.*

RETRANQUEO Disposición escalonada de la fachada de un edificio remetiendo el muro en distintos niveles o plantas.

ROCOCÓ Estilo muy ornamentado de mediados del siglo XVIII que se extendió por toda Europa desde Francia e Italia. Se caracteriza por la profusión de curvas, molduras y estuco pintado, sobre todo en los interiores; los exteriores eran a menudo más contenidos. Véase también *estuco.*

ROMÁNICO Estilo arquitectónico medieval de los siglos XI, XII y parte del XIII que combinaba elementos de la arquitectura romana y bizantina. Se caracteriza por los muros gruesos con contrafuertes, el arco de medio punto, las bóvedas de cañón y de arista, y la sencillez relativa de la planta. Véase también *arco, bóveda de arista, bóveda de cañón, contrafuerte.*

ROSETÓN Gran vano circular dividido por nervios que irradian del centro en secciones cerradas con vidrieras que recuerdan los pétalos de una flor. Los rosetones son habituales en iglesias y catedrales en el extremo de la nave mayor, detrás del altar mayor y en el transepto. Véase también *nave mayor, transepto.*

ROTONDA Edificio o estancia redondos, con planta circular y cubiertos con una cúpula.

S

SARCÓFAGO Caja con tapa de piedra, madera, terracota, plomo u otros materiales resistentes destinada a contener un ataúd o un cadáver. Puede tener forma humanoide y estar decorado con pinturas, inscripciones y relieves.

SEBQA En el arte almohade, lacería. Véase *lacería*.

SEPULCRO Cripta funeraria o tumba.

SILLAR Piedra tallada y labrada en forma de paralepípedo regular que se dispone en hiladas como los ladrillos. Véase también *mampuesto*.

SILLAR ESQUINERO Sillar colocado en las esquinas de los edificios que difiere en tamaño, color o textura de los sillares de los muros. Los sillares esquineros se disponen alternando cortos y largos en las sucesivas hiladas para crear un efecto dentado decorativo.

SILLAREJO Piedra más pequeña y de talla más tosca que el sillar que no abarca todo el espesor del muro.

SINAGOGA Lugar de culto judío. Las sinagogas no siguen preceptos arquitectónicos definidos porque la tradición judía establece que la oración es posible allá donde haya un *minyan*, o quórum de diez varones mayores de edad. Sin embargo, las sinagogas tradicionales siempre contienen un héjal con los rollos de la Torá. Véase también *héjal*.

SOFITO Parte inferior de un elemento arquitectónico, como un arco o un arquitrabe, y también, plafón que cubre la superficie inferior del alero de un tejado.

SOGUEADO Moldura convexa que recuerda una cuerda retorcida.

SÓTANO Planta de un edificio que está totalmente o en parte bajo el suelo.

STOA En la arquitectura de la antigua Grecia, espacio cubierto con el techo sostenido por una o más columnatas. Solía rodear las plazas de mercado.

SUBESTRUCTURA Elementos situados bajo el suelo, como los cimientos y los sótanos, que soportan una estructura.

SUPERESTRUCTURA Parte de una estructura que se encuentra sobre el nivel del suelo.

T

TABLILLA Tipo de teja plana y delgada cuadrada o rectangular que puede ser de madera, asfalto o pizarra y se dispone en hileras solapadas en los tejados o en los laterales de los edificios para protegerlos de la intemperie.

TALUD Pendiente empinada junto a una muralla o un muro fortificado de un castillo cuyo objetivo era impedir que las torres de asedio (altas torres portátiles desde las que los enemigos podían lanzar flechas al interior de la fortaleza) se acercaran al pie de la muralla y poner un obstáculo a los atacantes que intentaran plantar escaleras.

TALUD-TABLERO Estilo de construcción de muchas pirámides precolombinas mesoamericanas consistente en alternar superficies inclinadas (taludes) y verticales (tableros).

TAMBOR Cada uno de los bloques de piedra cilíndricos que componen la mayoría de columnas. También, estructura circular o poligonal sobre la que descansa una cúpula. Véase también *cúpula*.

TAPIAL Pared hecha con tierra apisonada o arcilla compactada, como la que se usa para hacer tapias o revestir los espacios enmarcados por vigas de madera de un muro de entramado. Véase también *entramado*.

TEJADO A DOS AGUAS Cubierta de un edificio con dos pendientes o faldones que descienden desde una arista llamada cumbrera y soportada por una armadura de cuchillo triangular. La forma de los tejados varía de una región a otra. En los climas cálidos suelen ser planos y sencillos, mientras que en las regiones más lluviosas se prefieren los tejados a dos y a cuatro aguas, cuya inclinación ayuda a desaguar el agua de lluvia. Véase también *armadura, cuchillo, mansarda*.

TESELA Cada una de las piezas de cerámica, vidrio u otro material de colores con las que se compone un mosaico. Véase también *mosaico*.

THOLOS Edificio o templo circular de la antigua Grecia con una columnata alrededor que soporta una cubierta cónica.

TÍMPANO En la arquitectura clásica, superficie triangular comprendida entre las molduras de un frontón, a menudo decorada con relieves y esculturas. En la arquitectura románica y gótica, espacio semicircular o apuntado enmarcado por un arco (o por varios superpuestos, o arquivoltas) y por el dintel de una puerta, y que suele estar decorado con relieves u ornamentos de otro tipo.

TORII Puerta de entrada al recinto de un santuario sintoísta japonés. Suele consistir en dos columnas cilíndricas que soportan una viga pasante y dos dinteles que se extienden más allá de ambas columnas, uno sobre otro. Véase también *dintel*.

TORREÓN Gran torre fortificada de un castillo o fortaleza. Véase también *castillo*.

TRACERÍA Decoración formada por molduras de piedra en bóvedas, muros y, sobre todo, en las ventanas ojivales y las arquerías góticas, en las que se solía tallar bajo el ápice del arco. Esta técnica se conoce como tracería de placa, por la «placa» o bloque de piedra que se tallaba. Luego apareció la tracería de barras, en la que unos finos parteluces de piedra se ramifican formando un remate calado cuyos huecos se cerraban con vidrieras. La tracería alcanzó una gran complejidad, con motivos entrecruzados, reticulados, geométricos y curvilíneos. Véase también *arquería, gótico, parteluz*.

TRAMPANTOJO Pintura que intenta engañar al observador para que piense que es un objeto tridimensional.

TRANSEPTO Nave que cruza en ángulo recto la nave principal, o mayor, y forma los brazos cortos de la cruz en una iglesia de cruz latina. En las iglesias de cruz griega, los transeptos son los cuatro brazos de la cruz. Véase también *cruciforme, cruz griega, cruz latina, nave mayor*.

TRIGLIFO Elemento decorativo de los frisos de orden dórico de la antigua Grecia consistente en tres acanaladuras verticales. Véase también *orden, orden dórico*.

TROMPA Bóveda semicónica integrada en el muro de las esquinas de una estructura cuadrada que permite resolver el paso a un espacio octogonal para colocar una bóveda o una cúpula. La evolución de la trompa dio lugar a la pechina. Véase también *pechina*.

TÚMULO Montículo de tierra, o de tierra y piedras, circular o alargado con el que antiguamente se cubrían las tumbas.

V

VANO Hueco de una puerta, una ventana o cualquier abertura en un muro.

VENTANA BATIENTE Ventana que se abre mediante bisagras laterales, como una puerta.

VENTANA DE GUILLOTINA Ventana con uno o más paneles verticales que se abre o cierra deslizándolos arriba o abajo.

VENTANA DIOCLECIANA También llamada ventana termal, es una ventana semicircular dividida en tres secciones por dos parteluces o montantes. Debe su nombre a las ventanas de las Termas de Diocleciano, en la antigua Roma. Véase también *montante, parteluz*.

VENTANA LANCEOLADA Ventana alta y estrecha con un arco apuntado agudo en el ápice.

VENTANA RADIAL Ventana redonda con parteluces que irradian del centro. Véase también *rosetón*.

VERGAS Varillas metálicas que sujetan los fragmentos de vidrio que componen una vidriera. Suelen ser de plomo y con perfil con forma de H. Las de perfil con forma de U se usan en los bordes.

VESTÍBULO Pequeño recibidor que conduce a un espacio más amplio.

VIADUCTO Puente largo compuesto por múltiples vanos que atraviesa un valle, humedales o un curso de agua.

VIGA Elemento estructural horizontal que cubre un espacio, como un suelo o un muro, y soporta carga. Tradicionalmente las vigas eran de madera, pero en las construcciones modernas suelen ser de hormigón armado o de acero.

VIGA JABALCONADA En una armadura de tejado, viga corta de madera, sostenida por un jabalcón, que parte de cada una de las paredes en las que descansan los pares. Esta configuración, al prescindir del tirante, permite luces más amplias que las armaduras triangulares habituales. Véase también *armadura, cuchillo triangular con tirante y pendolón, jabalcón, luz*.

VIGA MAESTRA Véase *jácena*.

VIMANA Torre piramidal de los templos hindúes del sur de India. Su equivalente en el norte recibe el nombre de *shikhara*.

VOLADIZO Viga, losa u otra estructura soportada únicamente por un extremo, con el otro sin columnas ni sujeción de ningún tipo, con un espacio despejado debajo. Los voladizos en la base dotan de estabilidad a estructuras verticales como torres y paredes. Véase también *viga*.

VOLUTA Ornamento semejante a un pergamino enrollado por los dos extremos que decora el capitel de las columnas jónicas. Véase también *orden jónico*.

W, X, Z

WAT Recinto sagrado budista.

XISTO En la arquitectura griega, pórtico cubierto del gimnasio donde se entrenaban los atletas. En la antigua Roma también se dio este nombre a una avenida o un paseo plantado de árboles en un jardín.

ZIGURAT Estructura monumental característica de la antigua Mesopotamia formada por una serie de terrazas cuyo tamaño disminuye a medida que ascienden, como en una pirámide escalonada.

ZÓCALO Revestimiento o acabado de la parte inferior de una pared con madera, azulejos u otro material; por extensión, parte inferior de la pared, entre el friso y el rodapié. Véase también *friso*.

ÍNDICE

N

O

P

AGRADECIMIENTOS

Dorling Kindersley expresa su agradecimiento a: Phil Wilkinson por recopilar las localizaciones; Claire Gell por su ayuda con la iconografía; Katie John por la revisión; Duncan Turner por su colaboración en el diseño; Simon Mumford y Casper Morris por su ayuda en la cartografía; Steve Crozier por el retoque de imágenes; Alex Lloyd por las ilustraciones; y Suhita Dharamjit (diseño de cubiertas sénior), Emma Dawson (edición de cubiertas), Harish Aggarwal (diseño de maqueta sénior), Priyanka Sharma (coordinación editorial de cubiertas) y Saloni Singh (dirección editorial de cubiertas).

DK India desea dar las gracias a Nobina Chakravorty y Meenal Goel por su ayuda en el diseño; y a Ashwin Raju Adimari por su colaboración en la iconografía.

Los editores agradecen a las siguientes personas e instituciones el permiso para reproducir sus imágenes:

(Clave: a-arriba; b-abajo/inferior; c-centro; e-extremo; i-izquierda; d-derecha; s-superior)

1 Shutterstock: MBL. **2-3 RNPictures**. **4 AirPano images:** (cia). **Getty Images:** Michael H (cda). **Enrico Pescantini:** (ecda). **5 AirPano images:** (ecda). **Jonathan Danker:** (cda). **Getty Images:** DigitalGlobe / ScapeWare3d (cia). **Bachir Moukarzel:** (ecia). **7 Getty Images:** Wang Qin / Chengdu Economic Daily / VCG. **8-9 AirPano images**. **10 Alamy Stock Photo:** EmmePi Images. **11 Alamy Stock Photo:** Wendy Connett / robertharding (ecib); Paul Strawson (sd); Andrew Roland (cib); Philip Scalia (cb). **Getty Images:** Dennis K. Johnson / Lonely Planet Images / Getty Images Plus (cdb). **12 Alamy Stock Photo:** Sarah Akad (cb); Michael Runkel / robertharding (cdb). **Dreamstime.com:** Sergio Bertino / Serjedi (cib). **iStockphoto.com:** Teerayuth Mitrsermsarp (cda). **13 Alamy Stock Photo:** Oliver Hoffmann (d). **iStockphoto.com:** ChiccoDodiFC (cib). **14 Getty Images:** Tim Graham / Hulton Archive (ci). **14-15 iStockphoto.com:** R.M. Nunes. **15 123RF.com:** Piotr Piatrouski (cda); sophiejames (cdb). **Alamy Stock Photo:** Francois Roux (cd). **16-17 Getty Images:** Michael H. **18 Alamy Stock Photo:** George H.H. Huey (bc). **Getty Images:** Richard A. Cooke / Corbis Documentary / Getty Images Plus (bd). **19 Alamy Stock Photo:** Wiliam Perry (bi). **Dreamstime.com:** Ckchiu (cda); Zeynep Ayse Kiyas Aslanturk / Zaka00 (bc); Sean Pavone (bd). **20 Alamy Stock Photo:** George H.H. Huey (cb). **Jim Shoemaker:** (s). **21 Alamy Stock Photo:** robertharding (b). **22-23 Alamy Stock Photo:** Tom Till. **23 Getty Images:** Danita Delimont (cb). **24 Alamy Stock Photo:** Felix Lipov (cda). **Nini Jin:** (bd). **25 Architect of the Capitol**. **26 Alamy Stock Photo:** Luis Leamus (c). **Getty Images:** Museum of the City of New York (bd). **26-27 Dreamstime.com:** Prochasson Frederic. **30 Getty Images:** Detroit Publishing Company / Interim Archives (bc). **NASA:** Bill Ingalls (bi). **31 4Corners:** Richard Taylor. **32-33 iStockphoto.com:** buzbuzzer. **33 Alamy Stock Photo:** Danita Delimont (sc). **Dreamstime.com:** Carole Rigg (bd). **iStockphoto.com:** aladin66 (si). **34-35 Getty Images:** Library of Congress / Corbis Historical. **35 Bridgeman Images:** Private Collection / Avant-Demain (bc). **36-37 Susan Candelario**. **36 iStockphoto.com:** Medioimages / Photodisc (c). **Dan McQuade:** (bi). **37 Alamy Stock Photo:** Melvyn Longhurst (cdb). **38-39 Bethany DiTecco. 39 Getty Images:** Dr. Antonio Comia (bd); Ambrose Vurnis (cib). **40-41 Alamy Stock Photo:** Jesse Kraft. **40 Getty Images:** George Rinhart (sd). **42 Alamy Stock Photo:** Dan Highton (cd). **Craig T Fruchtman:** @craigsbeds (i). **43 Alamy Stock Photo:** robertharding (bc). **Dominic Kamp:** (s). **44-45 Danny du Plessis. 45 Jordan Lloyd, Dynamichrome:** United States Bureau of Reclamation archive image (bd). **Getty Images:** Popperfoto (cd). **46-47 iStockphoto.com:** franckreporter. **47 Getty Images:** Underwood Archives (bd). **48 Dreamstime.com:** Ivan Cholakov (bi). **48-49 Dreamstime.com:** Littleny. **49 David Leventi:** (bd). **50 Rainer Kühn:** © ARS, NY and DACS, Londres 2019 / © DACS 2019 (s). **José Francisco Salgado:** (bd). **51 Alamy Stock Photo:** Granger Historical Picture Archive (cia). **Tristan Zhou:** (bd). **52 iStockphoto.com:** SeanPavonePhoto (bc). **Louis-Philippe Provost:** (cd). **53 Sanjay Chauhan:** (si). **Getty Images:** Bettmann (sd). **54-55 © DACS 2019:** © OMA / DACS 2019. **56-57 iStockphoto.com:** jimkruger. **57 Smithsonian Institution, Washington, DC:** Alan Karchmer (sc, sd). **58-59 Enrico Pescantini**. **60 Alamy Stock Photo:** Diego Grandi (si); Gábor Kovács (sc). **61 Alamy Stock Photo:** Ionut David (bi); Angus McComiskey (bd). **Getty Images:** Jason Bleibtreu / Sygma (cdb); Marcelo Nacinovic / Moment / Getty Images Plus (sd). **62 Alamy Stock Photo:** Witold Skrypczak (ci). **David Coventry:** (bi). **62-63 Alamy Stock Photo:** Tim Hester. **63 Getty Images:** Diego Lezama (bd). **64-65 Getty Images:** Robert Clark / National Geographic Image Collection. **64 Science Photo Library:** David Nunuk (bc). **65 Getty Images:** De Agostini / G. Dagli Orti (cda); Stephan de Prouw (bd). **66-67 AirPano images. 66 SuperStock:** Iberfoto (bd). **67 Getty Images:** Brigitte Merle (b). **68 Alamy Stock Photo:** Diego Grandi (bi). **Getty Images:** Manuel Romaris (c). **69 Alamy Stock Photo:** Photogilio (bd). **Getty Images:** Jean-Pierre Courau (bi). **Science Photo Library:** John R. Foster (s). **72 Alamy Stock Photo:** Jan Wlodarczyk (b). **Getty Images:** Werner Forman / Universal Images Group (ca). **73 Dreamstime.com:** Saletomic (cda). **Robert Harding Picture Library:** Robert Frerck (bi). **74 Getty Images:** Luis Davilla (cd). **74-75 Robert Harding Picture Library:** Michael Nolan. **75 Alamy Stock Photo:** Nicholas Charlesworth (si). **76 Dorling Kindersley:** University of Pennsylvania Museum of Archaeology and Anthropology (cda). **76-77 Chabrov Andrey. 77 iStockphoto.com:** juliandoporai (sd). **78-79 iStockphoto.com:** AlbertoLoyo. **78 Dreamstime.com:** Byelikova (bd). **79 Leonardo Cavallini:** (bd). **80 Alamy Stock Photo:** Jan A. Csernoch (c). **Getty Images:** James P. Blair (bi); George Rinhart / Corbis (bd). **80-81 Fotografía por cortesía de la Autoridad del Canal de Panamá. 82 Shane Hawke:** (bd). **82-83 Ricardo Zerrenner. 84 Alamy Stock Photo:** David R. Frazier Photolibrary, Inc. (bd). **84-85 Marcos de Freitas Mattos:** © NIEMEYER, Oscar / DACS 2019 / © DACS 2019. **85 Alamy Stock Photo:** age fotostock (bi). **Getty Images:** Sergio Lopes Viana / Moment (sd). **86 © DACS 2019:** © NIEMEYER, Oscar / DACS 2019. **Getty Images:** Jane Sweeney (cb). **Sokari Higgwe:** (s). **87 Getty Images:** Bloomberg (b); DigitalGlobe (ca). **88-89 Bachir Moukarzel. 90 Alamy Stock Photo:** funkyfood London - Paul Williams (bi). **Dreamstime.com:** Ivan Bastien (cib); Linda Williams (cda). **91 Alamy Stock Photo:** Raga Jose Fuste / Prisma by Dukas Presseagentur GmbH (ca). **AWL Images:** Mark Sykes (bc). **iStockphoto.com:** ChiccoDodiFC (c). **92-93 Anthony Murphy. 92 Getty Images:** DEA / G. Dagli Orti (cdb). **93 Stephen Emerson:** (bd). **Getty Images:** Joe Cornish (cda); DEA / G. Dagli Orti / De Agostini (bi). **94-95 David Stoddart. 94 Alamy Stock Photo:** Hemis (ci). **Getty Images:** DEA / A. Dagli Orti / De Agostini (bi). **Tommy Tenzo:** (cdb). **98-99 Dreamstime.com:** Carafoto. **98 Getty Images:** Westend61 (bd). **Photo Scala, Florence:** (cib). **100-101 SuperStock:** imageBROKER. **100 Getty Images:** CM Dixon / Print Collector (bi). **101 iStockphoto.com:** IPumbaImages (bd). **102-103 Dave Bowman Photography. 102 Bachir Moukarzel:** (bi). **104-105 Marco Rovesti. 104 Getty Images:** Cristian Negroni (bd). **105 John Kehayias:** (bc). **106-107 Alamy Stock Photo:** Jorge Tutor. **106 iStockphoto.com:** mrak_hr (bi). **107 Alamy Stock Photo:** Realy Easy Star (bc). **Getty Images:** nimu1956 (bd). **108-109 iStockphoto.com:** klug-photo. **109 Getty Images:** Westend61 (cb).

110-111 Getty Images: Nicolas Cazard / EyeEm. **111 Getty Images:** Westend61 (bd). **112-113 iStockphoto.com:** sorincolac. **113 Getty Images:** Gonzalo Azumendi (bc). **Mohammad Reza Domiri Ganji:** (cb). **114-115 Stefan Muel:** Mädchenchor am Aachener Dom. **115 Alamy Stock Photo:** Bildarchiv Monheim GmbH (ci). **Getty Images:** Angelo Hornak / Corbis Historical (bd). **iStockphoto.com:** jotily (cia). **116-117 Pixabay:** Julius_Silver. **116 Alamy Stock Photo:** Dave Stamboulis (cb). **118 iStockphoto.com:** smartin69. **119 Getty Images:** Jason Hawkes. **120-121 iStockphoto.com:** The_Chickenwing. **120 Getty Images:** DEA / G. Nimatallah / De Agostini (cdb). **121 Daniela Sbarro:** (cib). **122 Getty Images:** Print Collector / Hulton Fine Art Collection (bi). **122-123 Robert Harding Picture Library:** Christian Kober. **123 iStockphoto.com:** mammuth (si). **124 Alamy Stock Photo:** funkyfood London - Paul Williams (bc). **Dreamstime.com:** Jonathan Braid (s). **125 Gary Lobdell:** (d). **SuperStock:** Funkystock (cib). **128 Getty Images:** Douglas Pearson (si); PK (b). **129 Alamy Stock Photo:** dleiva (bi). **Christian Barrette:** (si). **130-131 Dreamstime.com:** Pavel V. **131 Oleg Anisimov:** (bd). **Bridgeman Images:** (cib). **132 Bjorn Letink:** (cd). **132-133 Viktor Goloborodko**. **133 Getty Images:** DEA / G. Sioen (cia). **134-135 4Corners:** Antonino Bartuccio. **135 iStockphoto.com:** espiegle (cb). **136-137 iStockphoto.com:** Yulia-B. **137 Getty Images:** Jaap Mechielsen (bd). **Mochalov Maxim:** (bi). **138 AWL Images:** Emily M. Wilson. **139 Alamy Stock Photo:** Zoonar GmbH (bd). **Violeta Meletis:** (cdb). **140 Getty Images:** Luis Alvarenga / EyeEm. **141 Getty Images:** DEA / G. Nimatallah (cda); Terence Kong (bd). **142-143 Nico Trinkhaus**. **143 akg-images:** Album / Oronoz (bd). **iStockphoto.com:** AlKane (bi). **144 Getty Images:** Andrea Thompson Photography. **145 Alamy Stock Photo:** Hercules Milas (cd). **Laurent Dequick:** (bi). **148 Alberto Barrera Rodríguez:** (bi). **148-149 Alamy Stock Photo:** Tamas Karpati.

149 Alamy Stock Photo: Rolf Richardson (bd). **150-151 Getty Images:** Yuliya Baturina. **150 Alamy Stock Photo:** Zoonar GmbH (bi). **Getty Images:** All Canada Photos (bc). **151 Getty Images:** Gavin Hellier (cd). **152-153 Dreamstime.com:** Reidlphoto. **152 AirPano images:** (bc). **154 Getty Images:** DEA / G. Dagli Orti / De Agostini (c); Enrique Díaz / 7cero (b). **155 Chuck Bandel:** (s). **Getty Images:** Sylvain Sonnet (bc). **156 iStockphoto.com:** -AZ-. **157 Thomas Mitchell:** (bd). **Dr Rana Nawab:** (s). **158-159 Stavros Argyropoulos**. **158 AirPano images:** (bc). **Alamy Stock Photo:** Vito Arcomano (c). **160 Getty Images:** Mark Edward Harris. **161 Alamy Stock Photo:** Luciano Mortula (s). **Getty Images:** Sabine Lubenow / LOOK-foto (bd). **162-163 Jason Hawkes Aerial Library**. **163 Alamy Stock Photo:** Jo Miyake (bd). **166 Alamy Stock Photo:** Paul Dymond (c). **Getty Images:** © Philippe Lejeanvre (bi). **Picfair.com:** Fabien Desmonts (bc). **166-167 Emmanuel Charlat. 168 Alamy Stock Photo:** Oxford_shot (bi). **168-169 Alamy Stock Photo:** Anton Ivanov. **169 Getty Images:** Jason Hawkes (bd). **170-171 Bayerische Verwaltung der Staatlichen Schloesser, Gaerten und Seen:** © Bayerische Schlösserverwaltung, Achim Bunz, München. **170 Getty Images:** Tomekbudujedomek (bi). **171 Getty Images:** Skyworks Places (bi). **Julius Silver:** (sd). **172 Getty Images:** Atlantide Phototravel (bi); Claude Gariepy (cb). **172-173 Depositphotos Inc:** Foto-VDW. **173 Dreamstime.com:** Ccat82 (bd). **174 Alamy Stock Photo:** dbimages (b). **Getty Images:** Beatrice Lecuyer-Bibal / Gamma-Rapho (sd). **175 AirPano images:** (s). **Getty Images:** Alberto Suárez (bd). **176 Alamy Stock Photo:** Glenn Harper (ca). **Getty Images:** Yvan Travert (bi). **176-177 Birgit Franik. 177 Alamy Stock Photo:** Falkensteinfoto (bd). **178 Alamy Stock Photo:** eye35 stock (si). **iStockphoto.com:** benedek (cd). **179 iStockphoto.com:** franckreporter. **180 Getty Images:** Bettmann (cb). **180-181 Getty Images:** Agapicture Chang. **182 Getty Images:** George Pickow / Three

Lions (c). **182-183 iStockphoto.com:** fotoVoyager. **184 Pol Albarran. 185 Alamy Stock Photo:** Rob Whitworth (bc). **Robert Harding Picture Library:** Nico Tondini (bd). **186 Alaa Othman. 187 Getty Images:** Steven Blackmon / 500px (bd). **National Geographic Creative:** Robert Harding Picture Library (s). **188 Shutterstock:** Jaroslav Moravcik (bi). **Hanaa Turkistani:** 500px.com / hanaaturkistani (s). **189 Alamy Stock Photo:** Manjik photography (ca). **Getty Images:** VWB photos (bd). **190 AeroShots:** (si). **Getty Images:** Artur Debat (sd). **190-191 Cristina Rocca. 192-193 © DACS 2019:** © F.L.C. / ADAGP, Paris and DACS, London and © ADAGP, Paris and DACS, London 2019. **194 Matjaz Vidmar:** © DACS 2019. **195 Alamy Stock Photo:** Architectural Images (cdb); Vichaya Kiatying-Angsulee (cib); Heritage Image Partnership Ltd (cda). **196 SuperStock:** Aurora Photos (bi). **196-197 Steven Blin:** publicada con permiso de Richard Rogers y Renzo Piano. **198 AirPano images:** (cdb). **Joep de Groot:** (i). **199 Alamy Stock Photo:** Hemis / La Grande Arche © 2019 Johan Otto Von Spreckelsen. **200-201 Getty Images:** Yann Arthus-Bertrand. **201 Alamy Stock Photo:** age fotostock (cb). **202 Getty Images:** Jean-Pierre Lescourret / Foster & Partners / CEVM Eiffage. **203 Prad Patel:** (s). **Unsplash:** Andrea Leopardi (cb). **204-205 Getty Images:** DigitalGlobe / ScapeWare3d. **206 Alamy Stock Photo:** Jack Jackson / robertharding (cda). **Dreamstime.com:** Witr (cdb). **Getty Images:** Kitti Boonnitrod / Moment (sd); Philipp Klinger / Moment (bd). **207 Alamy Stock Photo:** Robert Preston Photography (bd). **Getty Images:** Alberto Manuel Urosa Toledano / Moment Open (bc). **208-209 Alamy Stock Photo:** Dereje Belachew. **208 Getty Images:** MyLoupe / UIG (bi). **209 Getty Images:** Jochen Schlenker / robertharding (bd). **210 Getty Images:** Yann Arthus-Bertrand (cdb). **Picfair.com:** annmarie (bc). **211 Robert Harding Picture Library:** Richard Ashworth. **214-215 Getty Images:** Tibographie - Thibaud Chosson. **214 Alamy Stock Photo:** Art Kowalsky (bc). **Muhammad Saber:** (bd). **215**

Getty Images: DEA / S. Vannini / De Agostini (bc). **216 Bridgeman Images:** © 2019 Museum of Fine Arts (Boston, Massachusetts, (EE UU) / Harvard University-Boston Museum of Fine Arts Expedition (cda). **216-217 Alan Mandic. 217 Getty Images:** Torsten Antoniewski (ca). **iStockphoto.com:** mason01 (cda). **218-219 George Steinmetz. 219 Alamy Stock Photo:** robertharding (bc). **Getty Images:** DEA / G. Dagli Orti (bd). **220 Alamy Stock Photo:** Ariadne Van Zandbergen (cb). **iStockphoto.com:** mtcurado (cdb). **220-221 Rachid Hakka. 222-223 Maurizio Camagna. 223 Getty Images:** George Steinmetz (bc); Sam Tarling / Corbis (c). **224-225 Shutterstock. 224 Getty Images:** DEA / W. Buss / De Agostini (bd). **225 Getty Images:** José Fuste Raga (bd). **226 Alamy Stock Photo:** Gary Cook (bd). **Magnum Photos:** George Rodger (s). **227 Getty Images:** DEA / G. Roli / De Agostini (sd); Roger Wood / Corbis / VCG (si). **228 Robert Harding Picture Library:** Gavin Hellier. **229 Alamy Stock Photo:** Abdellah Azizi (cia). **iStockphoto.com:** narvikk (bd). **230-231 Alamy Stock Photo:** Christopher Scott. **230 iStockphoto.com:** evenfh (bi). **231 Alamy Stock Photo:** Black Star (bd). **Getty Images:** Raquel Maria Carbonell Pagola / LightRocket (cd). **232-233 Getty Images:** Gavin Hellier. **233 Getty Images:** George Steinmetz (bd). **234-235 Alamy Stock Photo:** Fabian Plock. **234 Getty Images:** Shamim Shorif Susom / EyeEm (cdb). **235 Dreamstime.com:** Fabian Plock (bi). **Getty Images:** Hans Georg Roth (bd). **236-237 Jonathan Danker. 238 Getty Images:** Yann Arthus-Bertrand (bc). **iStockphoto.com:** real444 (bd). **239 Alamy Stock Photo:** Thant Zaw Wai (cda). **Dreamstime.com:** Neophuket (cdb). **Getty Images:** John W Banagan / Photographer's Choice / Getty Images Plus (bi). **240 Alamy Stock Photo:** Sezai Sahmay (bi). **Getty Images:** Vincent J. Musi (c). **240-241 SuperStock:** Biosphoto. **242-243 Getty Images:** Ozgur Donmaz. **243 Getty Images:** Thaaer Al-Shewaily (bd); Nadeem Khawar (ca). **244-245 Getty Images:** JX K. **244 Depositphotos Inc:** Buurserstraat38 (cdb). **245 Getty**

Images: George Thalassinos (bi).
246 Getty Images: MediaProduction
(bi). 246-247 SuperStock: Timothy
Allen / Axiom Photographic / Design
Pics. 248 Alamy Stock Photo:
ephotocorp (cib). Dreamstime.com:
Saiko3p (bd). 249 Getty Images: Glen
Allison (sd); Christian Kober (cdb).
250 Getty Images: Sylvain Grandadam
(sd). Nima Malek: (bi). 250-251 Alamy
Stock Photo: Wiktor Szymanowicz.
254 Getty Images: J. Baylor Roberts /
National Geographic Image Collection.
255 Alamy Stock Photo: age
fotostock (cda); Michele Burgess (b).
256-257 Getty Images: Weerapong
Chaipuck. 256 Getty Images: Rick
Wezenaar (c). Benny Welson: @
junteng99 (cb). 258-259 Alamy
Stock Photo: Fabrizio Troiani.
259 Dreamstime.com:
Lightfieldstudiosprod (cdb). Getty
Images: Geography Photos / UIG (bi).
260 David Blacker: (bi). iStockphoto.
com: pidjoe (ca); sandsun (bd).
260-261 Getty Images: Ryan Pyle /
Corbis. 262 Alamy Stock Photo:
Alexey Kornylyev (s). Getty Images:
Artie Photography (Artie Ng) (bc).
263 Muslianshah Masrie: (b).

Joe Routon: (ca). 264-265
Dreamstime.com: Bidouze Stephane.
265 iStockphoto.com: ugurhan (cb).
266-267 Kensuke Izawa. 266 Alamy
Stock Photo: Alamy Premium (bc).
267 Dreamstime.com: Bruno
Pagnanelli (bd). Thomas Risse:
(bi). Linda Tobey: (bc). 268-269
iStockphoto.com: Mike Fuchslocher.
269 Robert Harding Picture
Library: Michael Nolan (cb). 270-271
David Dillon. 270 Getty Images:
Gerard van den Akker / 500px (bd).
271 Alamy Stock Photo: Eric Nathan
(cd). Jafarov Etibar Fikret: (bd). 272
iStockphoto.com: SeanPavonePhoto.
273 Alamy Stock Photo: Panther
Media GmbH (bd). Getty Images:
KR_nightview / Multi-bits (s). 276-277
123RF.com: Martin Molcan. 277 AWL
Images: Adam Jones (bc). Getty
Images: Yongyuan Dai (c). 278-279
Getty Images: Rob Zhang. 280 Getty
Images: Amith Nag Photography (s);
zhouyousifang (cb). 281 4Corners:
Paul Panayiotou (b). Alamy Stock
Photo: David Pearson (cda). 282 Getty
Images: Malcolm P Chapman (bi).
282-283 Getty Images: Al-Hassan.

283 Getty Images: Dedy Wibowo /
EyeEm (bd). 286-287 Dr. Ali
Kordzadeh. 286 Alamy Stock Photo:
age fotostock (bd). iStockphoto.com:
efesenko (bi); mariusz_prusaczyk (ca).
288-289 Getty Images: Naveen
Khare. 288 Alamy Stock Photo:
imageBROKER (cda). 289 Alamy
Stock Photo: Dinodia Photos (cia).
290-291 AWL Images: Michele
Falzone. 291 Dreamstime.com:
Sundraw (bi). 292 Alamy Stock
Photo: Leonid Andronov (bi). 292-293
Zhang Zhe. 293 iStockphoto.com:
Hung_Chung_Chih (bd). 296 Getty
Images: narvikk (bi). 296-297 Getty
Images: Tetra. 297 Alamy Stock
Photo: Michel & Gabrielle Therin-
Weise (bd). 298-299 Dreamstime.
com: Aliaksandr Mazurkevich. 299
Alamy Stock Photo: mauritius images
GmbH (cb). 300-301 George Nuich:
500px.com / georgenuich. 300 Stewart
Donn: (bi). Lynda McArdle: (ca). 301
State Library of South Australia:
(bd). 302 Dreamstime.com: Kinek00
(bi). Getty Images: Malcolm Chapman
(cdb). 303 Vimal Konduri: (cda).
Latitude Image: Nicolas Chorier (b).

304-305 Alamy Stock Photo:
Avalon / Construction Photography.
305 Alamy Stock Photo: David
Ball (cda); Pablo Valentini (cdb).
306-307 Getty Images: Anuchit
Kamsongmueang. 306 Alamy
Stock Photo: Peter Cook-VIEW (cib).
AWL Images: Marco Bottigelli (bd).
Getty Images: David Greedy (bc).
307 Getty Images: Nigel Killeen (bd).
308-309 Jiti Chadha. 308 Guo Hao:
(ca). iStockphoto.com: lkunl (bi).
309 iStockphoto.com: Extreme-
Photographer / E+ (bd). 310 Getty
Images: Andrew Madali (s). Imre Solt:
(cb). 311 Jonathan Danker: (cdb).
iStockphoto.com: TwilightShow (bi).
312-313 Alamy Stock Photo: SIPA
Asia / ZUMA Wire. 313 MVRDV:
Ossip van Duivenbode (bd).

Imágenes de las guardas frontal y
trasera: iStockphoto.com: fanjianhua

Las demás imágenes
© Dorling Kindersley

Para más imágenes:
www.dkimages.com

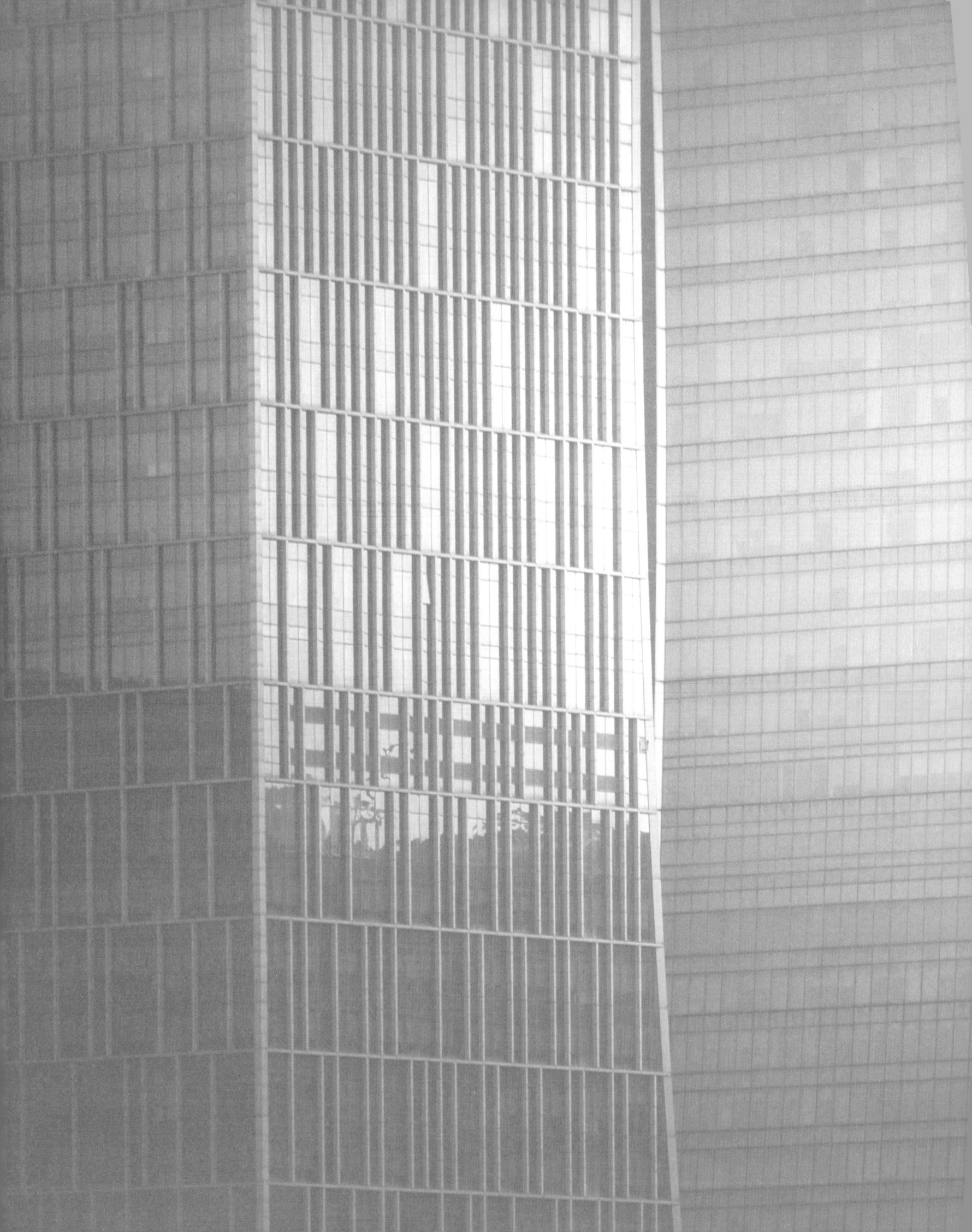